青海省基层气象台站简史

青海省气象局　编

气象出版社
China Meteorological Press

内容简介

　　本书全方位、多角度地反映了新中国成立 60 年来青海省气象事业的发展变化,真实记录了青海省各级(省级、地区级、县级)气象事业的发展进程、机构历史沿革、气象业务发展、职工队伍建设、法制建设、文化建设、台站基本建设等情况,是一部具有留存价值的台站史料,同时也是一本进行台站史教育的教科书。

图书在版编目(CIP)数据

　　青海省基层气象台站简史/青海省气象局 编.—北京:
气象出版社,2013.7
　　ISBN 978-7-5029-5746-9

　　Ⅰ.①青…　Ⅱ.①青…　Ⅲ.①气象台-史料-青海省
②气象台-史料-青海省　Ⅳ.①P411-092

　　中国版本图书馆 CIP 数据核字(2013)第 165346 号

Qinghaisheng Jiceng Qixiangtaizhan Jianshi

青海省基层气象台站简史

青海省气象局　编

出版发行:气象出版社

地　　　址:北京市海淀区中关村南大街 46 号　　　邮政编码:100081

总 编 室:010-68407112　　　发 行 部:010-68409198

网　　　址:http://www.cmp.cma.gov.cn　　　E-mail:qxcbs@cma.gov.cn

责任编辑:白凌燕　　　终　　审:章澄昌

封面设计:燕　彤　　　责任技编:吴庭芳

印　　　刷:北京中新伟业印刷有限公司

开　　本:787 mm×1092 mm　1/16　　　印　　张:21.75

字　　数:550 千字　　　彩　　插:6

版　　次:2013 年 8 月第 1 版　　　印　　次:2013 年 8 月第 1 次印刷

定　　价:70.00 元

《青海省基层气象台站简史》编委会

主　　任：许维俊
副主任：王国祯

委　　员：盛国瑛　郭志云　郭德彦　苏忠诚
　　　　　李海红　袁兆森　王克顺　高顺年
　　　　　马元仓　代随刚　罗生洲　李进虎
　　　　　党永娟　刘　海　钟祥福　李　燕

《青海省基层气象台站简史》编写组

主　　编：许维俊
副主编：王国祯

成　　员（以姓氏笔画为序）：
　　　　　马元仓　马登吉　王田寿　王克顺　尼　亚
　　　　　刘中策　刘兆旺　任志权　成国勋　李进虎
　　　　　李海红　李　燕　郑生彪　尚廷邦　赵金良
　　　　　赵恒和　哈承智　徐乐林　高庆海　郭存龙
　　　　　郭德彦　袁兆森　黄旭阳　焦仕军　韩忠元

总　序

　　2009 年是新中国成立 60 周年和中国气象局成立 60 周年,中国气象局组织编纂出版了全国气象部门基层气象台站简史,卷帙浩繁,资料丰富,是气象文化建设的重要成果,是一项有意义、有价值的工作,功在当代,利在千秋。

　　60 年来,气象事业发展成就辉煌,基层气象台站面貌发生翻天覆地的变化。广大气象干部职工继承和弘扬艰苦创业、无私奉献,爱岗敬业、团结协作,严谨求实、崇尚科学,勇于改革、开拓创新的优良传统和作风,以自己的青春和智慧谱写出一曲曲事业发展的壮丽篇章,为中国特色气象事业发展建立了辉煌业绩,值得永载史册。

　　这次编纂基层气象台站简史,是新中国成立以来气象部门最大规模的史鉴编纂活动,历史跨度长,涉及人物多,资料收集难度大,编纂时间紧。为加强对编纂工作的领导,中国气象局和各省(区、市)气象局均成立了编纂工作领导小组和办公室,制定了编纂大纲,举办了培训班,组织了研讨会。各省(区、市)气象局编纂办公室选调了有较高文字修养、有丰富经历的人员从事编纂工作。编纂人员全面系统地收集基层气象台站各个发展阶段的文字、图片和实物等基础资料,力求真实、客观地反映台站发展的历程和全貌。我谨向中国气象局负责这次编纂工作的孙先健同志及所有参与和支持这项工作的同志们表示衷心感谢。

　　知往鉴来,修史的目的是用史。基层气象台站史是一座丰富的宝库。每个气象台站的发展史,都留下了一代代气象工作者艰苦奋斗、爱岗敬业的足迹,他们高尚的精神和无私的奉献,将永远给我们以开拓进取的力量。书中记载的天气气候事件及气象灾害事例,是我们认识气象灾害规律、发展气象科学难得的宝贵财富。这套基层气象台站简史的出版,对于弘扬优良传统和作风,挖掘和总结历史经验,促进气象事业科学发展,必将发挥重要的指导和借鉴作用。

中国气象局党组书记、局长　郑国光

2009 年 10 月

前　言

  青海省气象局是在新中国诞生 5 年之后的 1954 年 10 月正式成立,至今已走过了 55 年不平凡的历程。半个多世纪以来,一批又一批气象工作者不怕艰苦,克服重重困难,舍小家为大家,在高寒缺氧的恶劣环境中,在广袤的青海高原上前赴后继,日夜奋战在基层台站,观测、记录、传输着一份份宝贵的高原气象资料,用自己辛勤的汗水和顽强的意志创造了辉煌的业绩,谱写了青海气象事业光辉的篇章。在 50 多年的历程中,基层气象工作者紧密联系当地实际,积极开展气象预报预测服务,开展大气环境监测、人工影响天气、雷电防御等工作,为地方经济建设和社会发展做出了积极贡献,赢得了当地政府和群众的信任与好评。基层气象工作者树立和弘扬爱国主义、集体主义和青海气象人精神,同恶劣环境作斗争,用勤劳的双手建设气象现代化,努力改善台站工作和生活环境,丰富职工业余文化生活,以良好的精神风貌投入到气象业务、服务和科研工作中,涌现出大批先进集体和先进个人。

  喜庆逢盛世,修史以明志。在新中国 60 华诞之际,编写一部《青海省基层气象台站简史》,追忆青海基层气象台站艰苦的发展历程,认真总结基层工作的成绩与经验、不足与教训,将促使我们更加珍惜今日的成果,激励我们继续弘扬爱岗敬业、精益求精的职业道德,淡泊名利、艰苦奋斗的奉献精神,发展创新、争创一流的时代风范,以积极的心态迎接新的机遇和挑战,为气象事业发展做出更大的贡献。

  编写一部《青海省基层气象台站简史》,也是全体青海气象工作者的共同愿望。2009 年 5 月,中国气象局关于《基层台站史志编纂工作实施方案》印发以后,青海省气象局党组高度重视,及时成立了青海省气象局基层台站史编纂工作领导小组和编纂委员会,各州(地、市)气象局也成立了相应的领导机构和编写小组。2009 年 7

1

月1日举办青海省基层气象台站史编纂工作培训班以来,各州(地、市)气象局和基层台站编写人员在时间紧、任务重的情况下,积极收集和查找资料,认真撰写,反复修改,按时上报。之后省气象局编纂工作领导小组办公室组织人员,包括聘请李鹏杰、周在贤、严进瑞等3位熟悉基层工作的老同志,对初稿进行了反复讨论和修改。通过三上三下的讨论修改,《青海省基层气象台站简史》经省气象局编纂工作领导小组最后审定定稿。

《青海省基层气象台站简史》资料选取截止日期为2008年底。由于我们水平和能力所限,编纂时间紧,收集史料、查阅资料、巡访老同志等工作做得不够细致和扎实,组织编纂和修改的经验不足,错误在所难免,恳望批评、补正。

《青海省基层气象台站简史》编审组

2012年12月

1952年8月，第一批青海气象人建设玉树巴塘飞机场气象台时合影

1958年6月，建设海拔4612米的五道梁气象站，职工在帐篷中居住和工作

1956年10月15日，青海省第二次气象工作会议通讯工作代表合影

2003年6月，时任青海省委书记苏荣（位中）在省委常委、省委秘书长刘伟平和副省长穆东升的陪同下来到省气象局考察工作

2006年10月，时任省委副书记、省长宋秀岩（前排左）慰问瓦里关山基地工作人员

2004年2月25日，时任中国气象局局长秦大河（前排左四）视察湟中县气象局

2004年7月，中国气象局原局长温克刚（左三）和副局长郑国光（左二）在海拔4612米的五道梁气象站考察并慰问职工

2004年7月，时任中国气象局副局长郑国光(右四)到中国大气本底基准观象台瓦里关山视察

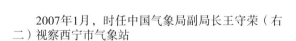

2007年1月，时任中国气象局副局长王守荣（右二）视察西宁市气象站

2008年8月，中国气象局局长郑国光(前坐)视察互助县气象局

1994年9月17日，中国大气本底基准观象台挂牌仪式

2005年8月18-19日，在西宁召开的全球大气观测国际研讨会

2001年11月—2008年12月，青海省气象部门被中国气象局、青海省精神文明建设指导委员会授予创建文明行业"先进系统"称号，被中共青海省委、省政府授予创建文明行业工作"先进行业"称号，被青海省精神文明指导委员会授予"文明行业"称号；有2个地、州气象局被中央精神文明建设指导委员会办公室授予全国精神文明建设工作"先进单位"称号；有4个县气象局被中国气象局授予全国气象部门"文明台站标兵"称号

青海省气象局机关党建工作常抓不懈，严格对党员的教育管理。图为2003年6月30日组织新党员宣誓

2008年12月，中共青海省气象局机关第七次党员代表大会召开，选举产生新一届机关委员会

2003年6月—2008年12月，举办过跳大绳、广播体操、拔河、齐心协力等多项群众性的体育健身运动

2007年5月，举办第三届全省气象部门职工运动会（左图是运动会开幕入场式，右图是比赛现场）

2005年8月，青海省气象局举行建局50周年（1954—2004年）庆祝活动，时任中国气象局局长秦大河（前左5）参加了庆祝活动，并与部分文艺演出人员合影

2007年3月，在青海省妇女联合会、青海省直属机关工作委员会联合举办的"青海省迎奥运 庆'三八'妇女健身大赛"中，省气象局代表队获得一等奖，全体运动员合影

2008年5月，全国"迎奥运 讲文明 树新风"礼仪知识电视竞赛青海选拔赛在青海电视台举行，青海省气象局选派3名代表参加了比赛（图为选拔赛现场）

2008年10月，青海省气象局精选优美的图片并精心制作展板，参加了改革开放30周年青海发展大型图片巡展，图为在西宁中心广场的展览现场。

2003年11月，青海首部新一代天气雷达在西宁市南山建成

2004年3月建成的都兰县气象局L波段测风雷达

2008年建成的海北州气象预警中心

2008年9月购置的移动多普勒雷达和气象应急监测车

为历届环青海湖国际公路自行车赛提供服务的气象流动观测哨（照片摄于2005年7月）

2006年8月建成的牧试站大气边界层梯度观测塔

达日县气象局施放探空气球（摄于2006年8月）

乐都县气象局开展火箭人工增雨作业（摄于2008年7月）

玉树州气象局

祁连县气象局

西宁市气象站

刚察县气象局

治多县气象局

海西州气象局

茶卡气象站

茫崖行委气象局

达日县气象局

大通县气象局

中国大气本底基准观象台

中国大气本底基准观象台布鲁尔臭氧总量观测系统

中国大气本底基准观象台大气甲烷和一氧化碳观测系统

本底台工作人员正在室外观测

目　录

青海省气象台站概况

天气气候特点

青海省地处欧亚大陆腹地,青藏高原东北部地区,地势西高东低。因长江、黄河、澜沧江发源于境内故有"江河源"之称。境内有全国最大的内陆咸水湖——青海湖。由于远离海洋,深居内陆,是典型的高原大陆性气候。其基本特征是:

海拔高,含氧量低 青海省平均海拔高度在 3000 米以上地区约占全省土地总面积的 84.7%。全省平均大气压在 666.6 百帕以下,仅及海平面的三分之二。空气稀薄,平均空气密度为海平面的 56%～80%,氧含量比海平面少 20%～40%。

太阳辐射强,光照充足 青海省太阳总辐射量大,紫外线强,日照时数多,光能资源丰富,光合作用潜力大。全省年辐射量地域分布趋势是自西北向东南逐渐减少,境内大部分地区年太阳总辐射量高于 605 千焦/平方厘米,柴达木盆地高于 700 千焦/平方厘米。各地日照时数在 2328～3575 小时之间。平均年日照时数在 2500 小时以上,柴达木盆地最多,在 3500 小时以上。

平均气温低,日较差大 青海省各地年平均气温在－6～9℃之间,若按通常的候温度标准划分四季,则在青海省内绝大部分地区是长冬无夏,春秋相连。冬季漫长而寒冷,夏季短暂而凉爽。每年有 4～6 个月以上的时间日平均气温低于或等于 0℃。中国全年平均气温最低值和 7 月份平均气温最低值皆出现在青海。气温日较差普遍较大,年均日较差一般为 14～16℃,柴达木盆地西部在 17℃以上。

降水量少,地域差异大,雨热同季 青海境内绝大部分地区年降水量在 400 毫米以下。东部达坂山和拉脊山两侧以及东南部的久治、班玛、囊谦一带超过 600 毫米,其中久治最多,为 772.8 毫米。柴达木盆地少于 100 毫米,盆地西北部的冷湖只有 16.9 毫米,是青海省降水量最少的地区,也是我国最干燥的地区之一。降水量不但在地域分布上很不平衡,且季节分配极不均匀。夏季最多,冬季最少,春秋两季居中,秋季多于春季。大部分地区 5 月中旬以后进入雨季,至 9 月中旬前后雨季结束。

大风和雷暴日数多 青海省年大风日数的地区分布规律是山地多、谷地少;高原多、盆地少。青南高原除玉树、囊谦等谷地外,年大风日数均在 50 天以上,西部多于 100 天,沱沱河达 128 天。青海省有两个雷暴中心,一个位于祁连山东南部,以门源、大通为中心,全年平均雷暴日数达 66 天;第二个雷暴中心位于青藏高原东部边缘地区,全年平均雷暴日数在 74.4 天以上。雷暴集中出现在 5—9 月,占全年雷暴日数的 80% 以上。

主要气象灾害

青海省境内的主要气象灾害有干旱、冰雹、洪涝、雪灾、雷电灾害、低温冷害、寒潮、强降温灾害和风沙灾害以及连阴雨灾害。

干旱灾害 干旱是青海省最主要、对农牧业生产影响最大的气象灾害。干旱会造成农牧业减产,受害面积大,人畜饮水困难,尤其是春旱,不管农区或牧区出现频率均较高,几乎每年都程度不同地在一些地区发生。

雹灾 雹灾是青海省第二大气象灾害。主要危害对象是农牧业,冰雹对农作物的枝叶、茎秆、果实和牧草产生机械损伤,造成农作物和牧草减产或绝收。青海地处青藏高原东北部,高原独特的地形和气候条件决定了冰雹灾害的多发性,成为国内降雹日数多、雹灾广的地区之一。

暴雨洪涝灾害 洪涝主要是由暴雨引发的气象灾害,在青海东部农业区和青南牧区多有发生,具有突发性强,不易防范的特点,常常引发泥石流、山体滑坡、塌方等次生灾害。由于暴雨在青海省出现次数少,造成洪涝灾害的降水量往往达不到国家规定的暴雨标准,青海暴雨的局地性特征明显。

雪灾 在青海省牧区特别是青南牧区冬春季时有发生,是青海省雪灾的高发区,约有 72% 的年份要发生不同程度的雪灾,有 25% 的年份要发生严重雪灾。雪灾常造成牲畜采食困难、伤亡,交通阻塞,电力和通信线路中断。

雷电灾害 每年 4—10 月是青海雷电的多发季节。多与暴雨、冰雹、大风等灾害性天气同时出现,造成击伤击毙人畜,干扰无线电发射信号和无线通信,击毁建筑物、输变电设施、电器设备,并导致火灾等。进入 21 世纪后,青海省强对流天气增多,雷击次数急剧增加。

低温冷害、寒潮、强降温灾害 低温冷害包括低温冻害和霜冻,在青海东部农业区局部常有发生。低温冷害在青海农业区作物生长期内或果实发育成熟期内影响作物和果树正常发育,导致作物减产;在牧业区牲畜过冬和接羔育幼期内造成牲畜死亡和幼畜成活率低;在牧草生长期内影响牧草的返青和生长发育导致减产。青海省的霜冻是春秋转换季节出现的一种低温冷害现象。1961—2008 年,青海省霜冻初日逐年推迟、终日逐年提前、无霜期明显延长,霜冻发生次数明显减少,但强度趋强。

从当年 10 月至翌年 5 月是青海省寒潮、强降温发生季节。

风沙灾害 风沙灾害主要包括大风、沙尘暴、龙卷风等。青海省大风和沙尘暴的时空分布具有很好的一致性,空间上多出现在环青海湖地区、柴达木盆地以及唐古拉山地区,时间上多出现在冬春季,而龙卷风易在夏季出现,且出现的概率较低。1961—2008 年全省大风、沙尘暴发生日数呈显著下降趋势,其中大风日数每 10 年减少 4 天,沙尘暴日数每 10 年减少 0.1 天。

连阴雨灾害　青海省连阴雨天气空间分布的基本特征表现为自东南向西北呈阶梯型递减趋势。连阴雨多出现在夏秋两季,对农作物的正常生长发育以及农事活动的开展具有一定的影响,常造成农作物发芽霉变或推迟作物的生长发育。连阴雨过后突然放晴还会导致霜冻灾害的发生。连阴雨也是青海东部农业区致涝的重要原因。

建制沿革及隶属演变

建制情况　青海省第一个气象站——西宁测候所,建于民国二十五年(1936 年)11 月 16 日,地址位于原西宁城文庙内(今西宁市文化街工人文化宫院内),1937 年 1 月 1 日正式开展气象观测。1947 年 1 月 1 日迁至西宁原南城楼。1949 年 9 月 5 日西宁解放,气象部门属中国人民解放军建制。1951 年 1 月西宁测候所迁至西宁乐家湾,改建为西宁机场气象台。

1953 年 8 月,根据中央军委和中央人民政府命令,气象部门从军队建制转为地方建制。同年 10 月成立西宁气象站,领导和管理全省气象工作。1954 年 10 月,撤销西宁气象站,成立青海省气象局,受中央气象局和省人民政府双重领导。1962 年 6 月,省气象局划为二级局,更名为青海省农林厅气象局。1964 年 6 月,经国务院批准,青海省农林厅气象局更名为青海省气象局。1966 年 4 月,青海省气象局再次更名为青海省农牧厅气象局。1970 年恢复省气象局,更名为青海省革命委员会气象局。1971 年 2 月,全省气象部门实行军事部门和地方政府双重领导,以军队为主的管理体制。1973 年 5 月,实行地方政府与气象部门双重领导,以地方政府领导为主的管理体制。1980 年 1 月,改为气象部门和地方政府双重领导,以气象部门领导为主的管理体制,并实行省、州两级管理。

人员状况　1949 年青海解放时,全省仅有 10 多名气象工作者。1954 年成立青海省气象局时,全省有气象职工 133 人。1961 年,在编职工达到 992 人,1962 年 6 月,在编职工精简至 593 人。1995 年,全省气象部门在编职工增至 1614 人。截至 2008 年 12 月 31 日,全省气象部门有在编职工 1561 人,其中:研究生以上学历 52 人(博士学位 1 人、硕士学位 22 人),副研级以上职称 88 人(正研级 4 人),大学本科以上学历约占职工总数的 42.5%;大学专科以上学历约占职工总数的 79.5%。

所辖州(地、市)气象局概况

全省下辖 9 个州(地、市)气象局。20 世纪 70 年代,先后设立 6 个自治州气象局,实行自治州政府与省气象局双重领导,以自治州政府领导为主的管理体制。1980 年 1 月以后实行青海省气象局与州(地、市)政府双重领导,以青海省气象局领导为主的管理体制。1985 年 1 月设立格尔木市气象局;1987 年 8 月设立海东地区行政公署气象台(正处级派出机构),管理海东地区气象工作,1991 年 10 月改为海东地区行政公署气象处,1992 年 12 月成立海东地区气象局;2001 年 5 月设立西宁市气象局。

基层气象台站概况

国家级地面气象台站 全省现有国家级地面气象台站 52 个,其中:国家基准气候站 6 个,国家基本气象站 28 个,国家一般气象站 18 个(含青海湖 151 站和沙珠玉站 2 个自动观测站)。

自动气象站 全省各类自动气象站点 176 个。其中:Milos 500 型自动气象站 34 个,分别建在 34 个国家基本基准站,并于 2001 年投入业务使用。这 34 个自动气象站分别为九、八、七要素(风向、风速、气压、温度、湿度、降水、日照、蒸发、地温)站。

CAWS600 型自动气象站 18 个,为七要素(风向、风速、气压、温度、湿度、降水、地温)站,在国家一般气象站建成并投入业务使用。

无人自动气象站 30 个,均为七要素(风向、风速、气压、温度、湿度、降水、地温)站,主要布设在全省气象资料空白区。

区域自动气象站 94 个,根据地方气象事业的需要,主要布设在"三江源"地区。依托三江源自然保护区人工增雨建设项目、海北雷达项目和西宁雷达项目建成七要素站 24 个、六要素站 10 个、两要素站 60 个。

农业气象观测站 1957 年开始逐步在全省部分台站开展农作物观测,2007 年对农业气象观测项目进行了调整并开展业务试运行,2008 年开始业务正式运行。目前,全省农业气象观测站点共 24 个,其中:国家一级农业气象观测站有 13 个,国家二级农业气象观测站 4 个,省定农业气象情报站 7 个。

开展作物观测的有 19 个站。观测项目有春小麦、冬小麦、油菜、玉米、马铃薯、青稞。观测内容有发育期、生长状况、产量结构分析、气象灾害和病虫害调查、田间工作记载及物候观测等。

开展牧草观测的有 5 个站。观测的草类有禾本科、沙草科、豆科及杂草类。观测内容有发育期观测、生长状况观测、牧草生长状况的观测、畜牧灾害观测调查和天气气候影响评述。海北牧试站在以上观测项目基础上增加放牧家畜膘情和牧事活动观测与调查项目。

开展自然物候观测站有 17 个。

开展土壤测墒站 17 个。其中:固定地段土壤测墒站 7 个,作物(牧草)地段土壤测墒站 17 个,土壤水分自动站 5 个。

太阳辐射站 全省太阳辐射站 5 个,其中一级站 1 个(格尔木),观测项目有太阳总辐射、净辐射、直接辐射、反射辐射、散射辐射;二级站 1 个(西宁),观测项目有太阳总辐射、净辐射;三级站 3 个(刚察、果洛、玉树),观测项目有太阳总辐射。

酸雨观测站 酸雨观测站 7 个:西宁、格尔木、茫崖、德令哈、玉树、沱沱河、本底台。观测项目有 pH 值、电导率 K。

大气成分观测站 1994 年中国政府与世界气象组织协商在中国青海省海南州瓦里关山建设了世界欧亚大陆腹地唯一的大陆型全球基准站——中国大气本底基准观象台。瓦里关本底台是全球大气监测(GAW)站网 22 个大气本底台之一,建站以来执行世界气象组织全球大气观测系统技术规范体系,开展了温室气体等多种类型的大气化学监测业务,得到了较长的监测资料序列,为研究气候变化和环境变迁提供了可靠的基础和基准参照值,也为我国的可持续发展和环境外交提供了宝贵的科学依据。

中国大气本底基准观象台开展的大气成分观测项目有甲烷、一氧化碳、二氧化碳、臭氧、干湿沉降、紫外线、边界层梯度、气溶胶、黑碳、酸雨、沙尘暴、大气悬浮物、太阳辐射、FLASK 气瓶采样,以及一般站常规观测。

高空气象探测站 青海省高空气象探测业务工作,始于 1954 年西宁机场气象台。新中国成立以后的 20 世纪 50—60 年代是青海省各类高空气象探测台站最多的时期,先后建立了 19 个高空探测站,大部分是小球测风站。根据中国气象局和青海省气象事业的不断发展,高空探测站网几经调整,到 2008 年底,青海省共有 7 个综合高空气象探测站,开展高空温、压、湿、风向、风速、气球空间定位等基本气象要素的观测。

从 2004 年开始陆续在青海省高空台站装备了 L 波段二次测风雷达——电子探空仪系统,实现了探空业务的自动化,提高了高空气象探测业务质量。同时,各高空台站陆续开始配置中国船舶工业公司(邯郸)生产的 QDQ2-1 型水电解制氢设备,特别在高海拔的台站配置了高原增容、增压设施,结束了高空探测站化学制氢的历史,改善了基层台站的工作环境、减轻了业务人员的劳动强度。

天气雷达站 1972 年 8 月,青海省首部 711 车载天气雷达投入运行,开展防雹和人工增雨试验。1974 年 5 月 1 日省气象台 711 测雨雷达正式使用。1977 年 7 月和 1982 年 9 月 1 日,海北州(门源)和海南州 711 天气雷达相继投入业务运行。1997 年西宁 711 测雨雷达改造成数字化测雨雷达,后对海南州 711 雷达进行了数字化改造,海北州(门源)711 测雨雷达于 1998 年停止观测。

2001 年启动西宁新一代 C 波段天气雷达项目建设,2002 年 5 月中国气象局正式批准同意建设西宁新一代天气雷达系统项目。2003 年 11 月 28 日顺利通过中国气象局组织的雷达系统现场验收,交付青海省气象台投入业务试运行。

2005 年 12 月 2 日,根据中国气象局《关于海北州新一代天气雷达建设项目建议书的批复》,海北新一代多普勒天气雷达于 2008 年 9 月在西海镇建成,2008 年 11 月 14 日通过现场测试,投入业务试运行。

气象法规建设

法制机构建设 青海省气象局于 2000 年 4 月设置了政策法规处。2005 年 6 月,各州(地、市)气象局成立了法制办公室,与业务科合署办公,负责气象法规管理和气象行政执法等工作。截至 2008 年底,全省有专职执法人员 19 人,兼职执法人员 198 人,基本形成一支专兼结合的行政执法队伍。

立法工作 截至 2008 年底,青海省人大、省政府颁布(批准)气象地方性法规 2 部,单行条例① 1 部,政府规章 2 部,分别是:《青海省气象条例》(2001 年颁布、2006 年修订)、《西宁市雷电灾害防御条例》(2004 年颁布)、《海北藏族自治州防御雷电灾害条例》(2004 年颁

---

① 单行条例:由省人大批准的自治州条例

布)、《青海省气象灾害预警信号发布与传播办法》(2004年颁布、2007年修订)、《青海省人工影响天气管理办法》(2006年颁布)。另外,《青海省应对气候变化办法》和《青海省中国大气本底基准观象台探测环境和设施保护办法》列入省政府2008—2009年立法计划。

社会管理　根据2000年12月省政府颁布的《青海省省级行政机关保留、取消、下放、划转行政审批许可事项项目目录》(省政府第17号令),青海省气象局实施防雷工程专业设计、施工和防雷装置检测人员资格认证等11项行政许可事项。2003年11月增加了升放无人驾驶自由气球或系留气球活动的审批等5项许可事项。2004年7月,将升放无人驾驶自由气球或系留气球作业人员资格认定和防雷专业技术人员资格认定两项行政许可项目转变管理方式,由行业协会自律管理。根据2005年12月省政府颁布的《青海省行政许可审批项目及行政许可实施主体目录》(省政府第52号令),省气象局实施防雷装置检测、防雷工程专业设计、施工单位资质认定和升放无人驾驶自由气球单位资质认定等7项行政许可事项。

党建与精神文明建设

党的基层组织建设　截至2008年底,青海省气象部门有基层党组织88个,党员724人,占在职职工总数的46%。其中省气象局直属机关党委1个,直属党总支1个,党支部24个,党员247人;州地市气象局党委2个,党支部17个,党小组5个,党员292人;县气象局(站)独立党支部22个,与地方联合党支部17个,党员185人。

各基层党组织坚持以中国特色社会主义理论武装党员干部头脑,以党的理想信念、宗旨使命、目标任务凝聚党员干部,把基层党建工作与现阶段气象现代化业务体系建设、本单位改革发展的各项任务相融合,不断提高基层党建工作的质量和水平,促进青海气象事业全面协调发展。各级党组织按照党员先进性要求,及时培养吸收业务技术骨干和优秀分子到党员队伍中来,为党的组织输入新鲜血液,不断提高基层党组织的活力和战斗力。

精神文明创建　截至2008年底,全省92%的基层气象台站建成县级及以上文明单位。其中,中央级文明单位2个、省级文明单位(行业)11个、州(地、市)级文明单位(行业)30个。有4个站获得"全国文明台站标兵"称号。

2001年11月青海省气象部门被中国气象局和青海省精神文明建设指导委员会联合授予"创建文明行业先进系统"称号,2002年10月被中共青海省委、省政府命名为"创建文明行业工作先进行业",2004年12月被青海省精神文明建设指导委员会命名为"文明行业"。

西宁市气象台站概况

西宁市是青海省的省会，总面积 7665 平方千米，有汉、藏、回、土、撒拉、蒙古、满等民族，人口 217.79 万，辖四区三县。

西宁市地处青藏高原河湟谷地南北两山对峙之间，统属祁连山系，黄河支流湟水河自西向东贯穿市区。年平均气温 6.1℃，年降水量 300～600 毫米，夏季降雨占全年的 70%，属大陆高原半干旱气候。西宁地区主要的灾害性天气是春季干旱、暴雨、冰雹、短时雷雨大风等强对流天气，多集中在 5—9 月。

气象工作基本情况

所辖台站概况 西宁市气象局下辖大通县气象局、湟中县气象局、湟源县气象局和西宁市气象站。三个县级气象局，均为局站合一，与县人工影响天气管理局、防护雷电管理局合署办公。

历史沿革 根据中国气象局《关于成立西宁市气象局的批复》（中气人发〔2001〕34号），西宁市气象局于 2001 年 5 月成立，同时海东地区气象局所属的大通县气象局、湟源县气象局、湟中县气象局划归西宁市气象局管辖。2002 年 1 月，青海省气象台直接管理的西宁市气象站，划归西宁市气象局管理。

管理体制 西宁市气象局为正处级事业单位，实行青海省气象局与西宁市人民政府双重领导，以省气象局领导为主的管理体制。

人员状况 截至 2008 年底，全局有工作人员 77 人。其中：参照公务员管理 18 人，事业编制人员 59 人；本科及以上学历 36 人，占总数的 47%；大专学历 24 人，占 31%；中专学历 16 人，占 21%；中专以下学历 3 人，占 4%。副研级高工 3 人，中级职称 53 人。男职工 43 人，女职工 34 人；35 岁以下 10 人，平均年龄超过 42 岁，由汉、藏、蒙古、回、撒拉等民族组成。除党员外，还有九三学社社员 2 人，民革党员 1 人。共有离退休老干部 12 人。

党建与精神文明建设 西宁市气象局党总支部下设机关党支部和西宁市气象站党支部，共有党员 24 名。大通县气象局党支部隶属大通县农业局党委，湟源县气象局党支部由湟源县农牧局党委领导，湟中县气象局党小组隶属湟中县人工影响天气管理办公室党支部。全局（含县气象站）共有在职职工党员 35 人，占职工总数的 45%；离退休职工党员 5 人。

全市气象部门党总支部、党支部、党小组定期安排活动,发挥战斗堡垒作用和党员的先锋模范作用。近年来,先后开展了"三讲"教育、保持共产党员先进性、学习和实践科学发展观等活动,不断加强政治理论学习,认真落实党风廉政建设目标责任制,积极开展廉政教育。

领导关怀 2004 年 2 月,时任中国气象局局长秦大河在青海省委副秘书长曹宏陪同下视察湟中县气象局;2005 年,中国气象局副局长王守荣视察西宁市气象局;2008 年,中国气象局局长郑国光视察西宁市气象局。

主要业务范围

地面气象观测 全市有地面气象观测站 4 个,其中国家基本气象观测站 1 个(西宁),国家一般气象观测站 3 个(大通、湟中、湟源);区域自动气象站 9 个(两要素站 4 个,六要素站 1 个,七要素站 4 个)。

西宁国家基本气象观测站(市气象站)承担全国统一观测项目任务,每天进行 02、08、14、20 时 4 次定时观测并编发天气报,05、11、17、23 时 4 次补充定时观测并编发补充天气报,参加全球气象情报交换。

国家一般气象观测站承担全国统一观测项目任务,内容包括云、能见度、天气现象、地温(地面 0、5、10、15、20 厘米)等,每天进行 08、14、20 时 3 次定时观测,编发区域天气加密报。湟源县气象站承担航空危险天气观测发报任务。

2000 年开始建设地面自动观测站,2008 年底全市共建成 4 个自动气象站和 9 个区域自动气象站,实现地面气压、温度、湿度、风向、风速、降水和地温的自动采集和记录。

全市基层台站的历史气象资料,根据省气象局要求于 2006 年统一上交到省气候中心。

高空气象观测 有国家二级高空探测站 1 个(西宁)。2004 年 12 月 GFE(L)1 型二次测风雷达投入业务运行。

农业气象观测 有国家一级农业气象观测站 1 个(湟源),国家二级农业气象观测站 2 个(大通、湟中)。主要开展春小麦、油菜、马铃薯、蚕豆等农作物观测,蒲公英、马蔺、车前草等物候观测和农作物产量及病虫害预报服务工作。

生态气象观测 全市从 2003 年 5 月 1 日起开展生态气象监测工作,项目有沙尘天气、土沉降、风蚀度、土壤颗粒观测。2006 年 5 月 25 日省气象局下发《关于调整青海省生态环境监测项目的通知》(青气测函〔2006〕1 号),对生态环境观测业务项目进行了调整。取消了西宁气象站沙尘天气、土壤风蚀、土壤颗粒监测项目。

气象信息网络 全市基层台站信息一直采用电话方式人工传输,直到 2004 年后采用网络方式自动传输资料,2008 年建设完成了省—市—县三级网络传输系统,实现视频会商和 Notes 信息传输业务。

天气预报 西宁市天气预报业务主要由省气象台承担。基层台站独立开展天气预报业务及气象服务工作。

人工影响天气 人工影响天气技术已由过去的单一依靠人工观测并采用"三七"高炮发射碘化银炮弹作业,发展到利用气象卫星、多普勒天气雷达等先进探测手段,形成车载式火箭发射器、"三七"高炮相结合的作业形式。西宁市气象局成立以后,先后采用焰弹、燃烧炉、车载式火箭发射装置等方式开展人工增雨,主要为农业抗旱和改善生态环境服务。"三七"高炮主要布设在湟中、湟源、大通三县,主要用于夏季的防雹作业。

雷电灾害防御　雷电灾害防御工作于 2002 年由省雷电防护检测所划归西宁市气象局,成立西宁市防护雷电中心。根据《关于在西宁市防雷中心增挂西宁市雷电防护工程质量监督站牌子的批复》(宁编办发〔2003〕37 号)和《关于在西宁市防雷中心增挂西宁市雷电防护装置检测所牌子的批复》(宁编办发〔2003〕38 号)文件,于 2003 年成立了西宁市雷电防护装置检测所和雷电防护工程质量监督站,主要开展雷电防护设施装置检测业务和雷电防护工程质量监督、竣工验收等业务。2007 年 12 月西宁市防护雷电中心整体划转到青海省雷电灾害防御中心。

气象服务　2001 年前,西宁市气象服务工作由省气象台承担,2002 年西宁市气象局开始承担气象服务工作。

决策气象服务主要以书面、电话、传真、网络、手机短信等方式向政府领导和相关部门送达。公众气象服务主要是常规预报产品和情报资料。自 2002 年开始,在西宁市举办中国·青海郁金香节、高原风情旅游热气球节、环青海湖公路自行车赛、青海投资贸易洽谈会等活动以来,开展专项气象预报服务和重大活动气象保障任务。

西宁市气象局

机构历史沿革

始建情况　根据中国气象局《关于成立西宁市气象局的批复》(中气人发〔2001〕34 号)文件精神,西宁市气象局于 2001 年 5 月成立。

站址迁移情况　2001 年成立,先后在西宁市北大街、长江路等处办公。2008 年 4 月后,在西宁市城北区生物科技产业园经二路 20-2 号院办公,位于北纬 31°42′,东经 101°45′,海拔高度 2282.0 米。

历史沿革　2001 年 5 月成立的西宁市气象局,为正处级事业单位,与西宁市防护雷电管理局、人工影响天气管理局合署办公,三块牌子一套班子。

管理体制　实行气象部门与地方政府双重领导,以气象部门领导为主的管理体制。

机构设置　内设办公室(与计划财务科、应急管理办公室合署办公)、业务科(与法制办公室、防雷管理办公室、人工影响天气管理办公室合署办公)和人事政工科三个职能科室。设西宁市气象台(与省气象台天气预报科合署办公)、西宁市气象站、西宁市气象科技服务中心、西宁市决策气象服务中心、西宁市气象局财务核算中心五个直属事业单位。

单位名称及主要负责人变更情况

单位名称	姓名	民族	职务	任职时间
西宁市气象局	马志坚	回	局长	2001.07—2008.04
	金元忠	汉	局长	2008.04—

人员状况 2001 年成立时,全局有工作人员 50 人,其中:处级干部 3 人,科级干部 8 人;男 28 人,女 22 人。截至 2008 年底,有工作人员 46 人,其中:公务员 17 人,事业编制人员 29 人;男 25 人,女 21 人;职工由汉、藏、蒙古、回、撒拉等民族组成。

气象业务与服务

1. 气象业务

气象观测 西宁市气象局成立于 2001 年 5 月,其开展业务时间短,没有形成独立的气象观测业务。

天气预报 西宁市区天气预报由省气象台短期科制作。短期气候预测工作依据省气候中心的预测产品对外服务。

气象信息网络 自 2002 年 1 月开始,省—市气象局之间采用 64K DDN 广域网,主要用于 Notes 邮件系统、共享部分预报服务产品及省气象局办公系统;2008 年 1 月开通了西宁市人民政府电子公文传输系统,2008 年 8 月开通了西宁市人民政府政务信息报送系统。

2. 气象服务

公众气象服务 主要以书面、电话、传真、网络、手机短信等方式向政府领导和相关部门送达气象服务产品。

决策气象服务 主要是常规预报产品和情报资料服务。自 2002 年开始,在西宁市举办中国·青海郁金香节、高原风情旅游热气球节、环青海湖公路自行车赛、青海投资贸易洽谈会等活动以来,开展专项气象预报服务和重大活动气象保障任务。

专业与专项气象服务 主要指导所属县气象局开展人工影响天气和防雷技术服务。

气象科普宣传 以科学普及为重点,面向全社会气象科学知识的需求,提高气象工作的社会影响力。通过世界气象日、科技活动周、防灾减灾日和世界环境日等专题活动,使气象科普工作再上新台阶。近年来,共组织展出沙尘暴、气象与农业、人工影响天气、大气探测、闪电等科普展板近 300 块,发放宣传材料近 2 万份(本),公众就天气预报、人工影响天气、雷电防护、沙尘暴天气等问题进行现场咨询。先后在西宁市广播电台阳光在线进行气候变化及气象知识介绍,在宁大路小学、国际村社区进行了气象科普专题讲座。

建立科普馆和科普基地开展科学素质教育。在西宁市气象局新办公楼综合改造过程中,将修建科普馆的内容纳入其中,最终建设成为占地 50 平方米的科普馆。2008 年西宁市气象站被中国气象局和中国气象学会命名为"全国气象科普教育基地"。

气象科研 自 2003 年起,先后向省气象局申请"雷电防护接地装置电阻值影响要素试验"等科研课题立项 5 项,涵盖雷电防护、天气预报、人影指挥、气象服务、系统软件开发等方面的内容。2008 年西宁市人民政府同意立项由西宁市气象局提出的"西宁市应对气候变化适应性评估研究";与青海省地质环境局在卫星遥感方面开展科研联合攻关,共同完成了地质遥感分析。

在第四、五、六届西宁市自然科学论文评奖中先后有 1 篇论文获得二等奖,3 篇论文获得三等奖。

气象法规建设与社会管理

法规建设 2004年5月1日,《西宁市防御雷电灾害条例》正式颁布实施。

制度建设 建立了《西宁市气象局行政执法评议考核办法(暂行)》、《西宁市气象局气象探测环境保护工作制度》等管理制度。

2002年10月30日,西宁市人民政府办公厅下发了《西宁市人民政府办公厅印发市气象局〈关于将雷电防护工程建设纳入基本建设管理程序的通知〉的通知》(宁政办〔2002〕200号);2004年2月10日西宁市人民政府办公厅下发了《关于加强气象设施和气象探测环境保护工作的通知》(宁政办〔2004〕34号);2004年7月20日,西宁市人民政府办公厅下发了《关于规范西宁市气象灾情公报发布工作的通知》(宁政办〔2004〕136号);2007年7月9日,与西宁市城乡规划建设局和西宁市教育局联合下发了《关于切实加强建(构)筑物防雷减灾有关工作的通知》和《关于加强学校防雷安全工作的通知》;2007年1月22日,西宁市人民政府办公厅下发了《关于转发西宁市气象局为建设社会主义新农村服务实施方案的通知》(宁政办〔2007〕15号);2007年1月24日,西宁市人民政府下发《关于加强全市气象事业发展的实施意见》(宁政〔2007〕9号)。

社会管理 西宁市气象局自成立以来,积极履行法律法规赋予的社会管理职责,以防御雷电灾害、施放气球管理、气象探测环境保护为重点,开展普法、执法活动。截至2008年,全市没有发生重大的雷电灾害责任性事故,气象探测环境得到有效保护。

依法行政 2003年5月,根据西宁市人民政府令(第77号),西宁市气象局正式进驻西宁市人民政府行政审批大厅进行升放系留气球单位资质认定、防雷装置设计审核、竣工验收、升放无人驾驶自由气球和系留气球活动的行政许可。

政务公开 对气象行政审批办事程序、气象服务内容、服务承诺、气象行政执法依据等,通过公示栏、网络、电视广告等方式向社会公开。作出的准予行政许可,在电子显示屏上公开,公众可以查阅。财务收支、目标考核、基础设施建设、工程招投标等内容则采取政府采购、局务会研究决定等形式进行管理。财务每季度公示一次,年底对全年收支、职工奖金福利发放、领导干部待遇、劳保、住房公积金等向职工作详细说明。干部任用、职工晋职、晋级等及时向职工公示。

党建与气象文化建设

1. 党建工作

党的组织建设 2002年5月,西宁市气象局党总支部经西宁市直属机关工作委员会批准成立。党总支部下设机关党支部、西宁市气象站党支部和防雷中心党支部,共有党员16名。

2008年6月由于机构改革,经市直机关工委批准,撤销市气象局党总支,成立西宁市气象局机关党支部,共有党员24名。

党风廉政建设 制定相关制度,每年与基层单位签定《党风廉政建设责任书》,根据党风廉政建设年度工作安排和计划开展工作,并建立了廉政档案。

2. 气象文化建设

精神文明建设 西宁市气象局虽无固定办公场地,但积极克服困难创造条件开展精神文明建设工作。深入贯彻落实科学发展观,深化社会主义核心价值体系教育,提高广大职工的思想认识,转变工作作风,增强服务效能,组织职工开展多种形式的文化体育活动,精神文明建设工作稳步推进。

文明单位创建 2002—2003年、2005—2007年西宁市气象局分别被市直机关工委命名为"文明机关"称号。

2007年西宁市气象局被中共西宁市城中区委、区政府授予"区(县)级文明单位"。

集体荣誉 2006年被青海省气象局授予"第五届环青海湖国际公路自行车赛气象服务先进集体";2008年被中共西宁市委、市政府授予"北京2008奥运火炬接力西宁市传递活动先进单位"。

台站建设

2008年4月青海省气象局投资1170万元,为西宁市气象局购置了位于西宁市城北区生物科技产业园经二路20-2号院,约5334平方米土地以及地面构建物。

大通回族土族自治县气象局

大通回族土族自治县(简称大通县)地处青藏高原东北部的河(黄河)湟(湟水)谷地,为西宁市市辖县,历史悠久,气候独特。

机构历史沿革

始建情况 1956年11月1日成立大通县气候站,站址位于当时县城所在地:大通县城关镇东门外北侧500米处,北纬36°52′,东经101°31′,海拔高度2567.8米。

站址迁移情况 1993年1月站址由城关镇迁至大通县桥头镇园林路北,位于北纬36°57′,东经101°41′,海拔高度2450.0米。

历史沿革 1956年11月1日成立大通县气候站,1961年更名为青海省大通县气象服务站,1979年8月更名为大通县气象站,1986年7月更名为大通回族土族自治县气象站。2002年9月4日,经西宁市机构编制委员会批准,成立大通回族土族自治县气象局,与大通县气象站两块牌子一套班子。2003年增设大通县人工影响天气管理局、大通县防护雷电管理局和生态环境监测站,与气象局(站)合署办公。

管理体制 1956年建站至1958年3月,以省气象局领导为主;1958年4月—1963年2月,实行大通县政府与省气象局双重领导、以大通县政府领导为主;1963年3月—1969

年 6 月,实行省气象局与大通县政府双重领导,以省气象局领导为主;1969 年 7 月—1979年 12 月,以大通县政府领导为主,其中 1971 年 2 月—1973 年 5 月实行军事管制。1980 年1 月实行气象部门与地方政府双重领导,以气象部门领导为主的管理体制。1987 年 8 月—2001 年 4 月,隶属海东地区气象局管理,2001 年 5 月隶属西宁市气象局管理。

机构设置　内设地面气象测报组、天气预报服务组、农业气象观测组,以及应急管理办公室、雷电防护装置检测所。

单位名称及主要负责人变更情况

单位名称	姓名	民族	职务	任职时间
大通县气候站	蒋本武	汉	站长	1956.11—1960.11
	郭新如	汉	站长	1960.12—1961. *
				1961. * —1964.12
青海省大通县气象服务站	王华森	汉	站长	1965.01—1969.03
	梁兆钱	汉	站长	1969.04—1973.05
	—	—	—	1973.06—1974.11
	李万章	汉	站长	1974.12—1979.07
大通县气象站	陶宗文	汉	站长	1979.08—1983.09
	刘长青	汉	站长	1983.10—1986.07
大通回族土族自治县气象站	刘长青	汉	站长	1986.07—1988.09
	段兴达	汉	站长	1988.10—1990.03
	张永财	汉	站长	1990.04—1992.02
	山巍	汉	站长	1992.03—1994.09
	张宗贵	汉	站长	1994.10—1996.10
	谈正滨	汉	站长	1996.11—2002.08
大通回族土族自治县气象局	张海林	汉	局长	2002.09—2005.01
	张正国	汉	局长	2005.01—

* 表示月份无法查证;—表示资料缺,无法查证。

人员状况　1956 年建站之初,有职工 2 人,其后人员编制不断增加,1964 年有 10 余名中等专业学历的职工调入气象站工作,其中工程师、技师、助理工程师各 1 人;1978 年全站有职工 7 人,其中地面气象观测员 3 人,农业气象观测员 1 人,天气预报员 2 人,管理人员 1人;1992 年全站职工增加到 17 人。截至 2008 年底,有职工 8 人,平均年龄 45 岁,均为大专以上学历。其中:科级干部 2 人;工程师 6 人,助理工程师 2 人;女职工 2 人。

气象业务与服务

1. 气象观测

①地面气象观测

观测项目　地面气象观测始于 1956 年 1 月,现为国家一般气候站。观测项目有云、能见度、天气现象、气压、气温、湿度、风向、风速、降水、日照、小型蒸发、地温(0、5、10、15、20

厘米)、雪深、雪压、冻土。1957—1962 年根据省气象局的要求,陆续增加日照、雪深、雪压、地面 0 厘米、地下 5～20 厘米地温、地面最高温度、温度自记观测、冻土深度观测、湿度自动观测、气压自动观测。1967 年 7 月增加水银气压表观测。1972 年 1 月增加风自动观测。1984 年 6 月增加降水自动观测。

观测时次 1956 年 11 月建站后,每天进行 01、07、13、19 时(地方时)4 次观测;从 1960 年 8 月 1 日开始,每天进行 02、08、14、20 时(北京时)4 次观测,1962 年 2 月,根据青气观发〔1962〕第 018 号文件,由 4 次观测改为 08、14、20 时 3 次观测,夜间不守班。

发报种类 从 1957 年 1 月开始编发天气报、旬月报。

电报传输 1957 年 1 月起,采用电话传送观测数据至县邮电局后再以电报形式传递到省气象台,1987 年建成甚高频电台并传输数据,1993 年 1 月实现气象信息程控电话传输,2008 年 1 月通过专网向省气象信息中心传输资料。2003 年 1 月改为 PSTN 电话拨号方式;2008 年 12 月改为 SDH 2 兆宽带网络传输。

气象报表制作 编制气表-1 和气表-21,一式 2 份,1 份上报省气象局审核存档,1 份留站存档。

资料管理 建站以来地面观测原始资料和报表底本由本站保存,上报报表由省气象局资料中心审核并归档。2007 年 4 月开始,所有观测原始资料移交省气象局资料中心管理。2008 年 1 月开始通过专网向省气象局传输资料,停止报送纸质报表。

自动气象观测站 CAWS600 型自动气象站始建于 2002 年 4 月 21 日,同年 5 月 1 日并轨运行。观测项目有:气温、气压、湿度、风向、风速、降水、地温(地面 0 厘米、地层 5、10、15、20 厘米)等 7 个气象要素。2003 年 1 月开始人工和自动站观测双轨运行,以人工观测为主,2004 年 1 月开始以自动气象站为主。

②农业气象观测

观测时次和日界 作物播种到成熟发育期观测、生长状况测定、产量结构分析、气象灾害和病虫害的观测调查、主要田间工作记载。观测采用北京时,以 20 时为日界。

观测项目 大通属国家农业气象二级观测站。从 1958 年开始,按省气象局的临时性要求逐步开展农作物发育期观测,观测作物品种不固定,主要有春小麦、蚕豆等。2007 年 3 月 2 日,省气象局下发《青海省农业气象监测业务工作实施方案》(青气办发〔2007〕16 号),固定观测项目为春小麦、蚕豆。2008 年 3 月 15 日按省气象局《关于调整全省农业气象个别监测项目的通知》(青气办发〔2008〕27 号)要求取消了蚕豆观测项目。

观测仪器 观测仪器有烘土箱、电子天平、取土钻和取土盒。

农业气象情报 AB、TR 报。

农业气象报表 农气表-1、农气表-2-1,一式 2 份,1 份上报省气象局审核存档,1 份留站存档。

③土壤水分观测

1958 年开始,逐步开展土壤水分观测工作,观测土壤水分深度为 50 厘米(观测层次:0～10、10～20、20～30、30～40、40～50 厘米),逢 8 日进行观测。

④生态气象观测

2003 年 5 月 1 日起开展风蚀度和土壤水分及土壤特性监测。土壤水分及土壤特性监测观测项目是轻、中、重干旱耕种地段土壤水分及干土层厚度观测。2006 年 5 月 25 日省气象局下发《关于调整青海省生态环境监测项目的通知》(青气测函〔2006〕1 号)取消了土壤风蚀观测项目。

⑤物候观测

1984 年增加物候观测,现观测项目有蒲公英、小叶杨、大杜鹃、雪、雷声、闪电、霜、严寒开始、土壤表面、河流等观测。

2. 气象信息网络

通信现代化 建站初期,气象信息通过电话传输,20 世纪 70 年代,增加利用收音机接收天气形势广播;1983 年开始通过传真机接收云图;1987 年使用甚高频电台,进行业务联系和天气会商;1993 年 1 月实现气象信息程控电话传输,甚高频电台因中转故障停用;1996 年 7 月,"121"天气预报自动答询电话系统开通;1999 年 9 月随着气象部门综合信息传输系统工程建设,PC-VSAT 地面卫星单收站建成;2002 年 5 月 1 日,地面测报自动站试运行,观测项目有气压、温度、湿度、降水、地温、风向、风速;观测项目全部采用自动仪器采集、记录,替代了人工观测。2008 年网络宽带传输系统建成,气象信息传输安全、可靠、及时。

信息接收 1999 年 9 月开通 PC-VSAT 卫星地面单收站,接收北京主站下发的天气图、云图以及数值预报产品等,利用局域网综合信息系统 Notes 接收省、市气象局下发的文件及多种不同信息,用视频会商系统收看重要会议等。

信息发布 利用网络、手机、短信平台发布各种气象灾害性天气预警信息及雨(雪)情信息;并通过农村大喇叭及电子显示屏发布各种气象灾害性天气预警信息及天气预报等信息。

3. 气象预报预测

短期天气预报 1966 年开始利用本站单站气象要素套用预报模式制作发布天气预报。20 世纪 70 年代通过接收广播电台发布的形势预报点绘小天气图。1983 年省气象局配发传真机,县气象站成立预报组,利用传真天气图制作并发布天气预报。1999 年 9 月开通 PC-VSAT 卫星地面单收站后,接收北京主站下发的天气图、云图以及数值预报产品等开展预报服务工作。预报范围包括短时(3～6 小时)降水、湿度、沙尘暴预报;短期(24～48 小时)降水、天空状况,最高、最低温度,风向风速、沙尘暴、降温幅度预报;2003 年 1 月 25 日,在大通电视台新闻栏目中增播天气预报节目。运用电话传递、编印《灾害性气象预警》信息简报,"121"自动答询电话,发送手机短信等多种手段向县政府有关部门、企业和各级领导发送气象信息。

中期天气预报 主要发布月、旬、周天气趋势、过程预报、升降温幅度、大风预报及前一月、旬、周天气概况;当月旬、周气温、降水短期气候趋势预测、天气过程预报;重大节日期间的天气趋势及过程预报,预报的项目有:天气状况、气温、降水和大风等。

短期气候预测(长期天气预报) 主要预测发布年度气候趋势预测,3—5 月春季短期气候预测,6—9 月汛期气候趋势预测,12 月至翌年 5 月冬春气候趋势,早、晚霜冻预报及建议等。

4. 气象服务

①公众气象服务

2005年与县国土资源局合作开展了地质灾害预报联防,与县林业局合作开展了森林火险等级预报,与县环保局合作开展了降雨质量检验报告项目,与移动公司和电信公司合作开展了手机短信预报及降水量信息。通过电视天气预报节目,配合传真、电话、手机短信等形式及时将气象预报和相关信息传递给群众和政府有关部门,有效预防灾害性天气造成的损失。

②决策气象服务

2000年以来,大通县气象局先后编发《大通气象服务》、《专题气象预报》、《灾情快报》、《森林草原预警信息》、《防火专项气象服务》、《吹风降温降雪预报》、《雨情公报》、《干旱预警信息》、《决策气象服务》等信息简报,提供给县委、县政府及相关部门。在每年举办的郁金香节、环青海湖国际公路自行车赛,"六月六"花儿旅游节等大型活动中,专门成立气象保障服务小组,制定服务方案,提供气象服务。已建立灾害性天气的预报预警业务流程,及时制作发布灾害性天气预警产品。

③专业与专项气象服务

专业气象服务 适时开展农作物播种期、旱情、墒情、降雨、冰雹、大风、霜冻、雪灾、牧草返青及各生长期生长状况等情报服务和灾害性天气预报服务,使各类预报、情报成为各级领导指挥生产、抗灾救灾的重要依据。为加强春季和汛期气象情报服务工作,在县域内增加土壤干土层观测点和雨量观测点,每5天发布1次农业气象信息,通过时间和空间上的加密观测,获取更加全面的气象情报信息,为指导全县农牧业生产和防汛工作发挥了作用。

人工影响天气 2003年以前,全县设20个人工影响天气作业点,使用单、双管"三七"高炮实施防雹和人工增雨作业。2003—2007年组织实施气球携带焰弹增雨项目。2007年配置了3台车载式BL系列增雨火箭炮,气球携带焰弹增雨项目随即停止。

防雷技术服务 大通县防雷减灾工作主要以易燃易爆场所为重点,特别是加油站、石油库、炸药库、液化气站等,均按国家规范要求进行防雷防静电检测。从2005年开始,逐步对各部门和大型企业的防雷电装置、一般建筑物、构筑物及附着物、卫星接收设备、计算机网络和其他可能遭受雷击灾害的设施进行防雷安全检测。

④气象科技服务

1994年8月,县气象局与电信局合作正式开通"12121"天气预报自动咨询电话。2006年9月根据省气象局要求,西宁市和海东地区各县气象局的"12121"电话自动咨询系统全部由省气象局统一管理,集约经营。2001年8月与广播电视局达成协议,在县电视台播放大通县天气预报节目。2001年9月县气象局建成电视天气预报制作非线性编辑系统,将自制节目送电视台播放。2011年9月电视天气预报制作更新升级系统。2007年地方县政府投资5.08万元开展火箭人工增雨工作,投资6万元对天气预报系统进行了升级改造,建立了6个雨量点、6个土壤墒情普查点,为政府决策提供第一手资料。

5. 科学技术

气象科普宣传 利用大通有线电视天气预报节目,以广告的形式宣传雷电防护知识、森林草原火险防御知识等。利用"3·23"世界气象日、科技宣传周向县政府及涉农部门分发《气象知识》、《中国气象报》等宣传材料。

气象科研 1981年开始的全县气候资源调查普查区划工作,抽调专人组成区划小组,建立12个气象观测点,对县域内有代表性的乡镇进行气象观测,依据气候相似性原理进行分区区划,撰写的《大通县气候资源调查区划》深受县委、县政府的好评。积极争取地方科技项目完成了"不同整地方式对干旱阳坡造林实验及成效分析"试验课题。

气象法规建设与社会管理

法规建设 大通县人民政府2004年下发了《关于加强气象设施和气象探测环境保护工作的通知》(大政办〔2004〕7号),为严格保护气象探测环境奠定了基础。

制度建设 先后制定了《大通县气象局工作人员行为规范》、《大通县气象局重大事项议事规则》、《大通县气象局财务管理制度》、《大通县气象局预算外资金管理办法》、《廉政建设和反腐败工作制度》、《公务接待制度》等。

社会管理 2003年县人工影响天气管理局成立后,对全县人工影响天气工作实施业务管理,对高炮作业人员进行业务考核,核发合格证和上岗证,并组织对全县人工影响天气作业设备进行年检。

2004年《西宁市防御雷电灾害条例》颁布以后,根据县政府的要求,对防雷工作实施依法管理,规范雷电防护专业工程建设的管理和指导,对行政区域内新、扩、改建建筑工程中的雷电防护专业建设依法进行专业审批、施工监督、竣工验收以及检测工作。

依法行政 认真落实《中华人民共和国气象法》和《青海省气象条例》,严格保护气象探测环境。先后就大通县林业局住宅楼和大通县香榭丽都小区建设住宅影响大通气象站探测环境进行行政执法,保护了大通县气象站气象探测环境。

政务公开 组成政务公开领导小组和监督小组,制定了一系列政务公开规章制度和实施办法,对单位内部先进工作者、优秀党员的评选、年终考核评定结果、财务预算内外资金运营、岗位工资发放、工作人员出差、公务用车、各种基建项目的上报、招标等职工关心的问题,实行公示制度。

党建与气象文化建设

1. 党建工作

党的组织建设 截至2008年底大通气象站党支部有党员4名,隶属于大通县农业局党委。

党的作风建设 党支部加强思想作风建设、制度建设和反腐倡廉建设,在党员中开展"三个代表"重要思想的学习教育,开展保持共产党员先进性教育。党支部定期开展组织生活和民主评议党员等工作,发挥战斗堡垒作用和党员的先锋模范作用。

党风廉政建设 先后制定了《廉政建设和反腐败工作制度》,全面贯彻落实党风廉政建设责任制,实行局务公开、政务公开,制定了相应的局务、政务公开制度和监督制度。

2. 气象文化建设

精神文明建设　大通县气象局始终重视精神文明建设,培育高素质的职工队伍。经常通过召开民主生活会、座谈会等形式,充分发扬民主,广泛征求各方面的意见,加强精神文明建设。同时重视学历教育、远程教育、岗位培训,积极选送业务人员参加脱产或函授的学历教育,并通过远程教育网和各种培训班开展新知识、新技术的培训和学习。开展评选"文明职工"、"五好家庭"、"业务竞赛"等活动,单位内部逐步形成团结、和谐、奋发向上的氛围。

文明单位创建　开展文明单位创建活动,开展政治理论、法律法规和专业知识的学习。购买图书近200册补充了图书室藏书,职工活动室购买了音响设备,同时购置了室内外健身器材,为职工开展文体活动创造了必要的条件。积极参与地方政府举办的计划生育"三结合"帮扶"双女户"活动、"送温暖、献爱心"的社会捐助活动、"手拉手"帮扶一个贫困地区党组织等精神文明建设活动。

3. 荣誉

集体荣誉　2002年6月被中共西宁市委、市人民政府授予"文明单位标兵"称号;2006年6月被中共西宁市委、市人民政府授予"文明单位"称号;2006年12月被中国气象局授予"全国气象部门文明台站标兵"称号。

个人荣誉　2006年1月张宗贵同志被青海省人事厅、青海省气象局评为青海省气象先进工作者。

台站建设

自1993年1月迁址以后,省气象局投资修建了660平方米的住宅楼、220平方米的综合办公室和观测场。2003—2004年省气象局投资46万元对基础设施进行综合改善,2008年省气象局投资21万元对园区进行整治,办公条件和生活环境进一步得到改善。经过多年的软、硬环境建设和综合改善,气象站面貌焕然一新,建起了符合业务标准的办公区、观测场和满足职工文化生活需求的图书阅览室、职工活动室和室外活动场,对站区实施了绿化和美化,配套设施齐全。

大通县气象局现貌(2008年)

湟源县气象局

湟源县历史悠久,西汉神爵二年(公元前60年),即建临羌县,距今已有二千多年。清朝道光九年(公元1829年),分置丹噶尔厅。民国二年(公元1913年)改为湟源县。

机构历史沿革

始建情况 1956年10月25日,青海湟源巴燕气候站成立,站址在湟源县巴燕乡农场,位于北纬36°45′,东经101°05′,海拔高度2792.6米。

站址迁移情况 1958年5月1日,站址迁至湟源县池汉村,观测场位于北纬36°41′,东经101°14′,海拔高度为2634.3米。

历史沿革 1958年5月因迁站址,站名更改为青海省湟源县池汉气候站。1959年6月更名为湟源县气候站,1961年1月更名为湟源县气象服务站,1964年11月更名为青海省湟源县气候服务站,1966年1月更名为青海省湟源县气象服务站,1972年12月更名为青海省湟源县革命委员会气象站。1981年8月更名为湟源县气象站,1995年12月更名为湟源县气象局。2002年9月4日湟源县气象局增挂人工影响天气管理局和防护雷电管理局两块牌子。

1980年1月被确定为气象观测一般站,2007年1月1日改为国家气象观测站一级站,2008年12月31日改为国家一般气象观测站。

管理体制 建站初期由青海省气象局直接领导。1958年—1963年2月实行湟源县政府与省气象局双重领导,以县政府领导为主,1963年3月—1969年6月,实行省气象局与县政府双重领导,以省气象局领导为主;1969年7月—1979年12月,实行县政府与省气象局双重领导、以县政府领导为主,其中:1971年2月—1973年5月实行军事管制;1980年1月以后,实行气象部门与地方政府双重领导,以气象部门领导为主的管理体制。1987年8月—2001年4月,隶属于海东地区气象局,2001年5月后隶属于西宁市气象局。

机构设置 设地面测报组、农业气象组、预报服务组。

单位名称及主要负责人变更情况

单位名称	姓名	民族	职务	任职时间
青海省湟源巴燕气候站	高廷礼	汉	负责人	1956.10—1958.04
青海省湟源池汉气候站				1958.05—1959.05
湟源县气候站				1959.06—1959.07
	阮丙南	汉	负责人	1959.08—1960.12
湟源县气象服务站				1961.01—1964.02
	贾世东	汉	负责人	1964.03—1964.09

单位名称	姓名	民族	职务	任职时间
湟源县气象服务站	杨祥清	汉	负责人	1964.10
青海省湟源县气候服务站				1964.11—1965.12
青海省湟源县气象服务站				1966.01—1972.03
青海省湟源县革命委员会气象站	朱永辉	汉	指导员	1972.04—1972.11
			负责人	1972.12—1975.08
	罗振运	汉	负责人	1975.09—1977.07
	施守智	汉	站长	1977.08—1979.12
湟源县气象站	毛祥友	汉	站长	1980.01—1981.07
				1981.08—1981.09
	陆凤康	汉	站长	1981.10—1985.07
	王克顺	汉	副站长（主持工作）	1985.08—1989.08
	张景华	汉	副站长（主持工作）	1989.09—1991.06
	王克顺	汉	站长	1991.07—1992.02
湟源县气象局	贺永全	汉	副站长（主持工作）	1992.03—1995.11
			局长	1995.12—1998.11
	张玉秀	汉	副局长（主持工作）	1998.12—2000.06
	俞国锋	汉	副局长（主持工作）	2000.07—2002.06
	张正国	汉	局长	2002.07—2005.01
	谈正滨	汉	局长	2005.02—2008.04
	蒲晶岩	汉	副局长（主持工作）	2008.05—

人员状况 1956 年建站时只有 2 人。截至 2008 年底有职工 11 人,其中:女职工 6 人;本科学历 7 人,中专学历 4 人;工程师 9 人,助理工程师 2 人;30 岁以下 1 人,30～40 岁 3 人,41～50 岁 7 人;藏族 1 人,蒙古族 1 人。

气象业务与服务

1. 气象观测

①地面气象观测

观测项目 地面气象观测始于 1957 年 1 月 1 日,现为国家一般气象站。观测项目有云、能见度、天气现象、气压、气温、湿度、风向、风速、降水、日照、小型蒸发、地温(0、5、10、15、20 厘米)、雪深、雪压、冻土。

观测时次 建站至 1960 年 7 月,每天进行 07、13、19 时(地方时)3 次定时观测;1960 年 8 月,改为每天进行 08、14、20 时(北京时)3 次定时和 11、17 时(北京时)2 次补绘观测,夜间不守班。但在 2007 年 1 月 1 日—2008 年 12 月 31 日期间,每天进行 02、05、08、11、14、17、20、23 时 8 次观测,夜间守班。

发报种类 从 1957 年 1 月开始编发天气报、航空报、人工增雨报、旬月报。

电报传输 1957 年 1 月开始,采用电话传送观测数据至县邮电局后再以电报形式传递省气象台,1987 年建成甚高频电台并传输数据,1993 年 1 月实现气象信息程控电话传输,2008 年 1 月通过专网向省气象信息中心传输资料。2003 年 1 月改为 PSTN 电话拨号方式,2008 年 12 月改为 SDH 2 兆宽带网络传输。

气象报表制作 制作气表-1 和气表-21,一式 2 份,1 份报省气象局审核存档,1 份留站存档。

资料管理 建站以来地面观测原始资料和报表底本由本站保存,上报报表由省气象局资料中心审核并归档。2007 年 4 月开始,所有观测原始资料移交省气象局资料中心管理。2008 年 1 月开始通过专网向省气象局传输资料,停止报送纸质报表。

自动气象观测站 CAWS600 型自动气象站始建于 2002 年 4 月 21 日,同年 5 月 1 日并轨运行。观测项目有:气温、气压、湿度、风向、风速、降水、地温(地面 0 厘米、地层 5、10、15、20 厘米)等七个气象要素。2003 年 1 月开始人工和自动观测双轨运行,以人工观测为主,2004 年 1 月起以自动气象站为主。2008 年 10 月,在湟源县日月乡寺滩村建成了四要素自动观测站,燕乡下寺村建成了两要素自动观测站,原始资料通过 GPRS 通信方式直接向省气象信息中心传输。

②农业气象观测

观测时次和日界 作物播种到成熟的发育期观测、生长状况测定、产量结构分析、气象灾害和病虫害的观测调查、主要田间工作记载。观测采用北京时,以 20 时为日界。

观测项目 湟源县气象局属国家农业气象一级观测站。从 1959 年开始,按省气象局指示逐步开展农作物发育期观测,观测年代根据上级临时性要求断断续续,观测作物品种不固定,主要有春小麦、蚕豆、小油菜等。春小麦观测时段为:1957 年 5 月 2 日—1966 年 9 月 17 日,1979 年 4 月 3 日—2008 年 12 月 31 日;蚕豆观测时段为:1958 年 5 月 4 日—1965 年 9 月 29 日,1982 年 4 月 5 日—2008 年 2 月 29 日;小油菜观测时段为:1993 年 6 月 4 日—2001 年 9 月 8 日。其中在 1967—1978 年之间,受"文化大革命"影响观测被迫中断。2007 年 3 月 2 日,省气象局下发《青海省农业气象监测业务工作实施方案》(青气办发〔2007〕16 号),固定观测项目为春小麦、蚕豆。2008 年 3 月 15 日按省气象局《关于调整全省农业气象个别监测项目的通知》(青气办发〔2008〕27 号)要求取消了蚕豆观测项目。

观测仪器 观测仪器有烘土箱、电子天平、取土钻和取土盒。

农业气象情报 制发 AB、TR 报。

农业气象报表 编制农气表-1、农气表-2-1、农气表-3、生态监测简表-1,一式 2 份,1 份报省气象局审核存档,1 份留站存档。

农业气象预报 开展春季播种期预报、粮食产量预报和收割期预报。从 1980 年开始,开展年度农业气候评价。

③土壤水分观测

1983 年以后,逐步开展土壤水分观测工作,观测土壤水分深度为 50 厘米(观测层次:0～10、10～20、20～30、30～40、40～50 厘米),逢 8 日进行观测。

④生态气象观测

2003 年 5 月 1 日起开展土壤水分及土壤特性监测,观测项目是轻、中、重干旱耕种地段土壤水分及干土层厚度观测。

⑤物候观测

从 1959 年开始,逐步开展马蔺、车前、芍药、芦苇、小叶杨、苹果树、海棠、大杜鹃、雪、雷声、闪电、霜、严寒开始、土壤表面、虹、河流等观测。

马蔺观测时段为:1980 年 4 月 3 日—1980 年 10 月 28 日,1983 年 4 月 3 日—2008 年 12 月 31 日;车前观测时段为:1980 年 4 月 10 日—1980 年 10 月 30 日,1983 年 4 月 10 日—2008 年 12 月 31 日;芍药观测时段为:1980 年 4 月 7 日—1980 年 10 月 8 日;芦苇观测时段为:1983 年 4 月 12 日—2001 年 10 月 20 日。其中,芍药、芦苇已相继停止观测。

小叶杨观测时段:1980 年 4 月 5 日—2008 年 12 月 31 日;苹果树观测时段:1980 年 4 月 26 日—1980 年 10 月 17 日,1982 年 5 月 14 日—2001 年 10 月 31 日;海棠观测时段:1982 年 5 月 14 日—1993 年 10 月 19 日。其中,苹果树、海棠在当地已失去代表性而相继停止观测。

2. 气象信息网络

通信现代化　2004 年 1 月开通宽带,初步达到了网络办公的条件;2008 年 10 月开通 Notes 综合信息办公系统。

信息接收　1999 年 8 月开通 PC-VSAT 卫星地面单收站,开始接收气象信息。

信息发布　2003 年 9 月完成了电视天气预报制作系统,通过县电视台发布天气预报。

3. 气象预报预测

短期天气预报　1958 年 7 月开始天气预报工作,主要预报项目有:空气状况、气温、风向风速、降水、冰雹、草原森林火险等级、雾、沙尘暴、早晚霜冻等。预报的时效为 6、12、24、48 小时。1999 年后,气象局根据省气象台指导预报产品做订正预报。

中期天气预报　主要是每旬的天气预报和重大节日期间(4～10 天)的天气趋势及过程预报,预报的项目有:天气状况、气温、降水和大风等。

短期气候预测(长期天气预报)　主要有今冬明春的气候趋势预测、3—9 月份气候趋势预测、透雨预报和早、晚霜冻预测以及汛期气候预测等。1985 年后为避免重复劳动,县气象局不再做一般性中长期天气预报,只开展专题短期气候趋势预测服务工作。

4. 气象服务

①公众气象服务

自 20 世纪 80 年代初开展气象服务以来,县气象局始终把为农业服务作为重中之重。每年开展春秋季人工增雨、夏季防雹、防汛、农作物病虫害监测等工作,为农业生产提供产前、产中和产后服务。

1960 年 1 月—2000 年 8 月使用收音机接收有关天气预报的内容,然后填图分析判断天气变化。1983 年 1 月—1998 年 6 月使用 CZ-80 型传真机接收天气实况图,取得较好的预报效果。1988—1994 年开展甚高频无线通讯电话,实现与地区局和省气象台的业务会商。1999 年 8 月地面卫星单收站 PC-VSAT 建成,预报所需资料全部由单收站获取,气象预报服务功能增强。2004 年为了更及时准确地为县乡(镇)、村提供气象信息服务,通过移动通信网络,开通了气象信息平台(企信通),以手机短信方式向有关人员发送气象信息。

气象信息的内容包括：各时段的降水、温度实况以及大风、雷电、冰雹、沙尘暴等气象灾害的预警信号等。

②专业与专项气象服务

专业气象服务 湟源素有"海藏咽喉"之称,青藏铁路复线、109 国道、315 国道穿境而过,县气象局积极、主动、及时提供建设期间的气象服务。

人工影响天气 1977 年 6 月湟源县人工防雹办公室在县农牧局成立,受县人民政府和省人工影响天气办公室领导,地方政府负责经费划拨和人员配置,省人工影响天气办公室负责业务管理工作。2002 年 9 月 4 日县气象局正式履行人工影响天气管理局的职责,在市人工影响天气管理局和县人民政府的领导和协调下,管理、指导和组织实施湟源县人工影响天气工作。防雹的作业点由 1977 年的 5 个增加至 1995 年 6 月的 12 个,防雹面积达16000 公顷,占全县耕地面积的 77%。

1995 年 5 月县气象局开始在全县范围内开展人工增雨工作,开始用烟雾弹增雨,2006年改用火箭弹增雨,2007 年增加了燃烧炉增雨。

防雷技术服务 2004 年湟源县气象局被列为县安全生产委员会成员单位,负责全县防雷、防静电安全管理,每年定期对易燃易爆场所、建(构)筑物、烟囱、水塔、通讯设备以及电视、广播、计算机场地等进行检测。

③气象科技服务

1994 年 8 月县气象局与电信局合作正式开通"121"天气预报自动咨询电话。2006 年 9 月根据省气象局要求,西宁市和海东地区各县气象局的"12121"咨询系统全部由省气象局统一管理,集约经营。2001 年 8 月与广播电视局达成协议,在县电视台播放湟源县天气预报节目。2001 年 9 月县气象局建成电视天气预报制作非线性编辑系统,将自制节目送电视台播放。

5. 科学技术

气象科普宣传 多年来通过县广电局、电视天气预报和手机短信进行气候变化和气象灾害、人工影响天气和雷电灾害方面的宣传工作,使政府部门和人民群众对气象工作有了更深入的认识。每年"3·23"世界气象日,组织开展气象科普进学校、进社区、进新村等宣传活动,向群众发放宣传材料,解答气象知识。同时积极宣传《中华人民共和国气象法》、《青海省气象条例》等气象法律法规、气象探测环境保护、人工影响天气工作和雷电防护工作等知识。

气象科研 1983 年 3 月向县区划办提供湟源县气候区划分析资料。

2003 年 10 月—2004 年 4 月配合省气象局科研所在湟源县城郊乡刘家台村开展电线结冰的观测工作。

2007 年 10 月 1 日—2008 年 9 月 30 日湟源气象局为深圳市风发科技发展有限公司在湟源日月山建设风力发电机提供风能资料。

2007 年 12 月向县水务局提供 1959—1985 年气候评价报告。

2010 年 12 月向大华工业园区提供大华、申中地区风能资源评估报告。

气象法规建设与社会管理

法规建设 2002 年 12 月湟源县人民政府办公室转发了《西宁市人民政府办公厅关于

印发市气象局〈关于将雷电防护工程建设纳入基本建设管理程序的通知〉的通知》。2004年2月26日湟源县政府办转发《青海省人民政府办公厅关于加强气象设施和气象探测环境保护工作的通知》,2004年7月26日湟源县政府办转发《西宁市人民政府办公厅关于规范西宁市气象灾情公报发布工作的通知》,2007年3月30日湟源县政府办转发市政府办公厅《关于将雷电防护工程建设纳入基本建设管理程序的通知》,2011年4月7日湟源县政府办公室下发《关于进一步加强雷电灾害防御管理工作的通知》。

制度建设 湟源县气象局根据事业的发展,先后制定和完善了《湟源县气象局综合管理制度》、《湟源县气象局财务工作细则》、《湟源县气象局公物管理制度》、《湟源县气象局探测环境保护措施》、《湟源县气象局岗位绩效工资发放办法》、《湟源县气象局"三人决策"制度》、《湟源县气象局公寓管理制度》、《湟源县气象灾害应急预案》、《湟源县气象局车辆管理制度》、《汛期气象服务工作细则》、《气象科技服务奖惩方案》、《湟源县气象局气象灾情收集上报和平估制度》等制度。

社会管理 2002年8月13日,县气象局增挂防护雷电管理局的牌子,开始组织管理本县的防雷减灾工作,履行防护雷电管理局的职责。2004年湟源县气象局被列为县安全生产委员会成员单位,负责全县防雷、防静电安全管理,每年定期对易燃易爆场所、建(构)筑物、烟囱、水塔、通讯、电视、广播、计算机场地以及其他易遭雷击的建(构)筑物进行检测,对不符合防雷技术规范的单位责令整改。在气象探测环境保护、施放气球管理方面加强行业管理,密切与安委会成员单位消防、安监局等部门联合执法,促进行业管理纳入正规。按照《中华人民共和国气象法》、《青海省气象条例》等有关法律、法规要求,认真履行管理职能,促进了管理工作的有序运行。

依法行政 湟源县气象局建立探测环境保护工作制度,每年进行一次气象探测环境保护知识的宣传。1965年6月和1995年5月两次对影响探测环境的树木进行砍伐。2002年经过培训,5名干部办理了行政执法证。2006年3月铁道部和青海省政府决定修建西宁—格尔木铁路复线,规划线路将从县气象局大院通过,县气象局积极与有关单位沟通并将情况立即上报上级主管部门。2007年1月,在接到青藏铁路西格复线拆迁办公室的正式通知后,征得中国气象局批复,立即进行新址观测场的建设和新旧地址气象要素的对比观测工作。

政务公开 组成政务公开领导小组和监督小组,制定了一系列政务公开规章制度和实施办法,对财务预算内、预算外资金运营,岗位工资发放等实行"三人小组"决策制度。对出差、公务用车、各种基建项目的上报、开支等职工关心的问题,单位内部先进工作者、优秀党员的评选,年终考核评定结果等实行政务公开。

党建与气象文化建设

1. 党建工作

党的组织建设 20世纪60年代中期仅有党员1人,70年代末党员达6人,党员一直编入湟源县农牧局农场支部,90年代初气象局支部成立,由农牧局党委领导,截至2008年底有党员6人。

党的作风建设 党支部加强思想作风建设、制度建设和反腐倡廉建设,在党员中开展"三个代表"重要思想的学习教育,开展保持共产党员先进性教育。党支部定期开展组织生活和民主评议党员等工作,发挥战斗堡垒作用和党员的先锋模范作用。

党风廉政建设 先后制定了《廉政建设和反腐败工作制度》、《公务接待制度》、《重大事项议事规则》、《财务管理制度》、《预算外资金管理办法》等制度。

2. 气象文化建设

精神文明建设 县气象局把领导班子的自身建设和职工队伍的思想建设作为文明建设的重要内容,通过开展经常性的政治理论、法律法规学习,造就了清正廉洁的干部队伍,锻炼出一支高素质的职工队伍。多次选送职工到大学深造,鼓励职工参加各类培训班。

文明单位创建 按照文明创建规范化要求和气象台站建设标准,改造观测场,装修业务值班室,制作局务公开栏、学习园地以及宣传标语等。建设有图书室、学习室和小型运动场,经常开展读书和文化体育活动。在 2000—2001 年度两个文明创建中,被中共西宁市委、市政府授予"文明单位"称号,并保持了文明单位的称号。

3. 荣誉

集体荣誉 1960 年 2 月被中共青海省委、省人民政府评为"青海省农牧业社会主义建设先进单位三等奖";1984 年、1995 年分别被省气象局授予"气象服务先进集体"称号。

个人荣誉 从 1996 年至今,有 7 人(次)被中国气象局授予"地面测报连续 250 班无错质量优秀测报员"称号。

台站建设

2003 年省气象局投资综合改善资金 65 万元,装修改造办公楼及新建锅炉房、车库、大门、围墙等,修建 2100 平方米草坪、花坛,栽种观赏树,庭院绿化率达到 70%;硬化路面 900 平方米,并对住宅楼进行装修美化。

湟中县气象局

湟水河是青海境内黄河的最大支流之一,湟中因地处湟水中段而得名。"湟中"古为羌族故地,秦为"羌戎之地",汉武帝时正式纳入汉帝国版图。

湟中县现隶属于西宁市,是青海省的人口大县、旅游大县。著名旅游胜地塔尔寺是藏传佛教最大教派——格鲁派领袖宗喀巴的诞生地,是信徒参拜的首选地,国家 5A 级旅游景点。

机构历史沿革

始建情况　湟中县气象站成立于 1958 年 10 月,建站时名称为青海省湟中鲁沙尔气候站,站址在鲁沙尔镇海马泉国营农场,位于北纬 36°27′,东经 101°30′,观测场海拔高度 2660.8 米。

站址迁移情况　1978 年 1 月因海马泉国营农场撤销,迁入现址鲁沙尔镇和平路,位于北纬 36°41′,东经 101°43′,观测场海拔高度 2667.4 米。

历史沿革　1960 年 9 月更名为西宁市湟中县气象服务站;1961 年 1 月与湟中县农业科学研究所合并,更名为湟中县农业科学研究所气象服务站;1962 年 6 月更名为湟中县农林技术指导站和鲁沙尔气候服务站;1963 年 1 月更名为青海省湟中县气象服务站;1972 年 10 月更名为湟中县革命委员会气象站,1980 年 4 月更名为青海省湟中县气象站,1995 年 6 月由县政府批准成立湟中县气象局。

管理体制　自建站至 1962 年 12 月,以湟中县政府领导为主,受省气象局业务指导;1963 年 1 月—1969 年 6 月实行省气象局与县政府双重领导,以省气象局领导为主;1969 年 7 月—1979 年 12 月实行县政府与省气象局双重领导,以县政府领导为主,其中 1972 年 10 月—1973 年 5 月由县人民武装部领导;1980 年 1 月以后实行气象部门与地方政府双重领导,以气象部门领导为主的管理体制。1988 年 1 月隶属海东地区气象局,2002 年 1 月隶属于西宁市气象局。

机构设置　设地面测报组、农业气象组、预报服务组。

单位名称及主要负责人变更情况

单位名称	姓名	民族	职务	任职时间
青海省湟中鲁沙尔气候站	胡开述	汉	站长	1958.10—1959.04
	翟宏亮	汉	站长	1959.05—1959.11
	胡开述	汉	站长	1959.12—1960.01
	孔令明	汉	站长	1960.02—1960.04
	冯成才	汉	站长	1960.05—1960.08
西宁市湟中县气象服务站	孔令明	汉	站长	1960.09—1960.12
湟中县农业科学研究所气象服务站	杨占彪	汉	站长	1961.01—1961.02
	张鸿皤	汉	站长	1961.03—1961.09
	段光德	汉	站长	1961.10—1962.03
鲁沙尔气候服务站	冯捷	汉	站长	1962.04—1962.06
				1962.06—1962.07
	骆足苍	汉	站长	1962.08—1962.09
	吴鹤轩	汉	站长	1962.10—1962.11
	冯捷	汉	站长	1962.12—1962.12

单位名称	姓名	民族	职务	任职时间
青海省湟中县气象服务站	吴鹤轩	汉	站长	1963.01—1963.12
	毛锦权	汉	站长	1964.01—1964.02
	吴 科	汉	站长	1964.03—1964.06
	毛锦权	汉	站长	1964.07—1965.03
	吴鹤轩	汉	站长	1965.04—1965.09
	朱行程	汉	站长	1965.10—1967.07
	毛锦权	汉	站长	1967.08—1968.04
	朱行程	汉	站长	1968.05—1969.11
湟中县革命委员会气象站	田占德	汉	站长	1969.12—1972.09
				1972.10—1977.06
	王廷林	汉	站长	1977.07—1980.03
青海省湟中县气象站	燕敦礼	汉	站长	1980.04—1982.04
	吴文龙	汉	站长	1982.05—1984.09
	蒋受荣	汉	站长	1984.10—1985.08
	王培华	汉	站长	1985.09—1988.04
	张正国	汉	站长	1988.05—1992.02
	关具乎	藏	站长	1992.03—1993.07
	谈正滨	汉	站长	1993.08—1995.05
湟中县气象局			局长	1995.06—1996.10
	田永杰	汉	局长	1996.11—1997.12
	张正国	汉	局长	1998.01—1998.10
	王发智	汉	局长	1998.11—2004.05
	王再缠	汉	副局长	2004.06—2005.02
	张海林	汉	局长	2005.03—2008.10
	王再缠	汉	局长	2008.11—

人员状况 建站时有职工 2 人。截至 2008 年底有职工 9 人,主要由汉、藏民族组成,其中:大学学历 3 人,大专学历 5 人;中级职称 7 人,初级职称 2 人;25 岁 1 人,40～44 岁 3 人,45～50 岁 5 人。

气象业务与服务

1. 气象观测

①地面气象观测

观测项目 湟中县气象站为国家一般气候站。观测项目有云、能见度、天气现象、气压、气温、湿度、风向、风速、降水、日照、小型蒸发、地温(0、5、10、15、20 厘米)、雪深、雪压、冻土。

观测时次 建站起每天进行 07、13、19 时(地方时)3 次定时观测,1960 年 8 月 1 日起每天进行 08、14、20 时(北京时)3 次观测,夜间不守班。

发报种类 从 1961 年 2 月开始编发天气报、旬月报。

电报传输 1961 年 2 月开始用电话传送到县邮电局后以电报形式传递省气象台，1987 年建成甚高频电台并传输数据，1993 年 1 月实现气象信息程控电话传输，2008 年 1 月通过专网向省气象信息中心传输资料，2003 年 1 月改为 PSTN 电话拨号方式，2008 年 12 月改为 SDH 2 兆宽带网络传输。

气象报表制作 制作气表-1 和气表-21，一式 2 份，1 份报省气象局审核存档，1 份留站存档。

资料管理 建站以来地面观测原始资料和报表底本由本站保存，上报报表由省气象局资料中心审核并归档。2007 年 4 月开始，所有观测原始资料移交省气象局资料中心管理。2008 年 1 月开始通过专网向省气象局传输资料，停止报送纸质报表。

自动气象观测站 CAWS600 型自动气象站始建于 2002 年 4 月 18 日，同年 5 月 1 日并轨运行，观测项目有：气温、气压、湿度、风向、风速、降水、地温（地面、地层 5、10、15、20 厘米）等七个气象要素。2003 年 1 月开始人工和自动观测双轨运行，以人工观测为主；2004 年 1 月起以自动气象站观测为主。2006 年在总寨镇、2007 年在多巴镇分别建成 2 个七要素自动气象站，2008 年 10 月，在田家寨镇、拦隆口镇 2 地建成温度、雨量两要素自动气象站。

②农业气象观测

观测时次和日界 观测作物播种到成熟期间发育期观测、生长状况测定、产量结构分析，气象灾害和病虫害的观测调查和主要田间工作记载。观测采用北京时，以 20 时为日界。

观测项目 湟中县气象站属国家农业气象二级观测站。从 1959 年始，按省气象局要求逐步开展农作物发育期观测，观测年代断断续续，观测作物品种不固定，主要有蚕豆、马铃薯、春小麦、油菜等。2007 年 3 月 2 日，省气象局下发《青海省农业气象监测业务工作实施方案》（青气办发〔2007〕16 号），固定观测项目为春小麦、马铃薯。2008 年 3 月 15 日按省气象局《关于调整全省农业气象个别监测项目的通知》（青气办发〔2008〕27 号）要求取消了马铃薯观测项目。

观测仪器 观测仪器有烘土箱、电子天平、取土钻和取土盒。

农业气象情报 编发 AB、TR 报。

农业气象报表 编制农气表-1，农气表-2-1，一式 2 份，1 份报省气象局审核存档，1 份留站存档。

③土壤水分观测

1983 年以后土壤水分观测工作逐步进行，观测土壤水分深度为 50 厘米（观测层次：0～10、10～20、20～30、30～40、40～50 厘米），逢 8 日进行观测。

④生态气象观测

2003 年 5 月 1 日起开展土壤水分及土壤特性监测，观测项目是轻、中、重干旱耕种地段土壤水分及干土层厚度观测。

⑤物候观测

从 1959 年开始，逐步开展车前、蒲公英、马蔺物、小叶杨及雪、雷声、闪电、霜、严寒开始、土壤表面物候观测项目。2010 年开始,取消车前、马蔺观测项目。

2. 气象信息网络

通信现代化 2008 年 1 月建成省、市、县气象局域网,并发送接收邮件。

信息接收 1999 年 9 月随着气象部门综合信息传输系统工程建设,PC-VSAT 地面卫星单收站建成。

信息发布 1961 年 2 月—1998 年 7 月报文通过邮电局传输到省气象局通信台。1987 年建成甚高频电台,进行信息传输、业务联系和天气会商;1993 年 1 月实现气象信息程控电话传输,2003 年 1 月改为 PSTN 电话拨号方式,2008 年 1 月通过专网传输资料,2008 年 12 月改为 SDH 2 兆宽带网络传输。

3. 气象预报预测

短期天气预报 建站初期,利用群众经验、农谚、单站资料和云天演变情况制作发布预报。1983 年 3 月开始利用传真机接收天气图,结合省台指导预报制作短期预报。1996 年运用数理统计方法建立了一些预报模式和工具,延用多年。2001 年开通地面卫星接收站(PC-VSAT),天气预报资料丰富、多样。

中期天气预报 直接应用省气象台对本地的中期天气预报指导产品。

短期气候预测(长期天气预报) 直接应用省气象台对本地的短期气候预测指导产品。

4. 气象服务

①公众气象服务

初期主要通过县广播站发布 24 小时、48 小时晴雨预报。1996 年 8 月,与邮电局合作,正式开通"121"天气预报自动答询电话系统,以满足社会各界对气象信息服务的需求。2003 年 5 月,建成电视天气预报节目制作系统。电视天气预报节目由县气象局制作,送县广电局播放,每晚播放一次。2004 年 1 月"121"电话升位为"12121",全省的天气预报答询电话系统和手机短信业务实行集约经营,由省气象科技服务中心统一管理。

②决策气象服务

在 20 世纪 60 年代以后,为农林牧引种、试种、推广方面提供气象服务。2004 年 7 月开通手机短信气象服务业务,为各级党政领导及时发送气象信息、预报预警信号。

③专业与专项气象服务

专业气象服务 专业气象服务可追溯到 20 世纪 60 年代,根据当时的实际情况,有针对性地在作物引种、蚕豆上山、适宜播种、不同界限积温预报方面都做了很多工作。特别在不同海拔高度早晚熟作物品种的布局、早晚霜冻预报、第一场透雨预报、春旱及秋季连阴雨预报方面开展了专业服务。20 世纪 80 年代中期,开展了针对砖瓦厂、煤场、蓄水期等专业预报。进入 21 世纪,逐步开展森林火险等级、冰雹临近、野外施工大风、塔吊安装风向风速、节庆气象保障专业预报,对新建改建工矿企业的气候条件论证分析、可行环境评估等方面的专业气象服务。

人工影响天气 20 世纪 60 年代主要以防雹和防霜为主,以土火箭和熏烟为手段;进入 70 年代后,逐步在人员、装备、作业方式方面日臻规范。由简易单管"三七"高炮过渡到军用双管"三七"高炮,由单点作业到区域联防,进一步提高防御性能;从最初的高炮、飞机增雨,到新世纪的火箭、飞机增雨;从春季人工增雨到秋季增雨及冬季的生态增雨(雪)。现在湟中县共有"三七"高炮 25 门,多管火箭炮 4 门,民兵 78 名,作业指挥 8 名。

防雷技术服务 2004 年开始定期对县域内雷电防护装置技术性能进行安全检测。

5. 科学技术

气象科普宣传 近几年,每年都会利用冬季农闲时节参与农业实用技术下乡活动,宣讲气象知识与灾害防御。每年"3·23"世界气象日,更是科普宣传的大舞台,每次都会精心筹划,认真对待。每年均有中小学生来县气象站参观地面观测和预报服务的主要流程,学习气象知识,了解气象科学。

气象科研 1981 年开始开展的对全县气候资源调查普查区划工作,抽调专人组成区划小组,建立了 12 个气象观测点,对县域内有代表的乡镇进行气象观测,依据气候相似性原理进行分区区划,撰写的《湟中县气候资源调查区划》获省区划办区划成果二等奖。

1990 年承担《麦茬复种大白菜》通过验收,1991 年获县科研成果二等奖。

气象法规建设与社会管理

法规建设 2006 年县政府下发《关于将雷电防护工程建设纳入基本建设管理程序的通知》,极大地推进湟中县的雷电防护安全工作。

制度建设 先后制定、补充完善了《廉政建设和反腐败工作制度》、《公务接待制度》、《重大事项议事规则》、《财务管理制度》、《预算外资金管理办法》、《绩效工资考核办法》、《津补贴发放标准》等制度及各种应急预案。

社会管理 2002 年 3 月成立湟中县人工影响天气管理局、湟中县防护雷电管理局,并成立了执法队伍,同年纳入县安全生产委员会,负责全县的防雷安全、人工影响天气作业和系留气球的管理工作。

依法行政 湟中县气象局严格执行建立探测环境保护工作制度,依法保护气象探测环境,积极履行雷电防护管理职责。

政务公开 组成政务公开领导小组和监督小组,制定了一系列政务公开规章制度和实施办法,对单位内部先进工作者、优秀党员的评选,年终考核评定结果,财务预算内、预算外资金运营,岗位工资发放,出差、公务用车,基建项目的招标等职工关心的问题,实行公示制度。

党建与气象文化建设

1. 党建工作

党的组织建设 湟中县气象局党小组隶属于县人工影响天气管理办公室党支部,现有党员 3 名。

党风廉政建设　先后制定了《廉政建设和反腐败工作制度》、《公务接待制度》、《重大事项议事规则》、《财务管理制度》、《预算外资金管理办法》等制度。

2. 气象文化建设

精神文明建设　经常开展"文明职工"、"五好家庭"、"业务竞赛"等竞赛活动,形成团结、和谐、奋发向上的工作和生活氛围。

文明单位创建　经过多年的软、硬环境建设和综合改善,气象站面貌焕然一新,职工的工作、生活环境得到改善,建起了符合业务标准的办公区、观测场和满足职工文化生活需求的图书阅览室、职工活动室和室外活动场。站区得到绿化美化,配套设施齐全,职工文体活动丰富多彩。

个人荣誉　1995—2008 年,有 7 人次被中国气象局授予"质量优秀测报员"称号;1 人被中国气象局评为"气象服务先进个人"。

台站建设

建站伊始,借用当时农场的房屋,后来陆续投资改造。1977 年筹建新址,翌年整体搬迁。当时与县农林局防雹防霜办公室合在一起,共有 2 排土木平房 24 间,1980 年 2 单位分开时分得平房 16 间。1986 年省气象局投资修建综合办公楼 1 幢,建筑面积 980 平方米;2002 年修建 201 平方米的业务办公室,使县气象局的办公条件有很大变化;2006 年对综合办公楼进行改造,建筑面积达到 1500 平方米,极大地改善了办公和居住环境。

西宁市气象站

机构历史沿革

始建情况　西宁市气象站始建于 1954 年 1 月 1 日,当时名为青海省西宁市气象站,位于北纬 36°53′,东经 101°55′,观测场海拔高度 2261.2 米,站址在西宁市城西区五四大街 7 号,后站址名变为西宁市城西区五四大街 19 号(省气象局大院)。

站址迁移情况　1969 年 11 月 1 日迁至西宁市城北区廿里铺莫家泉湾村(原址仍开展部分工作),位于北纬 36°43′,东经 101°45′,观测场海拔高度 2295.2 米;1974 年 1 月重新标定地面观测场位置,更改为北纬 36°37′,东经 101°46′,海拔高度不变。

历史沿革　1954 年 12 月更名为青海省西宁气象台,1962 年 1 月更名为青海省观象台,1965 年 11 月更名为青海省气象台。1969 年 1 月成立青海省气象台探空站。1969 年 11 月迁址,站名为青海省气象台廿里铺气象站。同时,位于西宁市城西区五四大街 19 号的观测场仍保留部分地面观测业务,更名为青海省气候站(夜间不守班)。1973 年 1 月青海省气象台廿里铺气象站地面观测组迁回西宁市城西区五四大街 19 号,将青海省气候站更名为青海省气象台(夜间守班),从事国家基本站观测业务。1975 年 5 月青海省气象台廿里铺气象站更名为青海省气象台青年探空站。1995 年 1 月更名为青海省气象台廿里铺气象站,同时,青海省气象台地面观测业务再次迁至青海省气象台廿里铺气象站。青海省气象台地面观测部分业务保留,更名为青海省气象台市区地面观测点(夜间不守班),无人员编制,有关业务由青海省气象台廿里铺气象站地面测报人员承担。2002 年 1 月 1 日,青海省气象台廿里铺气象站更名为西宁市气象站,同时青海省气象台市区地面观测点更名为西宁市气象站市区地面观测点。

管理体制 西宁市气象站从成立至 2001 年 12 月 31 日,由青海省气象台直接管理,分地面观测科、高空探测科。2002 年 1 月 1 日归属西宁市气象局管理。

机构设置 从成立至 2001 年 12 月 31 日,分地面观测组(科级)、高空探测组(科级)。2002 年 1 月内设地面观测组、高空探测组。

单位名称及主要负责人变更情况(地面观测)

单位名称	姓名	民族	职务	任职时间
青海省西宁市气象站	代加洗	汉	站长	1954.01—1954.11
			台长	1954.12—1955.08
青海省西宁气象台	徐建伟	汉	台长	1955.08—1956.05
	吴振斌	汉	台长	1956.05—1957.08
	沈传明	汉	台长	1957.09—1958.10
	唐芸芳	汉	台长	1958.11—1960.08
青海省西宁气象台	陈正金	汉	台长	1960.08—1961.12
				1962.01—1962.02
青海省观象台	李应宏	汉	台长	1962.03—1964.12
青海省气象台	黄承秀(女)	汉	台长	1965.01—1965.11
				1965.11—1969.10
青海省气象台廿里铺气象站			站长	1969.11—1972.12
			组长	1973.01—1977.10
	代儒英(女)	汉	组长	1977.11—1978.09
	董定福	汉	组长	1978.10—1984.12
青海省气象台(观测组)	薛建芳	汉	组长	1985.01—1988.10
	朱尽文	汉	组长	1988.11—1994.04
	拓青萍(女)	汉	组长	1994.05—1994.12
青海省气象台廿里铺气象站			站长	1995.01—2000.12
	李 强	汉	站长	2001.01—2001.12

单位名称及主要负责人变更情况（高空探测）

单位名称	姓名	民族	职务	任职时间
青海省西宁市气象站	代加洗	汉	站长	1954.01—1954.11
			台长	1954.12—1955.08
青海省西宁气象台	徐建伟	汉	台长	1955.08—1956.05
	吴振斌	汉	台长	1956.05—1957.08
	沈传明	汉	台长	1957.09—1958.10
	唐芸芳	汉	台长	1958.11—1960.08
	陈正金	汉	台长	1960.08—1961.12
				1962.01—1962.02
青海省观象台	李应宏	汉	台长	1962.03—1964.12
青海省气象台	黄承秀（女）	汉	台长	1965.01—1965.11
				1965.11—1968.12
青海省气象台探空站	徐天福	汉	站长	1969.01—1969.10
				1969.11—1975.05
青海省气象台廿里铺气象站	高俊英	汉	站长	1975.06—1976.08
	杨淑芝（女）	汉	站长	1975.03—1975.05
				1975.05—1982.09
	刘继章	汉	站长	1982.09—1984.10
青海省气象台青年探空站	陈长安	汉	站长	1984.10—1989.06
	陈新军	汉	站长	1989.07—1993.11
	许正旭	汉	站长	1991.12—1994.12
青海省气象台廿里铺气象站				1995.01—1995.03
	李继诚	汉	站长	1995.04—2001.12

单位名称及主要负责人变更情况

单位名称	姓名	民族	职务	任职时间
西宁市气象站	李继诚	汉	站长	2002.01—2004.06
	王发智	汉	站长	2004.06—2008.04
	王　清	汉	站长	2008.04—

人员状况　1954年建站之初有8人。1955年后人员编制不断增加,1998年有20名中等专业学历的职工从事大气探测工作。建站50余年来先后有200多人在西宁市气象站工作过。截至2008年底,有职工14人,其中:大学学历3人、大专学历2人、中专学历9人;中级职称9人,初级职称5人;50岁以上1人,40～49岁11人,40岁以下2人;女职工9人。

气象业务与服务

　　青海省西宁市气象站,承担国家基本观测站业务和小球测风业务,其业务职责对上级主管部门分别独立负责。

1. 气象观测

①地面气象观测

观测项目 观测项目有:云、能见度、天气现象、气压、气温、湿度、降水、地温(浅层地温、深层地温)、风向、风速、日照、冻土、雪深、雪压、蒸发(大型蒸发、小型蒸发)、辐射(总辐射、净辐射)、下垫面状况、酸雨等。

1954 年 4 月增加曲管地温 5、10、15、20 厘米浅层地温的观测项目。1954 年 5 月 1 日增加 05、11、17、23 时 4 个时次的补绘报观测项目。1955 年 5 月增加雨量自记记录仪的观测项目。1955 年 6 月增加编发气象旬报项目。1955 年 8 月增加直管地温 40、80、160、320 厘米深层地温的观测项目。1959 年 1 月增加日射观测,观测项目有总辐射、净辐射、下垫面状况。1992 年 1 月增加酸雨观测,观测项目有电导率、pH 值。1992 年 4 月 1 日停止 160、320 厘米深层地温的观测。1996 年 1 月 1 日恢复 160、320 厘米深层地温的观测工作。1996 年增加了大型蒸发观测。

观测时次 从 1954 年 1 月—1960 年 6 月,昼夜守班,每天进行 01、07、13、19 时(地方时)4 个时次定时报观测。1960 年 7 月 1 日改为每天进行 02、08、14、20 时(北京时)4 次定时报观测。

发报种类 每天编发 02、08、14、20 时 4 个时次的定时绘图报和 05、11、17、23 时 4 个时次的补绘报,发报内容有:云、能见度、天气现象、气压、气温、风向风速、降水、雪深、地温、大风、冰雹直径等;每月编发气象旬(月)报、每天编发酸雨报,人工增雨期间编发增雨报。

气象信息网络 建站初期,所有气象报文通过磁式电话传输,1993 年 1 月使用程控电话传输,2001 年 1 月开始,利用计算机拨号上网的方式通过电信网络传输,2008 年 12 月建成省—地—县 2 兆数字宽带网,将各类气象电报传至省气象通信台;气象电报传输实现了网络化、自动化、传输及时、可靠。

气象报表制作 气表-1 和气表-21。建站后每月编制气象月报表,年初编制气象年报表,用手工抄写方式编制,报省气候中心,本站留底本存档。1984 年 PC-1500 袖珍计算机取代人工编报,从 1998 年 4 月开始使用微机编制报表,向上级气象部门报送电子版数据文件和纸质报表。

资料管理 建站以来地面观测原始资料和报表底本由本站保存,上报报表由省气候中心审核并归档。

自动气象观测站 2000 年 9 月建成了 Milos 500 型自动气象站,10 月并轨运行,2004 年 1 月 1 日起以自动观测为主。观测项目有:气压、气温、湿度、降水、地温(浅层地温、深层地温)、风向、风速、大型蒸发、辐射(总辐射、净辐射)。

②高空气象观测

探空 1967 年 4 月 1 日探空仪由 P3-049 型改为 059 型,1969 年 11 月 1 日改为 701 雷达综合探测。高空探测项目有:高空气压、温度、湿度、风速、风向等。

每天编发 07、19 时 2 个时次的 TTAA、TTBB、TTCC、TTDD、PPBB、PPDD。探空发报内容有:高空气压、温度、湿度、风向风速、规定高度、规定等压面高度以及各规定层的时间。1983 年 8 月配备 FX-702P 计算机代替绘图板进行风向、风速的计算。1984 年 8 月配备 PC-1500 袖珍计算机代替人工探测数据资料的计算和测风资料的计算。1991 年 1 月 1 日配备了 59-701 微机处理系统自动处理探空及测风记录。2005 年 1 月 1 日配备 L 波段雷达探测及微机处理系统,利用数字探空仪自动探测处理探空及测风记录。

测风 1954 年 1 月建站时,每天 07、19 时 2 个时次用五八式经纬仪进行小球测风探测,1958 年 10 月 1 日起改用 701-X 经纬仪进行高空测风。1969 年 11 月 1 日改为 701 雷达综合测风。

制氢 1954 年 1 月 1 日用苛性钠(NaOH)或烧碱 2.3 千克,矽铁粉($SiFe_2$)1.8 千克和水 15 公升的比例利用法式制氢筒化学反应自制氢气。1982 年 3 月 15 日停止使用化学反应自制氢气,购买工业压缩氢气保障业务运行。

科学管理与气象文化建设

1. 科学管理

制度建设 建立了《西宁市气象站安全管理制度》、《西宁市气象站政治及业务学习制度》、《西宁市气象站财务管理制度》、《西宁市气象站政务公开制度》、《西宁市气象站请假报告制度》、《西宁市气象站氢气管理制度》、《西宁市气象站应急管理制度》等一系列较为完善的管理制度。

政务公开 公开主要内容有:年度财务收支情况、目标考核完成情况、基础设施建设实施情况等,定期在公示栏公布,以上内容每季度公示一次,同时对干部任用及其他职工关心的问题,不定期通过公示栏进行公示。

2. 党建工作

党的组织建设 建站到 2001 年 12 月与省气象台同一个支部。2002 年 1 月西宁市气象局成立后,西宁市气象站成立了党支部,有党员 3 人。

党的作风建设 党支部制定了学习计划和学习制度,先后开展了"八荣八耻","保持共产党员先进性教育"和"深入学习实践科学发展观"等活动,认真落实党风廉政建设目标责任制。定期安排活动,发挥战斗堡垒作用和党员的先锋模范作用。

党风廉政建设 制定相关制度,认真落实《党风廉政建设责任书》,根据党风廉政建设年度工作安排和计划开展工作,并建立了廉政档案。

3. 气象文化建设

开展文明创建工作,组织职工学习政治、法律法规和专业知识,努力建设一支遵纪守法、清正廉洁和高素质的职工队伍。建有满足职工文化生活所需的图书阅览室、职工活动室和室外活动场,安装健身器材,职工文体活动丰富多彩。对站区实施了绿化和美化,环境幽雅。

4. 荣誉

1992—2008 年,西宁市气象站个人获奖共 88 人次,其中 14 人次被中国气象局授予"质量优秀测报员"称号。

台站建设

建站初期有办公业务用房 8 间,使用面积 112 平方米,职工宿舍 6 间 84 平方米。2001 年省气象局投资 43 万元对气象站进行了综合改善。2006 年省气象局投资 120 万元新建二层综合楼,建筑面积 558 平方米,设有综合观测值班室、资料室、办公室、会议室、休息室、接待室、贮藏室、宿舍等,工作和生活环境得到了彻底改善。2008 年对院内环境进行绿化,有草坪面积 12000 平方米,硬化道路,栽种观赏树,绿化率达 80％,环境优美。

2000 年综合改善前观测场与值班室

2007 年综合改善后观测场与值班室

海东地区气象台站概况

海东地区位于青海省东北部,"海东"以位于青海湖东而得名。总面积1.35万平方千米,总人口157.58万,是青海省农畜产品的主要生产基地和集散地。东部与甘肃省的天祝、永登、兰州、永靖、临夏、甘南等州(市)县毗邻,其他三面与本省海北、西宁、黄南等州(市)接壤。地处祁连山支脉大板山南麓和昆仑山系余脉日月山东坡,属于黄土高原向青藏高原过渡地带。境内山峦起伏,沟壑纵横,地形复杂,属干旱半干旱的高原大陆性季风气候,地理分布差异大,垂直变化明显,年平均气温2.5~8.7℃,年总降水量265.9~491.2毫米,无霜期90~185天,作物生长期在196~250天之间。主要气候特点是:四季不分明,冬无严寒,降水稀少,夏无酷暑,雨热同季,昼夜温差大。气象灾害有干旱、冰雹、霜冻、洪涝、强降温、低温冻害、雷电、大风、沙尘暴、秋季连阴雨、干热风和龙卷风等,尤以干旱和冰雹危害较甚。

气象工作基本情况

所辖台站概况 海东地区气象局下辖平安县、互助土族自治县(简称互助县)、乐都县、民和回族土族自治县(简称民和县)、循化撒拉族自治县(简称循化县)、化隆回族自治县(简称化隆县)6个县气象局,其中民和县气象局为国家基准气候站,其余为国家一般气象站。

历史沿革 海东地区从1955年10月—1958年12月相继建立了互助、乐都、民和、化隆、循化县气象站,均为正科级事业单位。为便于开展服务工作和人员生活,将原建在乡下农场的乐都和互助县气象站搬迁至县政府所在地。1987年8月海东地区行政公署气象台成立;1989年1月经省气象局批准,海东地区行政公署气象台全面接管了湟中、湟源、大通、互助、乐都、民和、循化、化隆八个县气象站的行政、业务、财务管理工作。1991年10月从海东地区行政公署气象台析置出海东地区气象台,为科级事业单位,1994年3月成立了平安县气象站,与海东地区气象台合署办公。同年,循化县气象站经循化县委、县政府批准更名为循化县气象局,至1996年底,海东地区气象局所辖各县气象站由当地政府逐步更名为县气象局。2001年12月底,将湟中、湟源、大通三个县气象局的人、财、物等管理权移交给了西宁市气象局。至此,海东地区气象局管辖6个县气象局,与行政区划相符。

管理体制 1979年以前各县气象站受省气象局和地方政府双重领导,以省气象局领导为主,或以地方政府领导为主的管理体制,但业务工作一直受省气象局指导。1980年体制改革后,实行气象部门与地方政府双重领导,以气象部门领导为主的管理体制。1989年1月开始,海东地区气象局行使管理权后,所属各县气象站由地区局管理,之前由省气象局直接管理。

人员状况 海东地区气象局成立初期,全区气象部门总人数为117人(其中大专以上学历49人,中级职称12人)。2002年职工总人数为100人(其中大专以上学历33人,中专及以下67人;中级职称47人,初级职称53人)。2008年定编108人,年底实有职工总数为107人,其中:大专以上学历92人(其中研究生2人,大学本科36人);中级以上职称59人(其中副研级高工1人)。

党建与精神文明创建 全区气象部门共有党支部6个,党员60人。2003年各县气象局配备了兼职纪检员,建立了科级干部廉政档案。在县气象局和直属事业单位中全面实行了局(政)务公开制度。2004年地区气象局2名同志参加了省气象局"高原天歌——青海气象人精神"演讲比赛,并获得一等奖和三等奖。截至2008年底,海东地区气象部门共建成省级文明单位3个,地级文明单位3个,文明行业1个,花园式单位4个。省级科普教育基地1处。

领导关怀 1994年5月中国气象局马鹤年副局长视察海东地区气象工作。1995年6月,中国气象局李黄副局长视察乐都和民和县气象工作。2000年5月,中国气象局刘英金副局长视察海东地区气象工作。2004年8月20日,海东地委、行署、人大、政协领导到地区气象局检查指导工作,并慰问气象职工。2007年1月,中国气象局王守荣副局长视察海东地区气象工作,并慰问全体职工。2007年5月,海东地委委员、民和县委书记巨克中同志视察民和县气象工作。2007年8月,中国气象局许小峰副局长到海东地区气象局检查指导工作。2008年8月,中国气象局郑国光局长视察互助县气象工作。

主要业务范围

地面气象观测 平安、互助、乐都、循化、化隆县气象站为国家一般气象站,承担全国统一观测项目任务,内容包括云、能见度、天气现象、气压、气温、湿度、风向、风速、降水、雪深、雪压、日照、蒸发(小型)、地温(地面和浅层)和冻土,每天进行08、14、20时(北京时)3次定时观测,向省气象通信台拍发加密天气报。其中乐都县气象站承担西宁和兰州民航以及兰州军区的预约航空报任务。

民和国家基准气候站增加E-601大型蒸发和深层地温,每天进行24次定时观测,02、08、14、20时拍发天气报,05、11、17、23时拍发补充天气报,担负气候月报发报任务,并向西宁、兰州民航及兰州军区拍发航空报。

2000年开始建设地面气象自动观测站,改变了地面气象要素人工观测的历史,实现了气压、气温、空气湿度、风向、风速、降水、地温(包括地表、浅层、深层)自动观测记录,截至2002年底,海东地区共建成6个七要素自动气象观测站。其中,民和基准气候站安装的是芬兰进口的Milos 500型自动气象站,其余均是天津气象仪器厂生产的CAWS600-B型自动气象站。2008年11月,建成了8个两要素区域自动气象观测站,分别是:平安石灰窑站、乐都高庙站、民和巴州站、互助五十站、互助丹麻站、化隆阿什努站、化隆金源站、循化文都站,增加了观测站点的密度。

农业气象观测 民和、互助为国家基本站,民和站1983年3月份开始农作物发育期观测,互助站1988年3月份开始农作物发育期观测。乐都、循化、化隆为省级情报站,1983年3月份开始农作物发育期观测。1994年开始执行新《农业气象观测规范》。平安无农业气象观测任务。

生态观测 海东地区生态观测始于2001年4月,各县气象局开始观测浅山地区轻、中、重旱三个地段的土壤干土层厚度和0～10厘米、10～20厘米、20～30厘米土壤水分,观测时间为每年2—5月、9—11月。2003年5月1日民和、乐都、平安增加的生态观测项目有:土壤风蚀度、土壤粒度、干沉降,执行的业务技术规范是《青海省生态环境监测技术方法》。2006年5月31日停止土壤风蚀度、土壤粒度和干沉降观测,保留平安县的干沉降观测项目。

天气预报 海东地区天气预报业务始于20世纪50年代末,各站利用本站资料和省气象台的指导预报,发布各县天气预报。天气预报有长、中、短期预报,1991年开始由地区气象台制作全区天气预报业务,利用压、温、湿三线图、传真图、抄收气象形势广播和电码、绘西北区小天气图等方式制作24小时、48小时短期预报,根据需求也制作3～5天的天气预报,同时开展海东各县气象站的基本资料抄录统计,逐年补充。1997年"9210"工程VSAT小站开始运行,气象信息综合分析处理系统MICAPS 1.0正式运行,为天气形势分析提供大量的数据和图表。及时升级MICAPS系统软件至3.0版本,安装了可视化会商系统,建成以数值天气预报产品为基础,以人机交互处理系统为平台、综合应用多种技术的天气预报业务流程。2006年开始以手机短信的方式对外发布灾害性天气预警信号。气象预报逐步从主观预报、宏观预报、定性预报发展到多级会商、综合预报、定量预报、精细化预报。

人工影响天气 海东地区人工影响天气工作始于20世纪60年代初,利用土火箭试验人工防雹。70年代中期,各县陆续建设固定或流动防雹作业点,利用"三七"高炮开展人工防雹作业,为当地农业生产服务。当初,开展此项工作,只靠人工识云,发射碘化银炮弹作业,发展到现在利用气象卫星、多普勒雷达等先进探测手段,形成发射火箭、施放焰弹、地面燃烧炉与"三七"高炮作业相结合的新局面。全区共建成火箭发射装置5架、地面燃烧炉3台、"三七"高炮作业点63个,专业人工影响天气作业人员达200多人,积极开展人工增雨和人工防雹作业,全区炮控面积占耕地面积的68%。

防雷技术服务 1996年海东地区气象科技服务中心与地区消防支队等单位合作,开辟了防雷、防静电、防火、防爆设施安全检测项目。之后,防雷检测服务成为气象科技服务的一个主要项目。2003年成立了民和、乐都、互助、化隆、循化县雷电防护装置检测所。2004年成立了海东地区彩云气象科技有限责任公司,取得了青海省气象局颁发的乙级防雷工程资质证,可承接防雷工程建设项目。2005年地区气象局将防雷装置检测等业务下放给了各县气象局,开展防雷检测、防雷工程验收和雷电灾害调查评估等工作。

气象通信网络 建站初期各县气象站利用"摇把子"电话将气象电报传递给县邮电局,县邮电局再电传至省气象局通信台,1998年,乐都县利用计算机拨号上网的方式上传气象电报,民和县利用单边带电台上传气象电报,互助、循化、化隆县气象局利用电话直传海东地区气象台,上报省气象局通信台。2003年1月1日自动气象站正式运行后,各台站利用计算机拨号上网的方式将各类气象电报发往省气象局通信台。2008年11月建成省—

地—县2兆数字宽带局域网(集数据网络传输、远程监控、视频会商等系统为一体),实现了各类气象电报数字化高速传输,为地面测报、天气预报等气象业务工作提供了强有力的通讯技术支撑。

1981年以前,各县气象站气象信息接收主要依靠收音机收听气象电码广播。1981年开始,各县气象站相继配备了"123"传真机,接收天气形势分析和预报传真图。海东地区气象局成立后,继续收听气象广播和使用"123"气象传真机,1998—2000年海东地区气象台和各县气象局相继建成了气象卫星综合应用业务系统、PC-VSAT单收站,同时气象信息综合分析处理系统MICAPS 1.0在全区气象台站投入业务运行,2008年MICAPS 2.0系统升级为MICAPS 3.0系统,接收气象卫星广播的各类气象资料、天气分析图、卫星云图、数值预报产品。

1996年以前,气象信息发布利用邮寄、电话、传真等方式发送天气预报,在当地广播站发布未来2天的天气预报。1996—1998年各县气象局相继开通了"121"天气预报自动答询电话(后升级为"12121"),使公众方便快捷地获取海东地区各县气象预报信息提供了信息平台。1997—2001年各县气象局相继建设了电视天气预报节目制作系统,将可视化的天气预报展现在公众面前,拓展了气象预报信息的覆盖面。现在通过报纸、电视、广播、网络、手机短信等方式发布各类气象信息。

气象服务 20世纪80—90年代,决策气象服务主要以书面文字发送为主。进入21世纪后,决策服务产品由电话、传真、信函向电视、手机短信、"12121"天气预报自动答询系统、互联网发展,各级领导通过上述途径能够及时掌握区域内的降水、土壤墒情等气象信息。

1990年气象服务信息主要是常规预报产品和情报资料。1991年省电视台增播了平安镇天气预报节目;1995年海东地区气象台在平安县电视台开通了平安气象信息节目;1997年海东地区气象台利用平安县电视台发布本地天气预报;2002年9月份,海东地区气象台在省交通广播电台开播了每日3次的海东地区短时天气预报栏目。2003年部分县气象局采用手机短信的方式为当地党、政领导及时发送有关气象信息。2004年海东地区气象台与地区国土资源局联合开展了地质灾害气象预警预报业务,海东地区气象台还开展了平安地区采暖节能预报。2006年开始发布灾害性天气预警信息,2008年正式执行《青海省气象灾害预警信号发布与传播办法》,发布全区气象灾害预警信号。

海东地区气象局

机构历史沿革

始建情况 1987年8月海东地区行政公署气象台成立,地址在平安县平安镇湟源路84号,位于北纬36°30′,东经102°06′,海拔高度2125.0米。

站址迁移情况 为了改善探测环境,2006年6月20日,观测场向西南方平移50米,经纬度、海拔高度均无变化。

历史沿革 1978年10月19日经国务院批准,从湟中县析置出平安县,1979年3月海东地区行政公署在平安县正式成立。1987年8月海东地区行政公署气象台成立,为县级事业单位。1991年10月在海东行政公署气象台增挂了海东地区行政公署气象处牌子。1992年12月,海东地区行政公署气象处更名为海东地区气象局。

管理体制 海东地区气象局成立后,实行气象部门与地方政府双重领导,以气象部门领导为主的管理体制。依法管理全区气象工作,履行气象主管机构的各项工作职责。

机构设置 内设办公室、人事政工科、业务科、法制办、计划财务科和会计核算中心6个职能科室,其中法制办与业务科合署办公、计划财务科和会计核算中心与局办公室合署办公,直属单位有平安县气象局、地区防护雷电中心、气象科技服务中心、地区气象局驻西宁办事处4个,其中地区气象台、地区生态环境监测站与平安县气象局合署办公。地方编制机构3个(海东地区防护雷电管理局、海东地区人工影响天气管理局、海东地区生态环境监测站)。

单位名称及主要负责人变动情况

单位名称	姓名	民族	职务	任职时间
海东地区行政公署气象台	黄发均	汉	副台长	1987.08—1990.03
	周在贤	汉	副台长	1990.03—1991.10
海东地区行政公署气象处			副处长	1991.10—1992.08
	盛国瑛	汉	副台长	1992.08—1992.11
			副局长	1992.12—1993.08
海东地区气象局	刘维功	汉	副局长	1993.08—1994.11
			局长	1994.12—2001.12
	山 巍	汉	局长	2002.01—

人员状况 建台之初职工只有5人(其中女职工1人)。截至2008年底有职工54人,其中:女职工25人;少数民族16人;大学本科以上28人,大专20人,中专以下6人;高级职称1人,中级职称32人,初级职称21人;离退休职工14人。

气象业务与服务

1. 气象观测

①地面气象观测

观测项目 云、能见度、天气现象、风向、风速、气温和湿度、气压、降水、日照、蒸发(小型)、地温(地面和浅层)、雪深、雪压和冻土。

观测时次 1988年12月1日正式开始地面观测,1990年1月1日正式列入国家气象局基层台站序列,每天进行08、14、20时3次定时观测,夜间不守班。2004年CAWS-600B型自动气象站正式运行,进行24小时连续观测,人工站作为备份,仍保留人工每日20时对比观测。

发报种类 1988年12月—1997年12月期间,使用PC-1500袖珍计算机人工录入观测数据,只观测不发报。1998年1月1日开始,每天08、14、20时编发3次小天气图报,利用电话直接传到省气象局通讯台,2002年6月开始使用微机编报并利用拨号上网的方式传输气象电报,每旬(月)底编发气象旬(月)报。2008年开始,每天08、14、20时编发3次定时天气加密报。

气象报表制作　1989年开始手工制作月、年报表,2003年开始微机录入制作月年报表。

资料管理　地面气象资料由兼职保管员统一保管。2007年3月,根据青海省气象局的统一要求,将1989年1月—2005年12月期间的气簿-1、压、温、湿、风自记纸、历史沿革簿等资料全部交由省气象档案馆统一保存。近几年形成的气象资料统一保存在地区气象局档案室。

自动气象观测站　2002年10月份自动气象观测站开始建设,2003年1月开始对比观测,以人工观测为主,2004年1月自动气象站正式单轨运行,人工站备份。气压、温度、湿度、降水、风向、风速、地温等项目由自动站进行采集,云、能、天、日照、蒸发、冻土、雪深、雪压等项目仍为人工观测。

②生态观测

观测项目及时间　从1989年1月起开始浅山地区干土层厚度的监测工作。2001年4月开始观测浅山地区0～10厘米、10～20厘米、20～30厘米土壤湿度,观测时段为每年2—5月、9—11月。2003年5月1日起增加生态观测,项目有:土壤风蚀度、土壤粒度、干沉降。执行的业务技术规范是《青海省生态环境监测技术方法》。2006年5月31日停止土壤风蚀度和土壤粒度观测。

观测地点　干土层厚度观测在平安县寺台乡新安村、古城乡沙卡村、沙沟乡沙沟村,生态观测点在平安县平安镇大红岭村。2005年2月8日,寺台乡新安村监测点停止观测,增加平安镇白家村监测点。

发报方式　土壤粒度观测每旬逢1日、干沉降每月11日向省气象局通信台拍发生态报。

编制报表　2003年开始编制生态观测年报表2份,上报省气象局1份,留存1份。

2. 气象信息网络

海东地区气象局成立初期,利用电话、甚高频电台与各县气象局进行联系和天气预报会商。1998年开始,逐步利用计算机拨号上网的方式将各类气象电报发往省气象局通信台,甚高频电台停用。2008年12月建成省—地—县2兆数字宽带局域网,实现了各类气象电报的数字化高速传输和天气预报的可视化会商。

3. 天气预报预测

短期天气预报　海东行署气象台成立后,于1990年年初开始发布海东地区未来2天短期天气预报,1991年在省电视台开始播放平安镇天气预报,开始通过电视及其他公共信息媒体向社会提供气象服务。制作发布的天气预报有:未来1～2天乡镇、旅游景点天气预报、短时临近预报、灾害性天气预报预警、交通气象预报、森林火险等级预报、人体舒适度指数预报等。

中期天气预报　制作发布未来 3～4 天天气预报、未来 7 天城镇预报、一周天气预报等。

短期气候预测(长期天气预报)　制作发布春季干旱预测、汛期气候趋势预测、冬季雪灾预测等。

4. 气象服务

①公众气象服务

每天用电话向平安县广播站提供短期天气预报,随时回答用户电话咨询。根据省气象台下发的指导预报制作月气候趋势预报、专题天气预报,打印成书面材料,直接送达或邮递到领导机关和用户单位。

1996 年 7 月 28 日与海东地区电信局联合开通"121"气象信息自动咨询系统。2004 年根据海东地区气象局的工作部署,全区"12121"气象信息自动答询系统,由过去的分县制作,改由地区气象台集中制作和管理。

平安电视天气预报自 1999 年下半年在平安电视台开播,海东地区气象台发布 24、48 小时短期天气预报,并送到电视台播出。2004 年开始向有关单位发送气象信息电子邮件,并在海东地区气象信息网、平安农业信息网上每天发布未来 3 天天气预报和各种气象服务产品。2005 年后在原有服务方式的基础上又开通了中国移动、中国联通短信发布平台,通过信息平台发送雨(雪)情信息、重要天气预报、森林火险等级预报等。2007 年开始每周两次在《西海农民报》上编发综合气象信息,内容涉及未来 3～4 天天气预报、重大天气气候事件评述、气象知识介绍、二十四节气与农业生产等。

②决策气象服务

20 世纪 80—90 年代,实行青海省东部地区重要天气联防制度,决策气象服务主要以书面文字发送为主。进入 21 世纪后,降水信息、土壤墒情等资料在电视、手机短信、"12121"天气预报自动答询系统、互联网发布。1998 年,《海东地区气象服务周年方案》下发至各县气象局执行,该方案比较详细地确定了服务的内容和服务方式。

③专业与专项气象服务

专业气象服务　专业气象服务开展时间较早,1996 年签订砖厂、煤场、苗圃,电力与公路维修维护等服务合同 14 份,1999 年签订服务合同 4 份,2002 年以后逐步萎缩。

人工影响天气　平安县春季易发生干旱、汛期多雷阵雨天气,实施人工增雨和人工防雹作业对农业生产、人民生活十分必要。现有"三七"高炮防雹作业点 5 个,作业人员 26 人。火箭增雨作业点 1 个,地面碘化银燃烧炉 1 台,作业人员 5 人。高炮防雹作业始于 1979 年,现在炮控面积达 12 万亩[①],1983 年时受雹灾面积达 8.27 万亩,至 2008 年时高炮控制区内无雹灾发生,效果显著。2006 年开始由平安县气象局组织实施人工增雨作业,采用气球携带焰弹实施增雨,2007—2008 年采用火箭和燃烧炉实施增雨,增雨效果比较明显。

防雷技术服务　自 1996 年开展防雷检测、防雷工程验收和雷电灾害调查评估、承接防

---

①　1 亩＝1/15 公顷,下同。

雷工程等,2007年开始对新(改、扩)建(构)筑物的防雷装置设计图纸进行审核,每年对各机关、企事业单位的防雷装置进行安全检测,对易燃易爆场所每年进行2次防雷防静电安全检测。

④气象科技服务

针对不同行业的服务需求,开发内容多样的特色专业气象服务产品,服务经济和社会发展。巩固"12121"电话、手机短信、传真等服务项目,保持同国土、环保、水利、林业、农业等部门的密切合作,开展地质灾害气象等级预报、草原森林火险等级预报、供暖指数气象服务以及环青海湖国际公路自行车赛专题预报、黄河极限挑战赛气象服务、全区老年人运动会等大型活动气象服务、气候影响评价等特色服务。

5. 科学技术

气象科普宣传 海东地区气象局拥有科普场地约1000平方米,每年"3·23"世界气象日、科技活动宣传周、"12·4"全国法制宣传日期间都开展气象科普宣传,上街发放科普材料,悬挂宣传横幅标语,下乡宣传气象科普知识,并向中小学校开放气象台站,广泛开展气象科普"进社区、进农村、进单位、进学校"活动,通过电视、广播、网络、报纸等形式宣传气象法律法规知识和防灾减灾知识。2006年海东地区气象局被青海省委宣传部、省科技厅、省科协联合命名为青海省科普教育基地,举办了海东地区气象局气象文化摄影展。

气象科研 1996年开展了"SPP-309台湾特大甜椒"科技项目试验,1999年开展"温棚喷施二氧化碳气肥"试验。2004年配合平安县农业局进行"平安县电脑农业专家系统"项目的气候区划工作,首次将平安县气候区划搬上网页。2005—2008年分别完成了"青海省地质灾害预报预警系统"、"海东地区春季干旱监测预报服务系统"、"平安县电脑农业专家系统气象部分"、"青海省东部交通气象灾害预报系统应用研究"等课题。

气象法规建设与社会管理

法规建设 2005年《海东地区防御雷电灾害管理办法》由海东行署印发各县人民政府、行署各部门执行。地区气象局与建设局联合下发了《关于加强全区工程建设中雷电防护工作的通知》,依法加强了对防御雷电灾害工作的社会行政管理职能。

制度建设 相继建立了《海东地区气象行政执法公示制度》、《海东地区气象行政执法责任制实施办法》、《海东地区气象行政执法过错责任追究制度》、《海东地区气象行政执法督查制度》、《气象行政执法评议考核办法》、《气象行政执法案卷评查办法》、《气象行政执法备案统计报告办法》等制度和气象行政执法工作流程、气象行政许可流程、处罚听证程序、海东地区气象局行政诉讼工作程序、气象行政复议流程等。

社会管理 2002年根据省气象局机构改革实施方案,成立了海东地区雷电防护中心,主要开展防雷工程的设计、施工和竣工验收工作,对辖区内的防雷装置进行年度检测和新建、扩建、改建的建(构)筑物,易燃、易爆、危险化学品等生产、储存、销售场所的防雷工程图纸进行设计审核。

自2003年开始,各县气象局对探测环境保护范围、标准在当地政府和有关部门进行了备案,将气象探测环境保护范围依法纳入了城镇规划中进行保护。

依法行政　随着气象部门社会管理职能的增加,2003年经过省政府法制局和省气象局的严格培训和考核,先后有32人办理了气象行政执法证,2005年成立了海东地区气象局法制办公室(与业务科合署办公),组建了全区气象行政执法队伍。

加强探测环境保护工作,对气象探测环境保护范围内建设动态,每周进行一次巡查,每季度向当地规划部门询问气象探测环境保护范围内的规划情况,并记录在值班日记中。

政务公开　2003年开始,全区气象部门推行政务公开,对重大决策、重要干部任免、重要项目安排、大额度资金使用、津贴补贴发放及群众关心的热点问题进行全公开,公开的方式有公示栏、大会、书面公开等。依据《海东地区气象行政执法公示制度》,对地、县气象行政执法单位管理的气象行政许可、处罚、听证、复议、行政审批、审查等管理内容及时进行公示,并在海东行署网站上公示海东地区气象行政执法依据。

党建与气象文化建设

1. 党建工作

党的组织建设　1989年成立海东地区气象局党支部,党建工作归海东地直机关工委领导。2008年底,海东地区气象局党支部有党员33人(其中退休职工党员2人)。

党的作风建设　海东地区气象局切实加强党的作风建设,在上级党组织的领导下,近年来,先后在广大党员中深入开展了"三讲"、"三个代表"重要思想、"保持共产党员先进性教育"、"深入学习实践科学发展观"等活动,取得了明显的成效。坚持开展党员领导干部扶贫结对子活动和联系群众活动,不断密切党群和干群关系。加强对党员干部的理想信念、道德情操、爱国主义和法制教育,广大党员干部的思想水平和政治理论素养得到进一步提高,作风建设不断加强。

党风廉政建设　全区气象部门认真抓好党支部目标管理,建立领导干部廉政档案,实行党风廉政建设责任追究制,地区气象局一把手和各单位主要负责同志每年都要签订《廉政建设责任书》。广泛开展廉洁自律教育和廉政文化墙建设,实行干部任前廉洁谈话、诫勉谈话、重大事项报告制度、领导干部收入申报制度,完善县气象局"三人决策"机制、财务收支和领导干部经济责任审计制度、领导干部年终述廉述职制度,大力推进气象廉政文化建设,不断规范领导干部的从政行为。努力提高领导干部的廉洁自律意识,自觉接受干部职工的监督,不断增强拒腐防变的能力,使党风廉政建设和反腐败工作得到加强。

2. 气象文化建设

精神文明建设　按照《海东地区气象文化建设实施方案》的要求,组织职工经常开展象棋、篮球赛及征文演讲、文艺表演等主题鲜明、内容丰富、健康向上的职工文体活动,营造良好的文化氛围。

文明单位创建　1998年被地委、行署命名为地级"文明单位"。2004年被青海省文明委命名为"省级文明单位"。2005年被中央文明委授予"全国精神文明创建工作先进单位"。

2006年,海东地区气象局与山东省烟台市气象局结成文明共建对子,得到了烟台市气象局的大力支持。

3. 荣誉

集体荣誉 2005 年被中国气象局授予"全国气象部门局务公开先进单位"。2008 年被中国气象局授予"全国气象部门局务公开示范单位"。

个人荣誉 先后共有 3 人(次)获得省(部)级综合表彰奖励;有 60 人(次)获得厅、局级综合表彰奖励。其中多人多次被中国气象局授予"质量优秀测报员"称号。

台站建设

台站综合改造 1987 年 8 月地区气象局成立后,征地 9900.49 平方米,由省气象局投资 55 万元修建了 1094 平方米办公楼,调配工作用轿车 1 辆;1997 年在地区气象局大院南面新征土地 3693 平方米;2002 年进行台站综合改善,装修了办公楼,添置了办公设施;2005 年配备了室外健身器材;2006—2007 年地区气象局完成了煤改气锅炉的安装,配备工作用车 2 辆;2008 年由中央财政投资 181 万元,修建了海东地区气象灾害预警中心,办公楼面积 965 平方米。

园区建设 自 2000 年开始,每年投资 1~2 万元,平整土地、移栽观赏树种、种植花卉和草坪,修建水泥道路,整治环境卫生。现在院内绿树成荫,草坪如地毯,各种花卉争奇斗妍,做到了绿化、美化、亮化。

办公与生活条件改善 地区气象局成立初期建成四层 3 个单元的职工住宅楼 1 栋 1080 平方米,1998 年经职工集资修建了五层 3 个单元的职工住宅楼 1 栋 2450 平方米,职工的居住条件得到改善;2008 年海东地区气象灾害预警中心办公楼建成后,地区气象局的办公条件得到改善,地区气象台搬到了宽敞的预警中心大楼,更换了计算机,建成了地面测报、天气预报会商、气象影视制作等业务平台。通过综改工程项目的实施,地区气象局冬季取暖用上了清洁能源,改善了院内环境,职工的工作和生活条件得到了提升。

民和回族土族自治县气象局

民和回族土族自治县(简称民和县)位于青海省最东隅,是内地进入青藏的门户,素有"青海门户"之称。

机构历史沿革

始建情况 1956 年 9 月建成青海省民和县东垣气候站,站址在民和县川口镇东垣滩杨家大庄,位于北纬 36°19′,东经 102°51′,海拔高度 1813.9 米。

站址迁移情况 1973 年 12 月观测场向西南方迁移 20 米,站址、经纬度、海拔高度均无变化。

历史沿革 1957 年 8 月 1 日更名为民和县气象站,1988 年 7 月更名为民和国家基准气候站,1995 年 3 月 24 日由民和县人民政府批准更名为民和县气象局,现为国家基准气候站。民和县气象局与 2002 年成立的民和县防护雷电管理局和民和县人工影响天气管理局合署办公。

管理体制 1956—1958 年,由省气象局和民和县政府双重领导,以省气象局领导为主。1959—1962 年,由县政府和省气象局双重领导,以县政府领导为主。1963—1970 年,由省气象局和县政府双重领导,以省气象局领导为主。1971—1979 年,由县政府和省气象局双重领导,以县政府领导为主。1980 年体制改革后,实行气象部门与地方政府双重领导,以气象部门领导为主的管理体制。

机构设置 现内设地面测报组、预报服务组、农气测报组。2003 年成立了防雷装置检测所。

单位名称及主要负责人变更情况

单位名称	姓名	民族	职务	任职时间
青海省民和县东垣气候站	黄发均	汉	站长	1956.09—1957.07
				1957.08—1960.12
民和县气象站	郭保民	汉	站长	1961.01—1963.12
	唐雨亭	汉	站长	1964.01—1969.12
	盖德香	汉	站长	1970.01—1979.08
	任廷玺	汉	站长	1979.08—1980.05
民和国家基准气候站	黄发均	汉	站长	1980.06—1988.07
				1988.08—1988.09
	韩忠元	汉	站长	1988.10—1992.05
民和县气象局	刘长青	汉	站长	1992.06—1995.02
			局长	1995.03—2000.03
	李存福	汉	局长	2000.04—

人员状况 建站之初有职工 3 人。截至 2008 年底,有职工 15 人,其中:30 岁以下 3 人,31～40 岁 3 人,41～50 岁 9 人;本科学历 5 人,大专学历 5 人,中专及以下 5 人;中级职称 9 人,初级职称 6 人;土族 2 人,回族 1 人。

气象业务与服务

1. 气象观测

①地面气象观测

观测项目 云、能见度、天气现象、气压、气温、湿度、风向、风速、降水、地温(浅层和深层)、蒸发(大型和小型)、日照、冻土、雪深、雪压。

观测时次 1956 年 10 月 1 日—1960 年 7 月 31 日,每天进行 01、07、13、19 时(地方时)4 次定时观测;从 1960 年 8 月 1 日开始,每天进行 02、08、14、20 时(北京时)4 次定时观测;1988 年调整为国家基准气候站后,每天进行 24 次定时气候观测;现为人工站和自动站 24 小时平行观测。

发报种类 1957年10月1日起,拍发4次绘图天气报告和4次补充绘图天气报告;1958年4月增加航空天气报告和危险天气报告编发;1988年调整为国家基准气候站后,编发05、08、14、17时4次天气报告,全年04—23时编发航空报,编发气象旬(月)报;2008年1月1日起,业务调整后,编发02、08、14、20时4次绘图天气报和05、11、17、23时4次补充绘图天气报;全年05—23时发航空报;编发气象旬(月)报和气候月报;定时或不定时编发重要天气报。

电报传输 主要传输方式为2兆局域网,备份方式56K Modem拨号传输和单边带电台传输。

气象报表制作 每月制作人工站和自动站气表-1,一式3份;每年制作人工站和自动站年报表一式3份。

资料管理 根据青海省气象局的统一要求,2007年3月,将建站至2005年12月31日期间的气象资料全部汇交到省气象档案馆统一保存,之后形成的气象资料保存在县气象局档案室。

自动气象观测站 2000年建成了Milos 500自动气象站,人工站与自动站双轨平行观测。2008年11月建成巴州两要素(温度和降水)区域自动观测站。

②农业气象观测

农业气象观测开始于1957年4月,主要开展作物生育期观测,土壤水分观测,农业气象灾害调查和病虫害观测,为国家基本站。

观测项目 冬小麦、玉米全生育期观测,土壤水分观测,物候观测,农业气象灾害调查和病虫害观测。

编报内容 有农业气象旬(月)报,土壤墒情观测加密报。

编制报表 作物生育状况观测记录年报表农气表-1,土壤水分观测记录年报表农气表-2-1,自然物候观测记录年报表农气表-3。

③生态观测

2001年4月开始观测浅山地区轻、中、重旱三个地段的土壤干土层厚度和0~10厘米、10~20厘米、20~30厘米土壤水分,观测时间为每年2—5月、9—11月。2003年5月1日增加土壤风蚀度、土壤粒度、干沉降观测,执行的业务技术规范是《青海省生态环境监测技术方法》。2006年5月31日停止土壤风蚀度、土壤粒度和干沉降观测。每旬向省气象局编发生态观测报。每年制作生态报表2份,1份上报省气象局,1份留底。

2. 气象信息网络

最早采用专用电话传递,1988年12月采用单边带电台传输报文。2000年建设PC-VSAT地面单收站,2002年采用拨号上网的方式传送报文,2008年12月建成省—地—县2兆宽带局域网,传输报文和气象资料。

3. 天气预报预测

短期天气预报 1972年后开始增加通信报务、填图工作,用简易天气图制作本县范围内的短期天气预报。

中长期天气预报   1981年开始设立中、长期天气预报组,制作并对外发布中长期天气预报。

4. 气象服务

①公众气象服务

县气象局积极开展公众服务,定期发布《决策气象服务信息》、《雨(雪)情简报》、《专题气象服务》、《农业气象专题服务》、《生态环境监测信息》、《森林火险等级预报》等多种气象服务产品,并通过手机短信和"12121"电话提供气象信息服务。2001年开始利用电视天气预报制作系统制作并发布全县天气预报,每天在县电视台播出。

②决策气象服务

民和县是个干旱、冰雹、洪涝、低温冻害、大风等自然灾害频发的地区。县气象局及时编制《周年气象服务方案》、季度和年度《气候影响评价》、第一场透雨预报、农作物适时播种期预报、干旱灾情调查报告等服务产品,报送县委办公室、县政府办公室、县人大办公室等有关单位,为领导决策提供科学依据。

【气象服务事例】   2005年春季,县气象局根据中长期天气预报,建议有关部门认真研究防旱对策,落实防旱措施,及早动员群众,组织气象抗旱服务队深入田间地头,观测土壤墒情,指导"FA"旱地龙等抗旱药剂的推广使用,为抗旱保春播提供扎实地服务。防汛期间,县气象局准确预报出8月11日全县范围内有中到大雨天气过程,县防汛办根据此次预报结果,及时通知各乡镇、各灌区、滑坡地段、泥石流易发区做好防汛准备,避免和减轻了洪水带来的损失,并为水库合理安排蓄水提供了可靠保证。2006年6月,为做好庆祝民和回族土族自治县成立20周年气象服务保障工作,从6月20日起每天制作《民和回族土族自治县成立20周年庆典活动专题预报》,通过手机短信将专题预报信息发到县委、县政府领导及组委会各成员手机上,并进行跟踪服务。此次县庆活动的气象保障工作做到了"精、准、细",受到领导和民众的一致好评。

③专业与专项气象服务

专业气象服务   气象科技服务的主要用户包括砖厂、公路队、苗圃等。一开始利用邮寄和骑自行车送达用户的方式,随着经济社会的发展,现已通过网络、短信群发等方式开展服务,服务对象也进一步扩大。

人工影响天气   积极开展人工影响天气管理工作,每年3月份对全县人工影响天气工作做出详细部署,加强工作人员的政治、业务学习,提高安全意识,要求作业人员必须持证上岗。2007年全县发生春夏连旱,旱情十分严重,民和县气象局抓住有利的天气过程,配合省气象局人工影响天气办公室开展火箭人工增雨作业,地方政府各级领导对此次人工增雨工作十分重视,时任海东地委委员、民和县委书记巨克中(图片中左二)率县委、县政府五大班子一把手亲临作业现场指挥,此次

人工增雨工作取得了良好的效果,有效缓解了全县的旱情,受到社会各界的好评。

防雷技术服务 2003年成立防雷装置检测所,对全县新、改、扩建建(构)筑物、易燃易爆场所、学校、医院、政府机关办公楼、银行系统、网吧等安装的防雷装置进行全面检测,不合格的及时进行整改,有效地减少和避免了雷击灾害的发生。

④气象科技服务

为充分利用当地气候资源,进一步挖掘生产潜力,调整农业布局,优化经济结构,提供应用气象服务。近几年,气象科技服务的项目主要有:气象信息短信、气象信息"12121"、气象信息服务终端、雷电技术防护等。有针对性的对加油加气站、天然气等高危行业实行信息直通,实现了对高危行业气象科技服务零距离。通过在要害部门、人员集中的地方设立电子显示屏,灾害性天气预报信息能够第一时间在电子显示屏上播放出来,以便高危行业有关部门采取相应的措施,避免或减少安全事故的发生。

5. 科学技术

气象科普宣传 积极开展气象科普宣传活动,每年"3·23"世界气象日对外开放气象站,邀请广大市民和青少年学生参观,发放灾害性天气预警信号、人工增雨、防雷知识、"12121"气象咨询电话内容等宣传资料,播放有关天气、气候知识的科普宣传片,利用报刊、广播、电视、网络等媒体宣传气象科普知识。积极与当地主要新闻单位联系,邀请电视台等媒体,采用新闻、专题等多种形式,广泛宣传气象科普知识。

气象科研 1994—1995年开展"小麦茬地移栽玉米"试验,获得成功;积极参与农业系统开展的科技兴农项目的试验、示范和推广工作,参加了县农业局组织实施的"设施农业"、"民和县测土配方施肥技术"、"农业重点技术推广项目"、"优质小麦生产示范基地建设"等项目的研发推广工作。

气象法规建设与社会管理

法规建设 依据《中华人民共和国气象法》、《防雷减灾管理办法》等法律法规规定,2006年民和县人民政府下发了《关于切实加强全县防雷工作的通知》,为气象事业发展营造良好的法制环境。

制度建设 建立了《民和县气象局财务管理制度》、《请假报告制度》、《车辆管理制度》等一系列较为完善的管理制度。

社会管理 每年联合县安全生产监督管理局、县消防大队、城乡建设与环境保护局等部门开展执法检查,加强全县雷电防护管理工作,做到新建建筑物必须经图纸审核,施工期间跟踪检测,竣工验收合格后,才能交付使用。每年还不定期对全县施放气球市场进行执法检查,排查安全事故隐患,杜绝责任性安全事故的发生,保障人民群众生命财产安全。

依法行政 从1990年开始每年不定期参加法律知识培训班和讲座,不断地提高执法人员的素质。加大执法力度,规范天气预报的发布渠道,依法加强气象探测环境的保护。从2000年开始配合县政府对各类气象业务管理制度进行条例化改革,颁布多项政府规范性文件。成立了行政执法队伍,4人拥有执法证,具备行政执法资格,定期对液化气站、加油站、民爆仓库等高危行业的防雷设施进行检测检查,对不符合防雷技术规范的单位,责令进行整改。

政务公开 设立兼职纪检员,实行重大财务会签和重大事项研究决定,严格执行由局长、副局长和兼职纪检员组成的"三人决策"机制。每周一次以全局会议或公示的方式,做到局务公开,政务公开。在局务公开推进过程中,讲求实效,突出重点,创新形式,不断提高局务公开工作水平。在公开内容上,重点公开与职工切身利益密切相关的事项,以及职工最关心、反映最强烈的热点问题,确保干部职工了解单位的有关财务信息,监督县气象局的管理工作。

党建与气象文化建设

1. 党建工作

党的组织建设 1991年12月成立党支部,有党员4人,隶属农业局党委领导。2003年以来,按照党支部工作计划和目标,先后发展新党员6人。截至2008年底有党员8人。由党支部牵头,开展气象科技扶贫工作,每年给帮扶对象捐赠物资价值达8000余元,多次受到县农业局党委的表彰奖励,并连续几年被评为优秀党支部。

党的作风建设 从1998年开始,县气象局党支部积极参与气象部门和地方党委举办的党章、党纪、条规、法律法规知识学习、竞赛和考试活动。定期举行党团活动,认真学习"三个代表"重要思想和践行科学发展观,党的作风建设不断得到加强。

党风廉政建设 全面加强思想、组织、作风建设和党风廉政建设,加强纪检、监察和审计工作。牢固树立服务思想,积极开展规范化文明服务活动。

2. 气象文化建设

精神文明建设 民和县气象局在局务管理、基础业务、气象服务、环境优化、局务公开等方面,始终坚持以人为本,弘扬自力更生、艰苦创业精神,把精神文明建设与职业道德教育和普法教育结合起来、与开展行业规范化服务活动结合起来,引导职工树立正确的世界观、人生观、价值观,把思想统一到努力推进气象事业发展上来,在各自的工作岗位上建功立业。干部职工及家属子女无一人违法违纪,无一例刑事、民事案件发生,无一人超生超育。深入持久地开展精神文明建设工作,政治学习有制度、文化活动有场所、远程教育有设施,职工生活丰富多彩。

文明单位创建 积极争取上级拨款和地方政府配套资金,修建草坪、运动场、花园、道路等,购置录像机、电视机、DVD播放机、健身器材、图书等设施,建成职工活动室,每年定期召开职工运动会,丰富了职工的业余文化生活。1984年12月被民和县委、县政府命名为"文明单位",2002年12月被海东地委、行署命名为"地级文明单位",2007年10月被青海省文明委命名为"省级文明单位"。

3. 荣誉与人物

集体荣誉 在1958年、1975年、1976年、1977年、1982年被省政府授予"先进单位"称号;2001年、2002年被省气象局评为"全省气象服务先进集体";2003年被中国气象局授予

"重大气象服务先进集体"称号;2003—2005年被民和县委、县政府授予"支持地方经济发展贡献奖";2001—2007年连续七年被县委、县政府授予"支持地方经济发展先进集体"。

个人荣誉　地面测报质量连年名列全省前茅。近年有89人(次)取得地面测报连续百班无错情,25人(次)获得地面测报连续250班无错情,被中国气象局授予"质量优秀测报员"称号。

人物简介　张有明,1959年2月出生,男,汉族,1979年9月参加工作,高中学历,气象工程师。在42岁时,不顾艰苦台站环境恶劣带来的不适和家人及同事的阻拦,舍"小家"而顾"大家",毅然选择了到海拔4533米的唐古拉山沱沱河气象站支援工作2年,克服了高山严重缺氧带来的身体诸多不适,出色地完成了组织上交给的任务。他在地面测报岗位上,兢兢业业,曾4次达到"地面气象测报连续250班无错情",3次被中国气象局授予"质量优秀测报员"称号,2004年5月被青海省人民政府授予"青海省劳动模范"称号。

台站建设

台站综合改造　民和县气象局按照建设一流气象台站的目标,积极争取地方政府支持,2002年包括省气象局投资共筹集资金40多万元进行综合改造,改(扩)建办公室120平方米,整治了局大院环境、修建了围墙,添置办公设施,生活环境和工作条件得到明显改善。为进一步改善广大职工的工作、生活条件,2007年省气象局投资10万元对原有的二层小楼进行装修改造,建成了职工活动室、阅览室。2008年投资24万元新建基础业务室、预报会商室和行政办公室,台站整体形象迈上了一个新的台阶。

园区建设　院内种植树木花卉,绿化美化环境;安装锅炉,解决了职工冬季取暖问题;安装电灶,为职工生活带来极大便利;安装闭路电视,丰富了职工的业余文化生活。2001年被民和县委、县政府评为"花园式单位"。

民和县气象局自创建以来经过了50多年的不断建设和发展,走过了一条艰苦奋斗的道路。通过几代气象人的艰苦努力,已建设成为拥有现代化气象观测装备、先进的网络通信技术、环境设施整洁美观的现代综合气象观测站,为气象事业的发展和地方经济建设与社会发展做出了应有的贡献。

民和县气象局旧貌(1982年)

民和县气象局现貌(2008年)

乐都县气象局

机构历史沿革

始建情况　乐都县气象局始建于 1956 年 9 月 24 日,名称为乐都县深沟气候站,站址在乐都县高店子农场深沟滩分场,位于北纬 36°29′,东经 102°19′,海拔高度 2032.4 米。

站址迁移情况　1959 年 10 月 10 日,搬迁到碾伯镇城郊;1977 年 8 月,观测场北移约 8 米;2006 年观测场在原地填土抬升 2 米,位于北纬 36°28′,东经 102°20′,海拔高度 1980.9 米。

历史沿革　1959 年 12 月 2 日,乐都县行政会议将乐都县深沟气候站更名为乐都气候站;1966 年 1 月 1 日,根据《中央气象局关于更改补充订正天气预报的名称的通知》,更名为乐都县气候服务站;1970 年 1 月 1 日更名为乐都县气象站;1995 年 8 月更名为乐都县气象局,机构为正科级。2002 年 8 月乐都县气象局与县人工影响天气管理局、县防护雷电管理局合署办公。

管理体制　建站初期,实行双重领导,以省气象局领导为主的管理体制,1958 年 4 月 27 日实行乐都县人民委员会领导,业务由省气象局指导,1963 年 3 月实行省气象局和县人民委员会双重领导,业务由省气象局负责,1970 年 11 月开始,实行县人民武装部领导,业务工作仍由省气象局负责,1971 年 8 月实行县革命委员会领导,省气象局负责业务工作。1980 年体制改革后,实行气象部门与地方政府双重领导,以气象部门领导为主的管理体制。1987 年 8 月海东地区行政公署气象台成立后,隶属于海东地区行政公署气象台管理。

机构设置　现内设气象预报服务组、农业气象组、地面测报组。2004 年成立了乐都县雷电防护装置检测所。

单位名称及主要负责人变更情况

单位名称	姓名	民族	职务	任职时间
乐都县深沟气候站	*	*	*	1956.09—1959.09
乐都气候站	沈　维	汉	站长	1959.10—1959.12
				1959.12—1965.12
乐都县气候服务站				1966.01—1967.12
	李志刚	汉	站长	1968.01—1969.12
				1970.01—1970.12
	陈广太	汉	站长	1971.01—1972.12
	孙世杰	汉	站长	1973.01—1975.12
乐都县气象站	晏述善	汉	站长	1976.01—1980.12
	高福全	汉	站长	1981.01—1987.08
	刘维功	汉	站长	1987.09—1992.01
	郭仁先	汉	站长	1992.02—1995.07
乐都县气象局			局长	1995.08—

* 表示 1956 年 9 月—1959 年 9 月,主要负责人因无资料可查,无法核实,故空缺。

人员状况　建站之初有职工4人。截至2008年底,有职工14人,其中:女职工7人;30岁以下1人,41～50岁13人;大学本科以上1人,大专11人,中专以下2人;中级职称4人,初级职称10人;少数民族3人,离退休4人。

气象业务与服务

1. 气象观测

①地面气象观测

观测项目　云、能见度、天气现象、气压、空气温度和湿度、风向、风速、降水、雪深、雪压、日照、蒸发(小型)、地温(距地面0、5、10、15、20厘米)、冻土。

观测时次　1956年10月1日开始,每天进行07、13、19时(地方时)3次定时观测,1960年8月1日改为每天进行08、14、20时(北京时)3次定时观测,夜间不守班;2007年1月1日升级为国家气象观测站一级站(昼夜守班、24次定时观测)。2008年根据省气象局文件要求,从12月31日20时后,又恢复为国家一般气象观测站。

发报种类　每天在08、14、20时编发加密天气报。1983年1月11日起,每旬末20时拍发气象旬(月)报。1959年12月开始增加航空报、危险报发报任务。

气象报表制作　制作的气象报表种类有月报表和年报表,月报表2份,1份报省气象局气候资料室,1份存档;年报表3份,2份分别报中国气象局和省气象局,1份存档。

资料管理　2007年3月根据省气象局的要求,将建站至2005年12月31日期间的气象资料全部汇交到省气象档案馆保存,县气象局只保存最近几年的气象资料。

自动气象观测　2002年11月建成CAWS600-B型七要素自动气象站,2003年1月1日开始自动气象站和人工站对比观测,2004年1月1日自动气象站正式开始运行。2007年11月,在高庙镇柳湾彩陶博物馆建成两要素(气温、降水)区域自动气象站。

②农业气象观测

农业气象观测为省级情报站,只观测发报,不制作报表。1956年11月24日根据省气象局的要求,开展目测土壤湿度;1957年4月12日增加农作物物候观测;1958年6月21日增加农业气象旬报;1960年3月28日增加仪器测土壤湿度;1962年增发春季土壤墒情报。1983年3月根据青海省气象局文件要求,增加农作物发育期观测;1989年1月根据青海省气象局的要求,增加浅山地区干土层观测;2001年4月根据省气象局文件规定,增加浅山地区重旱、中旱、轻旱地段土壤湿度观测;2007年根据青海省气象业务体制改革方案,停止春小麦发育期观测,增加玉米和马铃薯发育期观测;2008年停止马铃薯发育期观测,只进行玉米发育期观测。

2. 气象信息网络

1956—1998年气象电报通过电话传到县邮电局后,再由邮电局传至省气象局通信台;1998年8月起,开始利用计算机拨号上网的方式,将各类气象电报发往青海省气象局通信台;2008年12月建成省—地—县2兆数字宽带局域网,传输各类气象电报。

3. 天气预报预测

短期天气预报 1958 年开始开展单站补充预报工作;1983—1994 年利用传真机接收高空小天气图;1999 年 9 月建成"9210"单收站,接收各类天气图、云图、传真图、物理量场分析、数值预报等产品资料制作 24、48 小时天气预报、24 小时冰雹预报、24 小时森林草原火险天气预报。

短期气候预测(长期天气预报) 主要运用数理统计方法和常规气象图表及天气谚语、韵律关系等方法,分别作出具有本地特点的月、季度、年气候趋势预测、第一场透雨预报、晚霜冻补充订正预报等。

4. 气象服务

①公众气象服务

1958 年根据上级要求,开展单站补充预报工作,每天通过乐都县广播站发布本地天气预报;1996 年开通了"121"天气预报信息自动答询电话;2007 年 10 月通过移动通信网络开通了气象短信平台,开始以手机短信方式发送气象信息,从而保证了各类气象信息及预警信息发布的时效性。

②决策气象服务

乐都县作为青海省粮油、蔬菜生产基地,气象保障农业生产的作用尤为突出,为了保证农业生产和地方经济的发展,县气象局每年不定期制作发布《乐都县决策气象信息》、《气象信息专报》、《生态环境监测公报》等信息,及时向县委、县政府及全县各涉农部门进行发送,这些信息的主要内容有:月(季)气候趋势预测,雨(雪)情信息,土壤墒情信息,专题气象服务信息等。

③专业与专项气象服务

专业气象服务 1987 年开展了专业气象服务,服务对象主要是:煤场、砖厂、电力、矿山及其他企业等,签订服务合同,提供气象信息,减轻因气象原因造成的损失。

人工影响天气 由于乐都县所处的地理环境易受冰雹的袭击,每年 6—9 月为防雹工作的重点时段,炮控面积达 25 万亩。县人工影响天气工作由县人工影响天气办公室具体负责实施,气象部门对其业务进行技术指导。

1961 年乐都县成立防雹、防霜指挥部,由县委书记亲自管理,后来由于国家经济困难等原因,防雹、防霜规模大幅减小。1975 年设立炮点,使用"三七"高炮进行人工防雹作业,所需经费大部分由省人民政府提供。1977—1979 年连续 3 年进行高炮降水实验。火箭增雨工作从 2007 年春季开始。截至 2008 年底,全县共有高炮人工防雹点 17 个,火箭人工增雨点 1 个。

雷电防护装置检测 2005 年县气象局开展全县范围的防雷(静)电检测工作,定期对全县的液化气站、加油站、厂矿以及学校机房和教学楼的防雷设施进行检测,对不符合防雷技术规范的单位,责令限期进行整改。

④气象科技服务

1987年起开展专业气象有偿服务,1996年起与电信合作开展"121"自动答询业务,2003年开始在县电视天气预报节目上插播广告业务。

5.科学技术

气象科普宣传 由于气象工作与人民群众的生产生活息息相关,因此,利用"3·23"世界气象日、科技活动周、"12·4"法制宣传日等活动开展宣传,利用每年年初宣讲中央1号文件的时机,通过宣讲人员进村入户、进学校、进厂矿,进行宣传,重点放在气象科普知识、农业生产与气象的关系以及春季人工增雨和汛期防雹工作的意义等方面开展宣传。2005年,当防雷工作成为气象服务工作的重点时,科普宣传工作又增加了雷电防灾减灾知识,将宣传重点放在学校与防雷防静电重点单位和企业。2006年后,随着计算机网络、手机等通讯技术的普及,不定期通过天气预报版面、手机短信等方式,宣传气象知识。

气象科研 1988—1995年先后开展了"小麦茬地复种包心大白菜实验"、"山、旱地小麦喷醋防旱实验"、"山地地膜马铃薯种植推广"和"蔬菜节能温室示范推广"等气象科研工作,取得了成功并产生了较好的社会效益和经济效益。

气象法规建设与社会管理

法规建设 依据《中华人民共和国气象法》、《防雷减灾管理办法》等法律法规,2005年乐都县人民政府下发了《关于将气象探测环境依法纳入城镇建设规划的批复》(乐发〔2007〕4号),气象探测环境保护范围纳入城市规划中,从而有效地保护了气象探测环境。

制度建设 建立了《乐都县政治学习制度》、《乐都县气象局财务管理制度》、《乐都县气象局政务公开制度》、《乐都县气象局请假报告制度》、《乐都县气象局车辆管理制度》等各项管理制度。

社会管理 2004年县气象局成为县安全生产委员会成员单位,负责全县防雷安全管理和人工影响天气安全管理工作。2005年对全县各企事业单位和易燃易爆场所的防雷装置进行了防雷安全检测。2006年开展新建建筑物防雷图纸审核及竣工验收工作。

严格按《通用航空飞行管制条例》规定,加强全县范围内施放气球安全管理工作,加大执法检查力度,坚决制止违法施放气球行为,确保航空飞行安全和人民生命财产安全。

依法行政 2003年在省气象局的大力支持下,有4名同志参加了省政府法制局举办的行政执法培训,取得了行政执法证,组建了气象行政执法队伍。为了更好地贯彻执行《中华人民共和国气象法》,2007年由青海省气象局配备了照相机、录音笔等设备,为有效收集整理行政执法的材料和保障执法的有效性提供了必要条件。

政务公开 为加强气象政务公开,对气象行政审批办事程序、气象服务内容、防雷防静电项目收费标准、新建建筑物防雷图纸审核的收费标准及依据,通过县政府网站以及户外公示栏等形式向社会公布。局务公开主要内容有:年度财务收支情况、目标考核完成情况、基础设施建设实施情况等定期在公示栏公布,以上内容每季度公示一次,同时对干部任用及其他职工关心的问题,不定期通过公示栏进行公示。

党建与气象文化建设

1. 党建工作

党的组织建设　1991 年之前,县气象局为独立党支部,归乐都县农业局党总支统一管理;1991—2004 年县气象局与县人工影响天气办公室组成联合党支部;2005 年再次成立气象党支部,截至 2008 年 12 月,有党员 6 人(其中离退休职工党员 2 人),仍隶属于县农业局党总支管理。

党的作风建设　加强和改进党的作风建设,开展学习实践社会主义荣辱观、作风建设重点月、创建"五个好"党支部等实践活动,形成了为民、务实、廉洁的良好风气。不断巩固和扩大科学发展观教育成果,逐步建立了党内多项管理制度和构建党建工作的长效机制,党的作风建设得到进一步加强。

党风廉政建设　始终按照上级部门和县委、县政府的要求,认真落实党风廉政建设目标责任制,积极开展廉政教育和廉政文化建设活动,秉承着"为民、务实、清廉"的原则,清正廉明的做好各项工作。

2. 气象文化建设

精神文明建设　建站之初的干部职工,面对简陋的房屋,艰苦的环境,落后的设备,以乐观的工作精神坚守着工作岗位。1987 年通过开展气象科技服务以及广大干部职工的自力更生,使职工的生活得到了相应的改善,县气象局在工作上高标准、严要求,始终坚持"扎根高原能吃苦,钻研业务比奉献,科学管理创一流,拼搏创新谋发展"的青海气象人精神,从自我做起,从平凡的事情做起,从脚下开始,一步一个脚印地朝着既定的目标前进,精神文明建设稳步推进。

文明单位创建　县气象局在两个文明创建活动中,利用本地职工占绝大多数、人员相对稳定这一优势,积极拓展服务领域,坚持因地制宜,有力地促进了各项业务工作的顺利开展。为了丰富职工的文化生活,2007 年由省气象局配发了 4 个书柜与 2000 多册各类图书及电视组合音响 1 套,并配发乒乓球台 1 套,室内健身器材 4 套,室外健身器 4 套,设有专门的活动场所,为干部职工营造了一个适宜的生活环境。

1989 年被县委、县政府授予"文明单位"称号,1998 年被海东地委、行署授予"文明单位"称号。

3. 荣誉

集体荣誉　1989 年荣获国家气象局、中国气象学会颁发的气象科技扶贫工作先进集体三等奖。1990 年 11 月获得青海省气象局"农业气候区划成果三等奖"。1992 年被青海省气象局授予"先进气象台站"和"人工增雨先进单位"称号。1993 年 1 月被中国气象局授予"全国先进气象站(局)"称号。1993 年 12 月被青海省委、省政府授予"精神文明建设创建先进单位"称号。2002—2006 年、2008 年共 6 次被乐都县委、县政府授予"支持地方经济发展贡献奖",2007 年被县委、县政府授予"支持地方经济发展突出贡献奖"。

个人荣誉 1985—2008 年先后有 15 人(次)获中国气象局授予的"质量优秀测报员"称号。

台站建设

台站综合改造 1977 年 8 月观测场北移约 8 米,省气象局投资在观测场南面盖砖木结构办公平房 5 间。1983 年原观测场北面 6 间值班室,因破旧及距离观测场太近而拆除,新建砖混结构办公平房 200 平方米。2002 年在办公室东侧,建成砖混结构 100 平方米的锅炉房、车库,2006 年建成 350 平方米两层砖混结构办公楼 1 幢。

办公与生活条件改善 1985 年自购 1 辆摩托车,用于开展气象科技服务工作。2002 年根据工作需要,省气象局配发长城皮卡车 1 辆。2007 年底,海东地区气象局调配小轿车 1 辆。

1983 年新建 200 平方米的砖木结构宿舍 12 间。1986 年修建砖混结构职工宿舍平房一排,面积 300 平方米。1991 年建成住宅楼三层,面积为 660 平方米;2004 建成新住宅楼四层,面积 1600 平方米。

互助土族自治县气象局

互助土族自治县(简称互助县)位于青海省东北部,是全国唯一的一个土族自治县,总人口为 37.05 万,其中土族 6.3 万,占总人口的 17%。

机构历史沿革

始建情况 互助县气象局始建于 1955 年,同年 10 月 1 日正式开始工作,建站时名称为青海省互助县却藏滩气候站。站址在互助县却藏滩畜牧试验站(后改为南门峡良种示范繁殖场),位于北纬 36°49′,东经 102°09′,海拔高度 2600.0 米。

站址迁移情况 1974 年 1 月 1 日迁至互助县威远镇南郊 8 号,观测场位于北纬 36°49′,东经 101°57′,海拔高度 2480.0 米。

历史沿革 1974 年 1 月更名为互助县威远气象站,1982 年 4 月更名为互助县气象站,属国家一般气象站,正科级事业单位。1996 年 11 月由互助县人民政府更名为互助县气象局。2002 年 8 月 13 日互助县人工影响天气管理局、互助县防护雷电管理局成立,与互助县气象局合署办公。

管理体制 1956—1958 年实行气象部门与地方政府双重领导,以气象部门领导为主;1958—1962 年实行地方政府与气象部门双重领导,以地方政府领导为主;1963—1970 年实行气象部门与地方政府双重领导以气象部门领导为主;1971—1979 年实行地方政府与气象部门双重领导,以地方政府领导为主的管理体制。1980 年管理体制改革后,实行气象部门与地方政府双重领导,以气象部门领导为主的管理体制。

机构设置 现内设气象预报服务组、农业气象组、地面测报组。2003 年 12 月成立互助县雷电防护装置检测所。

单位名称及主要负责人变更情况

单位名称	姓名	民族	职务	任职时间
青海省互助县却藏滩气候站	黄永龙	汉	站长	1955.10—1957.12
	*	*	*	1958.01—1958.06
	朱瑞琨	汉	站长	1958.07—1959.07
	张水生	汉	站长	1959.08—1960.10
	*	*	*	1960.11—1961.03
	黄纯武	汉	站长	1961.04—1962.06
	朱瑞琨	汉	站长	1962.07—1964.09
	*	*	*	1964.10—1970.12
	刘顺寿	汉	站长	1971.01—1973.12
互助县威远气象站	胡 庚	汉	站长	1974.01—1976.11
	雷春元	汉	站长	1976.12—1980.03
互助县气象站	苏茂成	汉	站长	1980.04—1982.03
				1982.04—1991.12
	赵金良	汉	站长	1992.01—1996.10
互助县气象局			局长	1996.11—2000.06
	常积中	汉	局长	2000.07—2006.04
	林长沛	土	局长	2006.05—

* 表示 1958 年 1 月—1958 年 6 月,1960 年 11 月—1961 年 3 月,1964 年 10 月—1970 年 12 月期间由于领导管理体制的原因,台站负责人无法查到可靠资料,故空缺。

人员状况 1955 年建站时职工只有 2 人,截至 2008 年底有职工 10 人,平均年龄 38 岁,其中:本科学历 6 人,大专学历 4 人;工程师 9 人,技术员 1 人;土族 2 人。

气象业务与服务

1. 气象观测

①地面气象观测

观测项目 云、能见度、天气现象、空气温度和湿度、气压、风向、风速、日照、蒸发(小型)、降水、冻土、雪深、雪压、地温(距地面 0、5、10、15、20 厘米)。

观测时次 1955 年 10 月—1959 年 12 月每天进行 01、07、13、19 时(地方时)4 次定时观测,1960 年后改为每日进行 07、13、19 时(地方时)3 次定时观测,1960 年 8 月 1 日改为每日进行 08、14、20 时(北京时)3 次定时观测,夜间不守班。

发报种类 每天在 08、14、20 时编发加密天气报。1983 年 1 月 11 日起,每旬末 20 时拍发气象旬(月)报。2003 年 12 月 28 日至 2005 年 12 月 31 日向西宁民航拍发航空报。1987 年 1 月 1 日正式使用 PC-1500 袖珍计算机编发报文,减轻了地面测报人员的劳动强度,提高了地面测报质量。

气象报表制作 气象报表的制作种类有月报表和年报表,月报表2份,1份报省气象局气候资料室,1份存档;年报表3份,分别报中国气象局和省气象局,1份存档。

资料管理 2007年根据青海省气象局的要求,将建站至2005年12月31日期间的气象资料全部汇交到省气象档案馆保存。近几年的气象资料保存在县气象局档案室中。

自动气象观测站 2002年4月建成CAWS600-B型七要素自动气象站,2003年1月1日开始对比观测,2004年1月1日自动气象站正式开始运行。2003年6月改用《OSSMO AH 2002》地面气象测报业务软件编发气象电报,PC-1500袖珍计算机同时停止使用。2008年12月20日开始使用OSSMO 2004版地面测报业务软件,编发气象电报和制作气象报表。

②农业气象观测

从1988年开始开展农业气象观测工作,1990年1月1日调整为国家农业气象观测基本站。2001年8月24日,成立了互助县农业气象试验站,为国家二级农业气象试验站。2002年农业气象试验站正式开展工作。2005年在院内建成土壤水分自动监测站,测定深度为100厘米。

观测项目 农业气象观测作物为春小麦、油菜、马铃薯。

物候观测 青海小叶杨、车前、冰草、气象水文、候鸟。

土壤水分观测 1个固定地段深100厘米4个重复,2个作物地段深50厘米每种作物4个重复。

生态观测 在浅山地区重、中、轻旱三个观测地段,观测土壤干土层厚度和土壤湿度,土壤湿度每个地段深30厘米,2次重复。

其他观测 测定全省农气站观测作物的调萎湿度(不定期)。

农气预报 播种期、收获期、产量、发育期农作物病虫害预报、气候影响评价。

发报种类 农业气象旬(月)报、生态报、土壤湿度加测报。

制作报表 农作物3份、土壤水分3份、物候1份。

农业气象服务 作物病虫害预报、干旱趋势预报、气候影响评价、干土层调查等。

2. 气象信息网络

建站至1995年底,气象电报通过专线电话传至县邮电局,再由邮电局电传至省气象局通信台,1996年开始用电话直传海东气象台上报省气象局通信台。2003年自动气象站正式运行后,利用计算机拨号上网的方式将各类气象电报发往省气象局通信台。2008年12月建成省、地、县2(兆比特/秒)高速宽带局域网,各类气象电报利用宽带网络进行传输。

1981年10月配备"123"传真机并正式开展工作。1996年9月"121"气象信息自动答询系统正式运行。1997年5月互助县气象局卫星遥感终端建成,并与省气象卫星遥感中心联网。1998年10月建成气象卫星地面单收站。2001年6月开通"163"即"一线通"上网业务,租用中继线一条。2008年开通中国短信王2008A+短信发布平台,2008年10月省—地—县局域网建成,包括数据网络传输系统、远程监控系统、视频会商系统。

3. 天气预报预测

短期天气预报 24、48 小时天气预报、24 小时冰雹预报、24 小时森林火险天气预报。

短期气候预测（长期天气预报） 月、季、年度降水、气温趋势预报，第一场透雨预报，早晚霜冻预报。

4. 气象服务

气象服务是气象工作的最终目的，县气象局根据当地的实际，按照"决策服务让领导满意，专业服务让用户满意，公众服务让社会满意"的要求，本着"准确、及时、创新、奉献"的理念大力加强气象服务工作，受到了地方政府和农民群众的欢迎。

①公众气象服务

服务产品为日常天气预报、灾害性天气预报、警报和预警信号、森林火险等级预报、双休日、节假日天气预报、天气实况、生活气象指数预报等。通过手机短信、电视天气预报节目、政府网站、固定电话、纸制材料和县委电子密码邮箱（各单位之间用来相互传输公文的专用密码邮箱，由县纪委统一管理）等方式向社会传播，每天 17 时制作天气预报节目，县电视台每天 18 时 20 分、18 时 50 分、21 时 30 分播出 3 次。转折性、关键性和灾害性天气预报通过手机短信发送到县委、县政府各部门、各乡镇领导、防汛抗旱指挥部和全县所有气象信息员手中。重要降水过程以图文结合的材料通过密码邮箱发送到各级政府和县直机关各单位。

1997 年 11 月正式开展森林火险等级预报服务，2000 年 11 月 1 日电视天气预报制作系统正式运行。2004 年对电视天气预报制作系统进行了升级改造。

随着科学技术和气象现代化的迅速发展，气象信息服务方式和发布手段不断完善，覆盖面不断扩大，气象服务产品不断丰富，气象服务能力显著加强。

②决策气象服务

为各级党、政领导和决策部门指挥生产、组织防灾减灾提供气象信息。内容为天气预报，气象信息专报，农业气象服务，防汛抗旱，防火气象服务，气候资源开发建议，气象灾害防御建议，气象服务效益评估，气象灾害受损评估等决策气象服务。干旱是互助县较为严重的气象灾害之一，为监测全县各地的土壤墒情，设立了 7 个干旱监测点，对全县旱情进行跟踪监测，制作旱情趋势分析材料供各级党政领导和有关部门决策参考。2003 年在全县设立了 7 个人工雨量观测点，每次降水过程结束后，及时向党政领导和有关部门汇报全县降水情况，出现较大降水过程后，在《雨（雪）情公报》上以文字加资料和曲线图的形式进行服务。每年向县委、县人大、县政府以及有关单位和用户提供《互助气象服务信息》、《决策气象服务信息》、《雨（雪）情公报》等气象情报和信息。

【气象服务事例】 1997 年初春，县气象局根据省卫星遥感中心资料分析出县北山林场有火灾发生，立刻向县委、县政府和森林防火办公室进行了汇报，及时派出了由 4 名同志组成的扑火气象服务队，连夜赶赴 100 千米外的火场开展气象观测，及时提供预报和情报服务。

③专业与专项气象服务

专业气象服务 根据各行各业的不同生产过程对气象条件的特殊要求，开展专业气象服务。为环青海湖国际公路自行车赛等重大社会活动和重要节日期间发布的专题气象预报。

人工影响天气   每年制订互助县人工影响天气工作计划,报县政府批准实施。按时开展全县人工影响天气作业人员培训,并办理上岗证。指导和组织开展火箭增雨和"三七"高炮防雹等人工影响天气作业,为全县的农业生产保驾护航。为全县符合条件的作业人员办理意外伤害保险,及时向上级主管部门上报人工影响天气作业信息。

防雷技术服务   互助县雷电防护装置检测所,每年对全县所有建(构)筑物、易燃易爆场所进行防雷安全检测,对新建工程的防雷装置进行图纸审核和竣工验收。

④气象科技服务

气象科技服务范围涉及工业、农业、交通、建筑、林业、水利、旅游、保险、文化等行业,针对不同用户的需求,开展服务工作。

5. 科学技术

气象科普宣传   县气象局非常重视和加强对内、对外的气象宣传工作。曾在《青海日报》、《中国气象报》、《青海气象工作》以及县电视台等宣传媒体上刊登或报道了互助气象工作。2008年3月制作新的宣传展板160块,利用互助县传统的农历"二月二"物资交流大会、"六月六"花儿演唱会等社会活动积极开展气象科普宣传工作。每年"3·23"世界气象日期间,向社会各界特别是中小学生开展气象科普教育和气象现代化建设的宣传活动。

气象法规建设与社会管理

法规建设   依据《中华人民共和国气象法》的规定,2002年9月11日互助县人民政府办公室下发《关于依法保护互助县气象探测环境的通知》,要求县城乡建设与环境保护局、国土资源局、农业局、林业局、教育局、社会发展局、计划发展局等部门和威远镇人民政府,依法将气象探测环境纳入各自的业务工作,合理规划,规范管理,确保气象探测环境符合法定要求。

制度建设   2004年互助县气象局制定了包括道德规范、精神文明、业务、工作流程、后勤保障、行政管理、综合治理等七个方面的86项工作制度并印制成册,每年对其中不合理或不完善的部分,进行修订或补充完善,实现了管理工作的规范化和制度化。

社会管理   每年6—10月份,联合县安全生产监督管理局、公安局等部门对全县18个人工影响天气作业点的炮弹存放、作业流程、制度建设、空域申请等情况进行联合检查,确保人工影响天气工作的安全。

每年会同县安全生产监督管理局和县消防大队专门开展防雷安全专项检查。多次与县城乡建设与环境保护局、县安全生产监督管理局、县教育局等部门联合下发关于《加强全县雷电灾害防御工作的通知》,规范了全县的防雷减灾工作。对新建的各类建(构)筑物的防雷装置设计图纸进行审核,县城乡建设与环境保护局将防雷图纸审核纳入全县基本建设管理程序,使互助县防雷安全管理工作逐步走向正规。

严格按《通用航空飞行管制条例》规定,加强全县范围内施放气球安全管理工作,加大执法检查力度,坚决制止违法施放气球行为,确保航空飞行安全和人民生命财产安全。

依法开展气象探测环境保护工作,县气象局严格执行每周1次的巡查制度和每月1次的问讯制度,并将结果填写在地面观测值班日记上。

依法行政 2003 年在省气象局的大力支持下,有 4 名同志参加了省政府法制局举办的行政执法培训,取得了行政执法证,组建了气象行政执法队伍。气象行政执法工作从 2004 年开始,为了有效收集整理行政执法的材料和保障执法的有效性,2007 年由省气象局配备了照相机、录音笔等设备。

政务公开 公开的主要内容有:事关全局的改革发展事项,气象业务服务情况,财务管理和开支情况,气象科技服务与管理情况,人事变动和职工福利待遇方面的情况,党风廉政建设和文明创建情况。公开的形式:院内设置"公示栏"、"公开墙报",通过召开职工大会、群众座谈会、情况通报会等方式,定期公开。

党建与气象文化建设

1. 党建工作

党的组织建设 1991 年以前,县气象局和县人工影响天气办公室组成联合党支部。1991 年 3 月份,成立独立党支部,当时有党员 7 名(其中外单位 2 名),隶属于县农业局党总支。2006 年 3 月 28 日,互助县气象局党支部隶属中共互助县直属机关党委管理,截至 2008 年底有党员 6 名(其中退休职工党员 1 名)。

党风廉政建设 领导班子把加强党风廉政建设列入重要议事日程,认真学习贯彻有关加强党风廉政建设的要求和规定,不断完善各项规章制度,以制度来规范各项工作,从源头上预防和控制不正之风的发生。

2. 气象文化建设

精神文明建设 县气象局注重人员整体素质的提高,为提高气象职工的业务工作能力,适应气象科技日新月异的发展,局领导积极支持职工参加各种业务培训班,鼓励大家进修深造。全局干部职工及家属子女无一人违法违纪,无一例刑事民事案件,无一人超生超育。

扶贫助残是社会文明的具体表现。自 2002 年以来,县气象局积极参与定点扶贫工作,为西山乡王家庄村和松多乡什巴洞沟村先后投资 1 万元新建了党员活动室等基础设施。2008 年 5 月 12 日,四川汶川发生特大地震后,全体职工先后捐款 1750 元支援灾区重建,体现了一方有难八方支援的社会新风尚和气象干部无私奉献的优秀品质。

文明单位创建 深入持久地开展文明创建工作,每年的"三八"妇女节、中秋节、元旦、春节等重大节日期间,局工会都组织职工开展丰富多彩的文化娱乐活动。组织参加了省气象局建局 50 周年文艺汇演;2005 年组建气象局代表队参加了互助县农业系统体育运动会,获得 6 枚奖牌;2006 年选派 1 名职工参加了全省和全国的气象部门体育运动会;2005 年以来多次参加全省和全国气象部门廉政文化建设作品征集活动,有 1 名同志的作品录入中国气象局和省气象局的廉政文化建设作品集。单位院内修建了体育锻炼场地,购置安装了 10 件健身器材。建有职工活动室,购买了录像机、电视机、DVD 机、乒乓球台、斯诺克台球等设施。建有阅览室,自购书柜 2 个,自购藏书 300 册,现有藏书 988 册。

1991年1月被互助县委、县政府命名为"文明单位";1998年3月被海东地委、行署命名为"地级文明单位";2000年被青海省精神文明建设指导委员会授予"创建文明行业先进单位"荣誉称号;2000年7月被互助县文明委命名为"花园式单位";2001年被中国气象局确定为全国"气象部门文明服务示范单位";2004年被青海省委、省人民政府命名为省级"文明单位"。

3. 荣誉与人物

集体荣誉 1994年4月被青海省气象局评为"气象服务先进单位";1997年3月被中国气象局评为"汛期气象服务先进集体";2005年被中国气象局评为"全国气象部门局务公开先进单位";2007年3月被中共互助县委、县政府授予"平安单位";2008年被青海省气象局评为全省气象部门先进单位。

个人荣誉 1984年9月27日,彭兴素同志被青海省人民政府授予"青海省劳动模范"称号。近年来,有10人(次)通过250班无错情验收,被中国气象局评为"质量优秀测报员"。

人物简介 彭兴素,女,汉族,四川省乐山市人,1938年5月出生,中专学历,气象工程师,1956年5月参加工作。1980年11月—1985年6月在互助县气象站工作,在地面测报岗位上,曾2次取得了"连续250班无错情"的优异成绩,被中国气象局授予"质量优秀测报员"称号。1984年9月被青海省人民政府授予"青海省劳动模范"称号。

台站建设

互助县气象局现占地面积7540.4平方米。1974年迁站时,修建砖木结构平房12间,工作生活条件十分简陋。1986年5月省气象局投资14.5万元修建砖混结构的办公楼583.2平方米。1995年4月修建砖混结构的职工住宅楼8套共645.66平方米。2000—2004年,先后2次对办公楼进行了综合改善,室内进行了装修,更换了门窗,封闭了走廊,配备了办公桌椅、沙发。院内进行了绿化和硬化,修建了锅炉房和库房,安装了取暖锅炉,配备了工作用小轿车。

经过几十年的发展,互助县气象事业从小到大,服务手段从单一到全面,气象装备、办公条件从简陋到现代化,记录了气候的变迁,见证了经济社会的发展与进步。

循化撒拉族自治县气象局

循化撒拉族自治县(简称循化县)地处青藏高原东北部河谷地带,是全国唯一的撒拉族自治县,全县9乡1镇,总人口12.7万,其中撒拉族占全县人口的62.17%。

机构历史沿革

始建情况 循化县气象局始建于1958年9月,1959年1月1日正式开始工作,站名为

循化积石气候站,站址在循化县积石镇瓦匠庄村,位于北纬35°50′,东经102°33′,海拔高度1870.3米,

历史沿革 1963年1月更名为循化县气候站,1964年1月更名为循化县气候服务站,1966年3月更名为循化县气象服务站,1971年1月更名为循化县革命委员会气象站,1982年8月更名为循化县气象站,1994年1月由循化县人民政府更名为循化县气象局。2002年8月循化县气象局与循化县人工影响天气管理局、循化县防护雷电管理局合署办公。

2007年1月改为国家气象观测站一级站,2008年12月31日20时后,又恢复为国家一般气象站。

管理体制 建站至1970年12月,由省气象局和循化县政府双重领导,以省气象局领导为主。1971年1月—1982年3月,以地方政府领导为主(其中1971年5月—1972年12月,由县人民武装部管理)。1980年体制改革后,实行气象部门与地方政府部门双重领导,以气象部门领导为主的管理体制。1987年8月,海东地区行政公署气象台成立后,隶属海东地区行政公署气象台管理。

机构设置 现内设气象预报服务组、农业气象组、地面测报组。2003年12月成立了循化县防雷装置检测所。

单位名称及主要负责人变更情况

单位名称	姓名	民族	职务	任职时间
循化积石气候站				1958.09—1962.12
循化县气候站				1963.01—1963.12
循化县气候服务站	唐洪祥	汉	站长	1964.01—1966.02
循化县气象服务站				1966.03—1970.12
循化县革命委员会气象站				1971.01—1971.12
	成增安	汉	站长	1972.01—1982.07
循化县气象站	唐洪祥	汉	站长	1982.08—1989.12
	郭仁先	汉	站长	1990.01—1990.12
	尚廷邦	汉	站长	1991.01—1993.12
循化县气象局			局长	1994.01—1995.12
	马成虎	回	局长	1996.01—

人员状况 建站之初只有2人。2008年定编为11人,实有职工10人,其中:30岁以下2人,31~40岁6人,41~50岁2人;大学本科6人,大专4人;中级职称5人,初级职称5人;女职工5人;少数民族5人。

气象业务与服务

1. 气象观测

①地面气象观测

观测项目 云、能见度、天气现象、空气温度和湿度、气压、风向、风速、日照、蒸发(小

型)、降水、冻土、雪深、雪压、地温(距地面0、5、10、15、20厘米)。

观测时次　1959年1月—1961年5月每天进行07、13、19时(地方时)3次定时观测,1960年6月1日起,每天进行08、14、20时(北京时)3次定时观测,夜间不守班;2007年1月—2008年12月期间台站升级为国家气象观测站一级站,每天进行02、05、08、11、14、17、20时7次定时观测;2009年1月起又恢复为国家一般站,改为每天3次定时观测,夜间不守班。

发报种类　每天在08、14、20时编发加密天气报。1983年1月11日起,每旬末20时拍发气象旬(月)报。

气象报表制作　气象报表的制作种类有月报表和年报表,月报表2份,1份报省气象局气候资料室,1份存档;年报表3份,分别报中国气象局和省气象局各1份,1份存档。

资料管理　2007年根据青海省气象局的要求,将建站至2005年12月31日期间的气象资料全部汇交到省气象档案馆保存。近几年的气象资料保存在县气象局档案室中。

自动气象观测站　2002年12月建成CAWS600-B型七要素自动气象站,2003年1月1日开始对比观测,2004年1月1日自动气象站正式开始运行。2003年6月改用《OSSMO AH2002》地面气象测报业务软件编发气象电报,同时PC-1500袖珍计算机停止使用。2008年12月20日使用《OSSMO 2004》版地面测报业务软件,编发气象电报和制作气象报表。

②农业气象观测

1984年开始农业气象观测工作,为省级农业气象观测情报站。

观测项目　农业气象观测作物为冬小麦。

生态观测　在浅山地区重、中、轻旱3个观测地段,观测土壤干土层厚度和土壤湿度,土壤湿度每个地段深30厘米2个重复。

农气预报　播种期、收获期、产量、发育期农作物病虫害预报、气候影响评价。

发报种类　农业气象旬(月)报、生态报、土壤湿度加测报。

农业气象服务　作物病虫害预报、干旱趋势预报、气候影响评价、干土层调查等。

2. 气象信息网络

建站至1995年底,气象电报通过专线电话传至循化县邮电局,再由邮电局电传至省气象局通信台,1996年开始用电话直传海东气象台上报省气象局通信台。2003年自动气象站正式运行后,利用计算机拨号上网的方式将各类气象电报发往省气象局通信台。2008年12月建成省、地、县2兆高速宽带局域网,各类气象电报利用宽带网络进行传输。

3. 天气预报预测

短期天气预报　24、48小时天气预报,24小时冰雹预报,24小时森林草原火险天气预报。

短期气候预测(长期天气预报)　月、季、年度降水、气温趋势预报,第一场透雨预报,早晚霜冻预报。

4. 气象服务

信息发布手段主要有手机短信、电视天气预报节目、政府网站、固定电话、纸制材料等。

①公众气象服务

服务产品为日常天气预报、灾害性天气预报、警报和预警信号、森林火险等级预报、双休日和节假日天气预报、天气实况、生活气象指数预报等。通过广播、电视、网络、手机短信等向社会传播,随着科学技术和气象现代化建设的迅速发展,气象信息服务方式和发布手段不断完善,覆盖面不断扩大,气象服务产品不断丰富,气象服务能力显著加强。

②决策气象服务

为各级党政领导和决策部门指挥生产、组织防灾减灾提供气象信息。内容有气象信息专报,农业气象服务,防火气象服务,气象灾害受损评估等决策气象服务。2003 年在全县设立了 3 个人工雨量观测点,每次降水过程结束后,及时向党政领导和有关部门汇报全县降水情况,出现较大降水过程后,在《雨(雪)情公报》上以文字加资料和曲线图的形式进行服务。每年向县委、县人大、县政府以及有关单位和用户提供《循化气象服务信息》、《决策气象服务信息》、《雨(雪)情公报》等气象情报和信息。

③专业与专项气象服务

专业气象服务 为中国青海循化国际抢渡黄河极限挑战赛、环青海湖国际公路自行车赛等重大社会活动和重要节日发布专题气象预报。

人工影响天气 按时开展全县人工影响天气作业人员培训,并办理上岗证。指导和组织开展火箭增雨和"三七"高炮防雹等人工影响天气作业,为全县的农业生产保驾护航,并为全县符合条件的作业人员办理意外伤害保险,及时向上级主管部门上报人工影响天气作业信息。

防雷技术服务 循化县雷电防护装置检测所,负责对全县所有建(构)筑物、易燃易爆场所进行防雷安全检测,对新建工程的防雷装置进行图纸审核和竣工验收。

④气象科技服务

气象科技服务范围涉及工业、农业、交通、建筑、林业、水利、旅游、保险、文化等行业,针对不同用户的需求,开展服务工作。

5. 科学技术

气象科普宣传 循化县气象局非常重视和加强对内、对外的气象宣传工作。曾在《中国气象报》、《青海气象工作》以及县电视台等媒体上刊登或报道了循化气象工作。每年的"3·23"世界气象日期间,都要向社会各界特别是中小学生开展气象科普教育和气象现代化建设的宣传活动。

气象科研 1997—1998 年开展了循化县花椒栽培适应性试验,取得成功后在全县推广栽培;2002—2004 年开展了循化线辣椒病虫害防治与气象条件分析研究试验,每年为种植户提供具有针对性的防治建议,取得了良好的社会效益和经济效益。

气象法规建设与社会管理

法规建设 2007年10月8日循化县人民政府办公室下发《关于依法保护循化县气象探测环境的通知》,要求县城乡建设与环境保护局、国土资源局、农业局、林业局、教育局、社会发展局、计划发展局等部门和积石镇人民政府,依法将气象探测环境纳入各自的业务工作,合理规划,规范管理,确保气象探测环境符合法定要求。

制度建设 2003年制定了县气象局工作制度并印制成册,工作制度包括:精神文明、业务学习考核、后勤保障、行政管理、综合治理、安全生产、防雷管理、人工影响天气管理等各项制度。

社会管理 每年5—9月份联合县安全生产监督管理局、公安局等部门对全县5个人工影响天气作业点的炮弹存放、作业流程、制度建设、空域申请等情况进行联合检查,确保人工影响天气工作的安全。

组织管理雷电灾害防御工作,多次与县城乡建设与环境保护局、县安全生产监督管理局、县教育局等部门联合下发有关加强全县雷电灾害防御工作的通知,并每年会同县安全生产监督管理局和县消防大队专门开展防雷安全专项检查。对新建的各类建(构)筑物的防雷装置设计图纸进行审核,县城乡建设与环境保护局将防雷图纸审核纳入到了全县基本建设管理程序,使循化县防雷安全管理工作逐步走向正轨。

严格按《通用航空飞行管制条例》规定,加强全县范围内施放气球安全管理工作,加大执法检查力度,坚决制止违法施放气球行为,确保航空飞行安全和人民生命财产安全。

依法行政 2003年在省气象局的大力支持下,有4名取得了行政执法证,组建了气象行政执法队伍,积极开展气象行政执法工作。严格执行探测环境保护中要求的每周1次的巡查制度和每月1次的问讯制度,并将结果填写在地面观测值班日记上。

政务公开 2004年设兼职纪检员1名,并制定了《循化县气象局局务公开制度》,正式开展政务公开工作。公开的主要内容有:财务管理和开支情况;气象科技服务与管理情况;人事变动和职工福利待遇方面的情况;公开的形式:院内设置"公示栏"、"公开墙报",通过召开职工大会、群众座谈会、情况通报会等方式,定期公开。

党建与气象文化建设

1. 党建工作

党的组织建设 1991年以前,县气象局和县农业局办公室组成联合党支部。1991年3月份成立独立党支部,当时有党员4名,隶属于县农业局党总支。2006年3月28日,循化县气象局党支部划归中共循化县直属机关党委管理,截至2008年底有党员7名(其中退休职工党员1名)。

党的作风建设 加强和改进作风建设,开展学习实践"三个代表"重要思想、作风建设月、创建文明党支部等主题实践活动,形成了为民、务实、廉洁的良好风气。不断巩固和扩大科学发展观教育成果,逐步建立了党内多项管理制度和构建党建工作的长效机制。

党风廉政建设 领导班子把加强党风廉政建设列入重要议事日程,认真学习贯彻有关加强党风廉政建设的要求和规定,不断完善各项规章制度,以制度来规范各项工作,从源头上预防和控制不正之风的发生。

2. 气象文化建设

精神文明建设 县气象局非常注重人员整体素质的提高,为提高气象职工的业务工作能力,适应气象科技日新月异的发展,局领导积极鼓励职工参加各种业务培训班,鼓励大家进修深造。全局干部职工及家属子女无一人违法违纪,无一例刑事民事案件,无一人超生超育。

扶贫助残是社会文明的具体表现。在街子镇孟达山村成立千亩科技扶贫点,为地方经济作物线辣椒提供农业气象服务,专门对辣椒疫霉病提出防治对策;对全县经济作物地膜瓠瓜提供气象服务,提出针对性较强的栽培技术及病虫害防治对策,为瓠瓜丰产提供了气象保障。县气象局积极参与定点扶贫工作,为白庄乡唐才村一家特困户一对一扶贫,每年重大节日期间送去面粉和过节费。2008年5月12日,四川汶川发生特大地震后,全体职工先后捐款5000元支援灾区重建,体现了一方有难八方支援的社会新风尚和气象干部无私奉献的优秀品质。

文明单位创建 开展文明单位创建活动,每年的"三八"妇女节、中秋节、元旦、春节等重大节日期间,局工会都组织职工开展丰富多彩的文化娱乐活动。单位院内修建了体育锻炼场地,购置安装10件健身器材。建有职工活动室,购买了录像机、电视机、DVD机、乒乓球台、台球等设施。建有阅览室,自购书柜8个,自购藏书250册,现有藏书800余册。

2000年被县政府文明办授予"文明单位"和"花园式单位"、"文明楼院"称号,2002年被海东地委、行署授予"地区级文明单位"称号。

3. 荣誉

集体荣誉 1993年12月、1994年3月、1997年3月、2008年2月被青海省气象局评为"先进集体";1994年2月、2000年10月被中国气象局评为"先进集体";2000年10月被中国气象局授予"98—99年气象科技兴农(扶贫)全国气象扶贫先进集体三等奖";2002年1月、2008年1月被县委县政府授予"先进单位"。

个人荣誉 2人被国家民族事务委员会、国家劳动人事部、国家科学技术协会授予"在少数民族地区长期从事科技工作者"称号;1人被国家科学技术部、中国科学院、中国科学技术协会授予"科技扶贫先进个人"。

台站建设

台站综合建设 1983年以前,县气象站基础设施十分简陋;1987年开始台站综合改善,省气象局投资11.2万元给职工解决了住房问题;1997年投资24万元建成一个单元6套住房;2003—2008年省气象局先后投资130万元对基础设施进行综合改善,建成办公楼

320 平方米,职工住宅楼 600 平方米,车库等生活用房 30 平方米。

园区建设　1996—2000 年循化县气象局利用县政府财政部分支持对院内的环境进行了绿化改造,从县气象局到公路打通了一条硬化道路,在庭院内修建了草坪和花坛,移栽了风景树,院内绿化率达到了 70%,使气象局变成了风景秀丽的花园式单位。

办公与生活条件改善　新办公楼建成后,配备了会议桌椅、办公桌椅和沙发等办公设施;在院内建成的新住宅楼,解决了基层职工的住房问题。通过基层台站综改工程的实施,极大地改善了办公与生活条件。

化隆回族自治县气象局

化隆回族自治县(简称化隆县)位于海东地区南部,地处黄河与青沙山、拔延山之间。全县总面积 2740 平方千米,辖 6 镇 13 乡,居住着以回族为主的藏、汉、撒拉等 12 个民族,总人口约 23 万。

机构历史沿革

始建情况　化隆县气象局始建于 1957 年 10 月,12 月 1 日正式开始地面观测工作,始建名称为青海省化隆巴燕气候站,现站址位于化隆县巴燕镇,北纬 36°06′,东经 102°16′,海拔高度为 2834.7 米。

建站至今,观测场从未变动,2002 年 11 月按《地面气象观测规范》要求,将地温场迁移至观测场西南角。1980 年 7 月将初建时的观测场铅丝网栏更换为钢筋围栏,2006 年 9 月将观测场高 1.5 米的钢筋围栏更换为高 1.2 米的钢筋围栏,观测场形状由正方形改为圆形。

历史沿革　1960 年 10 月更名为化隆县气候服务站,1972 年 8 月更名为化隆县革命委员会气象站,1981 年 8 月更名为化隆县气象站,1996 年 6 月由化隆县人民政府更名为化隆县气象局。2002 年 8 月成立了化隆县人工影响天气管理局,化隆县防护雷电管理局,化隆县生态环境监测站,均与化隆县气象局合署办公。

管理体制　建站至 1972 年 7 月,由省气象局和县人民政府双重领导,以省气象局领导为主。1972 年 8 月—1973 年 7 月,以县人民武装部领导为主,业务受省气象局指导。1973 年 8 月—1979 年 12 月,由省气象局和县革命委员会双重领导,以县革命委员会领导为主。1980 年体制改革后,实行气象部门与地方政府双重领导,以气象部门领导为主的管理体制。1987 年 8 月,海东地区行政公署气象台成立后,隶属海东地区行政公署气象台管理。

机构设置　内设地面测报组、预报服务组。2003 年 12 月成立了化隆县雷电防护装置检测所。

单位名称及主要负责人变更情况

单位名称	姓名	民族	职务	任职时间
青海省化隆巴燕气候站	吕元祥	汉	负责人	1957.11—1959.12
	支聚坤	汉	站长	1960.02—1960.09
化隆县气候服务站				1960.10—1962.06
	徐遥川	汉	副站长	1962.07—1972.02
	卫志敏	汉	指导员	1972.03—1972.07
化隆县革命委员会气象站				1972.08—1973.07
	徐遥川	汉	副站长	1973.08—1975.12
	李君治	汉	站长	1976.01—1978.07
	赵庭录	汉	站长	1978.08—1981.07
				1981.08—1982.12
	关具乎	藏	副站长	1983.01—1985.08
	徐宗伯	汉	负责人	1985.09—1985.11
化隆县气象站	马福贵	回	副站长	1985.12—1987.12
	关具乎	藏	副站长	1988.01—1992.02
	马福贵	回	副站长	1992.03—1993.12
	焦仕军	汉	站长	1994.01—1996.05
			局长	1996.06—1997.12
	马福贵	回	副局长	1998.01—1999.04
化隆县气象局	王　勇	汉	副局长	1999.05—2002.05
			局长	2002.06—2008.10
	冶建席	回	副局长	2008.11—

人员状况　建站初期,只有 2 名职工,截至 2008 年底,编制为 9 人,实有在职职工 6 人,其中:女职工 1 人;30～40 岁 3 人,41～50 岁 2 人,50 岁以上 1 人;研究生 1 人,大专 2 人,中专 3 人;工程师 4 人,助理工程师 2 人;回族 4 人,汉族 1 人,藏族 1 人。

气象业务与服务

1. 气象观测

①地面气象观测

观测项目　云、能见度、天气现象、气压、风向、风速、空气温度和湿度、降水、地温(距地 0、5、10、15、20 厘米)、蒸发(小型)、日照,雪深,雪压、冻土。

观测时次　建站初期,每天进行 01、07、13、19 时(地方时)4 次定时观测,1960 年 8 月起改为 02、08、14、20 时(北京时)4 次定时观测,1962 年 2 月起改为 08、14、20 时 3 次定时观测,夜间不守班。

发报种类　1987 年 1 月正式使用 PC-1500 袖珍计算机,取代人工编报,提高了地面测报质量和工作效率,减轻了观测员的劳动强度。2003 年 6 月改用《OSSMO-AH2002》地面气象测报软件编发气象电报,PC-1500 袖珍计算机同时停止使用。每天向省气象局拍发 3

次加密天气报。气象旬(月)报按照《气象旬(月)报电码(HD-03)》的要求编发。

气象报表制作 制作气表-1和气表-21,起初是以人工计算、手工抄写的方式编制,一式2份,报省气象局气候资料室和本站留底,从2003年开始使用计算机打印报表,同时向上级报送纸质报表和A文件,从2007年7月开始只报送A文件,不上报纸质报表。

资料管理 根据省气象局的统一要求,2007年3月,将建站至2005年12月31日期间的气象资料全部汇交到省气象档案馆保存,县气象局档案室只保存近几年的气象资料。

自动气象观测站 2002年11月建成了CAWS600-B型(七要素)自动气象站,2003年对比观测1年后,于2004年1月1日起正式运行。2008年10月建成了阿什努、群科2个两要素(气温、降水)区域自动气象站。

②农业气象观测

农业气象观测站是省级情报站,1983年根据《农业气象观测规范》的规定,开始农作物发育期观测,观测的作物为春小麦。

1982年开始制作干旱、早晚霜冻、第一场透雨、气温趋势、降水趋势预报。1989年10月增加浅山地区干土层厚度的测定。2001年2月增加浅山地区轻旱、中旱、重旱3个地段土壤湿度监测点。2003年5月开展生态环境监测工作,手工制作生态监测简表-1,2007年开始手工制作农气表-1,均报省气象局气候资料中心、存档。

2. 气象信息网络

气象电报的传输依次经过了"摇把子"电话、甚高频电台、拨号上网等方式进行传输。2008年12月建成省—地—县2兆比特/秒高速宽带局域网,开始使用宽带网高速传输各类气象电报,通讯传输实现了网络化、自动化,提高了通讯时效。

3. 天气预报预测

短期天气预报 1958年4月县气象局开始利用单站资料制作补充天气预报,于1965年12月改为气象站天气预报。起初是看天象,做统计,完成预报,后抄录省广播电台播发的天气形势和电码制作未来2天的天气预报,发布在自制的小黑板上。1982年7月增加了传真图的接收。1999年12月建成"9210"单收站,使预报依据更加充分和完善。

短期气候预测(长期天气预报) 开展的长期天气预报有:月、季、年度降水、气温趋势预报,第一场透雨预报,早晚霜冻预报。

4. 气象服务

①公众气象服务

春、秋、冬季将每日预报和火险等级预报电话上报森林草原防火指挥部。汛期内每日将未来三天预报电话通知县防汛抗旱指挥部办公室。预报出不利于道路交通安全运输的天气时及时通知县交警队。1997年开通了2条中继线的"121"(后升位为"12121")天气预报自动答询系统。2003年开通了9个乡镇一级的电视天气预报。

②决策气象服务

编发《化隆县决策气象信息》、《土壤墒情监测信息》、《气象信息专报》、《一周天气回顾与展望》《专题气象服务》《降水简报》《节假日天气预报》。出现灾情后,即时赶赴现场开展灾情调查上报工作,并上报《灾情直报》。经县人民政府批准后按月发布《化隆县气象灾情公报》。通过中国移动企信通平台编发各类气象服务短信。

③专业与专项气象服务

人工影响天气 从 2003 年起,每年 3 月 10 日—9 月 30 日,利用"三七"高炮、气球携带焰弹、火箭、地面碘化银燃烧炉在全县范围内进行人工增雨(雪)作业。期间气象局工作人员 24 小时严守工作岗位,严密监视降水天气过程,积极为省人工影响天气办公室提供准确的实况信息,并编发人工增雨(雪)报。2003 年 3 月建成支扎、阿什努 2 个人工雨量点,2008年 4 月建成群科人工雨量点,进行降水量观测。每年 6 月 10 日—9 月 25 日期间,利用 10门"三七"高炮,开展人工防雹工作,炮控面积 43.11 万亩。

防雷技术服务 从 2005 年开始,每年开展常规防雷检测的单位达到 50 余家。2008 年对全县 7 个网吧进行了防雷检测、检查。与县教育局协商,对全县 270 所中小学校的雷电防护装置进行了一次彻底的检测、检查,建立了详细的档案,为教育局全面详细了解、掌握各学校的防雷装置情况提供了科学的依据。

④气象科技服务

气象科技服务范围涉及工业、农业、交通、建筑、林业、水利、旅游、保险、文化等行业,针对不同用户的需求,开展服务。

5. 科学技术

气象科普宣传 每年"3·23"世界气象日、科技宣传周、"12·4"全国法制宣传日期间,向县委、县政府和有关部门赠送《中国气象报》《气象知识》杂志。采用上街展出宣传展板、发放宣传材料的方式扩大宣传面;在电视天气预报栏目中插播世界气象日主题节目;邀请中小学生参观气象站,向他们介绍人工影响天气、雷电防护、气象观测、自动气象站工作原理等知识;派工作人员到学校普及防灾减灾知识,解释一些自然现象的成因等多种方式开展气象科普宣传。

气象科研 1959 年 8—9 月,作为青海省农业气候调查的试点单位,编写了《化隆县农业气候调查资料汇编》;20 世纪 50 年代由徐瑶川、龚乃政同志研发的剖面图、三线图、能量图、天气分型卡片等成为青海省县气象站预报方法的一个亮点,在化隆气象站天气预报史上发挥了重要作用;1973 年 11 月完成了《化隆回族自治县军事气候志》;1985—1986 年通过考察、调查,完成了《化隆回族自治县农牧业气候资源区划》;1989 年参加并完成了青海省气象局主持的客观预报方法(包括晴雨、中雨、大雨、冰雹等);1993 年 6 月完成了《化隆回族自治县地方天气预报模式集》。

气象法规建设与社会管理

法规建设 2005 年在化隆回族自治县第十四届人民代表大会第三次会议,把气象工作纳入了《化隆回族自治县自治条例》,新增了第二十五条:"自治县的自治机关应当依法保护气象设施和气象探测环境,加强气象预报工作,提高公众气象预报和干旱、暴雨、冰雹、沙尘暴、霜冻、雷电等灾害性天气警报的准确性、及时性和服务水平,提出气象灾害防御措施,并积极组织实施。"为化隆县气象探测环境保护、气象预报及灾害防御等提供了地方性法规依据。

制度建设　1998 年健全了《化隆县气象局系列化管理制度》后,不断完善为综合管理制度,实现了以规章制度办事的管理目标。

社会管理　2007 年 6 月与县城乡建设与环境保护局联合下发了《关于加强全县工程建设中雷电防护工作的通知》,对全县新、扩、改建建(构)筑工程中的雷电防护专业工程建设依法进行专业设计审批、竣工验收,并纳入基本建设管理程序。2007 年 7 月 18 日与县教育局联合下发了《关于加强学校防雷安全工作的通知》,对全县工矿企业、易燃易爆场所、乡(镇)、学校、医院、金融、电力、通讯、群科新区在建工程和校安工程进行防雷执法检查,对存在的隐患要求按期整改。

规范了施放气球作业行政许可管理工作,净化了气球施放市场,优化了施放气球作业许可办事流程,确保了施放气球作业许可工作高效、廉洁、优质、公平、公正。

行业管理　化隆县水文站、水利局、李家峡水电站均有气象资料观测站(点),按要求开展了资料共享和资料汇交工作。

依法行政　依法开展了气象探测环境保护、防雷防静电、氢气球施放、人工影响天气等方面的行政许可、行政执法检查、行政处罚等工作。

2001 年 10 月在省人大、省气象局和海东地区气象局等有关部门的监督、指导下,依法制止了破坏气象探测环境的城西住宅小区建设项目,保护了气象探测环境。2007 年 3 月,化隆县人民政府下发了《关于将气象设施和气象探测环境保护纳入城镇基本建设规划的通知》,并纳入到化隆县城镇建设基本建设总体规划中。

全县城镇天气预报由县气象局统一发布,重点气象服务信息必须由主管领导签发。依法查处和制止未经气象局同意擅自通过网络、显示屏等渠道发布的气象预报信息单位和个人。

政务公开　2003 年设立了兼职纪检员,负责政务公开工作,制作了政务公开公示栏、意见箱,局务管理和各项重大事项,严格执行"三人决策"机制,按月、季度、年度将干部职工最关心的福利发放、干部调配等热点、难点问题和财务收支内容进行张榜公示。

党建与气象文化建设

1. 党建工作

党的组织建设　1987 年以前,化隆县气象局与县人工影响天气办公室组成联合党支部。2008 年底成立县气象局党支部,有党员 7 人(其中退休职工党员 1 人),隶属化隆县农林局党委管理。

党风廉政建设　加强学习,互相交流、沟通,听取群众意见,解决实际问题,设置了兼职纪检员,实行"三人决策"机制和重大问题集体讨论制度,严防一言堂,层层签订了目标责任书,进行了廉政承诺,实行局务、政务、财务公开,并将廉政建设列入目标考核。

2. 气象文化建设

精神文明建设 县气象局始终将此项工作纳入议事日程中,注重文明建设,鼓励干部职工参加函授及其他培训学习。注重抓计划生育、社会治安、党风廉政建设、安全生产等各项工作,并制定了相应的办法和措施,在实际工作中认真贯彻执行,同时加强领导班子和队伍建设,强调以身作则,做群众带头人。组织全体职工积极参加"送温暖、献爱心"活动,体现了一方有难,八方支援的社会主义新风尚。

文明单位创建 县气象局把文明单位创建纳入单位的重点工作,定期组织职工开展各项文体娱乐活动,丰富职工文化生活。2007 年 5 月,化隆县气象局庭院建设被化隆县政府评为"三化"(亮化、美化、净化)标兵单位,并由记者进行实地采访,制作成专题片,向全县广泛宣传。

1998 年被化隆县委、县政府命名为"文明单位"。2005 年被海东地委、行署命名为"地级文明单位"、"社会治安综合治理安全单位"。

集体荣誉 1958 年 11 月被青海省人委授予"气象工作先进集体"称号。1958 年 11 月被中共化隆回族自治县县委、县人委评为"预报为农业服务先进单位"。1960 年 2 月被青海省委、省人委评为"青海省农牧业社会主义建设先进单位"。1995 年 2 月被青海省气象局评为"气象服务先进集体"。

台站建设

建站初期,办公条件简陋,只有 3 间土平房。从 1980 年开始,上级气象部门逐年加大投资力度,截至 2008 年底,省气象局共投资 150 多万元对县气象局的基础设施进行综合改善。建成了 6 套住宅、10 间办公室、阅览室、职工活动室,改善了办公和生活条件;安装了取暖锅炉,改变了职工冬季围着火炉取暖的历史;实施了院内绿化亮化工程,新建了花园、室外健身器材、篮球场、羽毛球场等文体娱乐设施和车库和停车场;种植了草坪、树木和观赏花卉,硬化了道路,安装了路灯,新建了美观漂亮的电动大门。为了开展测土验墒等服务工作,省气象局于 2004 年配发了长城皮卡车 1 辆。

化隆气象站旧貌(20 世纪 80 年代)

化隆气象站新貌(2006 年)

海北藏族自治州气象台站概况

　　海北藏族自治州(简称海北州)位于青海省东北部,祁连山腹地、青海湖北岸,东西长413.45千米,南北宽261.41千米,总面积39354平方千米,平均海拔3100米以上,辖祁连、海晏、门源、刚察四县。属高原大陆性气候,寒冷期长,光照充足,太阳辐射强,干湿季分明,雨热同季,多夜雨和大风。地势起伏大,气候呈垂直带分布,地区差异显著,具有山地气候特征。主要灾害性天气有沙尘暴、冰雹、大降水、寒潮、强降温、霜冻等。

气象工作基本情况

　　所辖台站基本概况　海北州气象局下辖刚察县气象局、祁连县气象局、门源县气象局、海晏县气象局、野牛沟气象站、托勒气象站、海北牧业气象试验站。其中:刚察县气象局属国家基准气候站,祁连县气象局、门源县气象局、野牛沟气象站、托勒气象站属国家基本气象观测站,海晏县气象局属国家一般气象观测站,海北牧业气象试验站属国家一级牧业气象试验站。

　　历史沿革　1955年组建三角城(海晏)气象站,1956年组建八宝寺(祁连)、浩门(门源)、托勒气象站,1957年组建刚察气象站,1958—1961年先后建成孔家庄气候服务站、苏吉滩气候服务站、夏唐气候服务站、门源皇城气候站、俄堡气候站,1962年1月这些站全部撤销,1959年组建野牛沟气象站,1960年门源气象站扩建为海北州气象台,1974年成立海北州气象局,1996年10月组建海北牧业气象试验站。

　　管理体制　海北州各级气象部门自建站以来,领导管理体制多次变动,建站至1957年12月归属省气象局直接领导,1958年1月—1963年2月、1969年7月—1979年12月实行地方政府与气象部门双重领导,以地方政府领导为主的管理体制,其中1971年2月—1973年5月,实行军事管制,1963年3月—1969年6月及1980年1月体制改革以后,实行气象部门与地方政府双重领导,以气象部门领导为主的管理体制。

　　人员状况　截至2008年底,全州气象部门编制126人,实有在编职工115人,聘用4人,在职人员中:大专以上学历84人(其中本科44人);初级职称59人,中级以上职称54人(其中高级职称3人)。

　　党建与精神文明建设　海北气象部门现共有独立党支部3个(海北州气象局党支部、

刚察县气象局党支部、祁连县气象局党支部),联合党支部2个(门源县气象局联合支部、海晏县气象局联合支部),共有党员55名,占职工人数的47%,其中在职党员41人,退休职工党员14名。党员中具有大专以上学历的38人,取得各类专业技术职称的52人,35岁以下的党员有22人。

近年来,全州气象部门十分重视精神文明建设工作,州气象局和各县气象局都有图书阅览室、室内外健身活动场地和多种健身器材,配有电视机、DVD影碟机、乒乓球台以及各类图书。先后制定了《海北州气象局工作规则》、《海北州气象局党组工作规则》、《海北州气象局"规范化服务"实施细则》、《海北州气象局图书管理办法》等规章制度。举办各种丰富多彩的文娱活动,并积极参加省气象局和当地政府部门组织的各种文体活动。2008年12月,全州气象部门共有省级文明单位1个,州级文明单位4个。

台站基础设施建设 建局初期,州气象部门基本建设投资力度较小,新建项目主要以砖瓦平房为主。"十五"、"十一五"期间,基本建设投资规模较大,是海北气象事业快速发展的重要阶段。期间全州气象部门完成固定资产投资3548.9万元,总投资中基层台站基础设施投入占94%以上,新建业务用房面积7463.72平方米,新增职工住宅4273.89平方米,新建围墙1000米、硬化道路1200平方米,基层台站供电、供水、排污、供暖、环境治理等得到不同程度的改善。2003年建成了祁连、托勒、野牛沟3站生活基地。

领导关怀 2004年7月26日,全国政协委员、全国政协人口资源环境委员会副主任温克刚、时任中国气象局副局长郑国光等一行到海北州就社会、经济发展情况、生态环境保护与建设工作情况、环青海湖地区生态环境等情况进行实地调研。

2005年2月2日,中国气象局副局长许小峰到海北州气象局、刚察县气象局对广大干部职工进行亲切慰问。

2006年4月8日,穆东升副省长在省发展改革委员会、州政府领导陪同下到海北新一代天气雷达拟建现场考察调研。

2006年4月9日,李津成副省长到海北考察调研人工增雨工作。

2007年1月26日,中国气象局副局长王守荣到海北州气象局对气象职工进行慰问。

2010年2月4日,中国气象局副局长宇如聪到海北州气象局对气象职工进行慰问。

主要业务范围

地面气象观测 全州现有地面气象观测站6个,其中:国家基准气候站1个,国家基本气象观测站4个,国家一般气象观测站1个。区域自动气象站14个,其中:两要素站2个,七要素站10个,六要素站2个。海晏气象站承担全国统一观测项目任务,内容包括云、能见度、天气现象、气压、气温、湿度、风向、风速、降水、雪深、雪压、冻土、日照、蒸发(小型)和地温(0、5、10、15、20厘米),每天进行08、14、20时3次定时观测,拍发加密天气报告。门源、祁连、托勒、野牛沟气象站承担全国统一观测项目任务,内容包括云、能见度、天气现象、气压、气温、湿度、风向、风速、降水、雪深、雪压、冻土(托勒站除外)、日照、小型蒸发、E-601大型蒸发(野牛沟站除外)、地温(0、5、10、15、20厘米),其中野牛沟站无浅层地温,门源增加深层地温(40、80、160、320厘米)。每天进行02、08、14、20时4次定时观测,并拍发地面天气报告,进行05、11、17、23时4次补充定时观测,拍发补充天气报告。刚察县气象站承担全国统一观测项目任务,内容包括云、能见度、天气现象、气压、气温、湿度、风向、风速、降水、雪深、雪压、冻土、日照、蒸发(小型和 E-601 大型蒸发)、地温(0、5、10、15、20、40、80、160、320 厘米)和太阳总辐射。全天 24 小时观测,每天拍发 02、08、14、20 时地面天气报告和 05、11、17、23 时补充天气报告,刚察县气象站为全球气象情报交换站,担负国际气候月报交换任务。门源、祁连、刚察县气象站按上级业务部门的要求承担拍发预约航空天气报的任务。

2000 年 9 月开始,海北州气象局参与建设青海省灾害性天气监测系统,从而改变海北州气象台站地面气象要素人工观测的历史,实现气压、气温、湿度、风向风速、降水、地温(包括地表、浅层和深层)和蒸发的自动监测。2008 年完成了全州 14 个区域自动气象站建设。全州基层台站的气象资料按时按规定上报省气象局。

农(牧)业气象观测 全州现有国家一级农业气象观测站 1 个,设在门源县气象站,承担的观测任务有:农作物、自然物候、土壤水分观测。有国家一级牧业气象试验站 1 个,1996 年 10 月由海南州铁卜加搬迁至海北州西海镇,1997 年 1 月开始业务运行,承担牧草和土壤水分观测。2003 年 5 月开展生态监测,监测的项目地有土地沙漠化、沙尘天气、土壤水分、土壤特性和牧草监测。

天气预报 1960—1995 年,州气象台仅发布州府所在县城的 24~48 小时预报。1996 年起,州气象台预报范围扩大为全州 4 县定点预报。2005 年预报时长从 24 小时改为 12 小时,预报时效由 2 天改为 5 天,发布次数由每天 1 次改为每天 2 次,预报内容为天气现象、天气现象等级,最高、最低气温,风向、风速,同时增加决策、专项、专业预报以及短时临近预报、灾害性天气预报预警等。从 20 世纪 60 年代开始,每年在全州范围内发布中长期天气预报、专项预报。从 1978 年开始,每旬增发 1 次旬预报。从 1996 年开始,改为每周发 1 次预报,预报范围从州台所在地县扩展到全州 4 县。从 90 年代中后期开始对重要、重大灾害性天气个例进行建档。各县气象站自 1985 年后,用传真机接收中央气象台高空、地面形势图,接收省台发布的简易形势图广播,州气象台制作旬、月天气趋势预报和补充订正预报。

天气雷达 1977 年 7 月,州政府投资 15 万元购买 1 部"711"天气雷达并投入业务运行,1992 年 7 月停止使用,2006 年 6 月拆除。2008 年 9 月,海北新一代多普勒天气雷达在西海镇建成,同年 11 月 14 日通过现场测试并投入业务试运行。

人工影响天气 1978 年门源县浩门镇、北山乡、西滩乡和浩门农场开展人工防雹作业,共有 4 门"三七"高炮、20~30 枚土火箭,1980 年停止作业。2001 年 7 月以来,开展环青海湖及祁连山区人工增雨作业。2002 年成立州、县两级人工影响天气管理局。2005 年开始刚察县三角城种羊场进行了人工防雹作业。2007 年建设门源县人工防雹体系,共有 10 门"三七"高炮、5 架火箭发射器,在全县建成 15 个人工防雹点。同时在海晏县哈勒景乡、金滩乡、青海湖农场进行人工防雹作业。

气象服务 州气象台、牧业气象试验站承担向 4 个县气象局和广大公众提供常规天气预报、灾害性天气等预报、预警和大气成分、生态、农牧业气象分析产品、灾害性天气分析评估报告等产品的任务。1995 年以前,州气象台以书面和电话形式发布和提供常规预报产品和情报服务。1996 年以后,州气象台和牧业气象试验站通过报纸、"12121"声讯电话、电视天气预报节目和网络等媒体发布各类预报服务产品。气象服务产品主要有:中短期天气预报、天气警报、气候分析产品、气候影响评价、气象灾情等信息,农牧气象情报预报、生态环境监测和分析产品,畜牧业气象灾害分析报告、大气成分监测情况等。

气象信息网络 从 1956 年起,刚察县气象站以及托勒、野牛沟气象站陆续使用莫尔斯电台发报。门源、祁连、海晏县气象站通过专线电话由县邮电局传输。1990 年 1 月,托勒气象站最先安装短波单边带电台,随后州内其余各台站陆续安装使用。1998 年 8 月州气象局在西海镇建成卫星数据语音双向站及州气象局局域网。1999 年 7 月州气象台建成PC-VSAT 小型卫星地面接收站。2002 年 1 月,刚察、祁连、门源、海晏县气象局采用PSTN 电话拨号方式传送资料。2003 年 4 月建成省气象局到州气象局的 DDN 专线。2005 年 5 月建成托勒、野牛沟气象站的 PES-5000 卫星通信系统,实现观测资料的卫星传输。2008 年底,建成以省气象局局域网为中心,通过 2 兆光纤宽带数字链路连接州气象局局域网,再以州气象局局域网为中心,通过 2 兆光纤宽带数字电路连接所属县气象局局域网。2008 年底全州各台站(除托勒、野牛沟站外)均建成视频会商会议系统和实景监控系统。

雷电防护 2002 年成立州、县两级防护雷电管理机构,依法开展辖区内防雷安全检查、雷电防护装置的检测、雷电防护工程图纸审核、工程设计、施工监督、竣工验收等工作,同时实行雷电防护工程设计、施工与检测资质与资格的管理。

海北藏族自治州气象局

机构历史沿革

始建情况 1974 年 1 月在海北州革命委员会气象台的基础上成立海北州气象局,地址在门源县浩门镇,北纬 37°23′,东经 101°37′,海拔高度 2850.0 米。

站址迁移情况 1994 年 6 月,州气象局随州政府由门源县浩门镇搬迁到海晏县三角城镇;1996 年 11 月,从海晏县三角城镇搬迁至西海镇金滩路 1 号,2008 年 10 月搬迁到海晏县西海镇门源路 39 号,位于北纬 36°57′,东经 100°54′,海拔高度 3095.0 米。

历史沿革 1956 年 10 月组建门源县浩门气候站,1957 年 6 月更名为门源县气象站,1960 年 1 月扩建为海北藏族自治州气象台,1961 年 8 月更名为海北藏族自治州气象服务台,1968 年 3 月更名为海北藏族自治州气象台革命领导小组,1972 年 1 月更名为海北藏族自治州革命委员会气象台,1974 年 1 月成立海北藏族自治州气象局,为正处级事业单位。

管理体制 1956 年 10 月—1957 年 12 月归省气象局直接领导,1958 年 1 月—1963 年2 月以地方政府领导为主,1963 年 3 月—1969 年 6 月以气象部门领导为主,1969 年 7 月—1979 年 12 月实行地方政府与气象部门双重领导,以地方政府领导为主。其中:1971 年 2 月—1973 年 5 月实行军事管制。1980 年 1 月体制改革以后,实行气象部门与地方政府双重领导,以气象部门领导为主的管理体制。

机构设置 内设办公室、计划财务科、业务科、法制办公室、人事政工科,其中:办公室与计划财务科、业务科与法制办公室合署办公,直属事业单位有州气象台、科技服务中心、雷电防御中心、驻宁办事处、财务核算中心。

单位名称及主要负责人变更情况

单位名称	姓名	民族	职务	任职时间
门源县浩门气候站	段兴达	汉族	站长	1956.10—1957.05
门源县气象站	郑建萍	汉族	站长	1957.06—1959.12
海北藏族自治州气象台	金普林	汉族	台长	1960.01—1961.07
海北藏族自治州气象服务台	林孔训	汉族	台长	1961.08—1968.02
海北藏族自治州气象台革命领导小组	程清峰	汉族	负责人	1968.03—1971.12
海北藏族自治州革命委员会气象台	常发田	汉族	台长	1972.01—1973.12
海北藏族自治州气象局	王理昭	汉族	局长	1974.01—1979.07
	徐天福	汉族	局长	1979.08—1980.12
	王世荣	汉族	局长	1981.01—1983.12
	杨延益	汉族	局长	1984.01—1985.12
	周在贤	汉族	局长	1986.01—1989.02
	王国祯	汉族	局长	1989.02—1992.07
	朱有林	土族	副局长	1992.07—1995.04
	张传新	汉族	局长	1995.05—1998.01
	李梧林	汉族	局长	1998.02—2001.10
	常有奎	汉族	局长	2001.11—

人员状况 成立海北藏族自治州气象局之初的 1976 年有职工 38 人,其中:女职工 17 人;大专学历 3 人,中专学历 4 人,高中及以下学历 31 人;20 岁以下 7 人,21～30 岁 14 人,31～40 岁 13 人,40 岁以上 4 人;少数民族 4 人。截至 2008 年底有在职职工 48 人,离退休职工 21 人。在职职工中:女职工 20 人;少数民族 13 人;大学本科以上 30 人,大专 17 人,中专以下 1 人;高级职称 2 人,中级职称 27 人,初级职称 19 人;30 岁以下 7 人,31～40 岁 14 人,41～50 岁 21 人,50 岁以上 6 人。

气象业务与服务

1. 气象观测

①地面气象观测

观测项目 观测项目有风向、风速、气温、湿度、气压、云、能见度、天气现象、降水、日照、小型蒸发、大型蒸发、深(浅)层地温、冻土、雪深等。

观测时次 1956 年 10 月—1960 年 7 月,每天进行 01、07、13、19 时(地方时)4 次定时观测和 04、10、16 时(地方时)3 次补绘观测;1960 年 8 月—1994 年 12 月,每天进行 02、08、14、20 时(北京时)4 次定时观测和 05、11、17 时(北京时)3 次补绘观测。

1994 年 6 月—1996 年 6 月海北州气象局搬迁到海晏县三角城镇,观测业务为每日 3 次气候观测,2 次补绘观测。1996 年 6 月海北州气象局搬迁到海晏县西海镇,地面观测业务交由海晏县气象局承担。

发报种类 1956 年 10 月—1994 年 12 月,承担每天拍发 4 次绘图报和 3 次补绘图报的任务,春季抗旱时加发增雨报。承担固定 18 次航空报及临时预约航空报、危险天气报任务。1994 年 6 月—1996 年 6 月,拍发 2 次补绘观测,发加密天气报。1996 年 6 月以后不再承担发报任务。

电报传输 1956 年 10 月—1989 年 12 月,通过专线电话传递气象电报(由州邮电局通讯科发送);1990 年起由短波单边带电台传输气象报文;1996 年 6 月不再承担电报传输任务。

气象报表制作 1956 年 10 月—1996 年 5 月,下月月初制作地面气象月报表,下年年初制作地面气象年报表。

资料管理 建站到 2001 年 12 月 31 日所有的气象资料移交省气象局统一管理,2002 年以后的气象资料由海晏县气象局管理保存。

地面气象业务变动情况 1961 年 11 月增加冻土观测;1970 年 1 月增加自记风观测;1971 年 1 月使用 EL 型风向风速仪取代维尔达测风仪;1980 年 1 月增加露点温度观测;1982 年 1 月增加深层地温观测,同年 10 月增加 40 厘米浅层地温观测。

②农业气象观测

观测项目 观测作物有青稞、油菜,进行作物发育期观测和土壤水分测定;物候观测种类主要有豆雁、木本植物(小叶杨、红柳)、草本植物(马蔺、车前、蒲公英)。

观测时次和日界 1959—1994 年,按照《农业气象观测规范》对省气象局指定的油菜、青稞等农作物进行发育期观测,高度测量、密度测定和产量分析。生态观测从土壤解冻期间开始。土壤水分观测时间为每旬 3 日、8 日。木本植物(小叶杨、红柳)从植物芽膨大期开始至落叶末期,草本植物(马蔺、车前、蒲公英)从萌芽期至黄枯末期。

农业气象报表 编制报表种类有:土壤水分、作物观测报表、生态报表、物候报表。

③天气雷达观测

1977 年 7 月州政府投资 15 万元,建成并投入使用"711"天气雷达系统,开展短时临近观测业务,1992 年 7 月停止运行。2008 年 9 月海北新一代多普勒天气雷达在西海镇建成,同年 11 月 14 日,通过现场测试并投入业务试运行。

2. 气象信息网络

建站初期通过专线电话由州邮电局通讯科传输气象报文。1982 年改用短波单边带电台接收天气报文。1986 年配备 CZ-80 传真机接收欧洲中心形势和云图的传真资料。每天定时使用收音机接收省气象台预报电码直到 20 世纪 90 年代初。1990 年配备无线短波单边带电台数传,并与 PC-1500 袖珍计算机联机进行气象报文发送。1996 年引进自动填图系统,取消人工填图。1997 年配备无线电台接收天气报文数据,经过计算机处理后由自动填图仪自动填图,预报报文由电台上传到省气象局。1998 年 8 月州气象局在西海镇建成卫星数据语音双向站及州气象局局域网,在西海镇建成气象卫星综合应用系统("9210"工程),CZ-80 传真机停止使用。1999 年 7 月建成 PC-VSAT 小型卫星地面站,和"9210 工程"并行使用。2003 年 4 月建成省气象局到海北州气象局的 DDN 专线,实现与省气象局的联网,开通 Notes 文件传输系统。2004 年宽带网络开通,2006 年 4 月建成 FY-2 号卫星云图接收系统。2007 年 8 月安装 DVB-S 卫星通信设备。2008 年 9 月完成多普勒雷达系统安装,同年 11 月通过 2 兆光纤宽带数字电路连接省气象局局域网。2008 年底建成视频会商会议系统。

3. 天气预报预测

短期天气预报　从 20 世纪 60 年代开始,开展天气预报业务,1991—1995 年,每天晚上通过州电视台发布 24～48 小时州气象局所在地城镇天气预报,1996 年预报范围扩大到四县县城定点预报,2005 年预报时效从 24 小时改为 12 小时,预报时长从 2 天改为 5 天,发布次数由每天 1 次改为每天 2 次。同时还增加了决策预报、专业预报以及短时临近预报、灾害性天气预报预警等。

中期天气预报　1978—1993 年,每旬发布旬预报,发布范围是州府所在地的门源县,以书面材料发送党政部门及有关单位,1994 年 1 月停止发布。从 2000 年开始发布下周天气预报,发布范围是全州四县,并在《祁连山报》上刊发。

短期气候预测(长期天气预报)　从 20 世纪 60 年代开始,长期预报、专项预报每月在全州范围内发布。1978 年开始每旬增发 1 次旬预报。2001 年后长期预报改为短期气候预测。2005 年把旬预报改为周预报,增加预报发布次数,预报范围也从州气象局所在地扩展到全州 4 县。2002 年 5 月取消制作短期气候预测任务,改为订正省级预报产品。加强了短时预报和预警信号发布工作。

短期气候预测的产品主要有:月气候趋势预测、一周天气展望、当年 10 月至次年 4 月的全州森林草原火险等级预报、冬季雪灾预报、3—5 月的春季干旱气候趋势预测、农作物播种期气候预测、春季大风、大雪、晚霜冻、寒潮、第一场透雨等预报、6—9 月的汛期旱涝短期气候趋势预测、大雨、暴雨、冰雹、夏季干旱、霜冻预报、秋收打碾期主要降水过程预报。2001 年开展人工增雨指导预报、人工防雹指导预报。2002 年开始发布人体舒适度预报。

1998 年 8 月建成气象信息综合处理系统(MICAPS 1.0)并正式运行;2006 年 4 月建成 FY-2 号卫星云图接收系统;2007 年 8 月安装 DVB-S 数字接收系统,MICAPS 1.0 系统升级到 2.0 版本;2008 年 9 月完成多普勒雷达系统安装;2008 年底建成视频会商会议系统。建成了以数值天气预报为基础,人机交互处理系统为平台,综合应用多种技术方法的天气预报业务流程,气象预报预测逐步从主观预报、定性预报向多级会商、综合预报、定量预报、精细化预报发展。

4. 气象服务

①公众气象服务

1958—1961 年,先后建成孔家庄气候服务站、苏吉滩气候服务站、夏唐气候服务站、门源皇城气候站、浩门农场气象哨,搜集资料,开展服务工作。20 世纪 70 年代初,完成冷龙岭、岗什卡、老虎沟、大红沟等冰雹源地的调查,为开展防雹工作提供了重要资料。

从 20 世纪 60 年代起,每天通过广播发布 24 小时所在城镇天气预报,提供天气状况、风向、风速和最高、最低气温。1985 年开始,发布所在城镇 48 小时天气预报。1996 年以后,为浩门镇、三角城镇、沙柳河镇、八宝镇 4 个镇政府所在小城镇发布未来 48 小时天气预报。2005 年起,每天 2 次对公众发布未来 5 天预报,预报站点拓展到部分乡镇和旅游景点,预报点增加到 12 个。1999 年购进电视天气预报制作设备,每天晚上定时播出海北州境内 12 个乡镇和旅游景点的未来 48 小时预报。2000 年 4 月开通"121"天气预报电话自动答讯系统。2006 年 10 月,开通海北农牧信息网站,为公众提供未来 24 小时全州天气预报,2006 年 3 月建成手机短信平台,随时发布天气实况和其他气象信息,包括灾害性天气预警信号、转折性天气预报等内容。2002 年 5 月起,每周五在《祁连山报》发布下周天气预报。2006 年 5 月起,每周五通过手机短信方式发布周末天气预报。

②决策气象服务

1971—1975 年组成战备小分队,完成了门源地区"兵要地志"调查,派员参加军分区组织的祁连山区军事要地和战备公路的气象考察。参与完成《大通河流域气候调查报告》、《海北州军事气候志》等的资料收集与编制工作。

每月向州委、州政府、农牧、交通等单位提供每旬、每月气象预报服务。从 2004 年起,制定决策气象服务周年方案,对服务关注点、信息产品目录做了详细规定,对决策气象服务流程、决策气象服务的组织和实施进行统筹安排。将重要天气预报、雨(雪)情报、短期气候预测归类为《重要天气报告》、《气象信息快报》、《海北州决策气象服务信息》等,在出现重大天气过程时,利用手机和电视开展气象预警信号的发布工作,为党政部门的决策及时提供准确的气象信息。2002 年起,每月发布《海北州灾情公报》和海北州月、季、年《气候影响评价》,为党政部门提供全方位的气象信息,为州、县举行的各类重大社会活动提供专题气象保障服务。

③专业与专项气象服务

专业气象服务 自 20 世纪 80 年代起,为当地的农、林、牧、交通、建筑等行业提供专业气象服务。

人工影响天气 1978 年在门源县北山乡、西滩乡、浩门镇、浩门农场开展人工防雹作业,有 4 门"三七"高炮、20～30 枚土火箭,1980 年停止防雹作业。2001 年 7 月开展环青海湖及祁连山区人工增雨作业;2002 年成立海北州人工影响天气管理局,2005 年开始为刚察县三角城种羊场进行了人工防雹作业。2007 年建设门源县人工防雹体系,在全县建成 15 个人工防雹点,同时在海晏县哈勒景乡、金滩乡、青海湖农场进行人工防雹作业。

防雷技术服务 2002 年成立州、县两级防护雷电管理机构,开展防雷装置检测、防雷工程施工、图纸审核、施工监督、竣工验收等工作。

④气象科技服务

包括专业气象、气象信息电话、气象影视及广告、防雷、人工影响天气、农牧信息网站服务等,范围涉及农牧业、交通运输、建筑、林业、水利、环保、旅游、文化等部门。

5. 科学技术

气象科普宣传 1983 年海北州气象学会成立,先后撰写科普论文 100 余篇,举办各种科技培训班 20 余次,科技示范下乡 40 余次,推广科研项目 6 项。

1997 年中国气象局和中国气象学会联合授予海北气象学会"全国优秀科普先进集体"称号。

气象科研 制定了州级科研项目经费资助管理办法,设立了科研资助基金,积极参加省气象局审批的科研课题,申报科研项目。完成科研项目 10 项。

气象法规建设与社会管理

法规建设 2004 年 1 月 6 日,海北藏族自治州第十一届人民代表大会第五次会议通过了《海北藏族自治州防御雷电灾害条例》草案。

2004 年 11 月 26 日,青海省第十届人民代表大会常务委员会第十三次会议批准《海北藏族自治州防御雷电灾害条例》,并于 2005 年 1 月 1 日施行。

制度建设 先后制定下发了《海北州气象局党组工作规则》、《海北州气象局工作规则》、《海北州县级气象局工作规则》、《政务公开实施细则》、《行政执法考核评议办法》、《施放气球管理办法》、《防护雷电工作管理办法》、《"规范化服务"实施细则》、《目标任务考核办法》、《应急值班工作制度》、《行政执法过错责任追究办法》、《气象预报质量考核奖罚管理办法》、《中心组学习制度》、《一案两报告制度》等多项管理制度。

社会管理 开展施放气球活动管理、行政执法、行政许可等工作。

依法开展防雷安全检查、防护雷电装置检测、防护雷电工程设计审批、施工监督、竣工验收等工作,同时实行防护雷电工程设计、施工与检测资质与资格的管理。

海北州建设局以北建〔2005〕9 号文将海北州新一代天气雷达探测环境纳入城镇规划。

依法行政 2003 年 4 月成立海北州气象局法制办公室,有 3 名兼职执法人员。依法管理辖区内的雷电防护管理、施放气球管理、气象探测环境保护等工作。

政务公开 2002 年开始,将海北州气象局内设机构和直属单位职能向社会公开,公示依法行政和服务承诺,设立了监督举报电话,方便社会监督,群众举报投诉和保障人民群众对气象部门行政行为实施监督。按照"让群众明白、还干部清白"的原则,及时向职工公开州气象局重大决策、干部任免、财务收支、评先评优等内容。

党建与气象文化建设

1. 党建工作

党的组织建设 1974 年成立海北州气象局党支部,有党员 10 人,截至 2008 年底有在职党员 22 人。

2006 年马天成同志被中共青海省委授予"全省优秀共产党员"称号。

党的作风建设 近年来,先后在全局范围内深入开展了"三讲"、"保持共产党员先进性"、深入学习贯彻科学发展观等教育活动,取得了明显效果。开展"党员干部走进农户"活动,不断密切党和群众的联系。通过一系列的学习和活动,使党员干部的思想素质和政治理论水平都得到进一步的提高,作风建设不断加强。

党风廉政建设 州气象局坚持把党风廉政建设工作列入党组工作的重要议事日程。实行一把手总负责,副职负责分管范围内的党风廉政建设的"一岗双职"制度。制定下发《关于执行"三重一大"制度的工作方案》、《"一案两报告"制度》等规范性文件。每年州气象局领导与各所属单位主要负责人签订《党风廉政建设目标责任书》。时常开展廉洁自律教育,开展干部诚勉谈话、重大事项报告制度、领导干部收入申报制度、县气象局(站)"三人决策"制度、财务收支和领导干部任期经济责任审计和领导干部年底述职、述廉制度,坚持用制度管人管事,大力推进廉政文化建设。

2. 气象文化建设

精神文明建设 积极组织开展"送温暖"活动,坚持党支部定点帮扶贫困村活动,开展党员和群众结对子活动,组织职工向灾区和贫困人员捐款,积极参加州政府和省气象局组织的各项活动,州气象局和各县气象局每年年底都举办迎新年文娱活动,夏季组织一至两次野外活动。州气象局先后制定下发了《海北州气象局"规范化服务"实施细则》、《海北州气象局图书管理办法》等规章制度,精神文明建设逐年走上新的台阶。

文明单位创建 持久开展文明创建工作,把领导班子的自身建设和职工队伍的思想建设作为文明创建的重要内容。通过开展文明科室评比活动,加强了职工文明礼仪。建有图书阅览室、室内外健身活动场地,配备多种健身器材,配有电视机、DVD、乒乓球台以及各类图书。2004年海北州气象局被青海省文明委授予"文明单位"称号,2007年海北州气象局被评为省级文明单位先进集体。

3. 荣誉

集体荣誉 2002—2005年,连续4年被中共海北州委、州政府授予"支持地方经济建设先进单位"。

个人荣誉 先后有20余人次被海北州委、省气象局授予优秀党员、先进工作者等荣誉称号,有5人次获"青海省气象部门优秀中青年人才"奖。15人次被中国气象局授予"优秀值班预报员"称号。

台站建设

建局初期,海北州气象局基本建设投资力度较小,新建项目主要以砖瓦平房为主。1994年6月,州政府为气象局划拨原221厂乙区住宅楼5个单元,面积2700平方米;1996年11月,州气象局从海晏县三角城镇搬迁至西海镇金滩路1号,州政府划拨原221厂甲区办公楼1栋,面积2354平方米。1997年省气象局投资180万元建成住宅楼1栋,面积2080平方米。1998年投资130万元建成业务办公楼1栋(其中州政府投资80万元,中国气象局投资50万元),2008年10月,中国气象局投资2258万元,完成了海北州新一代天气雷达建设任务。

20 世纪 80 年代的海北州气象局大院

1997 年建成的海北气象大楼

2008 年新建成的海北气象预警中心

海北牧业气象试验站

机构历史沿革

始建情况 青海省海北牧业气象试验站(简称海北牧试站)始建于 1963 年 3 月,站址在海南州共和县石乃亥乡铁卜加村,位于北纬 37°05′,东经 99°35′,海拔高度 3269.0 米。

站址迁移情况 1996 年 10 月,迁至海北州海晏县金银滩草原,现址:海北州海晏县西海镇七分场草原,位于北纬 36°57′,东经 100°51′,海拔高度 3140.0 米。

历史沿革 海北牧试站的前身为青海省铁卜加牧业气象试验站,建于 1963 年 3 月,1966 年 2 月"文化大革命"中被撤销,1986 年 9 月恢复工作。根据 1996 年 4 月中国气象局中气候发〔1996〕17 号文的要求,1996 年 10 月迁至海北州海晏县西海镇,更名为青海省海北牧业气象试验站,属国家一级牧业气象试验站。

管理体制 海北牧业气象试验站成立后,实行气象部门与地方政府双重领导,以气象部门领导为主的管理体制。

机构设置 内设牧业气象业务测报组、牧业气象业务科研组及实验室。

单位名称及主要负责人变更情况

单位名称	姓名	民族	职务	任职时间
青海省铁卜加牧业气象试验站	吴长春	汉族	站长	1963.03—1966.01
撤销				1966.02—1986.08
青海省铁卜加牧业气象试验站	晏力成	汉族	站长	1986.09—1987.10
	李凤霞(女)	汉族	副站长	1987.11—1989.12
	巨秉中	汉族	副站长	1990.01—1990.03
	宋理明	汉族	副站长	1990.04—1992.02
	苏忠诚	回族	站长	1992.03—1993.08
	宋理明	汉族	副站长	1993.08—1996.10
青海省海北牧业气象试验站	吴国宾	汉族	站长	1996.10—1998.08
	许存平	汉族	站长	1998.09—2003.04
	马宗泰	藏族	站长	2003.05—

人员状况 建站之初全站有职工 8 人,其中:女 3 人;30 岁以下 7 人,40～50 岁 1 人;大学本科 1 人,中专 7 人;中级职称 1 人,初级职称 6 人。截至 2008 年底有职工 10 人,其中:女 3 人,少数民族 4 人;大学本科以上 5 人,大专 4 人,中专以下 1 人;高级工程师 1 人,工程师 6 人,助理工程师 3 人;30 岁以下 4 人,30～40 岁 1 人,41～50 岁 5 人。

气象业务与服务

1. 气象观测

①地面气象观测

区域自动站观测 2005 年 8 月建成六要素区域自动气象站,并开展气温、湿度、降水、气压、风向风速、地温(0～20 厘米)等观测项目。

②牧业气象观测

观测时次和日界 在牧草生长季每月逢双日进行牧草发育期观测;每旬末测定牧草高度,月末测定牧草产量、覆盖度和草层高度,并进行牧草生长状况评定;全年每月 8 日、18 日进行牧事活动调查,28 日进行牧事活动和膘情调查;根据牧业气象灾害出现的天气气候条件随时开展牧业气象灾害调查。

观测项目 开展青海湖东北岸天然草场六种优质牧草的生长发育动态监测、畜群生育状况调查、牧草及家畜气象灾害观测调查,分析牧草发育与气候条件、气候变化的关系,评价牧草的生长、产量状况、气象灾害等内容。观测的六种天然牧草是:禾本科的紫花针茅、洽草、冷地早熟禾、豆科的斜茎黄芪、莎草科的矮嵩草和菊科的猪毛蒿。

观测仪器 牧草的观测主要是人工目测。

农业气象情报 每旬末编发气象旬月报(H-03 报)。

农业气象报表 每年年底手工制作畜牧气象观测记录年报表(农气表-4)。

③土壤水分观测

观测时次和日界 在土壤解冻、冻结期间每旬 8 日测定土壤湿度,每旬 3 日加测土壤湿度。

观测项目 每旬 8 日测定 70 厘米深土壤湿度,1997—2003 年期间利用中子仪测定土壤湿度。2004 年 6 月 23 日起增加土壤湿度逢 3 日加测业务。

观测仪器 人工取土,主要仪器有感量为 0.1 克的 ACS-02EAS 型电子天平和 178-A 农业气象观测干燥箱。

土壤水分情报 土壤解冻冻结期间每旬末编发气象旬月报(H-03 报),每旬 5 日 20 时后至 6 日 08 时前编发土壤加测报(TR 报)。

土壤水分报表 每年年底手工制作土壤水分观测记录年报表(农气表-2-1)。

④生态观测

观测时次和日界 牧草生长季每旬末测定牧草发育期,月末测定牧草产量和覆盖度、草层高度等。土壤解冻、冻结期间每旬逢 8 日测定土壤湿度,同时测定地表风蚀风积状况。

观测项目 2003 年 5 月开始,按青海省气象局业务发展要求,开展封育草场和放牧场主要优势种牧草发育期、混合牧草产量、牧草覆盖度、草层高度,天然草场地表风蚀风积和土壤湿度。2006 年起,开展干尘降、地下水位、地表径流等监测内容。

观测仪器 主要为人工观测,仪器有感量为 0.1 克的 ACS-02EAS 型电子天平和 178-A 农业气象观测干燥箱。

生态情报 全年每旬 1 日编发生态环境监测报(ST 报)。

生态监测报表 每年年底手工制作青海省生态环境监测土壤水分监测记录简表(生态监测简表-1)、青海省生态环境监测牧草监测记录简表(生态监测简表-2)、青海省生态环境监测沙丘、大气降尘监测记录简表(生态监测简表-4)。

⑤物候观测

观测时次和日界 在牧草生长季每月逢双日进行牧草物候期观测,土壤解冻至冻结期间土壤表层及 10 厘米物候观测。

观测项目 马蔺、车前、蒲公英的展叶、开花、种子或果实成熟、种子或果实散落、黄枯等观测;土壤解冻冻结观测;豆雁始见(始鸣)、绝见(绝鸣)观测;虹、闪电、霜等天气现象观测。

观测仪器 主要是人工目测。

物候报表 每年年底手工制作自然物候观测记录年报表(农气表-3)。

⑥特种观测

2005 年 9 月起开展天然草地近地层气象要素梯度变化观测,2006 年 9 月开展天然草地二氧化碳通量变化监测,观测资料暂时由海北牧业气象试验站保存。

2. 气象信息网络

通讯现代化 2008 年底建成以州气象局为中心的 2 兆光纤宽带数字链路连接局域网,建成视频会商会议系统和实景监控系统。

信息接收与发布　区域自动气象站资料的传输方式开始为 PSTN 电话拨号传输,2008 年 12 月改为 GPRS 无线传输;大气边界层气象要素梯度监测资料与草地二氧化碳通量变化自动监测涡度资料通过读卡的方式进行资料读取。牧业气象观测资料每旬末 20 时后编发气象旬月报;加测资料每旬逢 5 日在 20 时后编发土壤加测报;生态资料每旬第 1 日整点 14 时后 18 时前编发生态监测报。所有报文均以 FTP 传输方式发送。

3. 气象服务

决策气象服务　发布年度《草地生态环境监测公报》、草原蝗虫发生发展趋势预报、旬土壤墒情通报、月牧草长势评价及产量通报等专项服务。

专业气象服务　以地方科研、生态建设项目和科技特派员项目的形式开展专业气象服务,服务内容包括退化草地治理、高原高寒观赏性草坪建植、牧草营养成分动态分析、土壤养分动态分析等。

4. 科学技术

气象科研　完成青海省科技厅科技富民计划项目"海北州退耕还草示范基地建设"和科技特派员项目"种植优良牧草提高圈窝子利用率"项目各 1 项;中国气象局"海北州海晏地区优质紫花苜蓿科技示范推广"扶贫项目 1 项;联合完成省部级科研项目 3 项;完成"气候变化及其对海北州畜牧业影响的科学对策研究"、"环青海湖北岸大气降水和草地地表径流关系研究"、"环湖地区不同草场类型优势牧草主要生育期营养成分分析"、"优良人工牧草引种栽培的地理气象条件试验研究"等科研项目 10 项。其中"气候变化及其对海北州畜牧业影响的科学对策研究"课题成果 2008 年获海北州科技进步三等奖。

气象法规建设与制度建设

法规建设　2008 年 3 月,海晏县人民政府办公室下发《海晏县人民政府办公室关于将气象探测环境保护工作纳入行政执法备案的批复》(晏政办〔2008〕20 号文),将海北牧试站气象探测环境保护范围纳入当地城镇规划。同年与州气象局签订气象观测环境保护责任书。

制度建设　先后制定了《海北牧试站牧业气象工作岗位责任制度》、《牧业气象测报工作制度》、《业务学习制度》、《观测地段和仪器设备维护制度》、《职工请销假制度》、《科研工作制度》、《科技创新资金管理办法》、《实验室及仪器管理制度》、《海北牧试站气象科技及档案借阅制度》等制度。通过各项规章制度的实施规范了牧业气象测报和科研试验管理工作,提高了职工工作积极性、主动性和创造性,为建设和谐台站奠定了基础。

政务公开　对每月、每季度、每年的主要工作、站领导出差、财务支出、项目进展情况等实行公开,采取的方式为职工大会和公示。

党建与气象文化建设

1. 党建工作

截至 2008 年 12 月海北州牧试站有党员 3 人,党组织的各项活动由中共海北州气象局党支部统一部署、统一组织、统一落实。

2. 气象文化建设

精神文明建设 积极组织开展"送温暖"活动,在州气象局统一领导下,组织职工向灾区和贫困人员捐款,积极参加州气象局组织的各项活动,按州气象局计划实施气象文化建设活动。

文明单位创建 持久开展文明创建工作,把领导班子的自身建设和职工队伍的思想建设作为文明创建的重要内容,并按州气象局的安排开展文明单位创建活动。

3. 荣誉

集体荣誉 2000—2005年连续3次荣获中国气象局和中国气象学会联合表彰的"气象科技扶贫工作集体三等奖"。1998—2001年连续4次荣获青海省气象局"全省气象科技扶贫先进集体"。1999年、2001年、2003年、2005年、2007年被青海省气象局授予"全省气象服务先进集体"称号。

个人荣誉 1人次荣获中国气象局牧业气象测报"250班"无错情表彰。

台站建设

台站综合改造 1998年省气象局投资25.0万元建成海北牧试站实验室。2005—2006年在中国气象局进行农业气象试验站示范改革试点中,由中国气象局投资140万元,建成六要素自动气象站(CAWS600型)、草地近地层温、风、湿等气象要素变化梯度监测站(CAWS800-GS型)、草地二氧化碳通量变化自动监测涡度站(CAWS80型)、购置野外试验研究专用仪350~1050 nm/A103000光谱辐射仪、LAI2000植物冠层分析仪、DZM2-2小气候观测仪等,购置HP1500GS-B全智能人工气候箱、KDN定氮仪、SLQ纤维测定仪、SZC脂肪测定仪、203PCA土壤有机质分析仪、HY-6调速振荡器、HH-8数显水浴锅、722型分光光度计、感量0.001 g分析天平、感量0.01 g分析天平等实验室设备。

海北牧业气象试验站生态观测场全景(2008年)

海北牧业气象试验站实验室一角(2008年)

海晏县气象局

历史沿革

始建情况 1954年6月筹建三角城气候站,于1955年1月1日正式开展工作,站址在海晏县三角城镇,位于北纬36°56′,东经100°44′,海拔高度3230.0米。

站址迁移情况 建站至今,共迁移2次。1960年1月迁至海晏县红山嘴河旁边,距原址2千米,位于北纬37°20′,东经101°00′,观测场海拔高度2994.0米,1962年2月撤站。1975年下半年在海晏县三角城镇原址附近重建,1976年1月开始气象观测,观测场位于北纬36°54′,东经100°59′,海拔高度3010.0米。

历史沿革 1955年1月正式开展工作的三角城气候站,1959年1月停止工作。1960年1月迁站恢复气象观测,更名为海晏县气象服务站,1962年2月撤站。1976年1月重建更名为海晏县气象站并开始气象观测。1995年10月更名为海晏县气象局。2002年成立海晏县防护雷电管理局和海晏县人工影响天气管理局,与县气象局合署办公。

管理体制 1957年12月前归省气象局直接领导;1976年1月—1979年12月,实行地方政府与气象部门双重领导,以地方政府领导为主;1980年1月体制改革后,实行气象部门与地方政府双重领导,以气象部门领导为主的管理体制。

下设地面气象观测组、气象服务组。

单位名称及主要负责人变更情况

单位名称	姓名	民族	职务	任职时间
三角城气候站	曹海银	汉	站长	1955.01—1958.12
停止工作				1959.01—1959.12
海晏县气象服务站	曹海银	汉	站长	1960.01—1962.02
撤站				1962.03—1975.12
海晏县气象站	郑生贵	汉	站长	1976.01—1980.12
	杨捷	汉	站长	1981.01—1982.03
	曹幼青	汉	站长	1982.04—1986.12
	孙生珍	汉	站长	1987.01—1995.09
海晏县气象局			局长	1995.10—2005.03
	段英凤(女)	汉	局长	2005.04—

人员状况 自1954年6月建站至今,先后有38人在县气象局工作过。截至2008年底全局有职工8人,均为工程师;本科学历2人,大专学历3人,中专学历3人;少数民族2人。

气象业务与服务

1. 气象业务

①气象观测

地面气象观测 1955年1月1日正式开始观测工作,每日开展01、07、13、19(地方时)4次观测,观测项目有:云、能见度、天气现象、气温、湿度、风向风速、降水、雪深、蒸发、冻土、地面状态,发航空报,值守夜班。1956年4月1日,增加地面最低温度观测;1957年1月1日增加雪压观测;1958年1月1日增加气压观测。1960年7月1日迁至海晏县红山村,每日开展02、08、14、20时4次观测,发航空报,值守夜班;1961年1月1日改为02、08、14、20时4次观测,取消地面状态观测,增加地面温度及0~15厘米浅层地温观测;1962年2月撤站。1975年下半年在海晏县三角城镇重建,1976年1月起恢复观测,每日开展02、08、14时3次观测,观测项目有:云、能见度、天气现象、气压、气温、湿度、风向风速、降水、雪深、雪压、蒸发、日照、地面地温(0厘米、最高、最低)、浅层地温(5、10、15、20厘米);增加风向风速自记观测,2次补绘观测,夜间不守班;1980年1月1日起增加露点温度观测。1992年配发PC-1500袖珍计算机,使各要素查算更加便捷。从1999年开始,每日开展3次观测,2次补绘观测,发天气加密报,夜间不守班。2007年6月1日,停止上报纸制月报表,采用人工站、自动站"A"文件数据上传。2007年12月31日20时起,变更为国家二级气象观测站,2008年12月31日20时,变更为国家一般气候站,观测项目、发报内容无变化。

生态观测 2003年5月1日,增加生态环境监测,监测项目有土壤粒度、土壤水分、土壤风蚀风积、大气尘降。2007年7月1日,取消生态监测项目,保留土壤水分监测项目。

自动气象观测站 2002年11月,CASW600型自动站建成并试运行,2004年1月1日正式运行,人工站只在每日20时做一次对比观测。2008年10月底,建成金滩乡、托勒乡(七要素)和甘子河乡(六要素)区域自动气象站并投入运行。

②天气预报

海晏县属于青海省北部牧区县,当地社会、经济、文化发展滞后,对天气预报需求不多。当地天气预报主要依据省州台预报订正发布。

③气象信息网络

2002年以前使用电话传输气象信息。2003年因特网开通,用于信息查询及天气预报的发布平台,收发邮件和查询信息。2004年1月1日,用宽带网进行气象报文、实时资料传输,发布灾害性天气预警信息。2008年10月,通过2兆光纤宽带数字链路连接州气象局局域网,通过Notes系统开展电子办公、公文信息传输、文件接收、资料传输及查询等,年底建成实景监控系统和视频会商会议系统。

2. 气象服务

公众气象服务 1976年6月开始,开展预报服务工作,主要利用本站地面观测要素制作图表,参考青海人民广播电台播送的天气形势预报和高空、地面指标站实况资料、传真天气图制作本站24小时和48小时天气预报,通过县广播站对外发布短期预报。从2004年开始,每晚在县电视台为公众播放 24 小时和 48 小时天气预报。以手机短信方式为当地党政部门、相关单位及乡镇领导提供雨情信息,发布转折性、关键性、灾害性天气预警信号,并在全县各乡、村逐年扩展信息发布量,气象信息覆盖到村到户。2008 年增加了森林草原火险等级预报及人体舒适度预报。

决策气象服务　从 2004 年开始,每年为当地党政部门及农口单位提供决策气象服务。从 11 月至次年 2 月,发布冬季气候预测,大风、降温、雪灾等重要天气预警信息。

专业与专项气象服务　2007 年,与县国土资源局、水务局、林业局、环保局、交通局等单位签定气象服务合同。开展草原森林火险气象等级预报、道路交通安全预报、地质灾害预警等服务。

2002 年开始,开展人工影响天气工作,逐年增加作业点,先后在三角城镇、哈勒景、甘子河、金滩、青海湖等乡镇设立作业点,利用"三七"高炮和火箭发射装置在每年 6—10 月期间开展人工增雨(防雹)作业。

气象法规建设与社会管理

法规建设　2006 年 9 月,海晏县人民政府下发《海晏县人民政府关于进一步保护气象探测环境的通知》(晏政办〔2006〕136 号),对气象探测环境的保护范围和标准等进行登记备案,使城镇规划部门和建设部门在决策过程中做到有据可查。

制度建设　先后制定了《海晏县气象局气象探测环境保护制度》、《海晏县气象局业务值班制度》、《海晏县气象局灾害性天气联报联防制度》、《海晏县气象局职工请销假制度》、《海晏县气象局地面观测奖惩办法》、《海晏县气象服务应急工作规程》、《海晏县气象局地面测报交接班制度》、《海晏县气象局业务值班巡查制度》、《海晏县气象局业务学习制度》等规章制度。

社会管理　开展气球施放行政管理,对辖区内不定期进行巡查,依法对施放气球单位实行资质检查,对未按规定取得《施放气球资质证》的单位不准从事施放气球活动。

依法管理　建立了县气象局行政执法兼职队伍,依法开展县境内气象探测环境保护、气球施放执法和行政许可、雷电防护管理、人工影响天气管理等管理工作。

政务公开　对气象行政审批办事程序、气象服务内容、服务承诺、气象行政执法依据、服务收费依据及标准等,通过户外公示栏方式向社会公开。对财务收支、目标考核、业务质量等内容采取职工大会或在公示栏张榜公布等方式向职工公开。财务开支每季度公示一次,年底对全年收支、职工津补贴、奖金福利发放、评先评优等向职工作详细说明。

党建与气象文化建设

1. 党建工作

党的组织建设　1989 年以前,县气象站支部为独立支部,有党员 3 名。1989—2002 年与县农林管理站组成联合支部。2002 年以后,与海晏县农业技术推广站组成联合支部,截至 2008 年底,县气象局有党员 3 名。

党的作风建设　积极开展保持"共产党员先进性教育"、"学习实践科学发展观"等主题实践活动,开展党员先锋岗示范活动,让党员在工作中真正成为带头学习和勇于实践、带头遵守和执行工作纪律、带头维护气象人形象的楷模。根据安排,与海晏县金滩乡金滩村开展城乡支部结对共建活动。

党风廉政建设 认真落实党风廉政建设目标责任制,每年与海北州气象局签订党风廉政建设责任书,积极参加州气象局和当地政府举办的廉政教育活动。2003年建立"三人决策"机制。

2. 气象文化建设

精神文明建设 通过加强政治理论、法律法规、围绕学习业务知识来提高职工的道德素养及业务水平。积极创建文明单位,先后建成图书室、职工活动室,配备了室内健身设备6台(套)、单双杠等室外健身器材9台(套),每年组织为扶贫对象捐款捐物活动,精神文明建设逐年上台阶。

文明单位创建 1991年被海晏县委、县政府命名为"文明单位";2003年被海北州文明委命名为"文明单位"。

集体荣誉 1982年被青海省气象局命名为青海省气象系统先进集体,同年,编写的《海晏县农牧业气候资料分析及区划》获省级科技成果三等奖。

2005—2008年连续4年被海晏县人民政府授予"先进单位"称号。

台站建设

台站综合改善前,无论是办公条件还是职工生活条件都异常简陋。1983年由省气象局投资,建成砖木结构住房10间。1991年改建职工住房12间,所有生活用房通上了自来水,解决了生活、工作一直饮用井水的历史。2002年省气象局投资27万元,对围墙、房屋进行维修改造,用砖围墙代替土围墙,办公室供暖采用小型燃煤锅炉。2006年省气象局投资110万元进行台站综合改造,新建房屋面积575平方米,其中:业务用房面积305平方米,职工生活用房面积202平方米,建成2.5吨采暖锅炉用房(建筑面积68平方米),办公、住宅用房实现单位集中供暖,配备业务用车1辆。2008年,省气象局投资8万元完成园区绿化、美化工程。

台站综合改善前的海晏县气象局旧貌　　　　2008年新建的海晏县气象局业务用房

门源回族自治县气象局

　　门源回族自治县(简称门源县)地处祁连山脉东段和达坂山(祁连山支脉)中部、大通河的中下游地带,总面积 6902 平方千米。主要种植白菜型小油菜、青稞、马铃薯等农作物,为我国著名的白菜型小油菜原产地,是青海省的油料基地,也是我国北方白菜型小油菜育种基地。

　　境内气候多变,为青海省多雨区之一,年均降水量达 520 毫米。雨热同季,年平均气温 0.8℃。特殊、复杂的地理环境使门源县成为青海省冰雹多发地区。主要气象灾害有霜冻、冰雹、大风、雷电等。

机构历史沿革

　　始建情况　始建于 1956 年的浩门气候站,同年 10 月正式开展工作。站址在浩门农场一分场,位于北纬 37°27′,东经 101°37′,海拔 2942.5 米。

　　站址迁移情况　1959 年在门源县浩门镇筹建海北州气象台。1960 年 1 月,门源县气象站归并到海北州气象台,现址:海北州门源县浩门镇,位于北纬 37°23′,东经 101°37′,观测场海拔高度 2850.0 米,为国家基本气象站。

　　历史沿革　1957 年 6 月更名为门源县气象站。1960 年 1 月,门源县气象站归并到海北州气象台。1994 年,海北州气象台随海北州气象局搬迁至海晏县。同年 9 月,在原州气象台观测组的基础上组建门源回族自治县气象站。1995 年 10 月,成立门源回族自治县气象局。

　　管理体制　1956 年 10 月—1957 年 12 月归属省气象局直接领导;1958 年 1 月—1963 年 2 月、1969 年 7 月—1979 年 12 月实行地方政府与气象部门双重领导,以地方政府为主的管理体制,其中 1971 年 2 月—1973 年 5 月,实行军事管制;1963 年 3 月—1969 年 6 月及 1980 年 1 月体制改革以后,实行气象部门与地方政府双重领导,以气象部门为主的管理体制。2002 年成立门源县防护雷电管理局、门源县人工影响天气管理局,与县气象局合署办公。

　　机构设置　下设地面气象观测组和农业气象观测组。

单位名称及主要负责人变更情况

单位名称	姓名	民族	职务	任职时间
浩门气候站	段兴达	汉	站长	1956.10—1957.05
门源县气象站	郑建萍	汉	站长	1957.06—1959.12
并入海北州气象台				1960.01—1994.08
门源回族自治县气象站	高登魁	汉	站长	1994.09.1995.09
门源回族自治县气象局			局长	1995.10—2008.03
	张成祥	回	局长	2008.04—

　　人员状况　截至 2008 年底有职工 11 人,其中:女职工 2 人;少数民族 6 人;30 岁以下 1 人,31～40 岁 7 人,41～50 岁 3 人;大学本科以上 3 人,大专 5 人,中专以下 3 人;中级职

称8人,初级职称3人;离退休职工2人。

气象业务与服务

1. 气象观测

①地面气象观测

风向、风速、气温、气压、云、能见度、天气现象、降水、日照、小型蒸发、大型蒸发、深(浅)层地温、冻土、雪深等。1957年4月取消2.0米雨量筒观测,6月增加气压自记观测,10月增加日照观测,12月增加地面最高气温观测。1959年1月,增加雪压观测。2007年12月31日20时起,改为国家一级气象观测站,增加23时补绘报。2008年12月31日20时,改为国家基本气象站。

观测时次 建站至1960年7月31日,每天进行01、04、07、10、13、16、19、22时(地方时)8次定时地面观测;1960年8月1日起改为每天进行02、05、08、11、14、17、20、23时(北京时)8次定时地面观测。

发报种类 每天编发02、08、14、20时4次定时绘图报和05、11、17、23时4次补助绘图报,全年预约航危报,春季抗旱预约增雨报。

电报传输 1956年建站后,通过专线电话传递气象电报。1990年起由短波单边带传送数据。2002年1月1日起启用PSTN电话拨号方式传输。

气象报表制作 每月编制上报地面气象记录月报表,次年年初编制上报年报表。

资料管理 地面测报工作自建站之日起未出现过中断,至2008年底,已取得52年连续气象资料。建站到2001年12月31日所有的气象资料移交省气象局统一管理,2002年以后的气象资料由县气象局管理保存。

气象哨 1958—1961年,先后建成孔家庄气候服务站、苏吉滩气候服务站、夏唐气候服务站、皇城气候服务站、浩门农场气象哨,用于搜集资料,开展服务工作。1962年在"调整、巩固、充实、提高"八字方针指导下,除浩门农场专业气象哨(属浩门农场农科所)继续开展业务外,其余各站点全部撤销。

自动气象观测站 2000年10月,建成了Milos 500型自动气象站,经过3年对比观测后于2004年1月投入业务运行。自动站观测项目包括温度、湿度、气压、风向风速、降水、地温、蒸发。观测项目、使用的仪器设备、观测方法执行中国气象局编写的《地面气象观测规范》。2000年,省气象局人工影响天气办公室在县气象局安装闪电定位仪,同年投入使用,2006年交由县气象局管理。2008年9月,在皇城乡和青石嘴镇建成海北新一代天气雷达系统配套区域自动站(七要素)。同年11月,建成东川区域自动站(六要素)和珠固区域自动站(两要素)。

②农业气象观测

观测时次和日界 农业气象观测开始于1959年5月。固定地段土壤水分从土壤解冻期间开始观测。作物地段土壤水分从作物播种至收获期间观测。生态观测从土壤解冻期间开始观测。土壤水分观测时间为每旬3日、8日观测。木本植物(小叶杨、红柳)从植物芽膨大期开始观测至落叶末期、草本植物(马蔺、车前、蒲公英)从萌芽期至黄枯末期。

观测项目 观测作物有青稞、油菜,进行作物发育期观测和土壤水分测定;物候观测种类主要有豆雁、木本植物(小叶杨、红柳)、草本植物(马蔺、车前、蒲公英)。

农业气象报表 编制报表种类有:土壤水分、作物观测报表、生态报表、物候报表。

③土壤水分观测

2003年增加土壤水分生态观测项目,观测内容和方法执行中国气象局编写的《农业气象观测规范》。

2. 气象信息网络

1956年建站后,通过专线电话传递气象电报(由州邮电局通讯科发送)。1990年起由短波单边带传送数据和语音信息。2002年1月1日启用 PSTN 电话拨号方式传输。2008年建成 Internet 网和 Notes 综合办公信息系统,气象资料、报文传输实现了网络化。同年年底建成实景监控系统和视频会议会商系统。

3. 天气预报预测

1994年9月成立县气象站后,主要利用上级指导预报产品开展预报服务。

4. 气象服务

1994年9月起逐步开展公众气象服务、决策气象服务、专业与专项气象服务、气象科普宣传等工作。

公众气象服务 根据省、州气象台预报,制作县气象局的订正预报,每日通过县电视台发布未来48小时天气预报。遇有强对流天气过程时,通过手机短信向公众发布相关天气信息,信息发布到各村。

决策气象服务 开展气候趋势预测、作物播种期预报、作物生长期土壤墒情通报、作物收获期天气预报、冬季降雪交通路面情况预报、重大活动专题预报等多种气象服务,为政府部门提供决策依据。

专业与专项气象服务 2006年使用1台地面碘化银发生器进行人工增雨作业。2007年建成门源县人工防雹体系,利用10门"三七"高炮、5部火箭发射装置在门源县境内开展人工防雹作业。2008年成立门源县民兵高炮连(准军事化管理),由县气象局主管,县人民武装部协管。

5. 科学技术

气象科普宣传 每年进行气象知识、防灾减灾知识宣传,世界气象日期间,向社会公众开放县气象局。通过县电视台宣传《中华人民共和国气象法》、《青海省气象条例》等法律法规、人工影响天气、防雷等工作。利用信息员进行气象灾害防灾减灾知识宣传,宣传到村社。利用在学校防雷设施检测的机会制作展板,并给学生们发放气象知识宣传材料。

气象法规建设与社会管理

法规建设 2006年11月,门源县人民政府下发《门源县政府办公室关于保护气象探测环境的通知》(门政办字〔2006〕160号),对气象探测环境的保护范围和标准等进行登记备案,使城镇规划部门和建设部门在决策过程中能有据可查。

制度建设 先后制定了《门源县气象局气象服务周年方案》、《门源县气象局"争先创优"奖励办法》、《地面观测员职责及工作制度》、《地面观测奖惩办法》、《自动气象站业务规章制度》、《门源县气象局劳动保障规章制度》、《门源县气象局文明公约》、《气象灾害性天气预警与汛期气象服务联防联报工作办法》、《人工影响天气安全管理规定》、《值班巡查制度》等规章制度。

社会管理 开展气球施放行政管理,建立《门源县气象局气球施放应急预案》,对辖区内不定期进行巡查,对非法施放气球者依法行政。门源县气象局依法对施放气球单位实行资质检查,对未按规定取得《施放气球资质证》的单位不准从事施放气球活动。

依法行政 2006年11月,门源县气象局与海北州气象局签定《气象探测环境保护责任书》,依法保护气象探测环境。培训3名执法人员,对施放气球和防雷设施施工及其他气象违法行为进行行政执法。

政务公开 对目标任务完成情况、气象测报业务、农业气象、生态观测等各项业务质量、科技服务开展情况及服务效益等召开职工大会每半年公开一次;财务经费报表、财务收支情况每季度张贴公开一次;党风廉政建设、精神文明建设、县气象局领导廉洁自律情况、文明单位创建情况、职工反映问题及处理情况等根据需要随时召开职工大会进行公开;年底对全年收支、职工奖金福利发放、全年工作情况等向职工作详细说明。

党建与气象文化建设

1. 党建工作

1994年9月成立县气象站党支部,有党员3人;2003年转入门源县信用社党支部,2007年转入供销社党支部,截至2008年底有党员2人。

学习有关廉政建设的政策法规,增强干部职工的廉洁守法意识。按照党风廉政建设责任制的要求,结合保持共产党员先进性教育活动,每年县气象局主要负责人与上级部门及当地政府签订了廉政建设责任书,并在职工大会上做出廉政承诺。

2. 气象文化建设

精神文明建设 完善各项制度、政务公开以及健全监督机制,成立精神文明建设领导机构和监督机构,分工协作,围绕工作目标,充分调动每个职工的工作积极性,严格按照议事规定和程序办事。开展政治理论学习、法律法规学习,全局干部职工及其家属子女无一人违法违纪。每年与县人民政府签订精神文明建设责任书,开展与气象路社区的结对共建活动,共建党员活动室,做好帮扶村社工作。

文明单位创建 积极开展文明单位创建工作,重大问题实行集体决策,领导班子团结,对工作人员在政治、工作、福利待遇等方面给予关心支持。2005年台站综合改善后,建成活动室,配备棋类等文化用品;建成图书室,配置图书500余册;2006年安装室外健身器材1套。

集体荣誉 2003—2008年,门源县气象局连续6年被门源县政府授予"支持地方经济建设先进单位"。

2001年被评为县级文明单位,2003年进入州级文明单位行列。

台站建设

　　1956 年建站初时,办公住房条件简陋、设备原始,生活工作条件极为艰苦。2002 年省气象局配备办公用皮卡车 1 辆。2005 年省气象局投资 118 万元,进行台站综合改善,新建办公用房 242 平方米,生活用房 480 平方米,采暖锅炉房 68 平方米,综合改善后台站水、电、暖、道路一应俱全。2008 年投资 19 万元,进行园区环境整治。

门源县气象局旧貌(1985 年)

新建的生活用房(2005 年)

新建的业务用房(2005 年)

祁连县气象局

机构历史沿革

　　始建情况　　祁连县气象站于 1956 年 5 月建成,站名为八宝寺气象站,属国家基本气象站,站址在祁连县城西边的坡地。观测场位于北纬 38°11′,东经 100°15′,海拔高度 2787 米。

历史沿革　1959 年 8 月更名为祁连气象站;1961 年 1 月更名为祁连县气象服务站;1972 年 11 月更名为祁连县革命委员会气象站;1980 年 1 月更名为祁连县气象站;1995 年 10 月更名为祁连县气象局。

管理体制　建站初期气象站由省气象局直接管理;1958 年 1 月—1963 年 2 月以地方政府领导为主,1963 年 3 月—1969 年 6 月以气象部门领导为主,1969 年 7 月—1979 年 12 月以地方政府领导为主,其中 1971 年 2 月—1973 年 5 月,实行军事管制。1980 年 1 月体制改革以后,实行气象部门与地方政府双重领导,以气象部门领导为主的管理体制,这种管理体制一直延续至今。2002 年 8 月成立县防护雷电管理局和县人工影响天气管理局,与县气象局合署办公。

机构设置　下设地面测报组、气象服务组、雷电防护检测所。

单位名称及主要负责人变更情况

单位名称	姓名	民族	职务	任职时间
八宝寺气象站	杨延益	汉族	站长	1956.05—1957.05
	董增思	汉族	站长	1957.06—1959.07
祁连气象站				1959.08—1960.03
	文笃林	汉族	站长	1960.04—1960.12
祁连气象服务站	金绍贵	汉族	站长	1961.01—1963.01
	康顺贵	汉族	站长	1963.02—1972.10
祁连县革命委员会气象站				1972.11—1976.10
	陆士荣	汉族	站长	1976.11—1979.12
				1980.01—1981.05
	邹全文	汉族	站长	1981.06—1984.12
祁连县气象站	文笃林	汉族	站长	1985.01—1989.09
	朱有林	土族	站长	1989.10—1990.11
	侯青文（女）	汉族	站长	1990.12—1994.03
	包文山	藏族	站长	1994.04—1995.09
			局长	1995.10—1996.09
祁连县气象局	英 杰	藏族	局长	1996.10—2001.03
	马 强	回族	局长	2001.04—2004.06
	白生云	藏族	局长	2004.07—2006.02
	张宇科	汉族	局长	2006.03—

人员状况　建站之初有 7 人,其中女 2 人。截至 2008 年底,有 9 人,其中:中级职称 4 人,初级职称 5 人;本科学历 1 人,大专学历 5 人,中专学历 3 人。

气象业务与服务

1. 气象观测

①地面气象观测

观测项目　地面观测开始于 1956 年 5 月 1 日,观测项目有:云、能见度、天气现象、降水、气温、湿度、气压、风向、风速、地表温度、浅层地温（5、10、15、20厘米）、深层地温（40、80、160、320厘米）、冻土、雪深、雪压、日照、蒸发（小型蒸发、E-601型）。

观测时次 1956年5月1日—1960年7月31日，每日进行01、04、07、10、13、16、19、22时（地方时）8次观测；1960年8月1日起，每日进行02、05、08、11、14、17、20、23时（北京时）8次观测，昼夜值班。

发报种类 编发8次地面天气报、预约24小时航空天气报，不定时的有重要天气报、加密报；旬末、月末编发气象旬月报，3月中旬至6月中旬编发人工增雨报。

电报传输 建站至1991年12月，气象报文通过县邮电局电话专线传输；1992年1月停止电话传输，开始启用短波单边带传输气象报文；2002年1月1日起停止单边带无线电台发报，启用PSTN电话拨号方式传输气象报文，单边带无线电台传输方式作为备份方式保留。

气象报表制作 每月编制上报地面气象记录月报表，次年年初编制上报年报表，生态观测年报表。

资料管理 建站到2001年12月31日所有的气象资料已移交省气象局统一管理，2002年以后的气象资料由祁连县气象局管理保存。

自动气象观测站 2000年建成Milos 500型自动气象站，同年12月1日起人工站使用微型计算机和《AHDM 4.1》测报软件。2001年1月1日—2003年12月31日自动气象站和人工观测双轨试运行，2004年1月1日，自动气象站正式单轨运行，除云、能见度和天气现象外，其余气象要素实现自动化观测。2008年建成八宝、阿柔、默勒3个七要素自动气象站。

地面测报业务变动情况 2003年前风速感应器距地高度为9.9米，2003年1月风速感应器距地高度改为10.5米。1983年1月1日，新增编发气象旬（月）报任务。1986年2月1日起启用PC-1500袖珍计算机代替手工编报。1997年6月，开始大型蒸发观测工作；2006年开始，利用计算机软件预审气象报表（使用OSSMO 2004气象软件）。2007年12月31日20时起，改为国家一级气象观测站。2007年6月1日，停止上报纸制月报表，采用人工站、自动站"A"文件数据上传；2008年12月31日20时，改为国家基本气象站。

②农业气象观测

1961年前后开展过部分农业气象观测；1982年根据青海省农牧业区划委员会和海北藏族自治州人民政府的决定，在祁连县进行了为期一年的农牧业自然资源和农牧业区划工作；2002年4月开展干土层的观测。

③生态观测

2003年5月1日，新增生态环境监测，监测项目有：0～10厘米土壤解冻日期、土壤水分、干土层厚度、土壤粒度、0～10厘米土壤冻结日期、土壤风蚀风积、大气尘降，天气牧草返青期、开花期、黄枯期发育期，牧草高度，牧草覆盖度，牧草产量。2007年7月1日，取消大气尘降和土壤粒度生态监测项目，每年年底编制生态观测年报表。

2. 气象信息网络

2003年Internet网开通，用于信息查询及天气预报的发布平台。2008年10月，通过2

兆光纤宽带数字链路连接州气象局局域网,通过 Notes 系统开展电子办公、公文信息传输、文件接收、资料传输及查询等;2008 年底,建成视频会议会商系统和实景监测系统。

3. 天气预报预测

1982 年 10 月成立预报组,1983 年 5 月省气象局配备"123"传真机,1983 年 6 月正式接收传真图,开展短期、长期天气预报。短期预报产品主要使用三线图、简易天气图、传真图等制作;长期预报产品主要用统计预报方法制作。短期预报于每天下午在祁连县广播站播出,长期预报主要送当地政府、水利队、砖瓦厂等单位。

4. 气象服务

①公众气象服务

1956 年建站后便开展本地 24 小时短期预报、月气候趋势预测,使用广播电台、文字材料进行服务。

②决策气象服务

制作并发布决策气象服务,为当地党政部门及农口相关单位提供月气候趋势预测、冬季雪灾预测等中长期天气预测预报信息。为大型户外活动提供气象保障服务。以手机短信的方式为当地党政部门、农口相关单位及乡镇领导提供雨情信息及预警信号,发布转折性、关键性天气预报及灾害性天气预警信号、人工影响天气作业信息。

③专业与专项气象服务

专业气象服务 2003 年开始发布秋收期预报,产量预报,畜牧业年景预报等;2007 年为祁连纤维公司、万立水电公司提供专业气息服务产品。

人工影响天气 2002 年 9 月首次在祁连县峨堡乡开展人工增雨工作,目前在全县境内共布设 6 个人工增雨点,每年 6—9 月开展人工增雨作业。

防雷技术服务 祁连县防护雷电管理局,负责全县防雷安全管理,定期对建筑物、煤矿、加油站、矿山炸药库等高危行业的防雷设施进行检查。1998 年开展祁连县防雷检测服务,2002 年后逐步规范化。

5. 科学技术

气象科普宣传 每年利用"3·23"世界气象日上街宣传,邀请中小学生到气象站参观,让民众了解气象、关注气象、热爱气象。

气象法规建设与社会管理

法规建设 2008 年祁连县政府以祁政〔2008〕9 号发文,将祁连县的气象探测环境保护范围纳入当地城镇规划,使城镇规划部门和建设部门在决策过程中做到有据可查。

制度建设 先后制定了《祁连县气象局地面测报管理制度》、《祁连县气象局人影工作管理制度》、《祁连县气象局气象档案管理制度》、《车辆管理制度》、《祁连县气象局工作制度》、《祁连县气象局财务管理制度》、《党建和党风廉政建设管理制度》、《精神文明创建制度》、《安全生产管理制度》等规章制度。

社会管理 开展建筑物图纸防雷设计的审核,对设计不符合相关规范的提出改进意见,对设计符合相关规范的进行施工监督,做到防雷设施与建筑物同设计、同施工、同时投入使用。对在本县范围内进行防雷设施施工的,依法检查其是否具有《防雷工程专业施工资质证》,禁止无证施工。2008 年祁连县气象局与海北州气象局签定《气象探测环境保护责任书》

依法行政 建立祁连县气象局行政执法兼职队伍,依法对祁连县境内气象探测环境保护、气球施放、雷电防护、人工影响天气等方面的工作进行管理。开展气球施放行政管理,建立《祁连县气象局气球施放应急预案》。对辖区内不定期进行巡查,依法对施放气球单位实行资质检查,对未按规定取得《施放气球资质证》的单位不准从事施放气球活动。

政务公开 对气象行政审批办事程序、气象服务内容、服务承诺、气象行政执法依据、服务收费依据及标准等,采取通过户外公示栏、电视广告、发放宣传单等方式向社会公开。对财务收支、目标考核、业务质量等内容采取职工大会或在公示栏张榜公布等方式向职工公开。财务开支每季度公示一次,年底对全年收支、职工津补贴、奖金福利发放、评先评优等向职工作详细说明。

党建与气象文化建设

1. 党建工作

党的组织建设 1996 年之前,祁连县气象局(站)与县农牧局组成联合党支部,有党员 1～2 人。1996 年县气象局成立独立支部,截至 2008 年 12 月有党员 6 人。

党的作风建设 积极开展保持"共产党员先进性教育"、"学习实践科学发展观"等主题实践活动,开展党员先锋岗示范活动,让党员在工作中真正成为带头学习和勇于实践、带头遵守和执行工作纪律、带头维护气象人形象的楷模。积极组织党员和群众多次向灾区、贫困户、困难学生等捐款捐物。

党风廉政建设 祁连县气象局每年与州气象局签定党风廉政建设责任书,建立党风廉政建设责任制,制定保持共产党员先进性长效机制,建立"三会一课"制度、党员民主评议制度、党员联系群众制度、党建目标管理制度、政治学习制度、发展党员规划制度、政务公开制度以及领导廉政承诺制度等。

2. 气象文化建设

精神文明建设 每年年初制定年度精神文明建设规划,将精神文明创建与业务工作相结合,坚持以人为本,积极开展精神文明建设活动。

2003 年 8 月,购置乒乓球台。2005 年 3 月,建成职工活动室,职工图书室和小型运动场,图书室配置图书 500 余册。2007 年 10 月,安装室外健身器材 1 套,每年组织 2 次以上职工文体活动。

文明单位创建 1997 年 10 月被县文明委命名为县级"文明单位";2001 年被海北州委、州政府命名为"文明单位";2006 年、2008 年连续 2 次被州委、州政府命名为"州级文明窗口单位"。

台站建设

　　2003年省气象局投资120万元进行综合改善,新建祁连、野牛沟、托勒三站生活基地职工住宅楼1160平方米,采暖改造为单位小型燃煤锅炉。2005年投资86.8万元,新建办公室8间,多功能活动室2间,生态气候环境监测室2间,总面积200平方米。2008年省气象局投资113万元,建成三站业务办公用房370平方米,对供暖系统进行改造,由县供热公司集中供暖。并对生活基地环境进行整治,种植观赏性草坪,安装室外健身器材。

　　2002年8月县气象局配备长城皮卡客货两用车1辆,主要用于气象服务和人工影响天气等工作,2008年10月,配备长丰猎豹越野车1辆。

综合改造前的祁连县气象站职工宿舍(2003年)

综合改造后的祁连三站值班生活用房(2008年)

综合改造后的祁连县气象局值班室(2005年)

综合改造后的祁连县气象局值班室(2008年)

刚察县气象局

机构历史沿革

　　始建情况　刚察县气象局始建于1957年6月,为国家基本气象站,站址在刚察县沙柳河镇刚北巷16号,位于北纬37°20′,东经100°10′,观测场海拔高度3300.0米。

站址迁移情况　1973 年 12 月观测场经实测经纬度和海拔高度变更为北纬 37°20′,东经 100°08′,海拔高度 3301.5 米。1985 年 8 月 19 日观测场在原址向西迁移 20 米,经度、纬度、海拔高度都未变。

历史沿革　1960 年 11 月更名为刚察县气象服务站,1963 年 5 月更名为刚察县气象站,1973 年 11 月更名为刚察县革命委员会气象站,1981 年 5 月更名为刚察县气象站,1995 年 10 月更名为刚察县气象局。

管理体制　建站至 1957 年 12 月前归省气象局直接领导;1958 年 1 月—1963 年 2 月以地方政府领导为主,1963 年 3 月—1969 年 6 月以气象部门领导为主,1969 年 7 月—1979 年 12 月实行以地方政府为主的管理体制,其中 1971 年 2 月—1973 年 5 月,实行军事管制;1980 年 1 月体制改革以后,实行气象部门与地方政府双重领导,以气象部门领导为主的管理体制。2002 年成立刚察县防护雷电管理局、人工影响天气管理局,与县气象局合署办公。

机构设置　内设地面气象观测组、气象服务组、雷电防护检测所。

单位名称及主要负责人变更情况

单位名称	姓名	民族	职务	任职时间
刚察县气象站	罗本开	汉	站长	1957.06—1960.10
刚察县气象服务站	袁文珍	汉	站长	1960.11—1963.04
刚察县气象站	刘冠玉	汉	站长	1963.05—1969.05
	冯有安	汉	站长	1969.06—1972.12
刚察县革命委员会气象站	马玉山	汉	站长	1973.01—1973.10
				1973.11—1976.08
	党平安	汉	站长	1976.09—1981.04
刚察县气象站	朱渭溪	汉	站长	1981.05—1987.01
	许道孟	汉	站长	1987.02—1995.09
			局长	1995.10—1999.04
刚察县气象局	余永林	藏	局长	1999.05—2001.09
	杨明寿	汉	副局长	2001.10—2002.12
	王廉忠	藏	局长	2003.01—2008.02
	朱宝文	汉	局长	2008.03—

人员状况　刚察县气象站成立时有职工 10 人,其中站领导 1 人,观测员 6 人、报务员 2 人、摇电员 1 人。自 1957 年建站以来,先后有 108 人在县气象站工作。截至 2008 年底,有在岗职工 12 人,平均年龄 37 岁,其中:本科学历 1 人,大专学历 8 人,中专学历 3 人;中级职称 5 人,初级职称 7 人;少数民族 3 人。

气象业务与服务

1. 气象观测

①地面气象观测

观测项目　地面气象观测开始于 1957 年 7 月 1 日,观测项目有:云、能见度、天气现象、气压、气温、湿度、风、降水、积雪密度、雪深、日照、小型蒸发、地面状态。1987年1月实行24小时观测,观测项目有:云、能见度、天气现象、气压、气温、湿度、风向风速、降水、雪深、雪压、日照、小型蒸发、大型蒸发、地温(0厘米、最高、最低)、浅层地温(5、10、15、20、40厘米)、深层地温(80、160、320厘米)、冻土、总辐射。

观测时次 建站至1960年7月31日,每天进行01、04、07、10、13、16、19、20时(地方时)8次观测;1960年8月1日以后,每天进行02、05、08、11、14、17、20、23时(北京时)8次观测,昼夜值班;1987年1月起承担24小时气候观测任务。

发报种类 编发02、05、08、11、14、17、20、23时天气报,预约拍发24小时航空报。

电报传输 建站至1990年,气象报文采用莫尔斯电报传输;1990年起由短波"单边带"传输气象报文;2002年1月1日启用PSTN电话拨号方式传输气象报文,单边带无线电台传输方式作为备份方式保留。

气象报表制作 每月编制上报地面气象记录月报表,次年年初编制上报年报表。

资料管理 建站到2001年12月31日所有的气象资料已移交省气象局统一管理,2002年以后的资料由县气象局管理保存。

地面气象业务变动情况 1957年6月,县气象站建成,同年7月1日开始正式观测,8月1日起预约拍发24小时航空报,同时编发02、05、08、11、14、17、20、23时天气报。1961年1月1日根据中央气象局文件,取消"地面状态"观测项目。1962年,根据服务需要,增加"冻土"观测项目。1979年5—9月,根据青藏高原资料实验中心的需要,增加地面最高、最低温度观测。1980年1月1日,根据青海省气象局业务处文件要求,增加地中5、10、15、20、40、80、160、320厘米地温观测。1983年1月1日,新增编发气象旬(月)报任务。1986年2月1日起启用PC-1500袖珍计算机代替手工编报,同年9月根据中国气象局文件,确定为国家基准气候站试点站,1987年1月1日,正式开展国家基准气候站业务。1990年10月增加太阳总辐射观测。1992年1月1日,开始标准雨量观测,至1998年12月31日结束。1996年1月1日起,全年编发05—05时降水量组。1997年6月开始大型蒸发对比观测工作,1999年停止大型蒸发观测。2003年12月31日,暂停人工站总辐射观测项目。2007年6月1日,停止上报纸制月报表,采用人工站、自动站"A"文件数据上传;同年12月31日20时,改为国家气候观象台。2008年12月31日20时,改为国家基准气候站。

自动气象观测站 2000年11月10日,建成Milos 500型自动气象站,同年12月1日起使用微型计算机和《AHDM 4.1》测报软件。2001年1月1日,开始人工观测与自动站对比观测。2004年1月1日,自动气象站正式投入运行,与人工站双轨运行。2008年10月底,建成泉吉乡七要素区域自动气象站和哈尔盖镇两要素区域自动气象站并投入运行。

②生态观测

2003年5月1日,增加生态环境监测,监测项目有:0~10厘米土壤解冻日期、土壤水分、干土层厚度、土壤粒度、0~10厘米土壤冻结日期、土壤风蚀风积、大气尘降、牧草返青期、开花期、黄枯期、发育期,牧草高度、牧草覆盖度、牧草产量。2007年7月1日,取消大气尘降和土壤粒度生态监测项目,每年年底编制生态观测年报表。

2. 气象信息网络

2003年Internet网开通,用于信息查询及天气预报的发布平台。2008年10月,通过2

兆光纤宽带数字链路开通青海省气象局局域网,通过 Notes 系统开展电子办公、公文信息传输、文件接收、资料传输及查询等。2008 年底,建成视频会商会议系统和实景监测系统。

3. 天气预报预测

刚察县属于青海省北部牧区县,当地社会、经济、文化发展滞后,对天气预报需求相对不多。当地天气预报主要依省、州台预报订正发布。

4. 气象服务

①公众气象服务

1987 年成立预报服务组,负责全县气象预报服务,通过县电视台向公众发布 24～48 小时晴雨预报。

②决策气象服务

每年制作并发布决策气象服务信息,为当地党政部门及农口相关单位提供月气候趋势预测、冬季雪灾预测等中长期天气预测预报信息。

每年 11 月至次年 2 月,发布冬季气候预测,大风、降温、雪灾等重要天气预警信息;3—5 月发布晚霜冻、第一场透雨、春播期气候预测,大风、寒潮等重要天气预警信息;6—8 月制作和发布上半年气候评价、主汛期短期天气气候预报,强降水、冰雹、夏季干旱等重要天气预警信息等;9—10 月制作和发布秋、冬季气候预测,早霜冻、秋收连阴雨预报信息等,在农事生产的关键时期,深入田间地头调查土壤墒情和农作物生长状况,为农牧业生产提供科学、合理的决策建议。

2008 年起,为"环青海湖国际公路自行车赛"、"青海湖裸鲤放生放流"等大型户外活动提供气象保障服务。

③专业与专项气象服务

专业气象服务 1993 年 8 月,与三角城种羊场签定第一份气象服务合同。1994 年,服务人员深入田间地头调查油菜等农作物生长状况,首次将霜冻预报产品应用到农业生产中。2003 年 8 月与县水利局签定汛期气象服务合同。2007 年与县农牧局、林业环保局等 8 家单位签定气象服务合同。2008 年 10 月,首次与供热公司签订"采暖期专项气象服务合同",提供专项服务。同年 11 月,与县卫生监督局签订"应对气象条件引发的公共卫生安全问题的合作机制",并开展草原森林火险气象等级预报、道路交通安全预报等服务。

人工影响天气 2004 年以来,每年 6—10 月,利用"三七"高炮、火箭发射器和地面燃烧炉实施地面人工增雨工作。2007 年开始,为青海湖农场、三角城种羊场等单位开展人工防雹服务。

防雷技术服务 自 2008 年 5 月开始,为县域建筑物、构筑物和易燃易爆场所提供雷电防护装置检测服务。

5. 科学技术

气象科普宣传 在"3·23"世界气象日期间,组织职工到大街上宣传气象知识,解答群众提出的问题等。

气象法规建设与社会管理

法规建设 2007 年刚察县政府以刚政〔2007〕99 号文将刚察县的气象探测环境保护范围纳入刚察县城镇规划。

制度建设 先后制定了《刚察县气象局工作制度》、《刚察县气象局车辆管理制度》、《刚察县气象局安全生产制度》、《刚察县气象局地面测报管理办法》、《政务公开制度》、《刚察县人影工作管理制度》、《刚察县气象局假期管理办法》、《刚察县气象局气象资料管理制度》、《财务管理制度》等规章制度。

社会管理 开展建筑物图纸防雷设计的审核,对设计不符合相关规范的提出改进意见,对设计符合相关规范的进行施工监督,做到防雷设施与建筑物同设计、同施工、同时投入使用。对在本县范围内进行防雷设施施工的,依法检查其是否具有《防雷工程专业施工资质证》,禁止无证施工。

依法管理气球施放工作,建立《刚察县气象局气球施放应急预案》,依法对施放气球单位实行资质检查,对未按规定取得《施放气球资质证》的单位不准从事施放气球活动。

依法行政 建立刚察县气象局行政执法兼职队伍,开展县境内气象探测环境保护、气球施放执法和行政许可、雷电防护管理、人工影响天气管理等管理工作。

2007 年刚察县气象局与海北州气象局签定《气象探测环境保护责任书》。

政务公开 对气象行政审批办事程序、气象服务内容、服务承诺、气象行政执法依据、服务收费依据及标准等,采取了通过户外公示栏、电视广告、发放宣传单、县政府门户网站等方式向社会公开。对财务收支、目标考核、业务质量等内容采取职工大会或在公示栏张榜公布等方式向职工公开。财务开支每季度公示一次,年底对全年收支、职工津补贴、奖金福利发放、评先评优等向职工作详细说明。

党建与气象文化建设

1. 党建工作

党的组织建设 1957 年 10 月县气象局与邮电局组成联合党支部。1972 年 11 月与县武装部组成联合党支部。1981 年 12 月与水文分站组成联合党支部。1989 年 9 月县气象站成立独立党支部,有党员 3 人。截至 2008 年 12 月有党员 3 人。

党的作风建设 积极开展保持"共产党员先进性教育"、"学习实践科学发展观"等主题实践活动,开展党员先锋岗示范活动,让党员在工作中真正成为带头学习和勇于实践、带头遵守和执行工作纪律、带头维护气象人形象的楷模。按照中共刚察县委安排,与沙柳河镇尕曲村开展城乡支部结对共建活动。

党风廉政建设 县气象局每年都与州气象局签定党风廉政建设责任书,党员带头做好廉洁自律工作,认真落实党风廉政建设目标责任制和党员公开承诺制。将党风廉政建设列入党支部重要议事日程,每年将党风廉政建设和其他业务工作紧密结合,做到统一部署、统一落实、统一检查、统一考核。

2. 气象文化建设

精神文明建设 自刚察县气象站成立以来,先后有108位气象人在这里默默奉献过,他们秉承"缺氧不缺精神,艰苦不甘落后"的高原气象人精神,观天测雨,积累了宝贵的气象资料。历届领导班子开展精神文明建设,以精神文明建设促进内部管理,促进职工业务技能和思想政治素质的提高。自1997年以来,每年年初制定年度精神文明建设规划,将精神文明创建与业务工作相结合,深入开展"民族团结创建"、"平安单位创建"、"文明创建"等活动。

文明单位创建 2005年3月建成职工活动室、图书室和小型室外活动场。图书室配放图书860册。同年8月,建成室外篮球场,购置乒乓球台。2006年7月安装室外健身器材1套。每年组织2次以上文体活动,丰富职工业余文体活动。

1997年10月被县文明委命名为"文明单位";2001年4月被海北州文明委命名为"州级文明单位"。

3. 荣誉

集体荣誉 1986年、1987年、1992年、2008年被青海省气象局授予"先进集体"称号。1997年被青海省气象局授予"全省气象部门双文明建设先进集体"称号。2008年10月被县委、县政府评为"平安单位"。

个人荣誉 先后有10人次获得中国气象局授予的"质量优秀测报员"称号,有51人次先后受到省、州气象局的表彰奖励。

台站建设

台站综合改造 1957年建站时占地面积较小,没有围墙,办公室和职工住房为土木结构平房,建筑面积250平方米。1967年新建土木结构办公及生活用房7间,并将东侧围墙向南延伸130米,北侧围墙向西延伸30米,将全站房屋和观测场纳入院内。1982年9月,西侧围墙外移25米。1983年8月省气象局投资新建砖木结构房屋402平方米,温室48平方米,水房8平方米。1984年夏季,供电由原来的县电泵站季节性水力发电变为国家电网供电,饮用水由井水改为自来水。1986年,由于国家基准气候站建设的要求,向西征地3335平方米,南边围墙建成铁艺栅栏,其余三面围墙改为砖石围墙,全站所占土地面积增加到21847平方米,形成现在的庭院格局。

2005年7月省气象局投资121.5万元,进行台站综合改善工程。拆除原有45间旧房,新建值班业务用房240.21平方米,职工生活用房572.64平方米,锅炉房、车库用房67.6平方米,新修大门。职工采暖改造成单位小型燃煤锅炉。

2002年8月省气象局配备长城皮卡客货两用车1辆,主要用于气象服务和人工影响天气等工作。2007年10月更新为北京现代越野车。

园区建设 2008年6月省气象局投资5.7万元,种植观赏性草坪,面积为400平方米;同年10月,投资55万元,新建职工生活用房142平方米,铺设170米供热管网,采暖改为县供热公司集中供暖。

台站综合改善前的刚察县气象站旧貌(2004年)

综合改善后的刚察县气象局新貌(2008年)

祁连县野牛沟气象站

祁连县野牛沟气象站(简称野牛沟气象站)位于祁连县野牛沟乡,距县城80千米。野牛沟乡地处河西走廊南山与托勒山之间偏西的河谷地带,北与甘肃省肃南裕固族自治县为邻。

机构历史沿革

始建情况 1959年2月成立青海省野牛沟气象站,观测场位于北纬99°35′,东经38°25′,海拔高度为3320.0米,属国家基本气象站。

历史沿革 1960年1月更名为青海省野牛沟气象服务站,1980年1月更名为祁连县野牛沟气象站,沿用至今。

管理体制 1959年2月—1957年12月由省气象局直接管理;1958年1月—1963年2月以地方政府领导为主,1963年3月—1969年6月以气象部门领导为主,1969年7月—1979年12月实行以地方政府领导为主的管理体制,其中1971年2月—1973年5月实行军事管制;1980年1月体制改革以后,实行气象部门与地方政府双重领导,以气象部门领导为主的管理体制。

机构设置 下设地面气象观测组。

单位名称及主要负责人变更情况

单位名称	姓名	民族	职务	任职时间
青海省野牛沟气象站	林信英	汉	站长	1959.02—1959.12
				1960.01—1960.12
青海省野牛沟气象服务站	代廷金	汉	站长	1961.01—1963.08
	杨顺庭	汉	站长	1963.09—1979.12
祁连县野牛沟气象站				1980.01—1980.12

单位名称	姓名	民族	职务	任职时间
祁连县野牛沟气象站	马朝青	汉	站长	1981.01—1982.03
	文笃林	汉	站长	1982.04—1984.05
	朱有林	土	站长	1984.06—1988.12
	李春学	汉	站长	1989.01—1990.10
	王田寿	汉	站长	1990.11—1991.12
	英 杰	藏	副站长	1992.01—1993.12
	石东平	蒙	副站长	1994.01—1995.06
	孔庆虎	汉	副站长	1995.07—1996.12
	沈 伟	汉	副站长	1997.01—1998.12
	李晓峰	汉	副站长	1999.01—1999.12
	张奎华	汉	站长	2000.01—2003.10
	王连东	汉	站长	2003.11—

人员状况　建站之初有职工 8 人,全是男同志,年龄都在 30 岁以下,初级职称 1 人。截至 2008 年年底,有正式职工 7 人,其中:女职工 3 人;30 岁以下 6 人,31～40 岁 1 人;大学本科以上 5 人,大专 2 人;初级职称 7 人;少数民族 1 人;有党员 3 人。

气象业务与服务

1. 气象业务

①气象观测

地面观测　每日观测项目主要有气温、湿度、降水、小型蒸发、云、能见度、天气现象、积雪、雪深、风向、风速、日照等。建站至 1960 年 7 月 31 日,每天进行 01、04、10、13、16、19、22 时(地方时)8 次观测;1960 年 8 月 1 日以后,每日进行 02、05、08、11、14、17、20、23 时(北京时)8 次观测。每天编发 02、05、08、11、14、17、20、23 时 8 个时次的天气报,临时向省气象局编发预约航空报。建站至 1989 年 12 月,使用无线莫尔斯电台传输气象报文;1990 年 1 月—2005 年 4 月使用单边带无线电台传输报文;2005 年 5 月,使用 PES-5000 卫星数据站传输气象报文。建站至 2000 年底,所有地面气象记录月报表和年报表用手工编制,一式 2 份,上报省气象局资料中心审核科审核和留站存档。从 2001 年 1 月开始,使用计算机打印报表。2007 年 4 月开始,取消纸质报表,用电子表格上报审核后的数据文件。建站至 2001 年 12 月 31 日的所有资料已移交省气象局气候资料中心保管。2002 年 1 月 1 日,气象记录档案由本站保存管理。

自动气象站　2000 年 10 月 1 日,Milos 500 型自动气象站建成。同年 12 月 1 日,AHDOS 版《地面测报业务系统软件》投入运行,开始使用计算机自动编发天气报告、制作地面气象月报表和地面气象年报表。2001 年 1 月 1 日起,进行 Milos 500 型自动站与人工站的对比观测。气温、湿度、气压、液态降水、地温(0～20 厘米),风向、风速均实现自动观测。2004 年 1 月 1 日起,Milos 500 型自动气象站实行单轨运行,除云、能见度、天气现象外,其他气象要素均为自动观测。自动气象站实时监测气象要素,提供全天 24 小时气象数据和分钟气象数据,提高了其采集资料的精确度和密集度,人工观测仪器作为备份保留。

地面测报业务变更情况表

变动时间	增减业务情况
1960 年 9 月 1 日	百叶箱距地面高度由 2.0 米改为 1.5 米
1960 年 12 月 1 日	取消 2.0 米雨量筒改为 70 厘米
1963 年 3 月 1 日	增加气压观测
1968 年 6 月 1 日	EL 型电接风向风速仪取代维尔达测风仪
1972 年 3 月 1 日	增加风向风速自记观测
1980 年 1 月 1 日	增加露点温度观测
1980 年 4 月 26 日	增加雪压观测
1983 年 9 月 5 日	增加冻土深度观测
1990 年 1 月 1 日	开通短波单边带数据通信

②天气预报

野牛沟气象站在青海省北部牧区祁连县野牛沟乡,当地社会、经济、文化发展滞后,对天气预报需求不多,没有开展天气预报业务。

③气象信息网络

1959 年 2 月—1989 年 12 月,使用无线莫尔斯电台传送气象报文。1990 年 1 月 1 日—2005 年 4 月使用单边带无线电台传输报文。2005 年 5 月,使用 PES-5000 卫星数据站传输,单边带无线电台作为备份保留。

2. 气象服务

公众气象服务 野牛沟气象站地处道路不畅,人烟稀少的偏僻小乡镇,公众气象服务无法开展。

决策气象服务 野牛沟气象站无天气预报业务,根据乡政府的要求,开展强降水、冰雹、雪灾等气象情报服务。

2006 年 8 月 10 日,野牛沟乡发生的冰雹灾害,最大冰雹的直径达 40 毫米,最大平均重量达 12 克,野牛沟气象站根据上游台站的监测信息和本站气象要素演变趋势,及时将有关情况向乡政府报告,协助乡政府做好雹灾的防御工作,有效地降低了此次雹灾造成的经济损失。

专业与专项气象服务 2002 年 5 月起,开展生态土壤水分观测工作及牧草产量监测工作,利用碘化银燃烧炉,开始地面人工增雨作业。

科学管理与气象文化建设

1. 科学管理

制度建设 先后制定了《野牛沟气象站业务管理规定》、《野牛沟气象站休假规定》、《野牛沟气象站报表预审规定》、《野牛沟气象站业务学习制度》等规章制度。

政务公开 坚持站务公开工作,定期或不定期地对财务收支、目标考核任务、业务质量等内容采取职工大会或在公示栏张榜公布等方式向职工公开。财务开支每季度公示一次,年底对全年收支、职工津补贴、奖金福利发放、年度考核、评先评优等再进行公示。

2. 气象文化建设

野牛沟气象站座落在一个小山头上,地下水位相对过低,吃水需到山下 2 千米远的野牛沟河去拉运,河水含碱量过高,拉来的水须净化后才能饮用。一代又一代的气象人发扬艰苦奋斗的创业精神,几十年来人拉肩扛硬是挺过来了,保障了工作,保证了职工生活用水。环境造就了野牛沟气象站职工积极向上、无私奉献的优良传统。2006 年台站综合改善完成后,职工生活用水得到了彻底改善,气象站环境面貌也得到了改观。在上级的关怀下,设立了图书阅览室、学习室和活动室,先后购置各种图书 500 余册,配发跑步机等 7 套室内健身器材,建成室外篮球场,组织职工积极开展各类文体活动,丰富了职工的业余文化生活,职工的精神状态焕然一新。

集体荣誉 1989 年野牛沟气象站被青海省人民政府评为"民族团结进步先进集体"。

台站建设

2004 年 10 月野牛沟乡接通市电,结束了使用煤油灯和蜡烛照明的历史。2005 年省气象局投资 95.3 万元进行台站综合改善,新建业务值班室、行政办公室、职工活动室、气象资料档案室等,面积达 350 平方米。拆除 14 间原有的土木结构办公用房及职工住房,改建职工值班生活用房面积达 192 平方米,新建锅炉房、职工生活食堂,使职工的工作、生活环境得到改善。2006 年 8 月省气象局配备净化水设备,职工喝上了干净的饮用水。2006 年底,野牛沟乡开通移动通信。2007 年底,接入有线电视网络。2008 年省气象局投资 46 万元修建野牛沟气象站进站道路。

台站综合改善前的野牛沟气象站旧貌(2004 年)

2008 年台站综合改善后的野牛沟气象站新貌

祁连县托勒气象站

祁连县托勒气象站(简称托勒气象站),位于祁连县西部,托勒山与托勒南山的山间谷地之中。

机构历史沿革

始建情况 托勒气象站始建于1956年11月。现址位于祁连县央隆乡(原青海省托勒牧场场部所在地)。观测场位于北纬38°48′,东经98°25′,海拔高度3367.0米,属国家二类艰苦站,是青海省最北部的气象站。

历史沿革 托勒气象站为国家基本气象站。建站时的名称为青海省托勒气象站,1960年1月更名为青海省托勒气象服务站,1980年1月更名为祁连县托勒气象站,沿用至今。

管理体制 1956年11月—1957年12月由省气象局直接管理;1958年1月—1963年2月由气象部门与地方政府双重领导,以地方领导为主;1963年3月—1969年6月由气象部门与地方政府双重领导,以气象部门领导为主;1969年7月—1979年12月实行地方政府与气象部门双重领导,以地方领导为主的管理体制,其中1971年2月—1973年5月,实行军事管制;1980年1月体制改革以后,实行气象部门与地方政府双重领导,以气象部门为主的管理体制。

机构设置 下设地面气象观测组。

单位名称及主要负责人变更情况

单位名称	姓名	民族	职务	任职时间
青海省托勒气象站	金普林	汉族	站长	1956.11—1959.12
青海省托勒气象服务站	张子良	汉族	站长	1960.01—1968.12
	郭延歧	汉族	站长	1969.01—1979.12
				1980.01—1983.12
祁连县托勒气象站	徐锁顺	汉族	站长	1984.01—1985.12
	高登奎	汉族	站长	1986.01—1989.03
	马天成	汉族	站长	1989.04—1992.07
	孟庆娣(女)	汉族	站长	1992.08—1994.12
	马铁工	回族	站长	1995.01—1996.03
	杨印军	蒙古族	站长	1996.04—1998.12
	王廉忠	藏族	站长	1999.01—2001.03
	白生云	藏族	站长	2001.04—2004.06
	王志福	回族	站长	2004.07—

人员状况 建站之初有职工10人,全是男同志,学历全部为高中及以下,14～20岁7人,20～30岁3人。截至2008年底,托勒气象站编制为9人,实有在岗职工7人,全部为初级职称;其中:本科学历3人,大专学历4人;回族1人;有党员3人。

气象业务与服务

1. 气象业务

①气象观测

地面观测　观测项目有气压、气温、湿度、风向、风速、降水、日照、小型蒸发、大型蒸发、地面温度、雪深、雪压、云、能见度、天气现象等。建站至 1960 年 8 月 31 日,每天进行 01、04、07、10、13、16、19、22 时(地方时)8 次观测;1960 年 9 月 1 日以后,每天进行 02、05、08、11、14、17、20、23 时(北京时)8 次观测。每天编发 02、05、08、11、14、17、20、23 时 8 个时次的天气报,临时向省气象局编发预约航空报。1986 年 2 月 1 日开始使用 PC-1500 袖珍计算机处理各气象要素、编发气象电报。建站至 1989 年 12 月使用无线莫尔斯电台传送气象报文,1990 年 1 月 1 日—2005 年 5 月 20 日,使用单边带无线电台传送气象报文,2005 年 5 月 21 日起,使用 PES-5000 卫星数据站传送气象报文。2000 年 12 月,使用 AHDOS 版《地面测报业务系统软件》自动编发天气报告和编制地面气象月报表和地面气象年报表。

建站至 2000 年底,所有地面气象记录月报表和年报表,用手工编制,一式 2 份,上报省气象局资料中心审核科审核和留站存档。从 2001 年 1 月开始,使用计算机打印报表。2007 年 4 月开始,取消纸质报表用电子表格上报审核后的数据文件。建站到 2001 年 12 月 31 日期间的所有气象资料已移交省气象局统一管理,2002 年起的气象资料由站内管理保存。

自动气象站　2000 年 10 月建成 Milos 500 型自动气象站。2001 年 1 月 1 日—2003 年 12 月 31 日,自动气象站和人工观测双轨运行。2004 年 1 月 1 日自动气象站正式单轨运行,除云、能见度、天气现象外,其他气象要素实现了自动化观测。自动气象遥测站实时监测气象要素,提供全天 24 小时气象数据和分钟气象数据,提高其采集资料的精确度和密集度,人工观测仪器作为备份保留。

②天气预报

托勒气象站在青海省北部牧区祁连县央隆乡,当地社会、经济、文化发展滞后,对天气预报需求不多,没有开展天气预报业务。

③气象信息网络

建站至 1989 年 12 月使用无线莫尔斯电台传送气象报文;1990 年 1 月 1 日—2005 年 5 月 20 日使用"单边带"无线电台传送气象报文;2005 年 5 月 21 日起,使用 PES-5000 卫星数据站传送气象报文,单边带无线电台传输方式作为备份保留。

地面测报业务变更情况

变动时间	业务增减情况
1957 年 7 月 1 日	增加风向、风速定时观测,增发 8 次天气报
1957 年 7 月 1 日	增加气压表、气压计、温度计、湿度计、维尔达测风
1957 年 10 月 1 日	增加地面最高、最低温度
1958 年 6 月 1 日	增加 5、10、15、20 厘米地温观测
1959 年 11 月 1 日	天气现象记载简化

变动时间	业务增减情况
1959 年 12 月 11 日	增加高空风观测
1960 年 1 月 1 日	增加无线电探空观测
1960 年 9 月 1 日	气候观测合为绘图报观测
1960 年 9 月 1 日	日界为北京时 20—20 时
1960 年 9 月 1 日	百叶箱距地面高度由 2.0 米改为 1.5 米
1960 年 12 月 1 日	取消 2.0 米雨量筒改为 70 厘米
1961 年 1 月 1 日	取消地面状态观测
1961 年 3 月 14 日	停止无线电探空观测
1961 年 4 月 10 日	停止高空风观测
1961 年 3 月 15 日	地面 23 时停止发报
1965 年 2 月 1 日	增加定时航危报
1980 年 1 月 1 日	增加露点温度观测
1981 年 4 月 1 日	增加每日 03—18 时固定航危报
1987 年 8 月 1 日	停止发固定航危报
1990 年 1 月 1 日	开通短波单边带数据通信
2004 年 1 月 1 日	Milos 500 型自动气象站实行单轨运行
2006 年 12 月 31 日	增加 23 时发报任务

2. 气象服务

公众气象服务 托勒气象站地处道路不畅,人烟稀少的偏僻草原乡镇,公众气象服务无法开展。

决策气象服务 托勒气象站无天气预报业务,根据乡政府的要求,开展强降水、冰雹、雪灾等气象情报服务。

专业与专项气象服务 2002 年 5 月开始,进行生态观测,并向当地政府提供土壤水分、牧草长势等监测信息,利用碘化银燃烧炉,开始地面人工增雨作业。

气象科普宣传 每年在"3·23"世界气象日等活动中,都组织人员进行气象科普宣传,多次组织中小学生参观气象站,宣传普及气象科技知识。

科学管理与气象文化建设

1. 科学管理

制度建设 先后建立了《托勒气象站值班制度》、《托勒气象站交接班制度》、《托勒气象站观测场地仪器设备维护制度》、《托勒气象站气象报表编制和报送制度》、《托勒气象站业务学习制度》、《托勒气象站业务奖惩管理办法》、《托勒气象站假期管理制度》等规章制度。

政务公开 对财务收支、目标考核、业务质量等内容采取职工大会或在公示栏张榜公布等方式向职工公开。财务开支每季度公示一次,年底对全年收支、职工津补贴、奖金福利发放、评先评优等向职工作详细说明。

2. 气象文化建设

托勒气象站距离祁连县城 209 千米,路况极差,正常情况下汽车要行驶 7 个多小时才能到达祁连县城。1998 年以前,职工们常年吃不到新鲜蔬菜,由于交通不便,在这里工作的职工一年最多能回家一次。艰苦的环境造就了托勒气象站职工爱岗敬业、团结向上、艰苦奋斗、以站为家的优良传统,许多同志把一生中最美好的青春时光留在了这里。2005 年台站综合改善后,气象站的工作生活环境也发生了很大变化,设立了图书阅览室、学习室和活动室,购置各种图书和文体活动器材,职工们在工作之余,开展各类文体活动。

3. 荣誉

集体荣誉 1982 年和 1991 年,托勒气象站 2 次被青海省气象局命名为"青海省气象系统先进集体"。

个人荣誉 1985 年 6 月,在团中央等单位举办的为边陲优秀儿女挂奖章活动中,高登奎同志荣获铜质奖章。

台站建设

托勒气象站是目前全省唯一不通市电的台站。建站之初用煤油灯和蜡烛照明。1990 年配备柴油发电机。2003 年建成 1.5 千瓦太阳能光伏电站并配备 2.5 千瓦汽油发电机用于业务工作。全站占地面积 11700 平方米,原有房屋建筑面积 229.38 平方米。2005 年省气象局投资 97.3 万元完成台站综合改善,新建业务生活用房 156.93 平方米,锅炉房 18.2 平方米,总建筑面积达到 404.51 平方米,职工采暖改造为小型燃煤锅炉,工作生活条件得到改善。

2005 年托勒气象站综合改造前的部分住房

综合改造后的托勒气象站全貌(2008 年)

海南藏族自治州气象台站概况

海南藏族自治州(简称海南州)北濒青海湖,因地处青海湖之南而得名。现辖共和、贵德、贵南、同德、兴海五县,平均海拔高度在 3500 米,总面积 4.6 万平方千米,总人口 43.775 万。海南州深居内陆,青藏高原东北部,境内高差悬殊,地形复杂,具有显著的区域性气候特点。

气象工作基本情况

所辖台站概况　海南州气象局下辖兴海县气象局(国家基准气候站),海南州气象台(共和县气象局),贵南县气象局、贵德县气象局(3 个国家基本气象站),同德县气象局、共和县江西沟气象站、兴海县河卡气象站(3 个国家一般站)。

历史沿革　新中国成立以后,随着我国气象事业的迅猛发展,海南地区的气象事业也从无到有,逐步发展起来。1952 年 11 月,海南州建立了恰卜恰和大河坝气象站,归属军队建制。1953 年 8 月中央军委和政务院联合命令,气象部门转为地方建制,省气象局先后在同德(1954 年 2 月)、江西沟(1955 年 6 月)、贵德郭拉村(1956 年 11 月)、贵南拉曲(1956 年 12)、河卡(1958 年 7 月)、兴海(1959 年 12 月)和塘格木(1956 年),以及哇玉香卡、倒淌河、赛什塘、龙羊峡、曲沟、过马营、沙珠玉、温泉煤矿、黑马河、新哲、和哲赫买等地建立气象(候)站。

1962 年根据省气象局指示,河卡、新哲、温泉煤矿等站撤销,沙珠玉、哇玉香卡、塘格木三站分别移交当地治沙队和农场自办,1964 年 9 月河卡气象站重建,时年 12 月撤销大河坝气象站。

1959 年 10 月 1 日恰卜恰气象站扩建为海南州气象台,增加了天气预报和高空(小球)测风业务。从此形成了州有台、县有站的气象情报网络格局。

1963 年 8 月省气象局在铁卜加建立了牧业气象试验站,1968 年 3 月移交当地草原改良试验站自办。1986 年 10 月省气象局又重建该牧气站,1996 年该站搬迁至海北州西海镇,改由海北州气象局管辖。

管理体制　解放以来,海南气象部门领导管理体制多次变动。1953 年前,气象部门属军队建制。1954 年 5 月以后,全州各气象台站归省气象局统一管理。1959—1962 年和1970—1979 年,气象部门的管理权限曾两度下放,由所在州、县政府直接领导,其中 1971—1973 年,各气象台站的领导权由州军分区和县人民武装部接管。1976 年 1 月 9 日,中共海南州委批准成立海南州气象局。1980 年 1 月起全州气象部门实行气象部门与地方政府双重领导,以气象部门领导为主的管理体制。经地方政府授权,承担本行政区域内气象工作的政府行政管理,依法履行气象主管机构的各项职责。

人员状况 全州气象部门1990年有在职人员148人,2008定编人员116人,实有职工113人,大专以上学历100人(其中本科生55人)。中级职称81人,高级职称2人。

党建与精神文明建设 全州气象部门有机关党委1个,党支部8个,其中联合支部1个(贵德局),共有党员65人。

截至2008年底,全州气象部门共有省级文明单位2个,州级文明单位3个。

领导关怀 1982年5月,国家气象局局长邹竞蒙一行来到青海,并深入到海南视察。

1990年4月26日发生的6.7级塘格木—河卡大地震而倍受上级领导的关注,时任中国气象局副局长温克刚在青海省气象局领导陪同下曾先后前往河卡气象站看望慰问气象职工并指导抗震救灾工作。

2001年12月,中国气象局局长秦大河在青海省副省长穆东升、海南州副州长普化太等领导陪同下,来海南州气象局检查指导工作。

2004年7月30日,全国第八、九、十届政协委员、人口资源环境委员会副主任、中国气象局原局长温克刚、时任中国气象局副局长郑国光等一行8人,在青海省气象局常国刚局长的陪同下,到海南州气象局检查指导工作

2007年7月30—31日,中国气象局副局长王守荣一行来海南州气象局,调研青藏高原艰苦气象台站工作生活情况。

2008年6月13日,省人大法制工作委员会副主任王兰翔一行来海南州进行立法调研,征求《青海省气象条例》(修订草案)的修改意见。

2008年9月15日,中国气象局副局长许小峰及中国气象局预测减灾司、人事教育司、国际合作司、机关党委领导在青海省政府和省气象局领导的陪同下,到海南州气象局检查指导工作,并对今后工作提出了具体要求。

主要业务范围

地面气象观测 各台站的地面气象观测方法(包括观测场地、仪器种类、设备安装、观测项目和时间次序、操作规程、数据的统计整理等)均按国家气象局制定的《地面气象观测规范》各项规定进行。建站以来至2000年之前,观测方式一直为人工观测,国家基准气候站每天进行24次定时气候观测(昼夜守班),国家基本站每天进行4次定时(北京时02、08、14、20时)气候观测(昼夜守班),国家一般站每天进行3次(北京时08、14、20时)气候观测(夜间不守班)。2000年自动气象站建成,2001年1月1日自动气象站正式投入业务运行。

观测项目:观测的项目有云、能见度、天气现象、风向风速、气温、湿度、降水、气压、蒸发、地温、雪深、日照、冻土等。

天气观测发报类别和时次:海南州气象台、兴海、贵南每天拍发7次天气报(除23时),贵德拍发4次(05、08、14、17时)天气报;同德则向省、州气象台拍发区域天气报;海南州气象台、贵德还担负预约航空天气和危险天气业务;不定时的加密天气报;旬末、月末编发气象旬月报和灾情报。

报表制作:根据上级业务部门的要求,各台站均编制月报表(气表-1、月简表)和年报表(气表-21),按规定时间上报省气象局审核;海南州气象台还编制气压、温度、湿度自记记录月报表(气表-2)上报省气象局存档。

农牧业气象观测 20世纪50—60年代前期,贵德、塘格木二站和州气象台曾断断续续开展农业气象观测,1964—1979年观测中断。1980年贵德、海南州气象台恢复农业气象观测。1963年8月铁卜加建立了牧业气象试验站,配合省畜牧厅铁卜加草原改良试验站开展牧业气象观测,至1968年3月移交当地草原改良试验站自办。1986年10月省气象局又重建该牧气站,对多种天然草场、人工种植牧草的物候期、产草量等开展观测。1987年同德气象站建成一个牧草网围栏,对该地区几种优势牧草进行观测,1998年搬迁至贵南,1999年又搬迁至兴海。1989年贵南县气象站开展农业气象观测。1981—1986年先后完成了共和、兴海、贵德、同德、贵南五县农牧业气候资源的调查和区划任务。

生态环境监测 海南地区生态环境监测始于2003年4月,监测项目有土壤水分、风蚀、干沉降、沙丘移动、牧草生长状况。

高空测风 1959年10月恰卜恰气象站扩建为海南州气象台,增加了高空(小球)测风业务,每天北京时07时和19时放球观测2次。1988年1月,根据省气象局指示停止观测。

气象雷达观测 1982年8月州气象台开始使用国产711型气象雷达,2003年5月进行了数字化改造。

天气预报 海南地区最早于1958年在贵德、恰卜恰等站首先开展单站补充天气预报。1959年10月州气象台成立,从此进入了天气图预报阶段。

人工影响天气 2000年青海省气象局批准成立海南州人工影响天气管理局,于2001年开始人工影响天气工作,2002年4月批准成立海南州人工影响天气办公室(南机编〔2002〕09号),目前有火箭发射装置17个、"三七"高炮12个,地面燃烧炉3个,还有焰弹作业点4个,人工影响天气主要是环青海湖地区和黄河上游地区人工增雨,形成了增雨(防雹)的人工影响天气体系。

气象服务 州气象台的短期天气预报,每天通过共和县有线广播发布1次;并在每旬末和月末,向全州印发中、长期预报;遇有灾害性和重要天气时,则随时向党政领导机关报告。各县气象站的天气预报也通过所在县有线广播或油印件对外发布。1974年6月汇总编写出版了《海南藏族自治州军事气候志》。1986年在恰卜恰镇设立了天气预报自动答询机,1994年开通了天气预报警报系统,1996年开通了"121"天气预报自动答询系统。

海南藏族自治州气象局

机构历史沿革

始建情况 海南州气象局前身是共和县恰卜恰气象站,始建于1952年12月1日,站址在共和县西台营盘,位于北纬36°16′,东经100°18′,海拔高度2862.5米。

站址迁移情况 1954年站址东迁800米,建在海南州委院内;1966年向南迁3300米,站址位于共和县恰卜恰镇新建街28号,2008年变更站址名称为共和县恰卜恰镇贵德西路2号,位于北纬36°16′,东经100°37′,海拔高度2835.0米。

历史沿革 共和县恰卜恰气象站,于 1959 年 10 月 1 日扩建为海南藏族自治州气象台,1960 年 6 月更名为海南藏族自治州气象服务台,1964 年 9 月更名为海南藏族自治州气象台,1968 年 4 月更名为海南藏族自治州气象台革命领导小组,1972 年 11 月更名为海南藏族自治州革命委员会气象台,1976 年 1 月 9 日中共海南州委(南党〔1976〕10 号)文批准成立海南藏族自治州革命委员会气象局,1979 年 1 月变更为海南藏族自治州气象局,正处级事业单位。

管理体制 海南州革命委员会气象局成立后,归海南州革命委员会和州政府直接领导。1980 年 1 月,根据省政府"青政(1979)116 号精神,实行气象部门与地方政府双重领导,以气象部门领导为主的管理体制。经海南州政府授权,承担海南州行政区域内气象工作的政府行政管理,依据法律规定,依法履行气象主管机构的各项职责。

机构设置 内设机构有办公室、计划财务科、业务科(法制办公室)、人事政工科 4 个职能科室,直属事业单位有海南州气象台、雷电防护中心、科技服务中心和驻西宁办事处。

单位名称及主要负责人变更情况

单位名称	姓名	民族	职务	任职时间
共和县恰卜恰气象站	邱 喜	汉	站长	1952.12—1955.01
	赵惠忠	汉	站长	1955.02—1956.05
	邹世平	汉	站长	1956.06—1957.03
	刘万真	汉	站长	1957.04—1959.04
海南藏族自治州气象台	郭玉珍	汉	台长	1959.05—1959.09
				1959.10—1960.05
海南藏族自治州气象服务台				1960.06—1961.03
	李正贵	汉	代台长	1961.04—1963.09
	王 钧	汉	台长	1963.10—1964.08
海南藏族自治州气象台	常发田	汉	台长	1964.09—1968.03
海南藏族自治州气象台革命领导小组				1968.04—1969.04
	王运青	汉	台长	1969.05—1972.01
	李法庭	汉	台长	1972.01—1972.10
海南藏族自治州革命委员会气象台				1972.11—1972.11
	许德龙	汉	副台长	1973.01—1976.01
海南藏族自治州革命委员会气象局	庞连智	汉	副局长	1976.01—1978.12
				1979.01—1980.03
	孙成学	汉	副局长	1980.03—1983.05
	赵养廉	汉	副局长	1983.05—1984.03
	耿凤华(女)	汉	局长	1984.03—1985.10
	毛学诗	汉	局长	1985.11—1987.08
	朱庆斌	汉	局长	1987.08—1992.10
	王儒夫	汉	副局长	1992.10—1994.12
海南藏族自治州气象局	苏忠诚	回	局长	1994.12—1997.04
	郭志云	汉	副局长	1997.04—1998.02
	吴连仁	汉	副局长	1998.03—1999.03
	金元忠	汉	局长	1999.03—2003.07
	李应业	汉	局长	2003.07—2006.06
	陈彦山	汉	局长	2006.06—2008.04
	李加洛	藏	局长	2008.04—

人员状况 1976 年成立海南州气象局时有职工 31 人。截至 2008 年底全局有职工 63 人(其中正式职工 54 人,聘用制职工 9 人),离退休职工 27 人。在职职工中:女 28 人,汉族 44 人,少数民族 19 人(藏族 14 人、回族 1 人、土族 2 人、蒙古族 2 人);大学本科及以上学历 37 人,专科学历 16 人,中专及以下学历 10 人;副研级高工 1 人,工程师 44 人,助工及以下 18 人;30 岁以下 7 人,31~40 岁 19 人,41~50 岁 35 人,50 岁以上 2 人。

气象业务与服务

1. 气象观测

①地面气象观测

观测项目 云、能见度、天气现象、气温、气压、湿度、风向、风速、降水、雪深、日照、地温(0~320 厘米)、蒸发等。

观测时次 1953 年 1 月—1953 年 12 月采用时区时进行 03、06、09、12、14、18、21、24 时 8 个时次的基本要素观测,1954 年 1 月—1960 年 7 月改为 01、07、13、19 时(地方时)4 个时次观测,1960 年 8 月改为 02、08、14、20 时(北京时)4 个时次观测,昼夜值班。2001 年 11 月建成 Milos 500 自动气象站,2002 年投入业务试运行,2004 年 1 月正式投入业务运行,每天进行 24 小时连续观测。

发报种类 每天拍发 7 次(02、05、08、11、14、17、20 时)天气报,航空报和危险天气报以预约为主,自 2007 年开始,每年 1 月 1 日—4 月 30 日的 06—20 时;5 月 1 日—10 月 31 日的 06—22 时;11 月 1 日—12 月 31 日的 06—20 时向西宁民航固定每小时发 1 次航空报。

电报传输 20 世纪 50 年代利用无线电台,定时与上级业务部门直接联络,把气象电报拍发出去;60 年代后通过当地邮电局把气象电报传递出去;1992 年 6 月省气象局建成单边带通信网,通过单边带传递气象电报,2004 年 1 月通过自动气象站传输,2008 年底建成气象信息广域网。

气象报表制作 根据上级业务部门的要求,编制月报表(气表-1)和年报表(气表-21),按规定时间上报省气象局审核,还编制气压、温度、湿度自记记录月报表(气表-2)上报省气象局存档。2004 年开始使用机制报表,代替了传统手工制作报表。2008 年底正式启用地面测报业务软件 OSSMO 2004 版,取消机制报表,只上报地面观测 A 文件资料。

自动气象观测站 2001 年 11 月建成 Milos 自动气象站,探测手段全面更新,除冻土深度、积雪和目测项目外,气压、温度、湿度、风向风速、地温、降水量、蒸发量、日照等人工观测项目全部改为计算机自动采集观测。2002 年 1 月 1 日投入业务试运行,2004 年 1 月 1 日正式投入业务运行。

②农业气象观测

1958—1960 年曾断断续续地开展农业气象观测,1964—1979 年间观测中断,1980 年根据省气象局指示,恢复农业气象观测,主要开展春小麦、油菜生育状况观测及土壤水分测定(0~50 厘米)工作。定期向上级业务部门拍发农业气象旬(月)报,制作和报送农业气象观测报表。1981 年完成了共和县农牧业气候资源的调查和区划工作。1985 年开始,开展年度农业气候评价工作。1996 年开始,在农作物生长季节,逢 3 日及日降水量大于 5 毫米加测土壤水分(0～50 厘米)。1984 年开展春小麦年景趋势预报,1985 年开始开展主要作物产量、作物适宜播种期、作物适宜收割期等预报。

③高空观测

1959 年 10 月恰卜恰气象站扩建为海南州气象台,增加了高空(小球)测风业务,用矽铁粉和苛性钠自制氢气,每天北京时 07 时和 19 时放球观测 2 次。1988 年 1 月根据省气象局指示停止观测。

④雷达观测

1982 年 9 月,711 雷达站投入业务运行,工作频率 50 赫兹(0～300 千米)。2003 年 5 月对雷达进行了数字化改造。

⑤物候观测

1991 年开展小叶杨、蒲公英、车前草物候观测。

⑥生态观测

2003 年开展生态环境监测业务,主要项目有沙丘移动、沙尘天气、干沉降、风蚀、水分。

2. 气象信息网络

1988 年 7 月州气象局建成的甚高频通信网投入使用;1992 年 6 月省气象局建成单边带通信网,使用数传发报;1994 年建成端对端远程通信系统;1998 年 8 月建成气象卫星综合应用业务系统工程及单收站 PC-VSAT 和 X.25 通信专线备用链路系统;2002 年 11 月州气象台与省气象局 DDX 专线实现"三网合一"。

3. 天气预报预测

预报业务开始于 1959 年 10 月,开展的主要项目有:短期天气预报、汛期短时天气预报、月长期天气趋势预报、春季(3—5 月)长期天气预报、汛期(6—9 月)长期天气趋势预报、冬半年(10 月至翌年 3 月)长期天气趋势预报。从初期的单站补充天气预报、天气图加经验的主观定性预报,逐步发展为采用气象雷达、卫星云图、MICAPS 3.0 等先进工具制作的客观定量数值预报。

4. 气象服务

①公众气象服务

20 世纪 60—80 年代主要以文字形式发送,通过广播电台广播,服务形式单一。80 年代中后期开始,服务逐步向手机短信、声讯电话、电视、报纸等媒体方向发展,使气象服务的时效性进一步增强。现在除每天及时发布天气预报外,通过电视发布预报警报、生活指数、旅游景点天气预报,森林(草原)火险等级预报,地质灾害预报,交通安全指数预报,重要天气和节假日、中高考等服务性天气预报,通过信函、互联网、"12121"天气预报自动答询电话系统等多种形式进行服务产品的传递,服务内容更加贴近生活。

②决策气象服务

20 世纪 80 年代以前均是以纸质服务产品的形式为地方领导提供服务,在形式上过于落后,时效性差,进入 90 年代,气象现代化水平建设能力提高,气象服务产品和气象服务手段多样化,地方领导对气象服务工作的重视程度有了大幅提高。州气象台每年都制作农牧业生产各个时期的服务产品和分析防火、防汛、霜冻、冰雹等关键时期的天气形势,及时提供趋势分析和宏观建议。

③专业与专项气象服务

人工影响天气　海南州人工影响天气工作始于 2001 年,人工影响天气主要目的是基于生态环境改善与保护而实施的人工增雨。现在州人影作业已覆盖 5 县,拥有增雨火箭发射装置 14 部,增雨防雹高炮 7 门,每年开展大规模联网火箭、高炮的人工增雨防雹立体作业,成为州抗旱防雹减灾的一支重要力量。

防雷技术服务　海南州雷电防护工作始于 1995 年,并从当年开始对易燃易爆场所、计算机房、锅炉、通讯设施、建(构)筑物等防雷装置进行检测和检查工作。2002 年成立海南州防护雷电中心,从 2006 年开始,承担所属县域内建筑物的施工监督、竣工验收工作。

5. 科学技术

气象科普宣传　每年在"3·23"世界气象日、"12·4"中国法制宣传日、科技周等宣传日都深入街头、社区、乡村,发放人工影响天气、雷电防护、气象与生活等宣传材料,并邀请中小学师生到海南州气象台参观,专业技术人员给他们讲解仪器设备以及气象知识。

气象科研　1974 年 6 月由州气象台汇总编写出版了《海南藏族自治州军事气候志》。1981—1986 年在海南州农牧业区划大队的统一领导下,成立了农牧业气候资源组,先后完成了共和、兴海、贵德、同德、贵南五县的农牧业气候资源调查和区划,其中:《共和县农牧业气候资源分析和区划》,1982 年获国家气象局县级农业气候区划成果三等奖;同德和贵南县《农牧业气候资源分析和区划》,1987 年分别获海南州科技进步成果三等奖和四等奖。积极争取地方政府和省气象局科研课题,完成各种课题 5 项,发表论文 30 余篇,其中"共和头场透雨前平均气温谐波分析方差贡献的某些特征"一文在西安召开的西北地区降水预报讨论会交流,获省气象学会优秀论文一等奖和省科协优秀论文三等奖。

气象法规建设与社会管理

法规建设　2002 年 1 月海南州人民政府办公室转发州气象局《关于将气象设施和探测环境保护纳入城镇规划意见的通知》(南政办〔2002〕4 号),2002 年 8 月海南州人民政府办公室批转州气象局《关于将雷电灾害防护工程建设纳入基本建设管理程序的通知》(南政办〔2002〕124 号),2002 年海南州人民政府办公室下发了《关于认真做好人工影响天气工作的通知》(南政办〔2002〕136 号),2002 年海南州人民政府办公室转批了气象局《关于将雷电灾害防护工程建设纳入基本建设管理程序的意见》(南政办〔2002〕124 号)。2008 年 7 月海南州人民政府办公室下发了《关于将海南州各气象台站气象探测环境保护纳入城镇建设规划的通知》(南政办〔2008〕59 号)。

制度建设　州气象局法制办公室成立后,相继建立了行政执法责任制、行政执法过错责任追究制等相关配套制度。2007 年 8 月对综合文秘、计划财务、业务服务、人事教育、监察审计、精神文明等 6 大方面 61 个内控办法和制度进行了汇编,逐步建立和完善了责权明确、行为规范、保障有力的管理机制。

社会管理 2002年4月11日(青编委发〔2002〕07号)文,同意增挂海南州人工影响天气管理局和海南州雷电防护管理局牌子,同年8月13日(青气发〔2002〕77号)批复成立各县人工影响天气管理局和雷电防护管理局,同年4月(南机编〔2002〕09号)批准成立海南州人工影响天气办公室,2002年成立海南州雷电防护中心。2008年确立了施放气球作业技术主管机构—气象学会。依法加强气象行政许可,对防雷工程专业设计、施工资质管理、施放气球单位资质认定、施放气球活动许可等实行社会管理。加强了雷电灾害防御气象行政执法,图纸审核和竣工验收工作已纳入程序化管理。

依法行政 2005年10月,根据省气象局要求,成立了海南州气象局法制办公室,有工作人员4人,经过省、州法制办举办的行政执法培训,考取了执法证,取得行政执法资格。

政务公开 对《海南州气象局政务信息公开指南》进一步修订完善,严格实行行政"一把手"负责制,对日常要公开的信息及时进行公开,并加大监督检查力度,需对职工公开的事项,制作成局务公开一览表,由相关科室安排专人进行公开,确保了政务信息的及时、准确公开。利用政务公开栏对基建项目招投标;空缺岗位及竞岗条件、竞岗程序;干部选拔任用条件、选拔方式、选拔程序及考察、公示情况;水、电、卫、暖等费用的收取标准及收费情况。职工月出勤情况及遵守工作纪律(监督检查结果)情况;职工工资、岗位津贴、艰苦台站津贴等发放情况;评先评优、业务质量、物资采购、财务预决算等及时公开。将行政许可事项的审批程序、依据、收费标准、办理时限进行梳理,制作成行政许可项目工作流程,悬挂在办公楼醒目位置,方便办事人员查询;利用局域网和政府网对防雷工程图纸审核、施放气球许可等行政许可事项的审批程序、依据、收费标准、办理时限、办理结果及气象违法案件的受理部门、处理程序、处理依据等进行公开。利用职工大会、党员大会等,及时向职工公开有关情况。对职工不明事宜及时解释说明,了解职工意见建议。相关事项公开中,及时开通政务信息公开服务电话,方便职工了解情况、反映问题。

党建与气象文化建设

1. 党建工作

党的组织建设 2002年2月,成立海南州气象局党总支,2008年5月,成立海南州气象局机关党委,下辖4个支部。截至2008年12月有党员43人(其中在职职工党员30人,离退休职工党员13人)。

党风廉政建设 成立以局党组书记为组长的党风廉政建设领导小组,把党风廉政建设工作列入党组工作的重要议事日程。实行一把手负总责,纪检组长具体抓党风廉政建设工作。建立责任制考核办法、责任追究办法,每年局主要领导都与各单位主要负责人签订《党风廉政建设目标责任书》。广泛开展廉洁自律教育,坚持干部任前廉政谈话、领导干部收入申报制度、重大事项报告制度、县气象局"三人决策"制度、领导干部任期经济责任审计制度和领导干部年底述职、述廉制度,深化局务公开,大力推进廉政文化建设,坚持用制度管人管事,不断规范领导干部的从政行为。

2. 气象文化建设

精神文明建设　积极组织开展"送温暖"、向贫困职工捐款、结对帮扶、向受灾群众捐款等活动。组织职工积极参加全民义务植树、庭院美化、绿化活动。组织开展丰富多彩的群众文化活动,活跃职工文化生活。组织开展弘扬气象人精神的演讲比赛。积极参加州、县和省气象局组织的各种篮球比赛、邀请赛、运动会和歌曲演唱等活动,并取得好成绩。干部职工的精神面貌、凝聚力和向心力不断增强。

文明单位创建　深入持久地开展文明创建工作,设立文化建设和政务公开栏;建设图书室、阅览室;购置乒乓球台、健身器材、宽屏数字电视、音响等,为职工健身和文化娱乐提供了硬件条件;改造办公环境,积极营造气象文化氛围。做到了政治学习有制度、文体活动有场所。多年来未发生一例民事刑事案件,无一人超生超育。一直保持着省级文明单位的称号。

3. 荣誉与人物

集体荣誉　1964 年 1 月在青海省农牧业先进生产者代表大会上,被评为青海省农牧业先进集体。1990 年被国家防汛总指挥部授予"抗洪先进集体"荣誉称号;2002 年被评为省级文明单位;2004 年 12 月被评为"创建文明行业工作先进单位";2006 年 1 月被青海省人事厅、省气象局授予"全省气象工作先进集体",同年 11 月在青海省地面气象测报业务技能竞赛中获团体第 3 名;2007 年 12 月在首届青海省气象行业天气预报业务技能竞赛中荣获团体第 1 名;2008 年被中国气象局评为"全国重大气象服务先进集体"。

个人荣誉　1981 年 12 月,马铁衡同志被国家民委、劳动人事部、中国科协授予"先进科技工作者"称号。1989 年朱庆斌同志被国家气象局授予"全国气象部门双文明建设先进个人"称号。1991 年朱庆斌同志被青海省委、省政府、省军分区授予"全省学雷锋、学蒙托那义先进个人"称号。1993 年许乃伦同志被中国气象局授予"优秀青年工作者"称号。1996 年 12 月赵恒和同志被中国气象局授予"全国气象部门双文明建设先进工作者"荣誉称号。

参政议政　海南州气象局先后有贺海燕当选为海南州人大代表,乜国妍、王娟等同志当选为海南州政协委员,他们积极参政议政,献计献策,积极履行人民代表和政协委员职责。

台站建设

20 世纪 70 年代,州气象局只有 1 栋 7 间砖混结构的业务工作用房和 1 排 10 间土木结构的业务值班用房,1 幢 20 间土木结构的办公用房及库房,2 排 14 间土木结构的职工住房和 2 排 20 间土木结构的职工宿舍;80 年代期间修建了 5 排 50 间土木结构的职工生活用房和 1 排 8 间土木结构的办公用房;1990 年"塘格木河卡"地震发生后,中国气象局拨专款修建了 1 栋四层 44 间砖混结构的业务办公大楼和 1 栋三层 12 套的职工住宅楼;1998 年省气象局配套资金 91 万元在西宁新宁路建设职工生活基地 28 套;2002 年投资 90 余万元对办公大楼进行维修及暖气安装工程、锅炉房建设、室外地坪、排水、围墙建设;2004 年投资 9

万余元对大门及两侧围墙、门卫值班室重建;2005 年投资 27 万余元对配电线路及气象台会商室进行改造;2006 年投资 47.5 万元进行了篮球场、观测场护坡、道路硬化、院内绿化等环境改造;2008 年投资 84 万元用于值班生活用房建设,投资 129.8 万元用于人工影响天气指挥中心海南分中心建设,大大改善了办公条件和职工生活条件。

2005 年海南州气象局办公大楼

同德县气象局

机构历史沿革

始建情况　同德县气象局始建于 1954 年 2 月,建成时名称为同德气象站,站址在同德县政府后山腰(现畜产公司院内),位于北纬 34°52′,东经 100°56′,海拔高度 2743.2 米(约测),属地方建制。

站址迁移情况　1958 年 7 月 1 日迁站至同德县巴滩草原,位于 35°16′,东经 100°39′,海拔高度 3290.4 米;2001 年 1 月 1 日,迁至现址:同德县东关路 441 号,位于北纬 35°15′,东经 100°35′,海拔高度 3080.0 米。

历史沿革　1954 年 2 月建成同德气象站,1958 年 7 月 1 日站名变更为同德县气象站,1960 年 2 月变更为同德县气象服务站,1972 年 7 月变更为同德县革命委员会气象站,1981 年 1 月又变更为同德县气象站,1997 年 7 月变更为同德县气象局。

管理体制　1954 年 2 月建站后,属地方建制;1958 年 5 月归同级政府管理,实行以地方政府为主的双重领导体制;1971 年 3 月实行军事部门和地方政府双重领导,以军队为主;1973 年 10 月改为由县革命委员会领导。1980 年 1 月起实行气象部门与地方政府双重领导,以气象部门领导为主的管理体制。

机构设置 内设地面测报和生态预报服务组。

单位名称及主要负责人变更情况

单位名称	姓名	民族	职务	任职时间
同德气象站	陈剑明	汉	站长	1954.02
	王绪昌	汉	站长	1954.02—1955.06
同德县气象站	聂阳山	汉	站长	1955.07—1958.06
				1958.07—1960.01
同德县气象服务站	聂阳山	汉	站长	1960.02—1962.02
	王 钧	汉	站长	1962.03—1963.09
	刘春明	汉	站长	1963.10—1969.10
同德县革命委员会气象站	高树梅	汉	站长	1969.11—1972.06
				1972.07—1975.06
	祁 克	汉	站长	1975.07—1979.10
	耿风华(女)	汉	站长	1979.11—1980.12
				1981.01—1984.03
同德县气象站	李崇山	汉	副站长	1984.04—1984.10
	杜 平	土	副站长	1984.11—1985.08
	吴连仁	汉	站长	1985.09—1990.09
	王志俊	汉	副站长	1990.10—1992.08
	许乃伦	汉	站长	1992.09—1995.03
同德县气象局	田辉春	汉	站长	1995.04—1997.06
			局长	1997.07—1998.05
	赵年武	藏	局长	1998.06—1999.02
	王占林	藏	局长	1999.03—2001.09
	张广聚	汉	局长	2001.10—2005.12
	金元锋	汉	局长	2006.01—

人员状况 2007年8月定编为9人。截至2008年底,有正式职工7人,临时工1人。全局平均年龄35岁,30岁以下3人,31~40岁4人;本科学历5人,大专学历2人;工程师4人,助理工程师3人;藏族1人。

气象业务与服务

1. 气象观测

①地面气象观测

观测项目 云、能见度、天气现象、气压、气温、湿度、风向风速、降水、蒸发、地温、雪深、日照、冻土等。

观测时次 从1954年2月建站起,每天进行01、07、13、19时(地方时)4次观测,昼夜值班。1960年8月改为02、08、14、20时(北京时)4次观测,昼夜值班。1999年1月1日改为国家一般气象站,每天进行 08、14、20 时 3 次观测,夜间不值班。2007—2008 年青海省业务技术体制改革中,由国家一般气象站调整为国家气象观测一级站,增加了夜间观测,调整为 8 次观测和发报。2009 年 1 月 1 日又调整为国家一般气象站。2002 年 5 月建成同德 CAWS600 型自动气象站,进行每天 24 小时连续观测。

发报种类 1999 年 1 月 1 日之前,每天拍发 7 次(除 23 时)天气报。1999 年 1 月 1 日起拍发地面加密天气报告,2007 年 1 月起调整为 8 次发报。

电报传输 自 20 世纪 50 年代建站后通过电台定时与上级业务部门直接联络,60 年代后通过当地邮电局把气象电报传递出去。1988 年 7 月州气象局建成甚高频通信网并投入业务使用,用此传递报文。1999 年 1 月由单边带电台数传发报。2002 年 1 月上传数据由单边带改进为计算机外网传输电报和资料,2008 年 1 月起改为计算机内部网络方式传输电报和资料。

气象报表制作 2004 年 1 月之前手工编制气象报表和简表,上报上级业务主管部门和州气象局。2004 年 1 月开始使用机制报表,代替了传统手工制作报表。2008 年 12 月正式启用地面测报业务软件 OSSMO 2004 版,取消机制报表,只上报地面观测 A 文件资料。

资料管理 2006 年 11 月,按照省、州气象局的统一安排,将建站以来至 2003 年 12 月的所有地面气象观测资料档案进行了清点上交并存档。现有资料也建立了专人负责的档案库。

自动气象观测站 2002 年 5 月建成 CAWS600 型自动气象站,探测手段全面更新,除云、能见度、天空状况、冻土深度和积雪深度外,实现了常规气象资料的自动采集、传输。2005 年 1 月 1 日自动气象站单轨运行,20 时增加了人工补充对比观测的项目,主要用于人工和自动观测的对比。2008 年 12 月正式启用地面测报业务软件 OSSMO 2004 版。

②农业气象观测

1986 年 4 月完成了同德县农业气候资源分析和区划。1987 年 1 月成立了牧气观测组。开展的观测项目主要有牧草生育状况观测、牧草生长状况观测、牧草产量状况观测和土壤水分状况观测。观测种类主要为禾本科早熟禾、垂穗披碱草、赖草、西北针茅、豆科黄芪、青藏葫芦巴、杂草类蒿草等,并于 1987 年 6 月 21 日开始编发气象(旬)月报。1987 年 5 月开展农作物适宜播种期预报、农作物墒情预报、低温霜冻预报,并于同年开始了年度农业气候评价。1991 年 12 月因鼠害严重无法进行观测而停止了对豆科黄芪的观测。1998 年 10 月底,根据省气象局业务处《关于同德县气象站业务调整》的文件,将牧草观测业务移交贵南县气象局。2001 年 4 月 23 日起,加测天然草场(主要牧草种类为禾本科、西北针茅、赖草等)牧草产量及高度。

2. 气象信息网络

1954 年 2 月 10 日—1988 年 6 月,使用莫尔斯手键短波电台发报,1988 年 7 月州气象局建成甚高频通信网并投入业务使用。1992 年 6 月 8 日—1998 年 12 月 31 日,省气象局建成单边带通信网,期间使用无线数传发报,信息传输的准确率和时效性大大增强。1999 年 1 月—2000 年 12 月改为一般气象站(不发报)。2001 年 1 月 1 日起,用电话向上级主管部门传送加密天气报报文。2004 年 1 月 1 日起,使用 PSTN 电话拨号方式传输资料。

2008 年 12 月建成 2 兆光纤宽带数字链路连接至省气象信息局域网,并实现了 PSTN 电话拨号的备份通信,同时建成视频会商会议系统和实景监控系统。

3. 天气预报预测

天气预报业务开始于 1988 年,主要订正省、州台指导预报,开展的项目主要有中长期天气预报、月预报、春季(3—5 月)长期天气预报、第一场透雨预报、汛期(6—9 月)长期天气预报及每日天气预报等。

4. 气象服务

①公众气象服务

最初是由电话及油印纸质预报传递至农口各有关单位,后州气象台与同德县电信局联合开通了天气预报电话“168”信箱的专线。目前预报发布的渠道有“12121”、手机短信、电视、广播、网络等多种形式。除主要开展汛期气象预报服务外,还提供了虫草采挖期预报及产量预报、春运道路结冰预报、第一场透雨预报、农业春播期预报、高考天气预报等公众气象服务信息。

②决策气象服务

制定了《同德县决策气象服务周年方案》。决策气象服务产品主要划分为气象信息快报、气象信息专报、同德决策气象信息三类。决策气象服务产品包括中短期天气预报、生态环境监测和分析产品、气候分析产品、气候影响评价和气候趋势预报、重大社会活动气象服务等。

③专业与专项气象服务

人工影响天气 同德县人工影响天气作业开始于 2002 年 7 月 10 日,最初的作业地点位于同德牧场,同年成立了同德县人工影响天气管理局,2008 年 6 月同德县人工影响天气作业点已增加至 4 个,2009 年 5 月同德县人工影响天气作业点增加至 7 个,其中“三七”高炮 3 门,地面火箭发射装置 4 架。

防雷技术服务 2004 年成立同德县雷电防护装置检测所,属县气象局管理,目前有防雷技术人员 4 人,主要承担县行政区域内的雷电防护装置的安全检测,雷电防护专业设计审核、施工监督、竣工验收工作和雷电灾害的鉴定评估工作。雷电防护工程的图纸审核已纳入基本建设管理程序。

5. 科学技术

气象科普宣传 每年在“3·23”世界气象日组织开展气象科普进学校、进社区、进移民新村等一系列宣传活动,对气象知识、防灾减灾、人工影响天气工作等方面进行广泛普及宣传,提高群众防灾减灾和应急避险常识。

气象法规建设与社会管理

法规建设 2005 年 4 月同德县城建局下发(同交建〔2005〕10 号)文,同意将气象探测环境纳入城镇规划,在项目审批及实施时予以充分考虑。2008 年 1 月 12 日,同德县人民政府下发《关于将同德县气象探测环境纳入城镇建设规划的通知》(同政〔2008〕7号),要求县政府有关部门切实加强气象探测环境和设施的保护工作,确保气象探测工作的顺利实施,提高气象资料的代表性、准确性、比较性,使气象资料更加及时、准确、科学、高效地服务群众生产生活和经济社会发展,将气象探测环境保护依法纳入城镇建设规划当中。

制度建设 相继制定完善了《大气象探测业务工作规章制度》《同德县气象局人工影响天气工作管理办法》《同德县气象局工作细则》《同德县雷电防护装置检测所工作流程》《同德县气象局汛期气象服务工作、值班制度》《同德县气象局车辆管理办法》《同德县气象局临时工管理办法》《职工值班考勤办法》等一系列规章制度,为县气象局工作顺利开展奠定了制度基础。

社会管理 加大防雷执法检查力度,每年5—9月分两次对全县各有关单位的高层建筑、物资仓储、通信和广播电视设备、计算机网络机房和易燃易爆场所等进行防雷设施安全检查。2006年6月,县政府办公室下发《同德县人民政府办公室转发县气象局等关于加强全县防雷防静电安全生产的安排意见的通知》(同政办〔2006〕52号文),促进了此项工作的开展。在气象探测环境保护、施放气球管理、防雷等方面加强行业管理,加强与公安、消防、监察、安监等部门的联合执法,促进行业管理纳入正规。

依法行政 加强对气象行政执法的统一领导,确保执法水平的提高,有4人取得气象行政执法证件。

政务公开 对气象行政审批程序、气象服务内容、气象行政执法依据、气象服务收费标准等向社会公开。财务收支、基础设施建设、工程招标、目标考核等内容采取职工大会和公示栏张贴方式向职工公开。对全年财务收支、职工福利发放、住房公积金等向职工详细说明。

党建与气象文化建设

1. 党建工作

党的组织建设 1995年前隶属于同德县农牧局党支部,由于受交通条件限制无法按时参加组织活动,经申请并经县农牧局党支部同意,于1995年底将县气象站5名党员的组织关系转至省牧草良种繁殖场试验站党支部。2004年单独成立了县气象站党支部,党支部隶属于同德县农牧党总支领导,有党员4人,至2008年12月,有党员4人。

党风廉政建设 建立健全并实施了服务承诺制、述职述廉制等制度,促进了行政管理的法制化、规范化。在党风廉政建设工作方面,进一步加大工作力度,按照干部廉洁自律的规定,严格要求,认真执行好廉洁自律有关规定,促进全局工作全面提高。每年与州气象局签订党风廉政责任合同书。

2. 气象文化建设

精神文明建设 积极开展精神文明建设,组织全局干部职工积极参加同德县委组织的文艺演出、"红歌会"大合唱、拔河比赛等文化体育活动,2008年开展了改革开放30周年成果展。通过开展一系列活动,丰富了职工的业余文化生活,精神文明建设活动进一步加强,职工的精神面貌焕然一新。

文明单位创建 在搞好基础业务工作的同时不断加强文明创建工作,以台站迁移、台站综合改善为契机逐步设立政务公开栏、学习园地、各类规章制度;建设阅览室;购置了乒乓球台、健身器材、宽屏数字电视、音响等,为职工健身和文化娱乐提供了硬件条件;改造办公环境和条件,积极营造气象文化氛围。做到了政治学习有制度、文体活动有场所。1998年11月被评为"县级文明单位";2001年6月被县委、县政府评为"文明楼院";2001年9月被评为"州级文明单位"。

3. 荣誉

集体荣誉 2002年3月被州气象局评为"防汛抗旱先进集体";同年11月被中共同德县委、县政府评为"先进集体";2003年3月被中共同德县委、县政府评为"安全单位";2007年8月被中共同德县委、县政府评为"平安单位"。

台站建设

县气象局建站之初的办公、生活条件很艰苦。2000年由省气象局投资在新址建成办公住宅用房1栋共8间,于2001年1月正式投入使用。2002—2003年省气象局投资2.7万元建设院内护坡项目,投资6.36万元实施排水项目,投资4万元建设采暖工程。2005年投资8.5万元,实施道路硬化及观测场护坡建设。2006年省、州气象局为县气象局配备了工作生活用车,解决了交通不便问题。

20世纪80年代位于巴滩旧址的地面值班室

位于东关路新址的同德县气象局全景(2008年)

贵南县气象局

机构历史沿革

始建情况 1956年11月贵南拉曲气候站成立,站址在茫曲镇上江当村(原拉曲乡),

位于北纬 35°30′,东经 100°35′,海拔高度 3000 米(约测),1957 年 1 月正式开展气象业务。

站址迁移情况 1957 年 11 月底由贵南县拉曲乡迁至吴堡湾,1966 年 12 月底由吴堡湾迁至县城附近的山坡上,即现址:贵南县南台路 431 号,位于北纬 35°35′,东经 100°44′,观测场海拔高度 3120.0 米(约测)。

历史沿革 1956 年 11 月建站时称贵南拉曲气候站,1958 年 3 月更名为贵南吴堡湾气候站,1960 年 1 月更名为贵南县吴堡湾气候站,1960 年 4 月更名为贵南县气候服务站,1972 年 7 月更名为贵南县革命委员会气象站,1981 年 10 月更名为贵南县气象站,1997 年 7 月成立贵南县气象局。

管理体制 从 1956 年成立至 1970 年,隶属县人民政府领导,1971—1973 年属贵南县人民武装部管理,1973—1980 年属贵南县革命委员会领导,1980 年起实行气象部门与地方政府双重领导,以气象部门领导为主的管理体制延续至今。

机构设置 内设地面测报组和农气服务组。

单位名称及主要负责人变更情况

单位名称	姓名	民族	职务	任职时间
贵南拉曲气候站	姚维泉	汉	负责人	1956.11—1958.02
贵南吴堡湾气候站				1958.03—1959.12
贵南县吴堡湾气候站				1960.01—1960.03
贵南县气候服务站				1960.04—1962.04
贵南县革命委员会气象站	孙玉舟	汉	负责人	1962.05—1972.06
				1972.07—1976.09
			站长	1976.10—1980.10
贵南县气象站	李佛均	汉	副站长	1980.11—1981.09
			站长	1981.10—1986.12
	李迎春(女)	汉	负责人	1987.01—1987.05
			副站长	1987.06—1989.03
	赵恒和	汉	副站长	1989.04—1991.10
	孔尚成	汉	副站长	1991.11—1994.08
	王志荣	汉	站长	1994.09—1997.06
贵南县气象局			局长	1997.07—2000.04
	朱元福	汉	副局长	2000.04—2000.12
	赵年武	藏	局长	2000.12—2001.09
	钱桂喜	汉	副局长	2001.10—2003.01
			局长	2003.02—

人员状况 建站初期只有 2 人,曾经有 49 位气象工作者在本站工作过,大多数因工作需要相继调离。现编制增加到 14 人,截至 2008 年底,实有职工 13 人;平均年龄为 36 岁,30 岁以下 4 人,31~40 岁 9 人;本科学历 10 人,大专学历 3 人;工程师 11 人,助理工程师 1 人,技术员 1 人;有汉、藏、回三个民族。

气象业务与服务

1. 气象观测

①地面气象观测

观测项目 观测项目有云、能见度、天气现象、气温、湿度、风向风速、地温（0、5、10、15、20厘米）、最高温度、最低温度、降水量、气压、冻土、蒸发（大、小型）、雪深、雪压和日照，2000年增加了深层地温（40、80、160、320厘米）。

观测时次 1957年1月起，采用地方时每天进行01、07、13、19时4次观测，夜间不守班。1960年8月—1961年12月改为02、08、14、20时（北京时）4次观测，夜间不守班。1962年1月—1998年12月改为08、14、20时3次观测，夜间不守班。1999年1月1日，改为02、05、08、11、14、17、20、23时8次观测，昼间守班。

发报种类 1986年以前采用手工编报，1986年1月—2000年4月采用PC-1500袖珍计算机编报，2000年5月采用《AHDM 4.1》测报软件并用微机替换PC-1500袖珍计算机编报。1998年12月底之前向州气象台、气象台拍发区域天气报，1999年1月1日，改为02、05、08、11、14、17、20、23时8次发报。

电报传输 20世纪50年代前通过自设电台定时与上级业务部门直接联络，60年代后通过当地邮电局把气象电报传送出去。1988年7月州气象局建成甚高频通信网并投入业务使用，传递报文。1999年1月由单边带电台数传发报，2002年1月上传数据由单边带改进为计算机网络设备。

气象报表制作 2004年之前手工编制气象报表和简表，上报上级业务主管部门和州气象局。2004年1月开始使用机制报表，代替了传统手工制作报表。2008年底正式启用地面测报业务软件OSSMO 2004版，取消机制报表，只上报地面观测A文件资料。

自动气象观测站 2000年10月安装Milos 500自动站，采用微机编报，2001—2003年采用平行观测、制作报表；2004—2006年用Milos 500自动站单轨运行；2007年1月开始使用OSSMO 2004测报软件，为保障自动站供电需要，同年建成1个太阳能光伏电站。2004年以来在本县区域先后建成单雨量站5个。

②农业气象

1989年起增加了农业气象观测，观测项目有：小麦、油菜的生育期观测和作物地段土壤水分观测（0～50厘米），开始拍发农业气象旬（月）报。同时制作和编发农业气候评价、土壤墒情通报、农作物适宜播种期预报和产量预报，在农作物播种和收割前期制作早晚霜冻预报；在作物生长的关键期发布适宜施肥、喷洒农药等家事活动的专项预报；发送预报至县政府、农牧部门及各乡镇，为各级领导安排布局种植结构、农牧民群众安排家事活动提供预报服务和气象情报。2007年取消小麦观测，增加了青稞观测。制作农业气象观测报表一式2份，1份上报省气象局资料中心审核存档，1份留站存档。

③生态观测

2003年5月开始在过马营镇、森多乡、塔秀乡进行土壤水分生态环境监测，同时开始拍发生态报。制作报表一式2份，1份上报省气象局资料中心审核存档，1份留站存档。

④物候观测

1990年3月增加了物候观测。观测种类有：车前、蒲公英、马兰、小叶杨、大杜鹃，并制作报表一式2份，1份上报省气象局资料中心审核存档，1份留站存档。

2. 气象信息网络

1988年7月甚高频通信网投入使用。1999年1月转为基本站后开始发报，由"单边带"电台数传发报。2002年1月，上传数据由"单边带"改进为计算机网络设备，2004年宽带网开通，2008年开通Notes综合办公系统。

3. 天气预报预测

天气预报以州气象台的指导预报为主，订正后发送月、季、汛期长期天气趋势预报，每年11月、2月分别制作冬春季及3—9月年景预报，汛期发送每日天气预报和天气实况，遇有灾害性天气和大的降水时，发布重要天气预报和雨情通报。发生灾情配合当地防汛部门现场调查、评估、上报，并发布《贵南县灾情公报》。

4. 气象服务

①公众气象服务

改革开放以来，在上级业务部门和地方政府的领导下，贵南县由单一的气象服务转变为专业专项气象服务和公益服务，服务内容也从天气预报、气象情报发展到气候分析应用、农业气象、生态环境监测、人工影响天气、防雷等，气象服务手段由纸制材料发展到手机短信和由网络向政府专网发布。随着服务手段的多样化，气象在地方党委政府及人民群众中的地位不断提高。

②决策气象服务

2004年起按照《海南州决策气象信息》服务方案的要求，以《贵南县决策气象信息》的形式发布各类气象信息，特别是灾害性天气的预测信息，为当地党政及有关部门领导决策提供科学依据。

③专业与专项气象服务

人工影响天气　2002年人工影响天气工作起步，有1个高炮作业点，1个焰弹作业点。2008作业点增加到5门高炮、1个火箭和1个燃烧炉。每年按上级人影计划，春季和夏秋抓住有利时机实施人工增雨和防雹作业，减轻干旱和强对流天气带来的灾害损失。

防雷技术服务　2004年2月，成立了贵南县避雷设施检测站（青气发〔2003〕102号），开展建筑物防雷装置、加油站等安全检测工作，2006年4月，县政府下发《贵南县人民政府办公室关于加强全县防雷防静电安全生产工作的通知》（南政办〔2006〕34号），开展新建建筑物防雷图纸审核、竣工验收工作。2005年县气象局被列为安全生产委员会成员单位，负责全县防雷安全管理，同年州气象局将防雷检测工作移交县气象局，省气象局配备了防雷检测设备，培训了兼职检测人员。2008年开始增加防雷工程图纸的审核审批、施工监督和竣工验收等工作。

5. 科学技术

气象科普宣传　利用地方各类大型社会活动、"3·23"世界气象日和科技宣传周,通过悬挂横幅、板报、展板、画片、印发宣传材料等形式大力宣传《中华人民共和国气象法》及防灾减灾知识,组织人员开展气象科技进学校、进社区活动,并邀请各级领导和中小学生参观气象站。

气象法规建设与社会管理

法规建设　2008年3月,县政府下发了《贵南县人民政府关于同意对气象探测环境进行重新备案的意见》(南政〔2008〕11号),2006年下发了《贵南县人民政府办公室关于加强全县防雷防静电安全生产工作的通知》(南政办〔2006〕34号),气象工作纳入县政府目标责任考核体系,2000年起每年3月和6月开展气象法律和安全生产宣传教育活动。2008年绘制了《贵南气象观测环境保护控制图》,为气象探测环境保护提供重要依据。

制度建设　制定了《工作人员守则》、《政治学习制度》、《考勤、业务奖惩办法》、《地面气象测报工作制度》、《农业气象工作岗位制度》、《领导干部工作职责》、《汛期工作职责》、《车辆管理办法》、《物业管理办法》、《主要岗位工作流程》、《岗位工资分配办法》、《局务会议规则》、《业务检查制度》、《政务公开制度》、《门卫值班制度》、《仪器维修保管员(兼职)职责》、《资料、档案保管员(兼职)职责》、《维稳期间值班制度》。同时,为加强台站安全生产工作,每年与地面测报组、农气服务组、人影防雷人员、汽车驾驶员及锅炉工签定安全生产责任书,使安全生产工作措施进一步细化,责任到人。

社会管理　建立健全气象灾害应急响应体系。2006年7月19日,县政府出台了《贵南县突发公共事件总体应急预案》(南政〔2006〕63号)。2007年5月18日县气象局出台《贵南县气象灾害应急预案》(贵气发〔2007〕11号)。从2007年起部门内先后制定了《贵南县气象局突发公共事件应急气象保障服务预案》、《贵南县气象局业务系统重大故障应急预案》等3个预案,县气象局积极参与社会管理。

依法行政　2007年起开展气象行政执法工作,有2名兼职执法人员,承担本县区域内气象服务、气象探测环境保护、人影防雷管理的监督检查工作。2006—2008年与安监、建设、教育等部门联合开展气象行政执法4次,在实践中不断总结执法经验,不断提高执法人员的执法能力和水平。

政务公开　2003年开始推行政务公开制度,2004年起,将政务公开列入了年度目标任务考核当中,逐年细化。2006年起按照《海南州气象局政务公开实施细则》,按月、季、半年和全年在政务公开栏公开财务收支等情况和其它需要公开的内容,必要时随时公开和会议公开。

党建与气象文化建设

1. 党建工作

党的组织建设　县气象局党支部成立于1999年5月27日,有党员3名,截至2008年

12月,有党员7名。党支部在中共贵南县直属党委的领导下,以邓小平理论和"三个代表"重要思想为指导,组织广大党员和群众认真参加"三讲教育"、保持共产党员先进性教育、解放思想大讨论活动、学习实践科学发展观教育活动。办学习园地,不断更新学习心得体会,每年至少举办一次党的知识竞赛活动,党员素质不断提高。全体党员严格遵守党支部"九项制度",工作上发挥着共产党员的先锋模范作用。党支部每年抽选党员干部到联点帮扶村宣传中央1号文件精神,宣传党的惠农政策,积极开展结对共建活动,为困难群众解决种子化肥和学生学习用品等。

党风廉政建设 遵照县直属党委《党风廉政建设目标责任书》的要求,支部书记负总责,支委成员抓落实,年初有安排、有计划,阶段有检查。同时,结合台站工作定期召开职工民主生活会,通过对党支部和党员民主测评,肯定成绩,寻找差距,提高党员素质,业务及各项工作中处处起到模范带头作用;定期进行政务公开,增加政务工作透明度。

2. 气象文化建设

精神文明建设 通过争取项目,多方筹集资金改善台站工作环境和办公条件,修建了篮球场,购置了室外健身器材,设置了乒乓球室和阅览室,有阅览书籍1000多册,购置了音响、DVD播放机等。职工业余有了体育锻炼、看书学习和唱歌娱乐的场所。每年春季组织义务劳动,在大院种花、种草、种树,台站环境有了明显的改观,单位面貌焕然一新。元旦、国庆等节假日举办篮球、乒乓球和卡拉OK歌咏比赛活动,职工精神面貌发生了很大变化。

文明单位创建 精神文明创建活动每年按照县文明委和州气象局的《实施方案》,年初有计划、年中有检查、年终有总结。组织职工参加经常性的文体活动和创先争优活动,并由专人负责完成每月一期的《贵南气象简报》,1998年贵南县气象局被贵南县文明委评为县级文明单位;1999年被海南州文明委评为州级文明单位,2008年进行了重新命名。

3. 荣誉

集体荣誉 1994年被中国气象局评为"全国气象系统汛期气象服务工作先进集体";2004年、2008年在年终目标考核中被评为全州气象部门优秀达标单位。

个人荣誉 截至2008年底,有7人(次)被中国气象局授予"质量优秀测报员"称号,有49人次被省气象局授予"百班无错情"荣誉称号。

台站建设

20世纪80年代县气象站值班生活用房紧缺,土围墙年久失修。省气象局1991年投资8万元翻修了办公室及值班用房;2000年投资13万元,修建8间职宿舍;2002年投资32万元,完成了围墙改造468米、道路硬化758平方米、花园维修1500平方米等综合改造;2003年投资10.8万元,实现了集中供暖,同时修建了洗澡堂,维修了职工住房;2004年配备了1辆长城牌皮卡车,用于气象服务和灾情调查工作;2005年投资7.3万元维修值班工作用房;2006年投资81万元建成面积641平方米的综合办公楼,并购置了办公桌椅,改善了办公条件和职工住房条件;2007年投资5万元整修了院内地坪和篮球场地等设施,购置了健身器材和图书;2008年投资19万元,修建了230米铁艺围墙、新建了大门、门卫房、道路硬化 200 平方米。经过综合改善,职工的工作、生活环境得到了全面改观,院落整洁、环境幽雅,庭院面貌焕然一新。

20 世纪 80 年代气象站大院环境

2006 年综合改造后气象局大院环境

2006 年贵南县气象局全景

贵德县气象局

机构历史沿革

  始建情况 1956 年 10 月成立贵德县郭拉村气候站,11 月开始地面气象观测,站址在贵德县郭拉村,位于北纬 36°02′,东经 101°26′,海拔高度为 2237.1 米。

  历史沿革 1960 年 8 月更名为海南藏族自治州贵德县气象站,1961 年 1 月更名为贵德县气象服务站,1972 年 1 月更名为贵德县气象站革命领导小组,1972 年 7 月更名为青海省贵德县革命委员会气象站,1981 年 9 月更名为贵德县气象站,1997 年 4 月根据海南州机构编委 27 号文批复,成立贵德县气象局。

管理体制　始建于 1956 年 10 月的贵德郭拉村气候站,归省气象局统一领导,1959 年 8 月—1962 年 1 月和 1970 年 7 月—1979 年 8 月管理权限曾二度下放,由县政府直接领导,其中 1971 年 1 月—1973 年 12 月由县人民武装部接管,1980 年 2 月起实行气象部门与地方政府双重领导,以气象部门领导为主的管理体制延续至今。

机构设置　内设地面观测组、农气组和预报服务组。

单位名称及主要负责人变更情况

单位名称	姓名	民族	职务	任职时间
贵德县郭拉村气候站	唐治政	汉	负责人	1956.10—1959.08
海南藏族自治州贵德县气象站	段兴达	汉	负责人	1959.08—1960.07
			站长	1960.08—1960.12
				1961.01—1962.03
贵德县气象服务站	伍明贵	汉	站长	1962.03—1963.10
	龚汉荣	汉	负责人	1963.10—1966.09
	杨哲	汉	站长	1966.09—1970.03
贵德县气象站革命领导小组	王培元	汉	站长	1970.03—1972.01
			负责人	1972.01—1972.06
青海省贵德县革命委员会气象站				1972.07—1978.08
贵德县气象站	王琮	汉	负责人	1978.08—1981.08
			站长	1981.09—1984.10
	刘瀚清	汉	站长	1984.10—1986.01
	刘学尧	汉	副站长	1986.01—1991.01
贵德县气象局	刘兆旺	汉	站长	1991.02—1997.04
			局长	1997.04—2001.05
	罗振堂	汉	副局长	2001.06—2001.12
			局长	2002.01—

人员状况　建站之初职工只有 2 人,截至 2008 年底,编制人数 14 人,实有在职职工 14 人,平均年龄为 39.2 岁,均在 31～40 岁之间;大学本科学历 5 人,大专 8 人,中专 1 人;工程师 8 人,助理工程师 6 人;藏族 2 人,土族 1 人,回族 1 人。

气象业务与服务

1. 气象观测

①地面气象观测

观测项目　云、能见度、天气现象、气温、湿度、风向风速、地温(0、5、10、15、20 厘米)、地面最高温度、地面最低温度、降水量、气压、冻土、蒸发(小型和大型)、雪深、雪压和日照,2000 年增加了深层地温(40、80、160、320 厘米)项目。

观测时次　1956 年 10 月—1959 年 6 月,每日进行 01、07、13、19 时(地方时)4 次观测,夜间不守班;1959 年 7 月—1960 年 7 月改为 01、07、13、19 时(地方时)4 次定时观测,夜间守班;1960年8月后改为02、08、14、20时(北京时)4次定时观测,昼夜值班。1980年后观测增加为02、05、08、11、14、17、20时7次。2001年11月建成Milos 500自动气象站,2002年投入业务试运行,2004年正式投入业务运行,每天进行24小时连续观测。

发报种类 1956年10月—1960年7月每日拍发01、07、13、19时(地方时)4次天气报,并担负预约航空报和危险天气报任务,1960年8月后改为02、08、14、20时(北京时)4次定时观测并担负预约航空报和危险天气报任务,1999年1月1日,改为02、05、08、11、14、17、20、23时8次发报。

电报传输 20世纪50年代自设无线电台,定时与上级业务部门直接联络,拍发气象电报;60年代后通过当地邮电局传递气象电报;1992年6月省气象局建成"单边带"通信网,通过"单边带"传递气象电报。

报表制作 2004年之前手工编制气象报表和简表,上报上级业务主管部门和州气象局。2004年1月开始使用机制报表,代替了传统手工制作报表。2008年底正式启用地面测报业务软件OSSMO 2004版,取消机制报表,只上报地面观测A文件资料。

自动气象观测站 2000年11月Milos 500自动气象站建成,2001年1月1日,Milos 500自动气象站正式运行,在原有观测项目的基础上,增加了40、80、160、320厘米地温观测。2004年,除云、能见度、天气现象、冻土深度、积雪深度外,气压、温度、湿度、雨量、风向风速、地温0～320厘米、大型蒸发等以往由人工观测的气象要素全部改为计算机自动采集观测。

②农业气象

20世纪50年代后期和70年代前期,曾断断续续开展农业气象观测,1964—1976年观测中断。1977年1月根据省气象局指示恢复农业气象观测,观测作物为春小麦,观测项目有作物的发育期、生长状况、经济性状以及土壤湿度等,并定期向上级业务部门拍发农业气象旬(月)报,制作农气观测报表一式3份,2份上报上级业务主管部门审核存档,1份留站存档。1989年2月根据省气象局文件加测干土层,1996年4月根据省气象局文件加测土壤湿度并拍发土壤水分加测报,2000年3月因原春小麦地段改种冬小麦,因此停止了春小麦观测而改为冬小麦观测,2001年4月根据省气象局文件加测0～30厘米土壤重量含水率。80年代初始,陆续开展了农业气象条件评价、气候评价、播种期预报、农作物产量预报、土壤墒情分析、农作物长势分析、农作物生长期关键预报、农业病虫害预报等情报和预报服务工作,为党政领导指导生产提供依据。

③生态观测

2003年5月1日,根据省气象局《青海省生态环境监测实施方案》(青气发〔2003〕21号)的通知精神,开展干土层、土壤水分生态环境监测业务,同期开始拍发生态土壤水分报。制作报表一式2份,1份上报省气象局审核存档,1份留站存档。

④物候观测

1990年3月增加了物候观测,观测项植物有:大叶白扬、杏、野草(冰草)、苹果、苜蓿;动物有:大杜鹃、青蛙。2007年1月根据《贵德县气象局生态与农业气象监测业务增加项目实施方案》(南气业〔2007〕3号)精神,增加了软梨、长把梨物候观测。制作报表一式2份,1份上报省气象局审核存档,1份留站存档。

2. 气象信息网络

1985 年 1 月配备了 PC-1500 袖珍计算机,用于数据处理和编发各类天气电报。1988 年 7 月州气象局建成甚高频通信网。1992 年 6 月 8 日省气象局建成单边带通信网,无线传输系统投入使用。1999 年 1 月配备了计算机并投入业务运行。2000 年 11 月建成 Milos 500 自动气象站,2002 年业务试运行,2004 年 1 月 1 日正式业务运行,自动站有线传输系统投入运行。2008 年 12 月建成 2 兆光纤宽带数字链路连接至省气象信息局域网,并实现了 PSTN 电话拨号的备份通信。同时建成视频会商会议系统和实景监控系统。

3. 天气预报预测

1958 年 1 月开始单站补充天气预报,即收听省气象台的天气广播,结合本站气象要素演变规律和群众看天经验,做出本地区的天气预报。1963 年 1 月开始根据本站历史资料制成云天演变图,气象要素曲线图、三线图、气象要素时间剖面图、点聚图、相关图表等进行预报。2004 年起,县气象局建成多媒体电视天气预报制作系统,根据省、州气象局指导预报订正做出贵德县未来 24 小时天气预报,每天 20 时 30 分,次日 12 时 30 分在县电视台的电视节目中播出。同时,制作出中期天气预测预报,及时用纸制形式报送到相关单位。

4. 气象服务

①公众气象服务
1958 年开始天气预报服务工作,预报信息传到广播站,由广播站对外广播。20 世纪 70—80 年代,以口头或印发材料方式向县政府及有关单位提供气象情报;90 年代至今根据省、州级指导预报,结合本地区地况地形、气候特点、气象资料、临近天气资料发布补充和订正预报,定期向政府部门提供土壤墒情等公共气象服务产品。

②决策气象服务
20 世纪 90 年代至今根据省、州级指导预报,及时向县委、县政府和对口单位提供《贵德县决策气象信息》、《专项天气预报》、《贵德县气象灾情公报》、《重大突发事件报告》、《贵德县气候影响评价》、《农作物病虫害情报》等决策服务产品,同时根据贵德的天气气候特点,适时开展了农作物播种期、旱情、墒情、降雨、冰雹、大风、霜冻、雪灾、牧草返青及各生长期生长状况等情报服务和灾害性天气预报服务。

③专业与专项气象服务
人工影响天气 2007—2008 年,在新街、尕让 2 个乡镇设立人工影响天气作业点,利用火箭炮进行春季人工增雨、夏季防雹作业,增雨、防雹效果良好。

防雷技术服务 2005 年 3 月开始开展雷电防护工作。在县防护雷电管理局下设县雷电防护装置安全检测所,负责全县境内防雷装置检测工作。依据《中华人民共和国气象法》、《青海省气象条例》等法律法规,负责本县境内防护雷电安全管理以及建(构)筑物、易燃易爆场所、弱电设备避雷装置的检测工作,2008 年开始对全县境内的新建建筑物的防雷设施进行跟踪检测服务,落实了防雷装置与主体工程同时设计、同时施工、同时验收并投入使用的"三同时"制度,从而有效地预防和减轻雷电对社会经济发展和人民生命财产安全的危害。

5. 科学技术

气象科普宣传 以"3·23"世界气象日、"12·4"法制宣传日为契机,接受社会各界人士及中小学生来参观地面测报室、观测场,为中小学生讲解气象资料如何获取,天气预报的制作过程及人工影响天气和防雷知识,采取请进来,走出去的办法,深入到学校、社区宣传气象法律法规,开展《防雷避险常识》展版讲解,普及气象知识。

气象法规建设与社会管理

法规建设 2008年1月15日,贵德县人民政府下发了《关于同意将贵德县气象探测环境纳入城镇保护范围的批复》(贵政〔2008〕6号),经县人民政府研究,同意将贵德县气象探测环境纳入城镇保护范围,要求县财政局、国土资源局、县交通与建设局、县发改委等相关单位在今后的城镇建设中认真按照规定依法办理,气象探测环境保护工作依法得到了加强。

制度建设 先后制定了《贵德县气象局岗位规章制度》、《请假与销假制度》、《贵德县气象局政治理论和精神文明建设制度》、《防雷安全管理制度》等一系列规章制度,做到有章可循,为更好地开展工作打下了基础。

社会管理 每月向上级气象部门上报气象探测环境的变化情况,并按季到当地城建部门进行讯问气象台站四周探测环境周围的建设情况,同时对防雷工程专业设计或施工资质管理、施放气球单位资质认定、施放气球活动许可制度等实行社会管理。

依法行政 加强对气象行政执法的统一领导,确保执法水平的提高,有3人取得气象行政执法证件,并且每年不定期对全县区域内的施放气球活动,新建、扩建工程等依法进行检查。

政务公开 2003年设置纪检员岗位,对群众所关心的重大问题进行按月公开,对气象服务内容、服务承诺、服务收费依据的标准,采取了公示栏、宣传单等方式向社会公开,财务收支、职工工资、奖金福利、住房公积金等在公示栏张榜向职工公开。2005年被中国气象局评为全国气象部门局务公开先进单位。

党建与气象文化建设

1. 党建工作

党的组织建设 1978年成立县种子公司和气象站联合党支部,截至2008年12月,贵德县气象局有党员6人,支部工作由县农牧党总支领导。

党风廉政建设 成立以党支书记为组长的党风廉政建设领导小组,把党风廉政建设工作列入党支部工作的重要议事日程。实行一把手负总责,纪检组长具体抓党风廉政建设工作。建立责任制考核办法、责任追究办法,每年与州气象局签订《党风廉政建设目标责任书》,广泛开展廉洁自律教育,建立县气象局"三人决策"制度,贯彻执行《中国共产党党员领导干部廉洁从政若干准则》中廉洁自律的各项规定,不断增强拒腐防变能力。

2. 气象文化建设

精神文明建设 县气象局坚持物质文明、精神文明一起抓,努力做到两不误、两促进。

对职工的思想政治教育、业务学习常抓不懈,干部队伍的业务、思想素质明显提高;开展精神文明创建工作,使单位的面貌焕然一新,职工的工作、生活环境得到明显改善,职工精神面貌好,工作积极性高涨。

文明单位创建 2007 年在上级部门的支持下购买了价值三万多元的健身器材和音响设备,建成职工活动室,为职工开展文体娱乐活动创造了必要的条件。局领导班子教育和引导职工树立良好的道德观念,开展文明、健康、向上的文体娱乐活动,每年举办 1～2 次的体育比赛、知识竞赛,活跃了职工的业余文化生活,密切了干群关系,增强了单位的凝聚力。1997 年被中共贵德县委、县政府命名为县级文明单位,2004 年被评为州级文明单位,2007年被青海省精神文明建设指导委员会评为省级文明单位。

集体荣誉 2006 年 2 月被中共海南州委、海南州人民政府再次命名为"文明单位",2007年 7 月被青海省精神文明建设指导委员会评为 2005—2007 年度精神文明建设先进集体。

台站建设

2004 年省气象局投资 100 余万元对办公环境和生活环境进行了综合改造,共维修改造职工住房 8 套,500 平方米,种植草坪 3000 平方米,修建围墙 1000 米,铺设水泥场地 200平方米。经过综合改善,庭院面貌焕然一新,职工的工作、生活环境得到了进一步改善。

2008 年贵德县气象局办公大楼

兴海县气象局

机构历史沿革

始建情况 1952 年 11 月成立大河坝气象站,站址在兴海县老河坝,位于北纬 35°57′,

东经 99°59′,海拔高度 3499.0 米,同年 12 月开始气象基本要素观测。

站址迁移情况 1959 年 12 月迁至现址:兴海县子科滩草原,位于北纬 35°35′,东经 99°59′,海拔高度 3323.2 米,属国家基准气候站。

历史沿革 1959 年 12 月更名为兴海气象站,1966 年 12 月更名为兴海气象服务站,1967 年 1 月更名为兴海气象服务站革命领导小组,1972 年 7 月更名为兴海县革命委员会气象站,1980 年 1 月更名为兴海县气象站。1997 年 7 月成立兴海县气象局。

管理体制 1952 年大河坝气象站归属军队建制,1953 年 5 月以后归省气象局统一管理。1958 年归属同级政府管理,实行以地方为主的双重领导体制。1963 年 3 月兴海县气象站归省气象局直接领导。1967 年 1 月由兴海县革命领导小组领导。1971 年 2 月实行军事部门和地方政府双重领导,以军队为主。1973 年 1 月归兴海县革命委员会领导,实行地方政府和上级业务部门双重领导,以地方为主。1980 年起实行气象部门与地方政府双重领导,以气象部门领导为主的管理体制,延续至今。

机构设置 兴海县气象局内设地面观测组、牧气组。

单位名称及主要负责人变更情况

单位名称	姓名	民族	职务	任职时间
大河坝气象站	侯世何	汉	站长	1952.12—1955.10
	陈悌	汉	站长	1955.11—1959.11
兴海气象站	曲坯亮	汉	站长	1959.12—1961.08
	毛远顺	汉	站长	1961.08—1962.12
	沈文昭	汉	站长	1963.01—1963.07
	王求真	汉	站长	1963.08—1964.06
兴海气象服务站	魏群章	汉	副站长	1964.07—1965.12
			站长	1966.01—1966.12
兴海气象服务站革命领导小组			站长	1967.01—1969.08
	侯凤余	汉	副站长	1969.09—1972.06
兴海县革命委员会气象站				1972.07—1972.12
			站长	1973.01—1979.12
				1980.01—1981.11
兴海县气象站	朱庆斌	汉	站长	1981.12—1984.08
	曾文培	汉	站长	1984.09—1984.10
	谢成斌	汉	副站长	1984.11—1987.12
			站长	1984.12—1988.09
	雷晓龙	汉	站长	1988.10—1989.12
	何发祥	汉	副站长	1990.01—1993.12
	贾迎春(女)	汉	副站长	1994.01—1996.09
			站长	1996.10—1997.06
兴海县气象局			局长	1997.07—

人员状况 截至 2008 年 12 月,有职工 15 人,其中工程师 12 人,助理工程师 3 人;大学学历 4 人,大专学历 11 人;30 岁以下 2 人,30~45 岁 13 人;少数民族 6 人。

气象业务与服务

1. 气象观测

①地面气象观测

观测项目 云、能见度、天气现象、空气温度和湿度、风向风速、降水量、气压、积雪、蒸发（小型）、地温（浅层）和地面状态等。

观测时次 建站初期进行基本气象要素的观测，每天进行 01、07、13、19 时（地方时）4 次，夜间守班。1960 年 8 月改为 02、08、14、20 时（北京时）4 次观测，夜间守班。2000 年 11 月建成 Milos 500 自动气象观测站，2001 年 1 月 1 日，开始自动站观测。气候定时观测的时次为 20—20 时 24 次，昼夜守班。

发报种类 1953 年 1 月 15 日起开始编发航危报，编发时次为当日 03—18 时，同时每天拍发 02、05、08、11、14、17、20 时（北京时）7 次天气报。1999 年 5 月开始编发气象句（月）报。2001 年 1 月 1 日天气观测发报的时次为 05、08、14、17 时 4 次，2007 年 1 月增加了 02、11、20、23 时 4 次，共 8 次。2007 年起编发气候月报。航危报根据上级业务部门预约时间发报。

电报传输 20 世纪 50 年代自设无线电台，定时与上级业务部门直接联络，拍发气象电报；60 年代后通过当地邮电局传递气象电报；1992 年 6 月省气象局建成单边带通信网，通过单边带传递气象电报。

报表制作 报表有气候月报表和年报表各 2 份，分别报送中国气象局和省气象局。

资料管理 2007 年 3 月 19 日前县气象站所有气象资料全部存放在本站，2007 年 3 月 19 日将大部分资料移交到省气象局档案馆，现有资料也建立了专人负责的档案库。

自动气象观测站 2000 年 11 月建成 Milos 500 自动气象观测站，2001 年 1 月 1 日，开始自动站观测。2002 年业务试运行，2004 年自动站有线传输系统投入运行。

②农业气象观测

1981 年成立农牧业气候资源组，通过考察研究，基本摸清了本县的光、热、水气候资源的时区分布情况，编写了《兴海县农牧业气候资源分析与区划》。1999 年 3 月同德牧草观测业务调整到兴海站，为国家一级牧草观测站。1999 年 3 月开始牧业气象观测，牧草观测种类主要为禾本科赖草、西北针茅、冰草，开展的观测项目主要有牧草生育状况观测、牧草生长状况观测、牧草产量状况观测和土壤水分状况观测。土壤水分观测分为固定和作物观测地段土壤 0~50 厘米湿度测定，以 20 时为日界，土壤湿度的观测以土壤解冻 10 厘米至土壤冻结 10 厘米期间逢 8 日和逢 3 日进行观测，牧草观测是牧草返青至黄枯时期隔日观测。1999 年 3 月开始编发气象（旬）月报，并于同年开展牧草返青期、黄枯期预报、农作物墒情预报、低温霜冻预报和年度牧业气候评价。制作土壤水分固定地段、作物地段、畜牧观测报表各一式 3 份，上报省气象局 2 份审核存档，1 份留站存档。

③生态观测

2003 年 5 月 1 日，开展生态环境监测业务，内容有沙丘移动、干沉降、风蚀风积等监测。2006 年 6 月 1 日撤销了干沉降、风蚀风积监测，2003 年 5 月起拍发 ST（生态环境）报，制作生态环境牧草土壤水分、沙丘移动简表一式 2 份,上报省气象局 1 份审核存档,留站 1 份存档。

④自然物候观测

1999 年 3 月开展小叶杨、蒲公英、车前草物候观测。制作自然物候观测报表一式 3 份,上报省气象局 2 份审核存档,1 份留站存档。

2. 气象信息网络

1987 年配备了 PC-1500 袖珍计算机,用于各种数据的处理和编发各类天气电报。1992 年 6 月 8 日省气象局建成单边带通信网,无线传输系统投入使用。2000 年 11 月建成 Milos 500 自动气象站,2002 年业务试运行,2004 年自动站有线传输系统投入运行。2008 年建成气象信息广域网开通 2 兆光纤宽带数字链路,2008 年底建成视频会商会议系统和实景监控系统。

3. 天气预报预测

1958 年开始以经验为基础,单站历史资料为依据,考虑地理地形和气候特点,综合分析、判断,做出天气预报。1959 年 1 月县气象站正式发布兴海地区中长期天气预报。1964 年建立了气象服务一览,预报方法仍然是"听、看、谚、地、资、商、用、管"八字方针,以经验为基础,根据本站历史资料制成云天演变图,气象要素曲线图、九线(三线)图、气象要素时间剖面图、点聚图、相关图表等进行预报。1977 年县气象站预报工作进行"基本资料、基本图表、基本档案、基本方法"建设,预报准确率有所提高。1980—1985 年通过县广播站播发短期预报。1985 年后,不做一般性中长期天气预报,只开展短时临近预报和专题中期预报服务工作。

4. 气象服务

①公众气象服务

20 世纪 50—80 年代,通过以口头或印发材料方式向县政府及有关单位提供气象消息。90 年代根据省、州级指导预报,主要结合本地区地况、地形、气候特点、气象资料、临近天气资料发布补充和订正预报。1997 年开通了"12121"天气预报自动答询系统。

②决策气象服务

编发《兴海信息快报》、《兴海县决策气象信息》、《专项天气预报》、《兴海县气象灾情公报》、《重大突发事件报告》、《兴海县气候影响评价》、《兴海县人工影响天气简报》等决策服务产品,并与县委、县政府及有关职能部门定期电话通知方式发布天气预报。

③专业与专项气象服务

人工影响天气 自 2002 年起开展人工影响天气工作,先后利用"三七"高炮、火箭、地面燃烧炉等作业设备进行春季抗旱、夏秋季增雨防雹工作,有效地开发空中水资源。

防雷技术服务 自 2007 年开始开展雷电防护工作,在兴海县防护雷电管理局下设兴海县雷电防护装置安全检测所,负责全县境内防雷装置检测工作。依据《中华人民共和国气象法》、《青海省气象条例》等法律法规,负责兴海县境内防护雷电安全管理以及建(构)筑物、易燃易爆场所、弱电设备避雷装置的检测工作,从而有效地预防和减轻雷电对社会经济发展和人民生命财产安全的危害。

5. 科学技术

气象科普宣传 兴海县气象局以每年 3 月 23 日世界气象日宣传为契机,接待社会各界人士及中小学生参观,为中小学生讲解和宣传天气预报、地面测报、人工影响天气和防雷知识,采取请进来走出去的办法,深入到学校、社区播放《天气预报是怎样做出来的》、《我们在青海湖畔》、《青海气象 40 年》等电视科教片;开展《防雷避险常识》展板讲解,普及气象知识。2006 年 10 月,兴海县气象局被兴海县精神文明建设指导委员会命名为青少年科普教育基地。

气象法规建设与社会管理

法规建设 2008 年 3 月 10 日,兴海县人民政府下发了《关于将气象探测环境纳入城镇保护范围的批复》(兴政〔2008〕44 号),经县政府研究同意重新将气象探测环境依法纳入城镇建设保护范围,要求县财政局、国土资源局、县交通与建设局、县发改局等相关单位在今后的城镇建设中认真按照规定依法办理,气象探测环境保护工作依法得到了加强。

制度建设 先后制定了《兴海县气象局应急值班制度》、《兴海县气象局局务公开制度》、《兴海县气象局业务学习制度》、《兴海县气象局政治学习制度》、《兴海县气象局局务会议制度》、《兴海县气象局议事制度》、《兴海县气象局财务管理制度》、《兴海县气象局车辆管理制度》、《兴海县气象局人工影响天气各类工作制度》、《兴海县气象局资料、档案管理制度》、《兴海县气象局汛期值班制度》、《兴海县气象局物业管理制度》、《兴海县气象局请销假制度》、《兴海县气象局安全生产管理办法》等规章制度。

社会管理 为了认真履行《中华人民共和国气象法》赋予防雷监管的社会职责,搞好防雷减灾,严格执行防雷设施的设计审批、跟踪检测、竣工验收制度,2008 年 8 月已将雷电防护装置的设计审核、施工监督、竣工验收依法纳入城镇基本建设管理程序之中。同时加强雷电防护工作和施放气球的执法力度,与政府、消防、安监、公安等部门协商依法推进雷电防护工程设计审核、施工监督和竣工验收工作。

依法行政 2006 年 6 月经省气象局培训,兴海县气象局有 3 名气象行政执法人员持证上岗,现有气象行政执法人员 4 人。从 2008 年起海南州气象局与兴海县气象局签订了《气象探测环境责任书》,2008 年 10 月出台了《兴海县气象局业务系统重大故障应急预案》(兴气〔2008〕12 号)和《兴海县气象局突发重大交通事故应急预案》(兴气〔2008〕13 号),依法行政的措施得到了落实。

政务公开 制定了《兴海县气象局局务公开制度》,确保了信息的及时、准确公开。利用政务公开栏公开职工工资、住房公积金、岗位津贴、艰苦台站津贴等发放情况;评先评优、业务质量、季度财务收支情况等在公示栏张榜向职工及时公开。将行政许可事项的审批程序、依据、收费标准、办理时限进行梳理,制作成行政许可项目工作流程,悬挂在办公楼醒目位置,方便办事人员查询;对气象服务内容、服务承诺、服务收费依据的标准,采取了公示栏、宣传单等方式向社会公开。

党建与气象文化建设

1. 党建工作

党的组织建设 2002 年前,兴海县气象局党员较少,隶属于县农牧党支部,2002 年兴海县气象局成立党支部,有党员 3 人,截至 2008 年 12 月,有党员 4 人。先后组织开展了"三个代表"、"保持共产党员先进性"、"解放思想大讨论"、"落实科学发展观"、"八荣八耻"等学习活动。

党风廉政建设 成立了以党支部书记为组长的党风廉政建设领导小组,把党风廉政建设工作列入重要议事日程,实行一把手负总责,纪检组长具体抓党风廉政建设工作,将局务公开工作作为自觉接受干部职工监督,了解民意,沟通民情主要的渠道,加强管理,制定了《兴海县气象局局务公开工作管理办法》,健全了由局长、副局长、纪检监察员组成的局务会,以财务公开为重点,定期公开经费开支,关键岗位竞岗、评优条件等重要内容,使该项工作走上规范化、制度化。

2. 气象文化建设

精神文明建设 始终坚持以人为本、弘扬自力更生、艰苦奋斗精神,深入持久地开展精神文明建设活动。按照《公民道德建设实施纲要》,结合实际,制定了《气象人员工作守则》、《气象人员行为规范》《兴海县气象局思想政治工作责任制考核评分标准》等,积极开展社会公德、职业道德、家庭美德和世界观、人生观、价值观教育,教育职工树立良好的道德观念,为创建"平安兴海"、构建和谐社会努力工作。加强团组织建设,开展丰富多彩、内容多样的争先创优活动,1999 年 5 月 4 日被共青团海南州委授予"青年文明号"称号。

文明单位创建 引导职工开展文明、健康、向上的文体娱乐活动,购置了室外健身器材 1 套,为职工健身创造条件,在夏季积极组织职工跳藏族锅庄舞、冬季组织跳绳、踢毽子、羽毛球、排球等室内活动,丰富了职工业余文化生活。2005 年以来购买图书近 300 册,建成图书室,从 2007 年开始每年组织职工开展体育比赛、知识竞赛,这些活动丰富了职工的业余文化生活,密切了干群关系,增强了单位的凝聚力。与县子科滩镇直亥买村结对共建,开展帮扶活动,捐款捐物。1998 年 10 月被中共兴海县委、县政府授予"县级文明单位"、1999—2008 年被中共海南州委、州人民政府授予"州级文明单位"称号。

3. 荣誉

集体荣誉 1988 年 5 月兴海县气象站被青海省气象局党组、青海省气象局评为"1987 年度先进集体"。

个人荣誉 1983 年 7 月,国家事务委员会、劳动人事部、中国科学技术协会向朱庆斌同志颁发"在少数民族地区长期从事科技工作"荣誉证书;1985 年 6 月在团中央等单位举办的为边陲优秀儿女挂奖章活动中,赵香兰同志获铜牌;2006 年 3 月贾迎春同志被青海省人事厅、气象局授予"青海气象先进工作者"称号;2008 年底有 11 人(次)被中国气象局授予"质量优秀测报员"称号。

参政议政 贾迎春同志先后当选为兴海县六届政协委员、兴海县第十三次党代会代表、兴海县十二次、十三次人民代表大会代表和十一次州党代会代表。白崇莲当选兴海县七届政协委员。

台站建设

兴海县气象局占地面积 40825 平方米。1983 年有房屋 4 幢 32 间,建筑面积 645.94 平方米。1992 年经过改造有房屋 6 幢 50 间,其中 2 幢在 2000 年拆除。2005 年省气象局投资 139 万元进行综合改善工程,随后又筹集资金 10 多万元更换了办公桌椅、业务工作台、业务微机等。综合改造后的气象局院内干净平整、绿草如茵,办公场所宽敞明亮、环境整洁舒适。2002 年配备了 1 辆长城牌皮卡车,2007 年 11 月配备了 1 辆 BH6430NV 北京现代轿车,同时长城牌皮卡车由州气象局收回。

兴海县气象局业务办公楼(2008 年)

共和县江西沟气象站

机构历史沿革

始建情况 1955 年 7 月按国家一般站建立了共和县江西沟气象站,位于北纬 36°30′,东经 100°15′,海拔高度 3185.0 米。

站址迁移情况 1957 年 7 月 31 日由原址迁移至现址:共和县江西沟乡以南 100 米处,位于北纬 36°37′,东经 100°16′,海拔高度 3239.4 米。

历史沿革 1960 年 7 月 1 日更名为共和江西沟气候服务站;1962 年 6 月 20 日撤销,1973 年 12 月重建,名称为共和县革委会江西沟气象站,1981 年 7 月更名为共和县江西沟气象站。1997 年 1 月根据省气象局指示停止部分工作,保留建制,基础业务由海南州气象局直管,2007年1月后由海南州共和县气象局代管。

管理体制 建站后归省气象局统一管理。1958年归同级政府管理,实行以地方领导为主的双重管理体制。1973年12月归共和县革命委员会领导,实行地方政府和气象部门双重领导,以地方政府领导为主。1980年起实行气象部门与地方政府双重领导,以气象部门领导为主的管理体制延续至今。

单位名称及主要负责人变更情况

单位名称	姓名	民族	职务	任职时间
共和县江西沟气象站	陆文龙	汉	站长	1955.07—1957.03
	吴文泉	汉	站长	1957.04—1957.09
	钱巨诚	汉	站长	1957.09—1958.06
共和江西沟气候服务站	胡玉珠	汉	站长	1958.07—1960.06
				1960.07—1962.06
撤 销				1962.07—1973.11
共和县革委会江西沟气象站	周茂南	汉	负责人	1973.12—1974.02
	胡润年	汉	负责人	1974.03—1976.02
	杨英杰	汉	站长	1976.03—1977.08
	唐文才	汉	副站长	1977.09—1981.06
				1981.07—1984.08
共和县江西沟气象站	韵含成	汉	站长	1984.09—1985.07
	晏力成	汉	站长	1985.08—1986.08
	雷晓龙	汉	副站长	1986.09—1988.07
	山 嵳	汉	站长	1988.08—1991.07
	郭连云	汉	副站长	1991.08—1993.03
	张世珍	汉	站长	1993.04—1996.07
	朱元福	汉	副站长	1996.08—2000.09
	聂少刚	汉	站长	2000.10—2002.05
	赵恒和	汉	站长	2002.06—2006.08
	张广聚	汉	站长	2006.07—2007.01
	赵年武	藏	站长	2007.01—

注:1997年以后,停止部分工作,保留建制。州气象局委托站长负责管理工作。

人员状况 共和县江西沟气象站自建站以来共有51人在这里工作过,其中:女20人;本科学历1人,大专学历2人,中专学历25人,高中学历3人,初中学历的20人;藏族8人,土族1人;初级职称46人,中级职称5人;党员8人。

气象业务与服务

1. 气象业务

地面气象观测 建站始至1960年7月,地面观测时次采用地方时,每天进行01、07、13、19时4次观测,夜间守班。1960年8月—1962年6月,观测时次采用北京时,每天进行

02、08、14、20 时 4 次观测,夜间守班。1974 年后为 08、14、20 时 3 次观测,02 时记录用自记记录代替。观测项目有云、能见度、天气现象、空气温度和湿度、风、0～20 厘米地温、降水、气压、雪深、雪压、冻土、小型蒸发、日照、(温、压、湿、风)自记。1985 年配备了 PC-1500 袖珍计算机,用于数据处理和编发各类天气电报。手工制作月报表气表-1 和年报表气表-21 各 1 份,报送省气象局审核归档。制作月简表 1 份报送州气象局归档。建站以来均使用纸质资料进行资料归档。

天气预报 由于条件有限,20 世纪 60—90 年代,只开展单站补充天气预报,即通过收听省气象台的天气广播,结合本站气象要素演变规律,采用单站多要素曲线图和群众看天经验,做出本地区的天气预报。

气象信息网络 1976 年 10 月 1 日起编发天气报,发报时次为 02、08、14、17 时 4 次,同时向青海省和海南州气象台编发区域天气报。1976 年 10 月 1 日起通过自设电台传递气象电报。1986 年 10 月建立了甚高频通信网络,可与西宁、海北、海东地区的部分站直接通话联络。

2. 气象服务

向乡政府提供旬月天气预报,与驻防部队的农场、青海湖渔场、青海湖旅游公司、公路养路段、草原改良试验站、畜牧兽医站等单位签订有偿服务合同,开展专业天气预报服务。2001 年起由州气象局直管,开展人工影响天气和雷电防护服务工作。

科学管理与荣誉

党建工作 自建站以来,党员人数一直较少,为 1～2 人,隶属于江西沟乡政府党支部管理。为充分发挥党员先锋模范带头作用,建立健全了工作目标责任制、读书学习制度等,积极开展了党员与职工谈心活动和读书学习活动,沟通思想,抓好政治思想教育工作和业务技术工作。2007 年 1 月后由海南州共和县气象局代管。

台站建设

江西沟气象站地处共和县江西沟乡,距海南州、共和县所在地 100 余千米,地处偏僻,条件艰苦,现有工作用房 6 间,使用面积 144 平方米,所辖土地总面积 12743 平方米。20 世纪 90 年代前职工吃的蔬菜由州气象局代购代送,为解决职工吃菜难问题,1990 年初修建了一座玻璃温棚,职工自己动手种植蔬菜。2008 年 10 月新建了 467 米围墙和大门。

兴海县河卡气象站

机构历史沿革

始建情况 1958 年 7 月成立兴海县河卡气候站,站址在兴海县河卡镇,位于北纬

35°57′,东经 99°26′,海拔高度 3267.0 米(约测)。为国家一般站。

站址迁移情况 1962 年 3 月因精简机构,本站撤销。1964 年 9 月按省气象局通知重新建站,建在原观测场西北约 500 米地方,地形高度基本相同;1967 年 9 月迁回原站址,位于北纬 35°53′,东经 99°59′,海拔高度 3245.6 米。

历史沿革 1960 年 7 月变更为兴海县河卡气候服务站;1962 年 3 月撤销。1964 年 9 月按青海省气象局通知,重新建站,由青海省气象局统一管理,名称为兴海河卡气候服务站;1972 年 7 月变更为兴海县革委会河卡气象站,1981 年 10 月更名为兴海县河卡气象站。1997 年 1 月根据省气象局指示停止工作,保留建制,人员由州气象局管理。

管理体制 1958 年 7 月—1962 年 2 月,管理权限下放,由兴海县统一管理;1964 年 9 月由省气象局统一管理;1970—1979 年管理权限再度下放,由兴海县直接管理,其中:1971—1973 年由县人民武装部接管;1980 年起实行气象部门与地方政府双重领导,以气象部门领导为主的管理体制。

单位名称及主要负责人变更情况

单位名称	姓名	民族	职务	任职时间
兴海河卡气候站	龚汉荣	汉	组长	1958.07—1960.02
	曾文培	汉	负责人	1960.03—1960.06
兴海县河卡气候服务站				1960.07—1962.02
撤　销				1962.03—1964.08
兴海县河卡气候服务站	俞厉生	汉	负责人	1964.09—1968.06
	徐铭济	汉	站长	1968.06—1972.06
兴海县革委会河卡气象站				1972.07—1981.09
				1981.10—1984.10
	吴连仁	汉	副站长	1984.11—1985.08
	韩国福	汉	副站长	1985.09—1987.11
	苟银青	汉	副站长	1987.12—1990.01
兴海县河卡气象站	徐铭济	汉	站长	1990.02—1992.12
	曹德芳(女)	汉	站长	1993.01—1996.12
	王万贞	汉	站长	1997.01—2002.06
	孔尚成	汉	站长	2002.07—2007.02
	贾迎春(女)	汉	站长	2007.03—

注:1997 年以后,停止部分工作,保留建制。州气象局委托站长负责管理工作。

人员状况 自建站至 1997 年 1 月先后有 40 多人在本站工作过。其中:中专学历 25 人,初高中学历 15 人;中级职称 3 人,初级职称 37 人;党员 2 人;女 11 人。

气象业务与服务

1. 气象业务

地面气象观测 1958 年 8 月—1959 年 12 月,每天进行 01、07、13、19 时(地方时)4 个

时次观测,观测项目有云、能见度、天气现象、风向、风速、气温、气压、降水、0～20厘米地温、雪深、雪压、冻土、小型蒸发、日照等,夜间不守班。1960年1月—1960年7月,观测时次采用地方时,每天进行07、13、19时3个时次观测,夜间不守班。1960年8月后改为3次(北京时08、14、20时)观测,夜间不守班。1965年4月开始向州气象台编发08、14时天气报,1979年5月增发08、20时雨情报。用手工抄写方式编制气表-1一式2份,上报省气象局1份,本站存档1份;年报表气表-21一式3份,上报中央气象局、省气象局各1份,留站1份;制作月简表1份报送州气象局归档。1997年1月终止报送所有报表。

天气预报　建站后,没有预报服务业务,直至20世纪80年代中期才开始进行简单的预报服务工作,依靠本站压、温、湿制作的三线图和收听天气形势预报和预报人员经验制作24小时短期预报,长期预报则采用手工计算线性回归方程的统计预报方法制作。

2. 气象服务

河卡气象站地处乡镇,人口少,服务单位单一,但气象站始终坚持为地方政府和当地群众服务的理念,以口头或手写油印材料等方式,按当地农牧业生产需求制作气象服务一览表并开展服务。由于气象站所做的杂种母羊冬配最佳配种期预报效益明显,曾获青海省气象局气象服务二等奖。

【气象服务事例】　1989年8月3日,河卡站降水量为106.6毫米,1小时降水量为102.1毫米,冰雹直径最大为1.5厘米,为全省气象台站所观测到的历史最高记录。此前,尽管河卡气象站已准确预报出此次降水过程,并及时通知了乡政府等有关部门,但由于当时没有很好的防雹、防洪措施,导致河卡乡大部分村油菜绝收,暴雨造成的山洪将部分公路冲毁,交通受阻,所幸没有人员伤亡。

科学管理与荣誉

党建工作　河卡气象站人员少,党建工作受河卡乡党委的领导,党员发展工作断断续续,党员保持在1～2名,因此无法单独成立党支部。

制度建设　虽然人员少条件艰苦,但历届领导业务管理常抓不懈,测报质量稳定提高,先后制定了《报表预审办法》《气象资料管理办法》《交接班制度》《业务学习制度》《值班制度》《病事假制度》等管理制度。1997年1月根据省气象局指示,停止工作,保留建制,基础业务由州气象局直管。2007年3月后由兴海县气象局代管。

集体荣誉　1982年7—9月,1982年11月—1983年1月,2次获得青海省气象局地面观测集体一等奖,1983年4—6月获青海省气象局地面测报集体二等奖。1990年4月26日,在塘格木—河卡大地震中,河卡气象站全体工作人员,克服困难,团结一心,坚守工作岗位,为政府部门提供抗震救灾决策气象服务,受到政府部门的好评,被青海省气象局评为"抗震救灾先进集体"。

台站建设

河卡气象站占地18625平方米,值班及生活用房总使用面积400平方米。

1990年4月26日塘格木—河卡大地震中,气象站所有房屋均不同程度受到损坏,1990年10月省气象局投资重新建成砖木结构平房12间,面积为400平方米,其中值班用房90平方米,职工住房为310平方米。

1997年1月停止业务工作后,所有房屋均保留,2008年10月对临街的546米院墙进行了维修,将原来的土墙改为砖墙。

河卡气象站距州府所在地恰卜恰镇78千米,距兴海县人民政府所在地33.5千米,由于地处偏僻,交通不便,职工日常生活很困难,20世纪90年代初修建了100平方米的玻璃温室,由气象站职工自己动手种植黄瓜、西红柿等多种蔬菜以改善生活。

黄南藏族自治州气象台站概况

黄南藏族自治州(以下简称"黄南州")因地处黄河之南而得名,位于青海高原东南部,距省会西宁市 181 千米,现辖 4 县,面积 1.89 万平方千米,人口 22.38 万,有藏、蒙古、汉、回、土等 17 个民族,是一个文化知名的少数民族自治州,少数民族占总人口的 91.36%。州府所在地同仁县是驰名中外的热贡艺术之乡、国家文化产业示范基地、藏文化源生地、国家级历史文化名城。黄南州地处青藏高原与黄土高原的过渡地带,境内山峦起伏,河谷相间,地势南高北低。气候属大陆性高原凉温、冷温半干旱气候区,主要气象灾害有洪涝、干旱、低温阴雨、大风、冰雹、寒潮、雷暴、雪灾频繁,危害严重。

气象工作基本情况

所辖台站概况 黄南州气象局下辖州气象台、尖扎县气象局、泽库县气象局、河南蒙古族自治县气象局,其中州气象台、河南县气象局为国家基本站,尖扎、泽库县气象局为国家一般站。

历史沿革 黄南州先后建立了 4 个气象站。1957 年 10 月 1 日建立了泽库县索乃亥气候站,1958 年 10 月 1 日扩建为索乃亥气象站,现为国家基本站,1991 年 1 月 1 日调整为国家一般气象站,2007 年 1 月 1 日调整为国家基本气象观测站,2008 年 12 月 31 日又调整为国家一般气象站。1958 年 10 月 1 日尖扎县马克唐镇建成气候站,1958 年 10 月 1 日—2006 年 12 月 31 日属于国家一般气象站,2007 年 1 月 1 日业务升级为国家基本气象站,2008 年 12 月 31 日调整为国家一般站。1959 年 4 月,河南蒙古族自治县柯生乡香扎寺"草原",建立上扎气象站,现为国家基本站;1986 年建成国家级牧业气象基本观测站,站名为河南蒙古族自治县牧业气象站,1987 年 5 月开始牧业气象观测工作。1957 年 11 月同仁隆务气候站成立,站址在同仁县隆务镇年都乎乡年都乎村,1991 年 5 月 9 日由国家一般站改为国家基本站,昼夜守班,2001 年 12 月,同仁县政府以同政〔2001〕148 号文件批准成立同仁县气象局,与黄南州气象台合署办公。

管理体制 1957—1969 年属气象部门管理,1970—1971 年属黄南军分区管理,1972—1980 年属地方政府部门管理,1980 年实行气象部门与地方政府双重领导,以气象部门领导为主的双重管理体制。

人员状况 2000 年有在编职工 68 人,2008 年定编 79 人,截至 2008 年 12 月有在编职工 76 人,其中:大专以上学历 65 人(含本科 41 人);中级以上职称 36 人(含高级职称 1 人);少数民族 23 人,参照公务员管理 17 人,其余均为事业编制人员。

党建与精神文明创建 早期党员人数少,参加与其他单位联合支部的组织生活。1980 年相继成立了独立党支部。经过多年发展,党员人数和党支部的数量有了明显增加,截至 2008 年 12 月全州气象部门有党支部 3 个,联合支部 1 个,有党员 35 人。

全州气象部门充分发挥党支部的战斗堡垒作用、党员干部先锋模范带头作用和青藏高原"五个特别"精神,先后开展了多项教育活动,通过政治理论学习,认真落实党风廉政建设目标责任制,积极开展廉政教育、廉政文化建设和文化助推活动,党的思想、组织、作风、制度和反腐倡廉建设不断加强。坚持深入持久地开展文明创建工作,努力弘扬气象人精神,提高文明单位创建质量,积极开展各种文体活动,丰富职工文化生活,努力创建文明和谐的节约型、服务型、效率型机关。截至 2008 年底全州气象部门共有省级文明单位 1 个,州级文明单位 3 个。

领导关怀 2007 年 6 月 15 日,中国气象局副局长许小峰到尖扎县气象局检查防汛工作。

2008 年 9 月 9 日,中国气象局原局长秦大河到黄南州气象局视察气象工作并看望慰问一线值班职工。

主要业务范围

地面气象观测 黄南州气象观测始于 1957 年 12 月 1 日,每天进行 4 次观测,1959 年 7 月 1 日开始承担兰州、西宁每小时 1 次航危报业务,当年年底停止;1959 年 8 月 11 日,执行 GD-01;1963 年 1 月停止农业气象观测,停发旬报;1980 年 1 月 1 日执行新规范;1982 年 1 月 1 日执行新电码;1983 年 1 月 11 日起编发气象旬(月)报,增加雨情报观测和发报,每年 3 月 15 日—6 月 30 日,汛期 6 月 15 日—10 月 31 日有降水时每小时编发;1987 年 7 月 1 日开始使用 PC-1500 袖珍计算机观测编发报;1988 年 11 月地面气象报表由手工抄录改为 APPLE-Ⅱ微机录入制作。1991 年 1 月 1 日起每天 8 次定时观测,夜间守班。天气观测发报类别和时次:02、05、08、11、14、17、20、23 时天气报,不定时的有预约航空危险报、重要天气报,旬末、月末编发气象旬月报和灾情报;按规定年底编发年报,按规定编发雨量报。观测项目有云、能见度、天气现象、气压、气温、湿度、风向风速、降水、雪深、雪压、日照、蒸发(大型和小型)、冻土、地温(浅层和深层)等。1991 年 1 月 1 日泽库县气象站被调整为国家气候站,每天 4 次观测发报。2001 年 2 月 1 日,《AHDM 4.1》测报软件编发报并制作报表,同时 PC-1500 袖珍计算机停止使用。

2000 年 10 月 25 日开始建立自动站,2001 年 1 月 1 日 Milos 500 自动气象站投入业务试运行,2002 年 1 月 1 日正式投入运行,2004 年 1 月 1 日旧观测规范停用,启用新版《地面气象观测规范》。自动站观测项目包括温度、湿度、气压、风向风速、降水、地面温度、浅层地温(5、10、15、20 厘米)、深层地温(40、80、160、320 厘米)、大型蒸发、日照。除深层地温外其他观测项目于 20 时进行人工并行观测,以自动站数据为准发报,数据于每月定时复制保存。

农业气象观测　建站以来,各气象台站都开展了农(牧)业气象观测和试验,编写农(牧)业气象旬(月)报、土壤墒情报、作物气象条件分析、农(牧)业气象调查和服务。1963年1月停止农业气象观测及发报,1975年5～9月增加农业气象实验田土壤湿度测定,1980年1月1日停止农作物土壤湿度测定,1982年6月完成了同仁县农业气候资源分析和区划报告和农业气候区划;1983年3月22日增加农作物生育期植株高度、密度、产量分析发报及土壤湿度观测,1989年9月1日增加浅山地区干土层观测和发报,1991年10月9日增加春小麦观测地段土壤墒情调查;20世纪90年代开展了"小麦玉米茬地移栽种植"实验获得成功;1980—1983年开展了第一次农业气候区划工作。2001年3月28日,增加浅山地区土壤重量含水率观测。

牧业气象观测　牧业气象观测站承担土壤水分观测、自然物候观测、牧草发育期、牧草高度、牧草覆盖度、牧草产量等的观测,开展牧草气象灾害和病虫害等的观测调查,畜牧气象灾害和病虫害的观测调查,生态环境监测等观测项目。2003年5月起每旬逢1日向省气象台编发生态环境监测报(ST)。2004年6月增加土壤0～10厘米土壤解冻至牧草返青前,每旬逢3日、逢8日测定土壤湿度。牧草发育期内每旬逢3日测定土壤湿度;牧草黄枯后至0～10厘米土壤冻结前每旬逢3日、逢8日测定土壤湿度。

生态环境监测　2003年8月25日黄南州编委下发《关于批准成立黄南州、县生态环境监测站》(黄编委发〔2003〕19号)文,成立生态环境监测站。2003年5月建设生态环境监测场,开展生态环境监测项目和生态监测、预测预警、评估的技术研发工作。

天气预报　天气预报业务始于20世纪70年代,以简单回归、相关、周期分析等数理统计方法在天气预报中开始应用。80年代开始制作长期预报、中期预报、短期预报,绘制08、14时天气图,利用"123"传真机接收天气图,引进了模糊数学、灰色系统理论等统计方法,制作24小时天气预报。1982年开始以短期预报为主、中长期预报为辅,1987年开始研究开发应用天气预报专家系统;1999年4月通过接收红外、可见光、水汽卫星云图,类型为GMS卫星云图及"9210"工程,启动MICAPS系统取代填图预报,每日16时制作1次预报;2000年3月开发研究MM5数值预报产品的接收及应用和"能量及气层温度递减率"预报工具;2003年8月引进卫星云图接收设备,华云卫星云图接收处理系统,每半小时接收、处理一次卫星云图及MICAPS 2.0版预报工作平台。2007年建立以数值预报产品为基础,以人机交互处理系统为平台、综合应用多种技术方法的天气预报业务流程。天气预报预测逐步从主观预报、定性预报发展到多级会商、综合预报、定量预报、精细化预报。

人工影响天气　为了改善黄河上游地区生态环境,增加黄河流量,自1997—2008年连续12年在黄河上游三江源自然生态环境保护核心区开展增雨作业,作业点由最初的3个,增加到目前的19个,由过去的单一依靠人工观测云层、采用"三七"高炮发射碘化银炮弹,到车载火箭发射装置、燃烧炉等增雨工具实施作业,为进一步研究黄河上游人工增雨积累了丰富详实的气象科学数据,增雨区植被覆盖度增加显著。2002年4月省气象局投资在河南蒙古族自治县建设西北地区人工增雨基地,建成业务办公楼1幢260平方米;2005年6月州政府成立了人工影响天气领导小组,为保护黄河上游地区生态环境、保护母亲河、造福人类提供了坚实的保障。

1981年5月开始,每年6月1日至9月底在同仁地区保安镇、牙浪乡、加吾乡、年都乎乡、曲库乎乡(镇)5个点开展高炮防雹作业控制范围为71950平方千米。

气象信息网络 信息处理和传输从早期的莫尔斯发报,到租用邮电部门的有线电传,1992年引进自动化填图系统、地面测报业务短波"单边带"数传通信系统,1996年建成了SSB1200比特/秒短波远程工作站,接收类型为GMS卫星云图。1999年1月1日全州5县建成"121"(2007年升级改造为"12121")天气预报自动答询系统,8月5日,黄南州台完成了"9210"工程分组交换网和PC-VSAT单收站建设工作;1999年4月进行气象卫星综合应用系统("9210"工程),同时建成气象信息综合分析处理MICAPS系统;2001年4月开通了英特网,建成了覆盖州、县二级的计算机广域网和州一级的办公自动化网,实现了气象信息的采集、传输、加工、制作、网上资源共享及办公自动化,2002年开通128K ISDN一线通,传输方式由电话传改为拨号;2003年8月建成PC-VSAT单收站(卫星数据广播系统),开通Notes电子邮件传输系统;2009年5月州—县实现可视会商系统。2008年10月建成2兆光纤宽带网,以FTP方式向省气象局传输报文和实时数据。

气象服务 20世纪70—80年代开始,气象服务手段主要是电话答询、信函答询和电台广播等形式。90年代在黄南电视台《黄南今日要讯》上发布电视气象天气预报内容,1999年1月1日全州5县建成"121"(2007年升级改造为"12121")天气预报自动答询系统;2003年5月建成电视天气预报制作系统,在黄南电视台播放自制电视天气预报节目;2003年6月黄南政府网开辟了黄南气象服务专栏,每日2次提供24～72小时城镇天气预报、雨情信息、旬月天气预报等内容;开通手机24小时气象短信发布平台,发布天气预报、警报。2007年州—县—乡镇启用电视转播直通系统,通过网络有线电视开展气象服务。目前服务产品形式从纸质材料到电子信息、从文字到图片、从声音到影像一应俱全。服务载体涵盖了广播、电视、互联网、手机短信、声讯电话等多种传播媒体和传播渠道。

黄南藏族自治州气象局

机构历史沿革

始建情况 1957年11月青海同仁隆务气候站成立,站址在同仁县年都乎乡年都乎村,位于北纬35°30′,东经102°05′,海拔高度2487.6米。

站址迁移情况 1959年10月1日正式建站,1991年5月9日,因建设州气象局办公楼和观测站任务调整,观测场向南平移18.9米,向西平移5.5米,位于北纬35°31′,东经102°01′,海拔高度2491.4米。

历史沿革 1960年11月在青海同仁隆务气候站的基础上成立黄南州气象台;1963年6月更名为黄南州中心服务站,仅从事气象资料服务工作;1967年1月恢复黄南州气象台;1974年6月20日,经中共黄南州委、州革命委员会批准成立黄南州气象局,为正处级事业单位。

管理体制 1957—1969 年属气象部门领导,1970—1971 年由黄南军分区领导,1972—1980 年由地方政府领导,1980 年 1 月实行以气象部门与地方政府双重领导,以气象部门领导为主的管理体制。

机构设置 黄南州气象局内设机构有办公室、人事政工科、业务科、法制办,直属单位有州气象台(决策气象服务中心)、科技服务中心、防护雷电中心、财务核算中心。

单位名称及主要负责人变更情况

单位名称	姓名	民族	职务	任职时间
青海同仁隆务气候站	杨陆荣	汉	站长	1957.12—1960.10
黄南州气象台				1960.11—1961.10
	李学林	汉	台长	1961.11—1963.05
黄南州中心服务站	刘镇江	汉	站长	1963.06—1964.11
	马振华	汉	站长	1964.12—1966.12
黄南州气象台	赵存劳	汉	台长	1967.01—1974.05
黄南州气象局	张承焕	汉	局长	1974.06—1978.12
	霍殿永	汉	局长	1978.12—1982.12
	赵存劳	汉	局长	1982.12—1984.09
	任克景	汉	副局长	1984.09—1985.04
	陈文选	汉	副局长	1985.04—1986.03
	任克景	汉	局长	1986.03—1990.12
	董国斌	汉	副局长	1990.12—1996.07
	金元忠	藏	局长	1996.08—1999.02
	任克景	汉	局长	1999.02—2003.06
	贺海燕	汉	局长	2003.06—

人员状况 1960 年有职工 19 人,1970 年有 48 人,1980 年有 66 人,1990 年达到 85 人。2000 年调整为 68 人,其中:大专以上学历 65 人,本科 41 人;中级以上职称 36 人(含高级职称 1 人);30 岁以下 24 人,31~40 岁 35 人,41~50 岁 8 人,50 岁以上 9 人;少数民族 23 人。截至 2008 年底有职工 76 人,其中:大专以上学历 63 人(含本科 39 人、研究生 2 人);中级以上职称 34 人(含高级职称 1 人);30 岁以下 23 人,31~40 岁 23 人,41~50 岁 24 人,50 岁以上 6 人;少数民族 23 人。

气象业务与服务

1. 气象观测

①地面气象观测

观测项目 云、能见度、天气现象、气压、气温、湿度、风、降水、雪深、雪压、冻土、日照、蒸发(小型、E-601 大型)和地温(0、5、10、15、20、40、80、160、320 厘米),地面最高、最低温度,雨量计等。

观测时次 1957 年 12 月 1 日开始气象观测,每天进行 01、07、13、19 时(地方时)4 次观测;1960年8月1日起,每天进行02、08、14、20时(北京时)4次观测,1991年1月1日起改为国家基本站,每天进行02、05、08、11、14、17、20、23时(北京时)8次定时观测8次发报,夜间守班。

发报种类 1959年7月1日开始至今承担兰州、西宁每小时1次年底停止的航空(危险)报拍发业务。1983年1月11日起至今编发气象旬(月)报,增加雨情报观测和发报;每年3月15日—6月30日,汛期6月15日—10月31日有降水时每小时编发。

电报传输 早期通过邮电部门传报、转报,后来通过人工莫尔斯电台传报。1992年引进自动化填图系统、地面测报业务短波"单边带"数传通信系统,代替了人工莫尔斯发报传输资料的落后方式,极大地提高了气象电报传输的时效和质量。

气象报表制作 1988年11月地面气象报表由手工抄录改为APPLE-Ⅱ微机录入制作。2001年2月1日起采用《AHDM 4.1》测报软件编发报并制作报表,报表种类和份数有气表-1、气表-2各2份。

资料管理 建站以来设有资料库房1间,先后配备专(兼)职资料管理员,库存有各类气象观测资料、仪器、气象报表、原始天气图、文书档案、学习书籍等。

自动气象观测站 2000年1月1日引进安装了芬兰Milos 500自动气象站,2001年1月1日投入业务试运行,探测手段全面更新,2002年1月1日正式投入运行,2004年1月1日取消人工地面观测项目,启用新业务规范。自动站观测项目包括温度、湿度、气压、风向风速、降水、地面温度、浅层地温(5、10、15、20厘米)、深层地温(40、80、160、320厘米)、大型蒸发、日照。除深层地温外其他观测项目于20时进行人工并行观测,以自动站数据为准发报,数据于每月定时复制保存,正式转入自动站采集观测单轨运行。

②农业气象观测

观测项目 建站以来,开展了农(牧)业气象观测和试验,编写农(牧)业气象旬(月)报、土壤墒情报、作物气象条件分析、农(牧)业气象调查和服务。1963年1月停止农业气象观测及发报,1975年5—9月增加农业气象实验田土壤湿度测定,1980年1月1日停止农作物土壤湿度测定。1983年3月22日增加农作物生育期植株高度、密度、产量分析发报及土壤湿度观测,1989年9月1日增加浅山地区干土层观测和发报,1991年10月9日增加春小麦观测地段土壤墒情调查,2001年3月28日增加浅山地区土壤重量含水率观测。20世纪90年代开展了"小麦玉米茬地移栽种植"实验获得成功。1980—1983年开展了第一次农业气候区划工作。

发报种类 1991年1月1日增加汛期05—次日05时降水观测并发报。

农业气象报表 制作农气表-2、农气表-3、农气表-4,各编制一式3份,报送中国气象局和省气候中心各1份,本站留底1份。生态环境监测简表-1、生态监测简表-2各编制一式4份,报送中国气象局、省气候中心和省气象科学研究所各1份,本站留底1份。

观测仪器 土钻、盛土盒、提箱、电子秤、烘箱、高温表、集尘缸、玻璃球、生态盛土盒、农气干燥箱、计算机、土壤水分自动站、数据采集器、土壤水分传感器、玻璃容器、烧杯、培养皿、1米土钻、蒸发皿。

③牧业气象观测

牧业气象观测站承担土壤水分观测、自然物候观测、牧草发育期、牧草高度、牧草覆盖度、牧草产量等的观测,开展牧草气象灾害和病虫害等的观测调查,畜牧气象灾害和病虫害的观测调查,生态环境监测等观测项目。2003 年 5 月每旬逢 1 日向省气象台编发生态环境监测报(ST)。2004 年 6 月增加 0～10 cm 土壤解冻至牧草返青前,每旬逢 3 日、逢 8 日测定土壤湿度。牧草发育期内每旬逢 3 日测定土壤湿度;牧草黄枯后至 0～10 cm 土壤冻结前每旬逢 3 日、逢 8 日测定土壤湿度。

④生态环境监测

2003 年 5 月建设生态环境监测场,开展生态环境监测项目,开展生态监测、预测预警、评估的技术研发工作。2003 年 8 月 25 日,黄南州编委下发了《关于批准成立黄南州、县生态环境监测站》(黄编委发〔2003〕19 号)的文件。

2. 气象信息网络

早期用莫尔斯电台发报,后来租用邮电部门的有线电传,1992 年引进自动化填图系统、地面测报业务短波单边带数传通信系统,1996 年建成了 SSB1200 比特/秒短波远程工作站,接收红外、可见光、水汽卫星云图,类型为 GMS 卫星云图。1999 年 4 月"9210"工程启动,MICAPS 系统取代填图预报,2001 年 4 月开通了英特网,建成了覆盖州、县二级的计算机广域网和州一级的办公自动化网,实现了气象信息的采集、传输、加工、制作、网上资源共享,实现了办公自动化。

3. 天气预报预测

短期天气预报 短期预报服务产品主要有:城镇天气预报、未来 24 小时天气预报、短时临近天气预报、灾害性天气预报预警信息等。1987 年开始研究开发应用天气预报专家系统;1998 年建成了气象卫星综合应用业务系统"9210"工程、气象信息综合分析处理系统 MICAPS 系统。2000 年安装并运行华云卫星云图接收系统及 MICAPS 2.0 版预报工作平台,组织进行了 MM5 数值预报产品的接收及应用,同时建成了 FY-2C 卫星云图接收处理系统,2002 年研制并在汛期投入应用"能量及气层温度递减率"的预报工具。

中期天气预报 中期预报服务产品主要有:未来一周天气预测、旬(月)天气气候趋势预报预测。

短期气候预测(长期天气预报) 20 世纪 70 年代开始利用统计方法制作长期天气预报,服务产品主要有:今冬明春气候趋势预报、春季旱涝趋势预测、汛期(6—9 月)预报、年度预报。

4. 气象服务

①公众气象服务

广泛利用广播、电视、报纸、政府网站、"12121"声讯电话、纸质材料等媒体为广大公众提供气象服务。及时发布暴雨、大风、雪灾、降温天气预报。对重大社会活动、工矿企业、旅游景点等发布灾害性天气预警和防御措施以及灾害天气实况,发布节假日城镇天气预报等市民关心的气象信息。

②决策气象服务

20 世纪 80 年代初,决策气象服务主要以书面文字报送为主;90 年代后向电视、微机终端等发展,各级政府可通过政府网站、气象网站、电视天气预报、《黄南报》、"12121"天气预报自动答询系统收看实时天气预报。决策气象服务产品主要有《决策气象服务》、《重要天气报告》、《专题气象服务》等材料。

③专业与专项气象服务

专业气象服务 通过电话、信函、传真、网络为专业用户提供气象资料和预报服务,为抗灾保畜、防汛抗旱、工矿企业、农牧业生产、旅游、交通等开展预报和资料服务。

人工影响天气 依托黄河上游人工影响天气基地的优势,采用"三七"高炮发射碘化银炮弹、车载火箭发射装置、燃烧炉等人工增雨工具实施作业,为进一步研究黄河上游人工增雨积累了丰富详实的气象科学数据,增雨区植被覆盖度增加显著。

防雷技术服务 2000年《中华人民共和国气象法》实施后,重点加强雷电灾害防御工作的依法管理工作,负责行使全州防雷防静电管理职能,使防雷行政许可和防雷技术服务迈入规范化轨道。成立雷电检测机构,对全州200余家单位进行防护雷电监测。

④气象科技服务

针对不同行业的服务需求,开发形式多样的特色专业气象服务产品,积极服务"三江源"自然生态核心保护区、热贡文化生态保护试验区和重点工程项目。开展地质灾害等级预报、生态环境保护、森林草原火险等级预报、水利设施建设、风能、太阳能资源开发、特色农牧业生产、现代高端有机农牧业、退耕还林(草)等服务。

5. 科学技术

气象科普宣传 每年3月23日前后开展纪念世界气象日活动,积极参加科普宣传周、防灾减灾宣传周、安全生产宣传周活动。发放宣传挂图,召开纪念座谈会、专题讲座,办图片展,邀请人大代表、政协委员参观等,广泛开展气象科普"进社区、进农村、进企事业、进学校"的"四进"活动,通过电视、广播、报纸、网络等形式宣传气象法律法规、防灾减灾等知识。

气象科研 成立了气象学术委员会,设立气象科研成果奖和科研奖励基金,制定了职工教育管理办法。积极参加州政府和省气象局主持的科研课题。1984年完成的科研项目《黄南州农业综合区划》,获全国农业区划委员会和国家农业部科技成果三等奖,《黄南州北部农业区冰雹预报研究》课题获全省人工影响天气工作学术二等奖;1995年4月承担的《被动式太阳能采暖楼效益研究和换气由被动式改为主动换气试验》课题,1996年6月这一项目获黄南州委、州政府全州科技科研课题项目三等奖。2006年承担的《麦秀林场森林防火气象监测预警系统》作为"十一五规划"中的三江源生态环境保护建设项目于2007交付使用。2007年开展了《黄南地区典型地质(山洪)气象灾害预报预警技术研究》等3项科研课题研究。积极开展应对气候变化基础性研究工作,通过科研技术攻关,建立了《黄南州气象数据查询系统》,编写了《黄南州应对气候变化基础性研究报告》、《黄南州应对气候变化决策咨询报告》等。

气象法规建设与社会管理

法规建设 为规范黄南州防雷市场管理,2003年黄南州政府下发《关于将雷电防护工程纳入基本建设管理程序的意见》(黄政办〔2003〕37号),明确了黄南州气象局负责行使全州防雷防静电管理职能,使防雷行政许可和防雷技术服务迈入规范化轨道。

制度建设　相继建立了《黄南州气象局气象探测环境和设施保护监督程序》、《黄南州气象行政执法督查制度》、《黄南州气象行政执法公示制度》、《黄南州气象行政执法过错责任追究制度》、《黄南州气象行政执法责任制实施办法》，逐步建立和完善了权责明确、行为规范、监督有效、保障有力的气象行政执法管理机制，为气象依法行政工作管理奠定了基础。

社会管理　根据气象探测资料具备比较性、代表性、准确性和连续性的要求，2004—2007 年黄南州气象观测站、尖扎县气象观测站、泽库县气象观测站、河南蒙古族自治县观测站的气象探测环境保护的有关法律、法规及相关文件均在当地土管城建规划部门备案，共同做好气象探测环境保护工作。

依法行政　2005 年成立了气象法制和管理机构—法制办公室（挂靠业务科），先后有 13 人参加了省州法制办组织的行政执法培训，取得行政执法证。

政务公开　对气象行政审批办事程序、气象服务内容、服务承诺、气象行政执法依据、服务收费依据及标准等，采取了通过户外公示栏、电视广告、发放宣传单等方式向社会公开。同时对干部任用、财务收支、目标考核、工程招投标等内容采取职工大会或公示栏张榜等方式向职工公开。

党建与气象文化建设

1. 党建工作

党的组织建设　1980 年成立黄南州气象局党支部，有党员 6 名。截至 2008 年 12 月有在职职工党员 22 人，离退休职工党员 1 人。

党的作风建设　近年来，先后在广大党员干部中开展了"三讲"、"三个代表"、《中国共产党章程》、"八荣八耻"、学习实践科学发展观等学习活动，取得明显效果。坚持开展党员"一帮一"活动，不断密切党和群众之间的联系。加强对党员干部的理想信念、爱国主义、世界观、人生观、价值观、职业道德和青藏高原"五个特别"精神教育，进一步丰富和强化了干部队伍，提高了党员干部的整体素质，作风建设不断加强。

党风廉政建设　成立以局党组书记为组长的党风廉政建设领导小组，将党风廉政建设列入党组工作的重要议事日程，认真履行党风廉政建设"一岗双责"，纪检组具体负责。建立和完善了党风廉政建设责任制实施细则、局务公开制度实施办法、科级领导干部任期经济责任审计实施细则、接访制度、党组中心组学习制度。广泛开展勤政廉洁教育，坚持干部任前谈话、诫勉谈话、纪检组长谈话制度和重大事项报告制度、领导干部收入申报制度、县气象局"三人决策"制度、财务收支和领导干部任期经济责任审计制度以及领导干部年底述职、述学、述廉制度，坚持用制度管人管事。

2. 气象文化建设

精神文明建设　始终坚持以人为本，艰苦奋斗、勤俭节约精神，积极组织开展"送温暖、献爱心"向灾区群众捐款慰问活动，组织职工义务植树。组织职工参加省州民运会，琴、棋、书画、摄影比赛，并获得好成绩。组织开展弘扬气象人精神演讲比赛，组织各类业务比赛和群众喜闻乐见的文体活动，丰富职工文化生活，干部职工的凝聚力、向心力和精神面貌焕然一新。

文明单位创建　深入持久地开展文明创建工作,领导班子将精神文明建设作为一项重要工作列入议事日程,将软件和硬件建设都作为创建的重要内容。把加强职工思想教育、素质教育、倡导文明,大力开展文明创建规范化建设作为重要载体,加大综合改善力度,营造深厚的气象文化氛围,建立大院文化墙和局务公开栏;建设图书阅览室、党员活动室、购置各类书刊和业务、党务、政务报刊、杂志和文件汇编等;购置篮球架、乒乓球台、室内外健身器材等,为职工健身提供了硬件条件。多年来,全局干部职工及家属子女无一人违法违纪,无一例刑事民事案件。与辽宁省葫芦岛市气象局结成文明共建对子。1989 年 4 月 15 日被中共青海省委、省政府、省军区授予省级"精神文明建设先进单位";2004 年 12 月被青海省精神文明建设指导委员会授予省级"文明单位";2004 年精神文明建设先进事迹被录入由中央文献出版社出版发行的《中国精神文明大典》(第二卷)中。

3. 荣誉

集体荣誉　20 世纪 80 年代以来,黄南州气象局先后获得省政府、省军区,中共黄南州委、州政府授予"拥军优属先进单位"、"抗洪先进集体";1998—2002 年被中国气象局、省政府先后授予"汛期气象服务先进集体"、"优秀气象台站"、"双文明"建设先进集体。

个人荣誉　2 人次被中国气象局授予全国气象部门先进个人称号,有多人次被中国气象局授予"质量优秀测报员"称号。

参政议政　建局以来州气象局先后有任克景、秦世荣、韩发雷等人当选州人大代表、政协委员,他们积极履行职责,参政议政,建言献策,为全州政治、经济、文化、科技、民生等问题和气象事业的发展做出了贡献。

台站建设

　　1991 年 4 月省气象局投资建设黄南州气象局业务办公楼 1 幢,2006 年中国气象局投资 120 万元,建设职工公寓楼 1 幢,2008 年省气象局投资建设人工影响天气指挥中心业务办公楼 1 幢及拆除旧房 1315.4 平方米,完成护坡 144 立方米,硬化道路 1224.72 米,改造旧房 894 平方米,修建车库、锅炉房 293.14 平方米,更换及增容锅炉 6 台,绿化土地 1920 平方米,院内环境、办公室、职工住房、供水、供电、供暖、排污管道等进行综合改善,更新办公家具、设备、车辆,全面完成了"生活环境花园式、业务工作平台式、观测场统一规范式"的建设目标。

1982 年黄南州气象局办公场所

1982 年黄南州气象局大院

1985 年黄南州气象局职工宿舍

2003 年黄南州气象局职工住宅楼

黄南州气象局办公楼(2000 年)

河南蒙古族自治县气象局

河南蒙古族自治县(以下简称河南县)位于青海省东南部,属牧业区。年平均气温为
0.0℃,四季不分明,全年仅分冷(干)季和暖(湿)季,冷季寒冷干燥而漫长,全年无霜期短,
牧草生长期为 155 天。

机构历史沿革

始建情况 河南县气象站始建于 1959 年 4 月,建站时名称为上扎气象站,站址在河南
县柯生乡香扎寺草原,位于北纬 34°12′,东经 101°34′,海拔高度 3414.1 米,于 1959 年 4 月
18 日正式开始工作。

站址迁移情况 1981 年 1 月 1 日站址迁到河南县优干滩草原,观测场位于北纬

34°44′,东经 101°36′,海拔高度 3500.0 米,承担国家气象基本观测站任务。

历史沿革 1960 年 1 月更名为香扎气象站,1965 年 4 月更名为外斯气象站,1981 年 1 月更名为河南县气象站,1986 年 8 月更名为河南县牧业气象站,1986 年 10 月又改回河南县气象站。1995 年 4 月 26 日,黄南州政府(黄政办〔1995〕33 号)文正式批准县气象站更名为河南县气象局,工作职能、隶属关系保持不变。

管理体制 气象站从成立至 1968 年 8 月,由省气象局直接领导。1968 年 8 月—1980 年 6 月管理体制变动,先后归河南县革命委员会、河南县人民武装部领导。1980 年实行气象部门与地方政府双重领导,以气象部门领导为主的管理体制。

机构设置 下设测报组、服务组、通讯组、牧气组。

单位名称及主要负责人变更情况

单位名称	姓名	民族	职务	任职时间
上扎气象站	杨庆松	汉	临时负责人	1959.04—1959.12
香扎气象站			副站长	1960.01—1961.11
	陈浪波	汉	副站长	1961.12—1965.03
			站长	1965.04—1967.08
外斯气象站	马德让	汉	负责人	1967.09—1968.03
	陈卫生	汉	教导员	1968.04—1971.11
	马德让	汉	副站长	1971.12—1980.12
			站长	1981.01—1981.05
河南县气象站	朱汝婉	汉	副站长	1981.06—1981.07
	王发荣	汉	站长	1981.07—1983.05
	邹春生	汉	代理站长	1983.06—1984.05
	金元忠	藏	副站长	1984.06—1986.07
河南县牧业气象站			副站长	1986.08—1986.10
	卢俊山	汉	副站长	1986.11—1988.02
	吴晓阳	汉	副站长	1988.03—1989.02
河南县气象站	邹春生	汉	副站长	1989.03—1991.06
	吕 青	汉	副站长	1991.07—1992.01
	王占林	汉	副站长	1992.02—1993.04
	罗 环	蒙	副站长	1993.05—1995.03
	田红卫	土	副局长	1995.04—1997.04
	纳得秀(女)	藏	副局长	1997.05—1998.05
河南县气象局	胡俊杰	汉	局长	1998.06—2002.05
	罗志勇	汉	副局长	2002.06—2003.11
	吴登成	藏	局长	2003.12—2005.11
	孙创信	汉	局长	2005.12—

人员状况 1959 年建站时只有 3 人。2002 年定编为 16 人。截至 2008 年 12 月,有在编职工 15 人,外聘 1 人。在编职工中:30 岁以下 5 人,31～40 岁 7 人,41 岁以上 3 人;大学学历 4 人,大专学历 9 人,初中 1 人;中级职称 5 人,初级职称 10 人;藏族 1 人,土族 1 人,蒙古族 1 人。

气象业务与服务

1. 气象观测

①地面气象观测

观测项目 云、能见度、天气现象、气压、气温、湿度、风、降水、雪深、雪压、冻土、日照、蒸发(小型、E-601大型)、地温以及最高、最低温度,雨量计等。

观测时次 建站至1960年7月31日,每天进行01、04、07、10、13、16、19、22时(地方时)8次地面观测和7次发报;1960年8月1日起,改为每天进行02、05、08、11、14、17、20、23时(北京时)8个时次地面观测和7次定时发报,昼夜值班。按规定时次、种类和有关电码观测,每天向省气象台和兰州区域气象中心(现为西北区域气象中心)编发02、08、14、20时4次定时绘图报和05、11、17、23时4次补充定时绘图报。

发报种类 1959年3—9月每天06—18时连续拍发不定期预约航空报HB(指为兰州空军基地拍发的报头)发报任务。发报内容有云、能见度、风向、风速、危险天气现象等。2000年3—9月每天06—18时向西宁拍发人工增雨报RZ(指为省人工影响天气机构拍发的报头)。发报内容有云、风向风速、湿度、降水量、天气现象等,只要出现降水量时每小时发1次报。

1985年配备的PC-1500袖珍计算机业务试运行,自1986年1月1日起使用PC-1500袖珍计算机取代人工编报。2000年配备了微型计算机,8月采用AHDOS 4.1业务系统编发报文。

电报传输 建站时电报传输使用15瓦无线短波电台,靠手摇发电机给电台供电,报务员用电键发报,由电信部门接收后传至省气象台。1991年配备了FT80C型电台代替"莫尔斯"无线电台传送电报。2000年用IC-700PRO无线电台与有线Modem向省气象台发送,每天定时传输24次。2009年1月自动站切换成OSSMO业务系统,用宽带向省气象台发送自动站采集的数据文件,宽带与有线网络模块为双机一用一备,气象电报的传输得到双重保障。

气象报表制作 气象月报、年报气表,用手工抄写方式编制一式3份,上报中国气象局和省气象局气候资料室各1份,本站留底1份。从2000年8月开始使用微机编制、打印气象报表,向省气候中心报送磁盘和报表。自2007年开始向省气候中心上报数据文件,不再上报纸质报表。月简表1份报黄南州气象台。气表-19一式3份,1份报省气候中心,2份留站。气象要素分钟数据以及气象旬(月)报,制作气象月报和年报报表。并制作年报报表、农气表-4-1、农气表-2-1、农气表-3。

资料管理 设有资料库房1间,库存有各类气象观测资料、仪器、气象报表、文书档案、学习书籍等。

自动气象观测站 2000年9月建成Milos 500型自动气象站,于2001年1月1日投入业务运行。2002年1月1日观测方式由人工观测为主转为自动站观测为主。自动站观测项目包括温度、湿度、气压、风向风速、降水、地面温度、浅层地温(5、10、15、20厘米)、深层地温(40、80、160、320厘米)、大型蒸发、日照。除深层地温外,其他观测项目于每日20时进行人工并行观测,以自动站数据为准发报,数据于每月定时复制保存。2008年增加了闪电定位观测,同时在宁木特乡和赛尔龙乡建成两个两要素自动气象观测区域站,并投入运行。

②牧业气象观测

观测项目　牧业气象观测站承担土壤水分观测、自然物候观测、牧草发育期、牧草高度、牧草覆盖度、牧草产量等的观测,开展牧草气象灾害和病虫害等的观测调查,畜牧气象灾害和病虫害的观测调查,生态环境监测等。2003年5月每旬逢1日向青海省气象台编发生态环境监测报(ST)。2004年6月增加0～10厘米土壤解冻至牧草返青前的土壤观测,每旬逢3日、逢8日测定土壤湿度。牧草发育期内每旬逢3日测定土壤湿度;牧草黄枯后至0～10厘米土壤冻结前每旬逢3日、逢8日测定土壤湿度。

观测仪器　土钻、盛土盒、提箱、电子秤、烘箱、高温表、集尘缸、玻璃球、生态盛土盒、农气干燥箱、计算机、土壤水分自动站、数据采集器、土壤水分传感器、玻璃容器、烧杯、培养皿、1米土钻、蒸发皿。

牧业气象报表　每旬逢6日和旬末向省气象台和兰州区域气象中心传输土壤水分加测报(TR)和牧业气象旬(月)报,制作农气表-2、农气表-3、农气表-4,各编制一式3份,报送中国气象局和省气候中心各1份,本站留底1份。生态环境监测简表-1、生态监测简表-2各编制一式4份,报送中国气象局、省气候中心和省气象科学研究所各1份,本站留底1份。

③生态环境监测

2003年5月开展生态环境观测业务,配备了GPS卫星定位仪、干尘降仪、取土器、粒度筛选器等各一套。生态观测的项目有:土壤水分、土壤粒度、沙尘天气监测、牧草产量、牧草发育期等,编发旬报和月报,并制作2份生态监测简表-2,向省气候中心上报1份,留站1份。

2.气象信息网络

2001年4月开通了英特网,建成了覆盖州、县二级的计算机广域网和州一级的办公自动化网;2008年开通州—县气象局的视频天气会商系统,并安装了观测场环境远程监控系统。

3.天气预报预测

建站至20世纪90年代初,本站没有天气预报和气象服务业务。长期、中期、短期预报服务产品主要是以上级部门预报为主,通过纸质文件形式提供给当地政府及各部门,短期天气预报通过固定电话、政府网站和手机短信方式向社会公众发布,灾害性天气预报预警信息主要通过固定电话、政府网站、手机短信和纸质文件形式向社会公众发布。

4.气象服务

①公众气象服务

1994年起开展公众天气预报服务工作,1996年开展关键性、转折性、灾害性天气预报服务,冬、春雪灾气象预报服务,抗灾保畜及汛期气象预报服务等,2005年6月开始建成"121"天气预报自动答询系统。2007年启用电视转播直通系统,通过有线电视开展气象服务。

②决策气象服务

县气象局坚持为地方政府提供牧业生产专项服务,重大关键性、转折性、灾害性天气预报,重大社会公益活动,气候评价服务,灾害调查等。

③专业与专项气象服务

专业气象服务 主要是为全县各镇和牧业生产单位提供短期天气预报和气象资料。

人工影响天气 河南县是牧业大县,人工影响天气作业对全县牧业生产意义重大。1997 年 6 月起,由州、县气象局联合组织的黄河上游三江源生态环境自然保护核心区正式开展人工影响天气,全县境内布设人工增雨作业点 9 个,使用高炮作业。2002 年开始使用地面燃烧炉、流动火箭架,提高了人工防雹作业效果。

防雷技术服务 2005 年 6 月开展县境内雷电防护装置检测工作,负责全县防雷安全的管理,定期对加油站、水电站、电信部门、电视台、广播电台、工矿企业的防雷设施进行检查。

④气象科技服务

2004 年 5 开始,县气象局正式开展对本县境内施放气球活动实施许可制度管理,多次为县政府部门和企业单位的庆典活动提供服务,受到服务单位的好评。

5. 科学技术

气象科普宣传 每年的 3 月 23 日前后开展纪念世界气象日宣传活动,加强气象科普宣传,主要采取上街宣传、悬挂条幅、发放藏汉双语图文并茂的宣传材料,组织学生参观气象设施等。

科学管理与气象文化建设

1. 科学管理

制度建设 先后制定和完善了《业务质量考核奖惩办法》、《精神文明建设实施细则》、《党风廉政建设责任追究办法》、《领导干部作风建设规定》、《"三重一大"事项民主决策制度》、《财务管理和报销制度》、《安全生产工作责任制》等多项管理制度。

社会管理 开展对本县境内施放气球活动实施许可制度管理,以及开展雷电防护装置检测工作。负责全县防雷安全的管理,定期对加油站、水电站、电信部门、电视台、工矿企业的防雷设施进行检查。

依法行政 依据《青海省气象探测与设施保护监督管理办法》加强探测环境保护工作,对于气象探测环境保护范围内存在的建筑物进行登记,依法成功制止 2 起气象观测场探测环境保护范围内规划新建藏医教学楼的违法行为,确保了探测环境不再继续恶化。

政务公开 对职工请假、休假考勤,每月津贴、补贴发放,专业技术职务晋升完全公开;对"文明办公室"、"五好家庭"活动,实行评选标准公开化,实现财务和政务管理完全透明化。

2. 党建工作

党的组织建设 建站至 1985 年没有党支部,党员最多时有 4 人,1985 年气象站与县畜牧局成立联合党支部,2000 年成立独立党支部,截至 2008 年 12 月,有党员 8 人。2002 年河南县气象局党支部被中共河南县直属党委评为"先进党支部"。

党的作风建设 面对艰苦环境,历届党支部均重视党建工作,注重发挥党支部的战斗堡垒作用和党员的模范带头作用,注重对党员和群众进行荣誉教育、爱岗敬业和艰苦奋斗、团结协作的集体主义教育。

党风廉政建设 成立以局长为组长的党风廉政建设领导小组,将党风廉政建设工人列入工作的重要议事日程,认真履行党风廉政建设"一岗双责",《河南县气象局"三人决策"制度》,领导干部年底述职、述学、述廉制度,坚持用制度管人管事,深化局务公开,大力推进廉政文化建设,不断规范领导干部从政行为,增强工作透明度,自觉接受干部职工监督。

3. 气象文化建设

精神文明建设 注重领导班子自身建设和职工队伍的思想建设,始终坚持以人为本,弘扬自力更生、艰苦创业精神,深入持久地开展文明创建工作,政治学习有制度、文体活动有场所,职工生活丰富多彩。

文明单位创建 组织人员参加地方有关部门组织的文体活动比赛、廉政文化演讲比赛、文化作品展览等。建设了室内、外健身活动场地,配有健身器材和家庭影院、数码照相机、数码摄像机。配置各种书籍刊物300余册,丰富了职工文化体育生活。1998年被中共河南县委、县政府授予"县级文明单位",2001年被中共黄南州委、州人民政府授予"州级文明单位"荣誉称号。

集体荣誉 1996年河南县气象站工会被青海省总工会授予"模范职工之家"称号。2001年被青海省气象局评为"全省气象服务先进集体"。2008年被青海省气象局评为全省气象部门"先进单位"。

台站建设

1979年省气象局投资在外斯气象站院内新建12间350平方米土木结构住房和一口水井。1980年因迁站在新选站址上修建18间559平方米住房,因年久失修成危房现均已拆除。1990年8月新建6间砖木结构住房,面积为128平方米。1993年9月新建砖混结构办公室159.6平方米。2002年省气象局投资新建西北地区人工增雨基地办公楼1幢260平方米,2003年新建4套职工住房,面积240平方米。县气象局依托西北人工增雨基地和得天独厚的草原风光,建成业务齐全、管理科学、文化设施齐全的高原精品站。

2006年河南县气象局大院

2007年河南县气象局业务工作平台

泽库县气象局

机构历史沿革

始建情况 1957年10月1日索乃亥气候站成立,站址在泽库县索乃亥,观测场位于北纬35°11′,东经101°26′,海拔高度3600米。

站址迁移情况 1958年5月1日—6月3日因备战停止工作,1958年10月开始观测发报。1959年4月15日因原观测场西边备战时修建有碉堡障碍物影响记录,将观测场向北平移150米,2002年9月因台站综合改善需要,将原观测场向西平移50米,观测场位于北纬34°02′,东经101°28′,海拔高度3662.8米。

历史沿革 1958年10月1日扩建更名为泽库县索乃亥气象站,1961年1月1日改为泽库县气象服务站。1975年9月1日更名为泽库县气象站。1995年4月26日黄南州政府(黄政办〔1995〕33号)正式批准气象站更名为泽库县气象局,工作职能、隶属关系保持不变,实行二块牌子,一套人员。

管理体制 自建站至1970年,以气象部门领导为主,1971—1972年由县人民武装部领导,1972—1980年由县政府领导,1980年之后,实行气象部门与地方政府双重领导,以气象部门领导为主的管理体制。

机构设置 下设测报组、服务组、通讯组、生态监测组。

单位名称及主要负责人变更情况

单位名称	姓名	民族	职务	任职时间
索乃亥气候站	王松祥	汉	代理副站长	1957.10—1958.09
泽库县索乃亥气象站				1958.10—1960.02
	吴德才	汉	负责人	1960.03—1960.12
泽库县气象服务站	柴占兴	汉	站长	1961.01—1961.12
	许贵芳	汉	站长	1962.01—1962.04
	经寿海	汉	负责人	1962.05—1962.08
	杨哲	汉	站长	1962.09—1970.01
泽库县气象站	王生成	汉	站长	1970.02—1975.08
				1975.09—1975.12
	赵永江	汉	站长	1976.01—1977.10
	吴玉林	汉	站长	1977.11—1978.05
	王发荣	汉	站长	1978.06—1981.07
	刘守璞	汉	站长	1981.08—1982.05
泽库县气象站	朱汝婉	汉	站长	1982.06—1995.03
泽库县气象局			局长	1995.04—1996.05

单位名称	姓名	民族	职务	任职时间
	黄旭阳	藏	副局长	1996.05—1996.09
	孙创信	汉	副局长	1996.10—2002.05
			局长	2002.06—2005.11
泽库县气象局	张世福	汉	副局长	2005.12—2006.05
	铁海峰（女）	汉	局长	2006.06—2008.05
	张世福	汉	局长	2008.05—

人员状况 1957年建站时只有3人，截至2008年底，有在编职工8人，外聘人员1人。在编职工中：30岁以下6人，31～40岁以上2人；大学本科学历4人，大专学历4人；中级职称4人，初级职称4人。

气象业务与服务

1. 气象观测

①地面气象观测

观测项目 观测项目有风向、风速、气温、气压、湿度、云、能见度、天气现象、降水、日照、小型蒸发、地温、雪深、雪压等。每天进行08、14、20时3个时次地面观测。每天编发08、14、20时3个时次加密天气报。1958年7月1日起增加气压观测，1958年10月1日起增加地面温度、地面最高温度、地面最低温度和曲管（5、10、15、20厘米）温度观测，1958年11月1日增加气压自记观测，1959年9月1日起增加冻土观测。1960年7月1日起取消2米高的大、小百叶箱，雨量筒观测，大、小百叶箱高度改为1.5米，雨量筒改为70厘米。1961年1月1日起停止地面状态观测，1961年5月1日起增加汛期05—05时降水量观测。1961年3月15日—1979年12月31日、1991年1月1日—2001年3月31日只进行观测，不发报。

观测时次 1957年10月1日—1958年10月8日，每天只进行01、07、13、19时（地方时）4次观测，不发报。1958年10月9日起，每天进行01、04、07、10、13、16、19、22时（地方时）8次观测，1960年8月1日起，每天进行02、05、08、11、14、17、20、23时（北京时）8次观测并发报。1961年3月15日起，02、11、20时停止发报，发报时次由7次改为4次。1980年1月1日增加02、11、20时观测发报任务，全天改为7次报，昼夜值班。1991年1月1日调整为国家一般气象站，停止发报，每日只进行08、14、20时3次观测，夜间不守班。2001年4月1日开始拍发08、14、20时加密天气报，11、17时观测气压。2007年1月1日调整为国家基本气象观测站，实行昼夜守班，每天进行8次观测和发报。2008年12月31日20时后调整为国家一般气象站，夜间不守班，每天编发08、14、20时3次加密天气报。

发报种类 天气报的内容有云、能见度、天气现象、气压、气温、风向风速、降水、雪深、冻土、地温等；航空报的内容只有云、能见度、天气现象、风向风速等。人工增雨报的内容为台站所测每小时的降水量和天气现象。

2003年7月起，为配合夏季人工增雨工作，在每年7—9月向民航部门编发预约航空报，同时向省气象局编发人工增雨报。

电报传输 建站时地面绘图报采用无线短波电台传输至邮电局,依靠人工手摇发电机给电台供电,报务员使用莫尔斯电键发报,由邮电局接收后,上传至省气象台。1986 年 1 月配备了 PC-1500 袖珍计算机,取代人工编报。2002 年 6 月省气象局配备了 1 台本田 EC6500CX 型汽油发电机。2002 年 9 月 CAWS-600 型自动气象站建成,替代了人工观测,数据通过程控电话拨号传送至省气象台,每天定时传输 24 次,气象电报传输实现了自动化。2008 年 11 月建成了县气象局局域网和视频会商系统,并通过宽带网与省、州气象局网络互连,每月(日)报文、数据文件开始用宽带网上传。

气象报表制作 建站后气象月报、年报表,用手工抄写方式编制,一式 2 份,1 份上报省气候中心,1 份本站留底。2003 年 1 月开始使用微机打印气象报表,向上级气象部门报送数据磁盘。2008 年 7 月起通过 SDH 光纤宽带网向省气象局传输原始资料,停止报送纸质报表。

资料管理 建站以来设有资料库房 1 间,库存有各类气象观测资料、仪器、气象报表、文书档案、学习书籍等。

自动气象站观测 2002 年 9 月 1 日建成 CAWS-600 型自动气象站,替代了人工观测,2004 年 6 月在王家、和日乡、宁秀乡、多福顿乡、县郊建成单雨量观测点。2008 年 8 月在多福顿乡建成了温度、雨量两要素自动观测站。

②牧业气象观测

2001 年 5 月 1 日,开始牧草高度、产量观测,并编发月报表。

③生态观测

2003 年 5 月开展生态环境观测业务,配备了 GPS 卫星定位仪、干尘降仪、取土器、粒度筛选器等各一套。生态观测的项目有:土壤水分、土壤粒度、沙尘天气监测、牧草产量、牧草发育期等,编发旬报和月报,并制作 2 份生态监测简表-2,向省气候中心上报 1 份,留站 1 份。

2. 气象信息网络

2008 年 11 月建成了省到县气象局局域网和视频会商系统,并通过 2 兆 SDH 数字光纤专线网与省、州气象局网络互连,2008 年年底开始用宽带网上传报文、数据。同时开通 Notes 电子邮件系统,公文实现网上收发。

3. 天气预报

泽库县气象站建站至 20 世纪 90 年代初,没有天气预报和气象服务业务。预报服务以州气象台单位预报结论为主,主要通过纸质服务材料发送。重要天气报告、雪情报、雨情报、气候趋势分析等,同时通过电子邮件、手机短信、电话等方式向政府部门和社会公众提供各项气象服务。

4. 气象服务

①公众气象服务

应用州气象台预报服务产品,通过电话、文字材料、专门汇报等形式向当地政府及有关部门和社会公众进行发布。灾害性天气预报、预警信息主要通过固定电话、政府网站、手机短信和纸质文件形式向社会公众发布。

2008 年初步建立起各乡(镇、牧场)气象灾害信息员队伍,开展气象灾害信息发布和收集工作。利用手机短信方式向全县党政领导和乡镇(牧场)领导发送气象信息。

②决策气象服务

年初及时为县委、县政府有关领导及各有关单位提供全年气象预报及建议服务材料,重点在为牧业生产、草原生态环境保护、重大社会公益活动提供气象信息服务,为领导指挥决策当好气象参谋和助手。

③专业与专项气象服务

专业气象服务 1994 年开始气象专业服务,主要是为全县各镇和牧业生产单位提供短期天气预报和气象资料。

人工影响天气 泽库县是一个纯牧业县,是"三江源"生态环境保护核心区之一,人工影响天气对牧业生产意义重大。1997 年开始,州、县气象局联合组织的黄河上游地区人工影响天气正式开展,使用高炮作业。2002 年开始使用地面燃烧炉、固定、流动火箭发射架,在全县境内设 6 个人工增雨点,开展人工增雨工作。

防雷技术服务 2002 年 11 月开始,将防雷工程从设计、施工到竣工验收,全部纳入气象行政管理范围,并开展防雷安全管理和检测工作。2005 年 6 月开展县境内雷电防护装置检测工作,负责全县防雷安全的管理,定期对加油站、水电站、电信部门、电视广播电台、工矿企业的防雷设施进行检查。

5. 科学技术

气象科普宣传 每年的 3 月 23 日开展纪念世界气象日活动,加强气象科普宣传,主要采取上街宣传、悬挂条幅、发放藏汉双语图文并茂的防灾减灾知识和气象科普知识的宣传材料,组织学生参观气象设施等。

科学管理与气象文化建设

1. 科学管理

制度建设 2004 年 2 月制定了《泽库县气象局综合管理制度》,主要内容包括干部、职工休假及奖励工资、业务值班室管理、会议、财务、福利等制度,内部规章管理制度健全。

社会管理 依据《青海省气象探测与设施保护监督管理办法》,制订气象探测环境保护细则,对于气象探测环境保护范围内存在的建筑物进行登记,依法成功制止 1 起气象观测场探测环境保护范围内规划新建建筑物违法行为,确保了探测环境不再继续恶化。

依法行政 2003 年 3 月,县人民政府法制办批复确认县气象局具有独立的行政执法主体资格,并为 3 人办理了行政执法证。

2. 党建工作

党的组织建设 1985 年以前气象站没有党支部,最多时仅有党员 3 人,1986 年至今与县畜牧局草原站成立联合支部,现有党员 5 人。

党风廉政建设 成立以局长为组长的党风廉政建设领导小组,将党风廉政建设列入工作的重要议事日程,认真履行党风廉政建设"一岗双责",泽库县气象局"三人决策"制度,领导干部年底述职、述学、述廉制度,坚持用制度管人管事,深化局务公开,大力推进廉政文化建设,不断规范领导干部从政行为,增强工作透明度,自觉接受干部职工监督。

3. 气象文化建设

精神文明建设　县气象局把领导班子的自身建设和职工队伍的思想建设作为文明创建的重要内容,通过开展经常性的政治理论、法律法规学习,锻炼出一支高素质的职工队伍;重视年轻职工的培养,多次选送职工到南京信息工程大学青海函授站、成都信息工程学院青海函授站学习深造,到省气象局参加学习培训。

文明单位创建　2006 年被中共黄南州委、州政府授予"州级文明单位"。

集体荣誉　1987 年 3 月荣获全省地面测报业务比赛第一名;2007 年被省气象局授予"全省先进集体"称号。

台站建设

　　2002—2008 年,省气象局分期分批投资对单位院内的环境进行了综合整治,规划整修了水泥硬化道路 925 平方米,空心砖围墙 571 米,院内修建草坪和人行小路 1380 米,重新修建装饰办公生活用房,改造了业务值班室,装配了办公业务工作平台,完成了业务系统规范化建设,使单位院内环境得到了改善。

1983 年泽库县气象站大院

1983 年泽库县气象站测报室

台站综合改善前的办公生活用房(1985 年)

2007 年台站综合改善后的办公用房

尖扎县气象局

机构历史沿革

始建情况　1958 年 10 月 1 日尖扎马克唐气候站正式成立并开始观测,站址在尖扎县马克唐镇,位于北纬 35°54′,东经 101°59′,海拔高度 2084.6 米。

站址迁移情况　1974 年 12 月 31 日尖扎县气象服务站迁站,站址仍在马克唐镇,2001 年 11 月 1 日观测场向西迁移 35 米,位于北纬 35°56′,东经 102°02′,海拔高度 2084.6 米。

历史沿革　1960 年 8 月 20 日更名为尖扎县气候服务站,1966 年 1 月 1 日更名为尖扎县气象服务站,1982 年 10 月更名为尖扎县气象站。1995 年 4 月 26 日,黄南州政府(黄政办〔1995〕33 号)文正式批准更名为尖扎县气象局,工作职能、隶属关系保持不变,实行二块牌子,一套人员。

管理体制　自建站至 1969 年由气象部门和地方政府双重领导,以气象部门领导为主,1971—1972 年由尖扎县人民武装部领导,1973—1979 年由尖扎县政府领导,1980 年之后实行气象部门与地方政府双重领导,以气象部门领导为主的管理体制。

机构设置　下设测报组、农气组、服务组、通讯组。

单位名称及主要负责人变更情况

单位名称	姓名	民族	职务	任职时间
尖扎马克唐镇气候站	何大交	汉	负责人	1958.10—1960.07
尖扎县气候服务站	杜修宾	汉	站长	1960.08—1963.06
	何大交	汉	负责人	1963.07—1965.12
				1966.01—1966.12
尖扎县气象服务站	詹大椿	汉	负责人	1967.01—1970.09
	刘文华	汉	站长	1970.10—1972.12
	王金合	汉	站长	1973.01—1973.12
	张占元	汉	站长	1974.01—1981.06
尖扎县气象站	马德让	汉	站长	1981.07—1982.09
				1982.10—1984.05
	刘守璞	汉	站长	1984.06—1986.10
	詹月华(女)	汉	站长	1986.11—1989.01
	哈生绩	藏	站长	1989.02—1991.02
	王进有	汉	站长	1991.03—1995.03
尖扎县气象局			局长	1995.04—2001.10
	赵长海	汉	局长	2001.11—2006.05
	罗环	蒙	局长	2006.06—

人员状况 1958 年建站初期只有 2 人。2002 年定编 8 人。截至 2008 年 12 月,有职工 9 人,其中:30 岁以下 3 人,31～40 岁 3 人,41 岁以上 3 人;大学学历 3 人,大专学历 4 人,中专学历 1 人;中级职称 2 人,初级职称 5 人;藏族 2 人,蒙古族 1 人,土族 1 人。

气象业务与服务

1. 气象观测

①地面气象观测

观测项目 云、能见度、天气现象、气温、气压、降水、日照、冻土、风向、风速、湿度、地面温度、0～20 厘米浅层地温、雪深、雪压、小型蒸发等。

观测时次 1958 年 10 月 1 日—1960 年 7 月 31 日,每天进行 07、13、19 时(地方时)3 次定时观测;1960 年 8 月 1 日—2006 年 12 月 31 日,每天进行 08、14、20 时(北京时)3 次定时观测,属于国家一般气象站,夜间不守班。2007 年 1 月 1 日业务升级为国家气象观测站(即国家基本气象站),昼夜守班,每天进行 02、05、08、11、14、17、20、23 时 8 个时次地面观测,编发 8 次地面天气报,2008 年 12 月 31 日 20 时以后调整为国家一般气象站。

发报种类 天气报的内容有云、能见度、天气现象、气压、气温、风向、风速、降水、雪深、冻土、地温等。2004 年 1 月使用新地面测报程序,以微机代替 PC-1500 袖珍计算机,编发加密天气报、旬(月)报,以手工抄录方式编制月报表和年报表。2004 年 1 月—2005 年 12 月进行自动站与人工站主辅交替对比的双轨运行,2006 年 1 月 1 日自动站正式转入单轨业务运行,保留人工站 20 时并行观测用于自动站性能对比,并且每月编制人工站 20 时 A20 报文。

电报传输 1958 年建站时起,每天 3 次地面绘图报的传输使用无线电短波电台,靠手摇发电机给电台供电,报务员用电键发报。20 世纪 80 年代初通过县邮电局电键发报,90 年代初程控电话开通后,以电话形式传送,2002 年开通 128K ISDN 一线通,传输方式由话传改为拨号,2008 年 10 月建成 2 兆光纤宽带网,以 FTP 方式向省气象局传输报文和实时数据。

气象报表制作 1988 年 11 月地面气象报表由手工抄录改为 APPLE-Ⅱ微机录入制作。2001 年 2 月 1 日《AHDM 4.1》测报软件编发报并制作气表-1、气表-2 各一式 2 份。

资料管理 建站以来设有资料库房 1 间,库存有各类气象观测资料、仪器、气象报表、文书档案、学习书籍等。

自动气象站观测 2002 年 5 月建成 CAWS600 型七要素(压、温、湿、风向、风速、降水、地温)自动气象站,保留人工站日照和小型蒸发观测。2003 年 1 月自动站试运行,2004 年 1 月—2005 年 12 月进行自动站与人工站主辅交替对比双轨运行,2006 年 1 月 1 日自动站正式转入单轨业务运行,保留人工站 20 时并行观测用于自动站性能对比。自动站观测项目有温度、湿度、风向、风速、地温、降水等,观测项目全部采用仪器自动采集、记录,替代了人工观测。2008 年在尖扎县康扬镇和当顺乡古浪堤村各建成两要素(温度和降水量)区域自动站 1 个。

②农业气象观测

本站为农业气象情报站,观测项目为:春小麦、土壤水分。1959 年 10 月 10 日向西宁拍发气象旬月报;1983 年 3 月开始编发不定期农业气象情报;1989 年 2 月开始加测浅山地区干土层厚度;2007 年开始制作农业气象年报表,并向省气候中心报送。

观测仪器 土钻、盛土盒、提箱、电子秤、烘箱、高温表、集尘缸、玻璃球、生态盛土盒、农气干燥箱、计算机、土壤水分自动站、数据采集器、土壤水分传感器、玻璃容器、烧杯、培养皿、1 米土钻、蒸发皿。

农业气象报表 制作农气表-2、农气表-3、农气表-4 各编制一式 3 份,报送中国气象局和省气候中心各 1 份,本站留底 1 份。生态环境监测简表-1、生态监测简表-2 各编制一式 4 份,报送中国气象局、省气候中心和省气象科学研究所各 1 份,本站留底 1 份。

③生态观测

2003 年 2 月正式开始生态环境监测业务,在浅山地区保留干土层厚度观测的基础上增加 0～30 厘米厚度土壤重量含水率观测,并开始每旬编发生态报,制作生态环境监测年报表,报送省气候中心。

2. 气象信息网络

20 世纪 90 年代初程控电话开通后,以电话形式将报文话传;2002 年开通 128K ISDN 一线通,传输方式由话传改为拨号;2008 年 10 月建成 2 兆光纤宽带网,以 FTP 方式向省气象局传输报文和实时数据。

3. 天气预报预测

1981 年开始采用传真机接收天气图,主要接收北京和日本的传真图表,利用传真图分别制作天气图、地面图、高空图气象要素分析预报。1991 年 5 月停止使用传真机,每天 14 时通过收听广播播送的指标站电码,绘制简易天气图和单站三线图分析天气预报,业务过程中认真分析各种简易图表、资料,密切注意天气过程的演变,发布简单的天气预报。1999 年停止手工绘制天气图和单站三线图天气预报分析工作,预报业务以订正上级气象台预报结论为主,结合当地天气实况,经过与上级业务单位会商分析后发布天气预报。2003 年 8 月建成 PC-VSAT 单收站(卫星数据广播系统),接收主站传送的高空、地面数据、云图资料等,经过分析制作城镇天气预报,汛期每月制作 10 天短期天气趋势预报和每天 24 小时天气预报。

4. 气象服务

①公众气象服务

建站以来一直利用各种服务手段,加强气象为农业服务,对省、州气象台预报服务产品经过本地化订正后,通过电话、文字材料、专门汇报等形式向当地政府部门及社会公众进行发布。2002 年 12 月建成电视天气预报节目制作系统,制作全县 9 个乡镇、旅游景点、森林草原火险等级的电视天气预报节目,通过县有线电视台向公众发布 24 小时天气预报。

②决策气象服务

积极为政府部门及工矿企业提供气象预报建议服务材料,出现重要气象情况及时向领导汇报,为保证县委、政府组织的五彩神箭节、坎布拉旅游文化节、各类运动会等重大社会活动,适时准确及时提供不同时段的天气预报和气象信息资料。

③专业与专项气象服务

专业气象服务 专业气象服务主要是为全县各乡镇、农业生产或相关企事业单位提供中、长期天气预报和气象信息服务。每年3—10月,县气象局对外发布气象服务信息。服务内容包括土壤墒情分析、灾情分析、气象专题分析、今冬明春气候预测分析、汛期趋势分析、森林草原火险分析、雨情分析等。

人工影响天气 尖扎县是农业县,人工影响天气作业对全县农业生产意义重大。2002年6月由省、州、县气象局联合组织的黄河上游地区人工影响天气作业正式开展,使用地面燃烧炉、流动火箭发射架,在全县境内设5个人工增雨点,开展人工增雨工作。1991年6月人工防雹作业由政府管理,县气象局、农牧局组织实施,在全县境内设立3个点,使用高炮作业,提高了人工防雹作业效果。

防雷技术服务 2005年成立防护雷电检测所,负责全县防雷装置检测工作,定期对加油站、水电站、电信部门、广播电视台、工矿企业的防雷设施进行检查。

④气象科技服务

针对不同行业的服务需求,开发形式多样的特色专业气象服务产品,积极为农业、特色农业、重点工程项目、坎布拉国家森林公园AAAA级景区、森林草原防火等提供科技服务。

5. 科学技术

气象科普宣传 每年的3月23日开展纪念世界气象日活动,主要采取上街宣传、悬挂条幅,发放藏汉双语、图文并茂的防灾减灾知识宣传材料,组织学生参观气象设施等方式。

气象科研 1989年7月在首届青海省科技成果展览交易会上,尖扎县气象站开展的"冬小麦茬地移栽玉米技术"科研课题获三等奖。2007年开始研究开发"森林草原火险气象等级预报系统"科研课题。

气象法规建设与社会管理

法规建设 2000年《中华人民共和国气象法》实施后,重点加强雷电灾害防御工作的依法管理工作,2003年黄南州政府下发《关于将雷电防护工程纳入基本建设管理程序的意见》(黄政办〔2003〕37号),尖扎县气象局负责行使全县防雷防静电管理职能,使防雷行政许可和防雷技术服务迈入规范化轨道。

制度建设 健全内部管理制度,主要内容包括业务值班制度、请销假制度、学习制度、奖罚制度等。

社会管理 依据《青海省气象探测与设施保护监督管理办法》,2004年4月6日尖扎县人民政府下发《关于同意将气象局观测场列入地方城建规划保护范围的批复》(尖政〔2004〕23号),2001年起县气象局加强探测环境保护工作,制订气象探测环境保护细则等规定,对气象探测环境保护范围内存在的建筑物进行登记备案。

依法行政 2003年4月尖扎县人民政府法制办批复确认县气象局具有独立的行政执法主体资格,并有3人经过培训取得行政执法证。2001年依法成功制止2起气象观测场探测环境保护范围内规划新建建筑物违法行为,确保了探测环境不再继续恶化。

政务公开 对气象行政审批办事程序、气象业务质量、气象服务内容、财务、气象行政执法依据、服务收费依据及标准、职工工资、劳务费分配、职工享受假期等情况采取了通过宣传栏公示等方式向社会公开。

党建与气象文化建设

1. 党建工作

党的组织建设 1985—1993年有党员2名,编入县农牧局党支部,1993年成立尖扎县气象局党支部,有党员3人;2002年有党员4人,截至2008年12月,有党员5人。

党的作风建设 近年来,先后在广大党员干部中开展了一系列的学习教育活动,取得明显效果。党支部注重对党员干部的理想信念、爱国主义、世界观、人生观、价值观、职业道德和青藏高原"五个特别"精神的教育,不断丰富和强化了干部队伍,提高了党员干部的整体素质,作风建设不断加强。

党风廉政建设 成立以局长为组长的党风廉政建设领导小组,将党风廉政建设列入工作的重要议事日程,认真履行党风廉政建设"一岗双责",《尖扎县气象局"三人决策"制度》,领导干部年底述职、述学、述廉制度,坚持用制度管人管理事,深化局务公开,大力推进廉政文化建设,不断规范领导干部从政行为,增强工作透明度,自觉接受干部职工监督。

2. 气象文化建设

精神文明建设 始终坚持以人为本,弘扬自力更生,艰苦创业精神深入持久地开展文明创建工作,建立政治理论学习制度,建设文体活动场所、党员活动室、图书室,室内外健身活动场地,职工生活丰富多彩。

文明单位创建 2001年7月县气象局被中共黄南州委、州人民政府命名为县级"文明单位",2006年6月尖扎县气象局被中共黄南州委、州人民政府授予州级"文明单位"称号。

3. 荣誉

集体荣誉 1960年2月尖扎县气象站被中共青海省委、青海省政府授予"青海省农牧业社会主义建设先进单位",获三等奖。2003年2月尖扎县气象局被省气象局评为"2002年度全省气象服务先进集体"。

个人荣誉 1993年1月王进有同志被国家气象局评为优秀气象站长,被黄南州人民政府评为全州经济建设突出贡献奖。

台站建设

尖扎县气象局始建时只有72平方米的土木结构平房,1998年8月省气象局投资修建办公室3间120平方米,2001年、2005年新建办公室8间284平方米,围墙100米,水泥地坪583平方米,花园3027.5平方米,大门1个,车库、锅炉房各1间。2008年11月中国气象局投资61万元新建职工生活用房3套165平方米,新建标准篮球场一个,修建花园小路

270米,草坪1970.7平方米,栽种风景树,全局绿化率达到了60%,依托温暖的气候,适宜的人居环境,大力实施绿化工程,建成环境优美的花园式台站。

尖扎县气象局旧貌(1987年)

尖扎县气象局现代化的办公设施(2008年)

尖扎县气象局新颜(2008年)

果洛藏族自治州气象台站概况

果洛藏族自治州（以下简称"果洛州"）位于青海省东南部，黄河上游，面积 76442 平方千米，占全省总面积的 10.2%，下辖玛沁、甘德、达日、玛多、班玛和久治六县，总人口 15.36 万，其中藏族 11.94 万人，占总人口的 90.95%。境内山脉纵横，冰峰遍布，地势高耸，平均海拔在 4200 米以上，是全国 30 个自治州中平均海拔高度最高的一个州。果洛地处青藏高原腹地，史书上称为"雪的王国"、"生命的禁区"，具有典型的高原大陆性气候特征，气候恶劣，高寒缺氧，大气含氧量只有海平面的 60%。一年之中，没有明显四季之分，只有冷暖之别，夏季凉爽细润而短促，冬季寒冷干燥而漫长，无绝对无霜期。气象灾害主要有雪灾、低温、冻害、大风、沙尘暴、冰雹、雷暴、洪水等。

气象工作基本情况

所属台站概况　果洛州气象局下辖玛沁（果洛州气象台）、玛多、达日、甘德、班玛、久治 6 个国家一类艰苦气象台站。其中国家基准气候站 1 个，国家基本气象站 4 个，国家一般气象站 1 个。

历史沿革　1952 年 11 月 15 日果洛建立第一个气象站——青海省黄河沿气象站（现玛多县气象局）。1955—1960 年相继建立了青海省吉迈气象站（现达日县气象局）、青海省智清松多气象站（现久治县气象局）、玛沁县大武气候站（现果洛州气象台）、仁侠姆气象站（原中心站气象站，已于 1997 年 12 月 31 日撤销）、班玛县赛来塘气候站（现班玛县气象局）、花石峡气象站、拉加寺气象站、扎陵湖气象站、甘德县气候服务站。1961—1962 年拉加寺、扎陵湖、花石峡、班玛赛来塘、甘德县站先后撤销。1965 年 4 月重建班玛县赛来塘气候站。1975 年 7 月重建甘德县气候服务站。

管理体制　1953 年 8 月气象部门从军队建制转为地方建制。1954 年 10 月起受省气象局和地方政府双重领导。1958 年开始各气象站归属同级政府管理，实行以地方政府为主的双重领导体制，省气象局只对下实施业务指导。1963 年 3 月起各气象台站归省气象局领导。1969 年 7 月各气象台站下放至当地州、县革委会领导。1971 年 2 月开始实行军事部门管理。1973 年 5 月划归同级政府领导，实行地方政府和军事部门双重领导，以地方为主。1980 年 1 月起实行气象部门与地方政府双重领导，以气象部门领导为主的管理体制。经地方政府授权,承担本行政区域内气象工作的政府行政管理,依法履行气象主管机构的各项职责。

人员状况 1952 年全州气象部门只有职工 6 人。截至 2008 年底有在编职工 131 人,其中:女 42 人,少数民族干部 30 人;研究生学历 4 人,本科学学历 46 人,大专学历 59 人;副高职称 1 人,中级职称 69 人。

党建与精神文明建设 早期党员人数少,参加农牧系统或其他单位支部组织生活。1986 年 11 月果洛州气象局成立党支部,有党员 3 名,2008 年有党员 25 名。全州气象部门现有独立党支部 4 个,与农牧系统联合党支部 2 个,共有党员 53 名。

全州气象部门均进入"文明单位"行列。现有全国创建文明行业先进单位 1 个,省级文明单位 2 个、州级文明单位 1 个、县级文明单位 2 个。2007 年 11 月 16 日与深圳市气象局在深圳签署了文明对口交流合作协议。

领导关怀 1990 年 6 月和 1995 年 5 月,时任中国气象局副局长温克刚 2 次到州气象局检查指导工作。

2003 年 8 月,青海省副省长穆东升一行视察久治、达日、甘德、玛沁人工影响天气工作。

2004 年 7 月,全国政协人口资源环境委员会副主任、中国气象局原局长温克刚,时任中国气象局副局长郑国光到州气象局考察和慰问。同年 11 月 3 日,中共青海省委常委、统战部长仁青加一行到州气象局视察工作。

主要业务范围

地面气象观测 全州有地面气象观测站 6 个,达日为国家基准气候站,玛沁、玛多、班玛、久治为国家基本气象站,甘德为国家一般气象站。全州有区域自动气象站 27 个,其中单要素站 13 个,两要素站 10 个,六要素站 2 个,七要素站 2 个。

1993 年 1 月 1 日达日国家基准气候站正式开展工作,承担全国统一观测任务,内容包括云、能见度、天气现象、气压、气温、湿度、风、降水、雪深、日照、蒸发(小型)、E-601B 型蒸发(每年 5—9 月)、冻土和地温(包括地表、浅层和深层)等。每小时上传一次地面气象观测资料,承担气象旬月报和气候月报任务,天气报任务为 02、05、08、11、14、17、20、23 时(北京时,下同)8 次。

国家基本气象站承担全国统一观测任务,内容包括云、能见度、天气现象、气压、气温、湿度、风、降水、雪深、日照、蒸发(小型)、E-601B 型蒸发(每年 5—9 月)、冻土和地温(包括地表、浅层和深层)等。每小时上传一次地面气象观测资料,承担每天 02、05、08、11、14、17、20、23 时 8 次天气报及气象旬月报任务。

国家一般气象站承担全国统一观测任务,内容包括云、能见度、天气现象、气压、气温、湿度、风、降水、雪深、日照、蒸发(小型)、冻土和地温(包括地表和浅层温度)等。每天进行 08、14、20 时 3 次定时观测,并向青海省气象台拍发区域天气加密电报。

达日、玛多气象站为全球气象情报交换站,担负国际气候月报交换任务。玛沁、达日、班玛、久治和玛多气象站增雨期间增发增雨报,玛沁、甘德、达日、玛多气象站增雨期间,遇有适合飞机作业的天气条件时,省气象台提前预约拍发航空天气报告。1992 年 8 月玛沁站(果洛州气象台)增加辐射观测。1996年玛沁、达日、班玛、久治和玛多气象站安装E601B大型蒸发,三年对比观测试验后,2000年开始每年5—9月增加E-601B大型蒸发观测。

无人自动气象站 1981年12月—1982年6月,青海省气象局在全州增建玛多县扎陵湖(1981年12月21日建,位于北纬34°48′,东经97°33′,海拔高度为4400.0米)、玛沁县玛积雪山(1981年12月25日建,位于北纬34°47′,东经99°04′,海拔高度为4900.0米)、达日县桑日麻(1982年5月30日建,位于北纬33°40′,东经99°00′,海拔高度为4400.0米)、达日县满掌(1982年6月2日建,位于北纬33°18′,东经100°26′,海拔高度为4000.0米)4个无人自动气象站,1983年4月1日参加西北区域气象广播。1985年4月10日因仪器质量问题和其他原因,陆续停止工作而被撤销。

高空观测 达日气象站1958年7月1日开始经纬仪小球测风业务。1965年4月15日开始高空探测业务,内容包括高空风的风向、风速、气压、温度、湿度,每天08时、20时进行常规高空观测,编发报文。承担每月编发气候月报和编制月报表任务。

天气预报 各气象站建站至1998年靠收抄简易图电码,制作时间剖面图来开展天气预报工作。1968年州气象台开始开展短期预报、中期预报、延伸期预报、长期预报和发布灾害性天气预警工作。其中长期预报主要依据省气候中心和省气象台的指导预报,作小部分订正。1998—2000年州县两级分别建成"9210"工程和PC-VSAT卫星数据接收小站,气象信息综合分析处理系统MICAPS 1.0版预报业务正式投入运行,2005年MICAPS 2.0版运行,2008年10月1日MICAPS 3.0开始运行,各县气象局在州气象台预报的基础上,根据本地区天气和气候特征作订正预报。灾害性天气预警工作从2004年开展,相关方案和流程日臻完善,成为短时临近预报的一个重要方式。2008年5月15日开始,5日的城镇预报转为城镇加密报。2008年10月1日实现省、州、县三级天气预报会商。

牧业气象观测 甘德气象站为国家一级牧气站,1986年6月建站。1987年5月开始土壤湿度观测。1988年增加牧草观测,项目有牧草发育期、高度、产量、覆盖度、再生草高度、产量,长势情况评价,放牧采食度、采食率。2005年6月土壤水分自动监测系统建成并应用。

生态环境监测 2001年5月开始,全州各气象站均开展生态环境监测工作,监测项目有牧草发育期、高度、产量、覆盖度。2003年5月1日纳入基本业务工作范畴,玛多站增加干沉降监测,甘德站增加土壤水分(重量含水率、干土层厚度、降水渗透深度)、凋萎湿度、土壤容重、田间持水量监测。并为政府部门提供相关服务。

气象信息网络及现代化建设 20世纪50年代,气象事业发展的初期,靠手摇发电机给电台供电,用"莫尔斯"电码手工发报。1990—1991年各站陆续配发短波"单边带"电台替代"莫尔斯"电码发报。2000年10月Milos 500自动气象站建成,实现以PSTN电话拨号为主,短波"单边带"电台备份的资料传输方式。

1998年12月州级地面气象卫星接收小站建成并投入使用。2000年5月县级地面气象卫星接收小站建成并启用,2000年6月建成玛沁、达日、班玛、久治和玛多气象站的JKNK-48/1K5型太阳能电站,2000年7月玛沁、达日、班玛、久治和玛多气象站地面测报PC-1500袖珍计算机换型,使用《AHDN 4.1》软件实现微型计算机编发报和机制报表;

2001年7月甘德气象站PC-1500袖珍计算机换型,使用《AHDM 4.1版》软件。2001年8月省气象局至州级气象局56K/s的DDN局域网开通,上传城镇预报的速率大大提高。

2002年1月1日人工站和自动站双轨运行,以人工站为主。2003年1月1日自动站正式编发报,7月甘德站建成CAWS600自动气象站,8月1日开始使用PSTN电话拨号方式传输资料,自动站开始自动和人工站双轨运行。2002年底,新增建13个单雨量点。2004年1月1日Milos 500自动气象站除达日气象站实行自动和人工站双轨运行外,其余均实现自动站业务运行。2005年1月1日甘德自动站实现业务运行;3月,果洛气象网开通;5月,风云2号静止气象卫星接收系统建成,并投入业务运行。各自动站开始使用《OSSMO 2004》测报业务软件制作报表;6月,甘德站牧业气象观测土壤水分自动监测系统建设完成,并投入业务运行;7月,达日站L波段雷达和水电解制氢系统建成;9月,久治气象信息网开通;10月,达日站水电解制氢设备投入业务使用。

2006年1月1日达日站L波段雷达正式业务运行。2008年10月《OSSMO 2004》测报业务软件正式投入自动站业务运行。增加玛沁、达日和久治3个闪电定位观测站。以省气象局局域网为中心,通过2兆光纤宽带数字链路连接州气象局局域网,再以州气象局局域网为分中心,通过2兆光纤宽带数字链路连接县气象局,实现数据资料、各类天气报告的快速传输和省、州、县三级天气预报会商,以及远景监控。

人工影响天气 从1997年在部分地区开展黄河上游人工增雨工作以来,已由过去的单一依靠人工观测云层、"三七"高炮作业,发展到利用气象卫星、自动站等先进探测手段,在全州范围内形成集车载式火箭、固定火箭、地面燃烧炉作业相结合的人工影响天气新手段。

防雷技术服务 1997年在全州范围内开展避雷检测工作。2002年果洛州雷电防护中心成立。2002年甘德、达日、班玛、久治和玛多气象局成立雷电防护管理局,开展雷电灾害防御管理工作。2005年甘德、达日、班玛、久治和玛多气象局成立雷电防护装置检测所,开展本区域雷电防护设施检测及雷电灾情调查等技术服务工作。

气象服务 气象业务从简单的人工观测和预报业务发展到现在的人工和自动化相结合的综合业务体系,气象服务也从单一方式发展到全方位综合服务体系。1998年8月果洛州气象台建成自动天气预报答询系统,开展大武地区"121"气象信息自动答询服务。2003年6月电视天气预报与公众见面。2006年与果洛州旅游局协作,果洛地区旅游景点电视天气预报与广大观众见面。2005年完成"12121"天气预报自动答询系统的转号和软件升级,增加了各县气象预报。

果洛藏族自治州气象局

机构历史沿革

始建情况 1959年1月成立玛沁县大武气候站,观测场位于北纬34°45′,东经99°50′,

海拔高度为 3400 米。

站址迁移情况　1974 年 1 月迁至现址：玛沁县大武镇，位于北纬 34°28′，东经 100°15′，海拔高度为 3719 米。

历史沿革　1960 年 2 月玛沁县大武气候站扩建为果洛藏族自治州大武气象台，同年 8 月更名为果洛藏族自治州气象服务台，1968 年 5 月更名为果洛藏族自治州气象服务台革命领导小组，1972 年 12 月更名为果洛藏族自治州革命委员会气象台，1973 年 11 月成立果洛藏族自治州革命委员会气象局，1980 年 1 月更名为果洛藏族自治州气象局。

1992 年 1 月由气候站调整为国家基本气象站，2003 年 10 月成立玛沁县气象局，与果洛州气象台合署办公，两块牌子、一套人员。

管理体制　始建至 1963 年 3 月，由省气象局和地方政府双重领导，以地方领导为主。1969 年 7 月由玛沁县革命委员会领导。1971 年 2 月实行军事部门与地方政府双重领导，以军队为主。1973 年 5 月实行军事部门与地方政府双重领导，以地方为主。1980 年 1 月起实行气象部门与地方政府双重领导，以气象部门领导为主的管理体制。经果洛州政府授权，承担果洛州行政区域内气象工作的政府行政管理，依法履行气象主管机构的各项职责。

机构设置　内设机构有：办公室、业务科（法制办公室）和人事科，设州气象台（玛沁县气象局）、科技服务中心、雷电防护中心和驻西宁办事处 4 个直属事业单位。

单位名称及主要负责人变更情况

单位名称	姓名	民族	职务	任职时间
玛沁县大武气候站	徐顺塘	汉	站长	1959.01—1960.01
果洛藏族自治州大武气象台	朱介一	汉	台长	1960.02—1960.07
果洛藏族自治州气象服务台	沈绍雄	汉	台长	1960.08—1961.04
	贺增顺	汉	台长	1961.05—1962.05
	汪占海	汉	台长	1962.06—1966.09
	冉子厚	汉	台长	1966.10—1968.04
果洛藏族自治州气象服务台革命领导小组			组长	1968.05—1969.12
	杨连贵	汉	组长	1970.01—1972.11
果洛藏族自治州革命委员会气象台	朱绍阳	汉	台长	1972.12—1973.10
果洛藏族自治州革命委员会气象局			副局长	1973.11—1979.04
	曲安加	藏	局长	1979.05—1979.12
果洛藏族自治州气象局	李春成	汉	局长	1980.01—1983.10
	杨延益	汉	局长	1983.11—1984.01
	刘长德	汉	副局长	1984.02—1989.12
			局长	1990.12—1994.11
	塔巴扎西	藏	副局长	1994.12—1996.05
			局长	1996.06—2004.10
	铁顺富	汉	副局长	2004.11—2006.05
			局长	2006.06—

人员状况　玛沁县大武气候站始建时有 9 人。截至 2008 年 12 月，有在编职工 63 人，其中：女 22 人；35 岁以下 8 人，36～40 岁 19 人，41～50 岁 36 人；研究生学历 4 人，本科学

历 27 人,大专学历 15 人,中专学历 12 人;副高级职称 1 人,中级职称 32 人。

气象业务与服务

1. 气象观测

①地面气象观测

观测项目　观测项目有云、能见度、天气现象、风向、风速、气温、气压、湿度、降水、蒸发(小型)、日照、地面温度、浅层地温、深层地温、雪深、雪压、冻土。1992 年 8 月增加辐射观测。1996 年安装 E601B 大型蒸发,三年对比观测试验后,2000 年开始每年 5—9 月增加 E-601B 大型蒸发观测。

观测时次　每天 24 次自动观测和 02、05、08、11、14、17、20、23 时 8 次人工项目观测。

发报种类　每天编发 02、05、08、11、14、17、20、23 时 8 次天气报及每月编发气象旬月报,自动站每小时上传一次地面气象观测资料。增雨期间,有适合飞机作业的天气条件时,由省气象台提前预约拍发航空天气报。

电报传输　1986 年 1 月 1 日,使用 PC-1500 袖珍计算机取代人工编报,提高了测报质量和工作效率。2000 年 7 月 PC-1500 袖珍计算机换型,使用《AHDN 4.1》软件,实现微型计算机编发报。2003 年 1 月 1 日开始自动站编发报。

气象报表制作　1991 年 1 月开始使用 PC-1500 袖珍计算机报送磁带编制报表。2000 年 7 月开始使用《AHDN 4.1》软件运用微型计算机机制报表。2005 年 5 月开始自动站使用《OSSMO 2004》测报业务软件制作报表。

自动气象观测站　2000 年 6 月建成 JKNK-48/1K5 型太阳能电站并投入使用,同年 10 月建成 Milos 500 自动气象站。2002 年 1 月 1 日人工站和自动站双轨运行,以人工站为主。2004 年 1 月 1 日自动站单轨运行。2008 年 10 月《OSSMO 2004》测报业务软件正式投入自动站业务运行。

②生态环境监测

2001 年 5 月,开展以牧草发育期、高度、覆盖度、产量测定的生态环境监测工作。2003 年 5 月纳入基本业务范畴,并根据甘德、达日、班玛、久治和玛多气象站提供的生态环境监测资料形成果洛地区生态环境监测公报,为政府部门提供牧草返青至枯黄期的长势、产量等服务产品。

2. 气象信息网络

建站初期,使用 15 瓦短波电台,靠手摇发电机给电台供电,报务员用"莫尔斯"电码发报。后来又通过邮电局传输报文。1990 年 10 月 1 日配备短波"单边带"电台,用无线调制解调器传输报文。2000 年 10 月自动气象站建成,实现以 PSTN 电话拨号为主,"单边带"电台备份的数据资料传输方式。2008 年 10 月通过 2 兆光纤宽带数字链路系统,实现每天 24 次地面气象实时数据资料自动上传及远景监控,以 PSTN 电话拨号作为备份。

1998 年 12 月"9210"工程建成后,利用 X.25 传输城镇预报。2002 年使用 56K/s 的 DDN 州气象局局域网上传城镇预报,速率大大提高。2008 年 10 月 1 日通过 2 兆光纤宽带数字链路系统快速上传城镇加密报文。

3. 天气预报

1958—1960年,主要根据省台环流形势分型、天气过程模式预报,运用历史气象资料、群众经验、天气图分析和当地的气象要素剖面图、曲线图、点聚图等,结合天象、物象反映,制作本地区的长、中、短期天气预报。1964年后,逐步回归、多元回归、相关分析、周期分析等数理统计方法在天气预报工作中得到广泛应用。1968年开展短期预报、中期预报、延伸期预报、长期预报和发布灾害性天气预警工作。其中长期预报主要依据省气候中心和气象台的指导预报,作小部分订正。20世纪80年代,模糊数学、灰色系统理论等统计方法得以应用和引进,预报准确率逐步提高。2004年开展灾害性天气预警工作,成为短时临近预报的一个重要方式。

1998年12月州级地面气象卫星接收小站建成,MICAPS 1.0版预报业务正式投入运行。2005年MICAPS 2.0版运行,2008年10月1日MICAPS 3.0开始运行,2005年5月FY-2号卫星云图中规模接收系统建成并投入业务应用,2007年6月DVB-S卫星通信气象数据广播接收系统建成并运行,成为T639全球中期数值预报系统业务应用的补充。2008年10月1日,2兆光纤宽带数字链路系统开通,实现了省、州、县三级天气预报会商。

4. 气象服务

①公众气象服务

坚持"以人为本,无微不至,无所不在"的气象服务理念,开展面对政府部门和群众生产、生活,以及牧业、林业、交通、旅游等行业的公众气象服务,采用包括广播、电视、"12121"信息服务台、网站、手机短信等方式发布天气预报和气象信息。

②决策气象服务

内容包括:干旱监测、雪情(积雪)监测、水体变化监测、雨情监测、重要天气信息、气候评价、草原森林火险监测、草原毛虫生长条件监测、雷电潜势预报、春季天气预报、汛期天气预报、冬季雪灾预报等。

发布《果洛灾情公报》和《果洛地区生态环境牧草监测公报》,将气象服务融入到了地方经济社会发展和人民群众的生产生活之中。

【气象服务事例】 1985年10月14—19日,青南地区发生特大雪灾,州气象台结合省气象台预报提前发布了准确的预报,引起各级领导的高度重视,及时做出防灾部署。雪灾发生后,又为飞机空投、物资运输、救人脱险、转移牲畜等提供了有效的气象保障。

2004年2月10日,国家级旅游景点藏区四大神山之一——阿尼玛卿雪山发生特大冰崩,冰雪从海拔5900米的陡坡崩塌,大量冰崩碎屑流封住了山谷中的河水,形成横向5

2005年7月,阿尼玛卿雪山冰崩气象服务现场

千米、纵向 3 千米、平均厚度 300 米、容水量达 500 万立方米的堰塞湖,对于下游地区形成严重威胁,果洛、海南州以及下游地区全线告急。果洛州气象局在冰崩地区建立临时气象监测点,派出观测人员,深入冰崩地区进行实地跟踪观测,果洛州气象台与省气象台等密切配合,定时向省气象局、省国土资源厅和果洛州气象局提供未来一周的天气预报。至 2005 年 7 月 8 日,在长达 522 天的观测中掌握了第一手气象资料和冰坝融化情况,为准确制作专项气象预报和及时发布灾害性警报提供依据。2005 年 7 月 4 日 14 时左右冰坝溃坝。由于及时准确地发布预报了信息,为各级党政部门提供了决策依据,群众及时撤离,使得这次事件未造成人员伤亡,经济损失也降到最低。在历时 522 天的特大冰崩专项气象服务中,共报专项气象服务 29 期,冰崩调查分析报告 8 期,实地监测 32 天,去冰崩现场观测 115 人次,为防灾、减灾起到了重要作用。青海省人民政府副省长穆东升在"关于呈报果洛州玛沁县下大武乡青龙沟冰崩堰塞湖溃坝的调查报告"中批示:"果洛州、省国土资源厅、省水利厅、省气象局密切配合,协同作战,各项防洪措施落实到位,确保了群众的生命财产安全,把损失降到了最低。感谢参与这项工作的同志们所做的一切努力。果洛州气象局监测细致,分析准确,预报及时,应予表扬。"

2008 年 1 月 19 日至 2 月底,果洛地区出现了 5 次大范围降雪天气过程,造成大面积积雪和持续低温天气,全州六县相继发生了雪灾。至 3 月上旬,达日地区发展为特大雪灾,玛沁、达日、玛多、久治地区灾情发展为重度雪灾,班玛地区发展为轻度雪灾。雪灾期间,果洛州气象台密切监测天气、雪情和灾情变化。从预报分析制作、灾害性天气预警、雪情监测和决策气象信息等方面开展了扎实的雪灾气象服务工作。共发布气象灾害预警信息 3 次,气象决策信息 22 次,雪情通报 31 期,坚定了政府及相关部门抗灾救灾工作的决心,在达日、玛沁、玛多、甘德地区灾情发展为重度雪灾之前,完成抗灾救灾物资运送和发放,为抗灾赢得了宝贵时间,有力地支持了抗灾救灾工作。

③专业与专项气象服务

人工影响天气 州气象台 2000 年以高炮和燃烧炉方式开始黄河上游人工增雨作业。2007 年调整为火箭和燃烧炉作业。现有玛沁县城、东倾沟乡、当洛乡和优云乡 4 个火箭作业点,昌马河乡、拉军镇、野马滩煤矿和大武乡 4 个燃烧炉作业点。

防雷技术服务 1997 年在全州范围内开展避雷检测工作。2000 年开始履行防雷工程专业设计、施工资质审核等社会管理职能。2002 年果洛州雷电防护中心成立,现有工作人员 6 人,开展并实施防雷工程的设计、图纸审核、施工监督、竣工验收、雷电防护设施检测及雷电灾情调查等技术服务工作。

④气象科技服务

科技服务中心成立于 2002 年 4 月,主要开展气象科技服务和气球施放,以及其他管理工作,现有工作人员 7 人。

5. 科学技术

气象科普宣传 利用"3·23"世界气象日,上街发放宣传材料,邀请接待中小学生到州气象台参观,培养他们从小热爱气象、了解气象、关注气象。

气象法规建设与社会管理

法规建设 2004 年 5 月 25 日,果洛州人民政府办公室下发《果洛州人民政府办公室关于将气象设施和气象探测环境保护工作纳入城镇总体规划的通知》(果政办〔2004〕60 号),各县政府相继下发将气象设施和气象探测环境保护工作纳入城镇总体规划的批复,将气象设施和气象探测环境保护工作纳入了城镇总体规划。

2008 年 3 月 31 日,玛沁县人民政府下发《玛沁县人民政府关于同意进一步加强气象探测环境保护工作的批复》(沁政〔2008〕18 号)。为果洛州气象台(玛沁县气象局)保护气象设施和气象探测环境提供了有力的政策依据,并严格执行气象探测环境周围的巡视和上报制度,气象探测环境符合要求。

制度建设 结合部门实际建立完善了《地面值班制度》、《预报值班制度》、《汛期值班制度》、《假期制度》、《考勤与请销假制度》、《局务公开制度》、《财务工作制度》、《财务报销审批制度》、《政治、业务学习制度》、《党风廉政建设民主评议制度》等规章制度。

依法行政 2005 年 6 月成立法制办公室(挂靠业务科),承担施放气球单位资质认定、施放气球活动许可制度监督、探测环境保护等气象行政许可和行政执法。2007 年全州气象部门有兼职行政执法人员 31 人,其中 3 人有气象执法监督证。

政务公开 对每一次干部的招聘、任用和提拔都进行公示并设立监督举报电话,方便群众监督和投诉。定期或不定期对财务收支、目标考核、职工福利发放、领导干部待遇、劳保、住房公积金和审计情况等向职工公开或说明。

党建与气象文化建设

1. 党建工作

1986 年 11 月成立气象党支部,有党员 3 名。2008 年有党员 25 名。充分发挥党支部的战斗堡垒和党员干部的先锋模范作用,重视党建工作,加强理想、道德、荣辱观和反腐倡廉教育,与各单位签订党风廉政责任书,认真落实党风廉政建设目标责任制,无违法违纪现象出现。

2. 气象文化建设

精神文明建设 在艰苦环境里,果洛气象人发扬"特别能战斗、特别能吃苦、特别能奉献、特别能忍耐"的青藏高原精神,坚持"一中心、两提高、三促进"的工作思路,以服务地方经济社会发展为己任,在注重气象基础业务、努力做好气象服务的同时,抓精神文明建设,重视职工思想道德和科学文化教育,经常开展跳锅庄舞、爬山等健康文明的群众文体活动。开展民族团结进步创建活动,各民族团结进步、平等互助、共同繁荣的思想深入人心。

文明单位创建 2003 年被玛沁县社会治安综合治理委员会评为"安全文明单位"。长期开展"帮贫助困献爱心"活动,自 1996 年开始为定点帮扶对象班玛县江日堂乡、玛多县扎陵湖乡多涌牧委会进行科普宣传、法律扶贫、捐款捐物,营造了守法、文明、和谐的氛围。2008年初的果洛雪灾、"5·12"四川汶川特大地震发生后,广大干部职工发扬"一方有难,八方支援"的互助友爱精神,累计捐款近4万元。先后获得了州级、省级文明单位和全国文明先进单位、文明行业称号,文明单位创建工作跻身于全省先进行列。

3. 荣誉与人物

集体荣誉 1981年11月,果洛州气象台被中央气象局授予"抗洪抢险先进集体"。2000年12月果洛州气象局被中华人民共和国人事部、中国气象局授予"全国气象系统先进集体"称号;2002年10月被中共青海省委、省政府授予"文明单位"称号;2003年1月被中央文明委授予"全国创建文明行业工作先进单位"称号。

个人荣誉 1983年7月,国家民族事务委员会、劳动人事部、中国科学技术协会向上官鸿模颁发"在少数民族地区长期从事科技工作"荣誉证书。1985年6月,罗伟民在团中央等单位举办的为边陲优秀儿女挂奖章活动中,获铜质奖章。1989年4月,蔡占文被国家气象局授予"全国气象部门双文明建设先进个人"。1994年、2004年刘长德、塔巴扎西二人先后被中共青海省委、省政府授予"青海省劳动模范"称号。

人物简介 ★刘长德,男,汉族,中共党员,1938年7月出生,江苏省徐州市人。1962年7月毕业于青海省农牧学院气象系,1962年8月参加工作。1982年4月被中国气象局授予"质量优秀测报员"荣誉称号,1982年7月加入中国共产党,1984年2月调入果洛藏族自治州气象局任副局长并主持工作,1988年被评为副研级高级工程师,1990—1994年任局长。1985年、1987年、1989年、1990年、1991年被评为"果洛州优秀共产党员";1991年被推选为果洛州第七次党代会代表。1993年5月被青海省政府授予"青海省优秀专业技术人才"并享受政府特殊津贴。1994年9月被中共青海省委、省政府授予"青海省劳动模范",曾当选为果洛州第七届政协委员,1994年10月退休。

★塔巴扎西,男,藏族,中共党员,1958年10月出生,青海省玉树藏族自治州囊谦县人。1979年7月毕业于玉树州民族师范学校,1984年11月加入中国共产党,1990年12月调入果洛藏族自治州气象局任副局长,1994年12月—1996年5月任副局长并主持工作,1996年6月—2004年10月任局长。1999年10月被中共青海省委、省政府授予"青海省先进工作者"称号。2004年被中共青海省委、省政府授予"青海省劳动模范"称号。曾当选为果洛州第九届政协委员。

台站建设

果洛州气象局成立之时,办公生活用房沿用州气象台1966—1967年修建的土木结构平房。1982—1986年省气象局相继投资修建了砖混结构两层办公楼和土木结构职工生活用房、车库、柴油机用平房。2001—2008年安排基础设施综合改善和"三江源自然保护区生态保护和建设人工增雨工程"项目建设,新建职工值班生活用房48套2700平方米、综合业务办公用房1200平方米,新建三江源人工增雨工程果洛指挥分中心1139平方米,新建辅助用房(职工浴室、锅炉房)150平方米,围墙420米、硬化道路1200平方米、绿化面积

2000 平方米,并进行了供水、供暖和供电线路改造等。1996 年省气象局在西宁市盐庄小区购买 42 套 2555 平方米的商品房,作为职工的生活基地,解决了部分职工出差、探亲、休假和子女就学的住房问题。

果洛州气象局旧貌(2003 年)

综合改善后办公、住宅大楼(2005 年)

甘德县气象局

机构历史沿革

始建情况 甘德县气候服务站始建于 1959 年 4 月,站址在甘德县"草原",观测场位于北纬 34°16′,东经 99°54′,海拔高度为 4100.0 米。

站址迁移情况 1962 年 5 月甘德县气候服务站撤销。1975 年 7 月在原址西南 700 米处重新建站,观测场位于北纬 33°58′,东经 99°54′,海拔高度为 4050.0 米。属于国家一类艰苦气象站。

历史沿革 1959 年 4 月成立甘德县气候服务站,1962 年 5 月撤销,1975 年 7 月重新建站,站名甘德县气候服务站。1981 年 1 月更名为甘德县气象站,1995 年 6 月,更名为甘德县气象局。为国家一般气象站。

管理体制 建站至 1980 年 6 月,一直由省气象局直接管理。1980 年 7 月起实行气象部门与地方政府双重领导,以气象部门领导为主的管理体制。1995 年 6 月隶属于果洛州气象局管理。

机构设置 下设测报组、牧气组和雷电防护装置检测所。

单位名称及主要负责人变更情况

单位名称	姓名	民族	职务	任职时间
甘德县气候服务站	陈俊杰	汉	站长	1959.04—1961.08
	陈宝林	汉	站长	1961.09—1961.12
	姚礼树	汉	站长	1962.01—1962.04
撤　销				1962.05—1975.06
甘德县气候服务站	杨正刚	汉	站长	1975.07—1980.12
				1981.01—1981.04
甘德县气象站	史宗科	汉	站长	1981.05—1984.03
	韩忠元	汉	站长	1984.04—1987.11
	李英年	汉	站长	1987.12—1989.07
	赵苏宁	汉	站长	1989.09—1991.03
	丛　桦	汉	站长	1991.04—1994.10
	张盛魁	汉	站长	1994.11—1995.05
甘德县气象局	余生虎	汉	局长	1995.06—

人员状况　建站时有4人,站长1人、观测员3人。截至2008年12月,有职工8人,其中:女2人;35岁及以下2人,41~50岁6人;中级职称7人,初级职称1人,均为大专以上学历。

气象业务与服务

1. 气象业务

①气象观测

地面气象观测　观测的项目有空气温度、地表温度、湿度、天气现象、降水、能见度、日照、冻土、雪深、雪压、风向、风速、云、气压。1959年5月起,采用地方时每天进行01、07、13、19时4次观测。1960年8月改为采用北京时每天进行02、08、14、20时4次观测。1975年7月至今,采用北京时每天进行08、14、20时3次观测,夜间均不守班,02时气温、水汽压、风向、风速记录用自记记录代替。

每天向省气象台传输08、14、20时3次加密天气报和02、08、14、20时4次自动土壤水分报。1989年8月1日编发气象旬(月)报。2001年4月1日编发加密天气报。根据青海省气象局要求不定时编发人工增雨报。

建站至1990年,气象月报表、年报表用手工编制,一式3份,上报国家气象局和省气象局资料中心各1份,留底1份。1991年1月使用PC-1500袖珍计算机报送磁带编制报表。2001年7月1日PC-1500袖珍计算机换型,使用《AHDN4.1》软件实现微型计算机编制气象月报表和年报表。2005年5月自动站开始使用《OSSMO 2004》测报业务软件制作报表。2008年10月通过2兆光纤宽带数字链路系统上传气表的A、Y文件,县气象局使用激光打印机打印气表并归档。

对建站后有气象资料以来的各种气象资料进行建档保存,并按时、按规定上交省气象局档案馆。

自动气象站 2003 年 7 月 CAWS 600 自动气象站建成。2004 年 1 月 1 日自动气象站与人工观测站双轨运行。2005 年 1 月 1 日实现自动气象站业务运行。2008 年 10 月《OSS-MO 2004》测报业务软件正式投入自动站业务运行。

牧业气象观测及生态环境监测 1986 年 6 月建立甘德县国家牧业气象观测一级站，1987 年 5 月 28 日开始进行牧草观测和土壤湿度测定工作。1988 年开展年度牧业气候评价工作，1988 年 3 月 24 日增加物候观测，1988 年 4 月 15 日增加牧草发育期及生长高度观测，1988 年 6 月 20 日增加牧草产量观测，1991 年 4 月 20 日编发气象旬（月）报农气段，1996 年 5 月 6 日编发（TR）报。2005 年 6 月 15 日建成自动土壤水分监测站，并开始对比观测，2007 年 8 月 1 日土壤水分自动监测系统实现业务运行。现观测项目有牧草生育期、高度、覆盖度、产量、再生草高度、生长状况评价、采食率、土壤湿度、物候观测和 0～180 厘米自动土壤水分测定，编制农气年报表、生态年报表。

2001 年 5 月开展了牧草返青期、开花期、枯黄期、高度、覆盖度、产量测定和干土层、土壤重量含水率测定的生态环境监测工作。2003 年 5 月 1 日纳入基本业务工作范畴，并根据监测资料形成本地区生态环境监测公报，为政府部门提供相关服务产品。

②天气预报

1975 年 8 月 1 日起根据省、州级的预报产品订正后，开展本县的长、中、短期天气预报及服务工作。2000 年 5 月建成地面气象卫星接收小站，开始接收卫星云图后，制作本县各乡（镇）天气预报。2008 年 10 月 2 兆光纤宽带数字链路县气象局局域网开通，实现了省、州、县三级天气预报会商，预报准确率得到提高。

③气象信息网络

1989 年 8 月 1 日开始通过县邮电局编发气象旬（月）报，2001 年 4 月 1 日开始通过县邮电局传输加密天气报，2003 年 8 月 1 日开始使用 PSTN 电话拨号传输加密天气报和气象旬（月）报，2008 年 1 月 1 日起传输 24 小时 VP 报文。2008 年 10 月通过 2 兆光纤宽带数字链路系统实现气象数据资料的自动上传及远景监控，以 PSTN 电话拨号作为备份。

2. 气象服务

服务工作 准确及时地向政府部门提供的冬春季雪灾和汛期气象预报、气象决策服务、雨（雪）情报、灾情调查等服务信息，受到政府部门的关注和好评。特别是 1988 年 2 月 24—29 日，甘德县遭受历史上罕见的雪灾，6 天降雪 16.6 毫米。雪灾前县气象站做出预报，县政府主要领导（照片中右）亲自听取汇报，并采取了防灾保畜措施，避免了大量损失。在 2008 年初的重大雪灾气象服务工作中，县气象局在做好气象预报和雪情信息服务工作的同时，积极配合政府部门进行灾情调查。

人工影响天气　1998—2004 年,按照黄河上游人工增雨工作的要求,先后在甘德县岗龙乡设置地面燃烧炉,青珍乡和江千乡设置"三七"高炮,县城设置固定火箭发射点,实施地面人工增雨作业。2002 年成立人工影响天气管理局。2005 年根据"三江源自然保护区生态保护和建设人工增雨工程"项目,在县城、青珍乡、上贡麻乡布设固定和移动火箭作业点,江千乡布设燃烧炉作业点并实施作业。

防雷技术服务　2005 年 1 月经甘德县人民政府法制办公室批复,成立甘德县雷电防护装置检测所,在全县范围开展防雷工程的图纸审核、施工监督、竣工验收、雷电防护设施检测及雷电灾情调查等技术服务工作。

气象法规建设与社会管理

法规建设　2004 年 4 月 12 日,甘德县政府办公室下发《甘德县人民政府办公室关于将气象设施和气象探测环境保护工作纳入城镇总体规划的批复》(甘政办〔2004〕20 号)。2007 年 8 月,甘德县政府办公室批复并印发《甘德县气象探测环境和设施保护办法》(甘政办〔2007〕34 号)。2008 年 4 月,甘德县政府下发《关于进一步加强气象探测环境保护工作的通知》(甘政〔2008〕6 号)。

制度建设　制定完善了《汛期值班制度》、《人影值班制度》、《政治业务学习制度》、《单位奖励办法》、《财务报销审批制度》和《考勤与请销假管理制度》等规章制度。

社会管理　2002 年成立雷电防护管理局,承担本地区防雷工作的社会管理。

依法行政　2008 年 1 月,与上级主管部门签订气象探测环境保护责任书,严格执行观测场四周巡视制度,发现问题及时协调和解决。

政务公开　定期或不定期对财务收支、目标考核、职工福利发放、领导干部待遇、劳保、住房公积金等公开和说明。

党建与气象文化建设

1. 党建工作

1984 年 4 月有党员 2 人,编入甘德县农牧党支部。现有党员 4 人,与县农牧局等单位组成农牧党支部。每年与州气象局签订党风廉政责任书,认真落实党风廉政建设目标责任制,无违法违纪现象发生。

2. 气象文化建设

精神文明建设　甘德县气候恶劣,交通不便,信息闭塞,自然条件差,工作生活条件非常艰苦。全体职工发扬高原气象人的精神,按照"内蓄强兵、外塑形象、完善管理、强化建设"的总体思路,坚持政治学习有制度、文体活动有场所,开展精神文明创建工作。

文明单位创建　1999 年被甘德县委、县政府命名为县级"文明单位"。2000 年被果洛州委、州政府命名为州级"文明单位"。2002—2006 年,三次被青海省委、省政府命名为省级"文明单位"。2008 年 9 月被中国气象局命名为"全国气象系统文明台站标兵"。

集体荣誉 1980 年,甘德县气候服务站被省委、省政府、省军区评为"抗洪先进集体"。1981 年 11 月,甘德县气象站被中央气象局授予"龙羊峡抗洪抢险先进集体"。

台站建设

建站时为土围墙,工作生活用房为土木结构平房。1975 年 4 月重新建站并迁址,修建土木结构值班室 2 间 35.84 平方米,修建土块围墙。2002 年进行大门和水泥砖围墙改造。2004 年 8 月省气象局投资进行基础设施综合改善,新建综合业务办公用房 12 间 228 平方米、职工值班生活用房 6 套 272 平方米、辅助用房(锅炉房、车库、浴室)120 平方米,硬化道路 300 平方米,绿化庭院 200 平方米,办公生活条件和环境得到很大改善。2004 年 12 月配备长城皮卡车 1 辆,2007 年 10 月更换为现代途胜越野车。

甘德县气象局综合改善后的新貌(2007 年)

达日县气象局

机构历史沿革

始建情况 1955 年组建青海省吉迈气象站,1956 年 1 月 1 日正式开展工作,站址在果洛州吉迈滩"草原",观测场位于北纬 33°48′,东经 99°48′,海拔高度为 4000 米,为国家基准气象站。

站址迁移情况 1957 年 11 月 1 日,因观测场地缺乏代表性,站址随之向东南方迁移约 7 千米至现址:达日县吉迈镇,观测场位于北纬 33°45′,东经 99°39′,海拔高度为 3967.5 米。1983 年 6 月 1 日,观测场向南推移 25 米,观测场经纬度、海拔高度不变。

历史沿革 1959 年 8 月 3 日更名为果洛藏族自治州吉迈气象站,1960 年 8 月更名为果洛藏族自治州吉迈气象服务站,1963 年 11 月 15 日更名为达日县气象服务站,1964 年 1 月 18 日更名为青海省吉迈气象站,1980 年 5 月 1 日更名为达日县气象站,1993 年 1 月 1 日更名为达日国家基准气候站,1995 年 6 月成立达日县气象局。

管理体制　自建站至 1959 年 12 月,由中央气象局和青海省人民政府双重领导,以政府领导为主。1960 年 8 月归中央气象局领导。1971 年 1 月,由达日县政府代管。1981 年1 月由青海省气象局管理。1982 年 4 月实行气象部门与地方政府双重领导,以气象部门领导为主的管理体制,这种管理体制一直延续至今。

机构设置　下设测报组、探空组和雷电防护装置检测所。

单位名称及主要负责人变更情况

单位名称	姓名	民族	职务	任职时间
青海省吉迈气象站	代加洗	汉	站长	1955 年组建
果洛藏族自治州吉迈气象站	汪占海	汉	站长	1956.01—1959.07
				1959.08—1960.07
果洛藏族自治州吉迈气象服务站				1960.08—1961.01
	王恒祥	汉	站长	1961.02—1962.10
达日县气象服务站	王生成	汉	站长	1962.11—1963.10
				1963.11—1963.12
				1964.01—1968.05
青海省吉迈气象站	马金德	汉	站长	1968.06—1973.10
	杨银成	汉	站长	1973.11—1976.07
	厉建昌	汉	站长	1976.08—1978.10
达日县气象站	杨仲文	汉	站长	1978.11—1980.04
				1980.05—1980.07
	肖锡本	汉	站长	1980.08—1983.11
达日县气象站	唐文云	汉	站长	1983.12—1984.08
	石淑蓉	汉	站长	1984.09—1985.08
	董步礼	汉	站长	1985.09—1988.02
	唐文云	汉	站长	1988.03—1990.01
	王志昌	汉	站长	1990.02—1992.07
达日国家基准气候站	铁顺富	汉	站长	1992.08—1992.12
				1993.01—1995.06
			局长	1995.06—1996.10
达日县气象局	李 卫	汉	局长	1996.11—2008.12

人员状况　建站时有职工 7 人(站长 1 人,观测员 6 人)。2002 年定编为 25 人,截至2008 年 12 月,有职工 24 人,其中:女 5 人,35 岁及以下 10 人,36～40 岁 5 人,41～50 岁 9人;本科学历 6 人,大专学历 17 人,中专学历 1 人;中级职称 13 人,初级职称 11 人。

气象业务与服务

1. 气象业务

①气象观测

地面气象观测　观测项目有风向、风速、气温、气压、湿度、云、能见度、天气现象、降水、蒸发(小型)、日照、地面温度、浅层地温、深层地温、雪深、雪压、冻土。1996 年安装 E601B 大型蒸发,三年对比观测试验后,2000 年开始每年 5—9 月增加 E-601B 大型蒸发观测。每天进行 24 次地面气象观测。每小时上传一次地面气象观测资料,每天编发 02、05、08、11、14、17、20、23 时 8 次天气报及每月编发气象旬月报。由省气象台提前预约,不定期拍发航空天气报告。

建站至 1990 年,气象月报表、年报表用手工编制,1991 年 1 月使用 PC-1500 袖珍计算机报送磁带编制报表。2000 年 6 月使用《AHDN 4.1》软件实现微型计算机编发报和机制报表;2005 年 5 月自动站和人工站开始使用《OSSMO 2004》测报业务软件制作报表。建站后有气象资料以来的各种气象资料进行建档保存,并按时、按规定上交省气象局档案馆。

自动气象站 2000 年 6 月建成 JKNK-48/1K5 型太阳能电站并投入使用,同年 10 月建成 Milos 500 自动气象站。2002 年 1 月 1 日人工站和自动站双轨运行,以人工站为主,2003 年 1 月 1 日自动站正式编发报,2004 年开始以自动站为准编发报。2008 年 10 月《OSSMO 2004》测报业务软件正式投入业务运行。

高空观测 1958 年 7 月 1 日开展经纬仪小球测风业务,使用 A 型绘图板计算。1965 年 4 月 15 日开始使用 24 兆赫兹电码收讯仪、发射回答器和 49 型探空仪,手工整理资料。1969 年 1 月 1 日开始使用 59 型探空仪和机电两用探空电码记录器,手工整理资料。1973 年开始使用 701 型测风二次雷达,1979 年开始使用 DS7 计算测风数据,1983 年 7 月 1 日开始使用 702P 测风计算器,1984 年 1 月 1 日开始使用 PC-1500 袖珍计算机整理资料,1987 年 6 月开始使用 PC-1500 袖珍计算机联机处理资料,1988 年 10 月开始使用 701B 型雷达,1991 年开始使用 G225-1 型探空电码计算仪和与之配套的 FX-100 型打印机处理资料,1996 年开始使用晶体管回答器,1997 年参加青藏高原第二次大气科学实验。1999 年 7 月 1 日 PC-1500 袖珍计算机换型,使用 59-701 型微型计算机系统。

1965 年 4 月 15 日开始探空业务。每天进行 08、20 时常规高空观测,编发报文。每月编发气候月报和编制月报表。观测要素有高空温度、气压、湿度、风向、风速。

2005 年 6 月以前为人工制氢,2005 年 7 月建成水电解制氢系统,同年 10 月水电解制氢设备投入业务使用。

生态环境监测 2001 年 5 月按照省气象局的要求,开展了牧草返青期、开花期、枯黄期、高度、覆盖度和产量的监测工作。2003 年 5 月正式开展生态环境监测及服务工作,主要监测牧草的发育期、高度、覆盖度和产量,并为政府部门提供牧草监测服务产品,作为生态环境治理工作的科学依据。

②天气预报

建站至 1992 年,靠收抄简易图电码,制作时间剖面图等方式开展天气预报工作,县广播站每日 19 时 30 分广播达日地区 24 小时和 48 小时天气预报。1993 年根据省、州级的预报产品订正后,定期向政府部门提供天气预报和气候预测产品,遇有重大天气过程及时提供决策气象服务及雨情、雪情等监测信息。2000 年 5 月建成地面气象卫星接收小站,开始接收卫星云图。2005 年天气预报自动答询系统转号和软件升级后,增加了达日县的天气预报,2007 年使用灾情直报系统。2008 年 10 月 2 兆光纤宽带数字链路系统开通,实现了省、州、县三级天气预报会商,预报准确率得到提高。

③气象信息网络

建站时通信条件困难,每天 8 次天气报及 2 次探空报的传输,使用 15 瓦短波电台,靠手摇发电机给电台供电,用"莫尔斯"电码发报。1991 年 5 月建成了由 PC-1500 袖珍计算机、CE-158 接口、TFM 终端机及短波"单边带"电台组成的通信网络,结束了"莫尔斯"发报的历史,传输时效大大提高。2000 年 10 月自动气象站建成,实现以 PSTN 电话拨号为主,"单边带"电台备份的数据资料传输方式。2008 年 10 月,通过 2 兆光纤宽带数字链路系统实现气象数据资料的自动上传和远景监控,以 PSTN 电话拨号作为备份。

2. 气象服务

服务工作 坚持以"面向民生、面向生产、面向决策"的服务理念,把气象工作融入地方经济社会发展和人民群众生产生活之中,开展天气预报、气候预测和气象服务业务,服务内容有决策气象服务、公众气象服务、专业气象服务和生态环境牧草监测公报等。

人工影响天气 1997 年开始以高炮方式开展黄河上游人工增雨作业,增加黄河径流量。2002 年根据青海省气象局文件成立人工影响天气管理局,实施集高炮、火箭、燃烧炉为一体的增雨作业。

防雷技术服务 2005 年 1 月经达日县人民政府法制办公室批复,成立县雷电防护装置检测所,在全县开展防雷工程的图纸审核、施工监督、竣工验收、雷电防护设施检测及雷电灾情调查等技术服务工作。

气象法规建设与社会管理

法规建设 2004 年达日县政府办公室批准下发《达日县人民政府办公室关于将气象设施和气象探测环境保护工作纳入城镇总体规划的批复》。2008 年达日县政府办公室批准下发《达日县人民政府办公室关于进一步加强气象探测环境保护的批复》,将气象设施和气象探测环境保护工作纳入城镇总体规划,并依法进行保护。

制度建设 严格执行上级主管部门各项规章制度,根据单位实际建立完善了《考勤与请销假管理制度》、《政治、业务学习制度》、《达日县气象局党风廉正建设规章制度》、《达日县气象局党风廉政建设措施》和《达日县气象局廉政规定》等规章制度。

社会管理 2002 年,达日县雷电防护管理局成立,承担本区域内防雷工作的社会管理。

依法行政 2008 年 1 月,与州气象局签订气象探测环境保护责任书,严格执行观测场四周巡视制度,不定期地到政府部门了解四周基建情况,发现问题及时协调和解决。

政务公开 定期或不定期对财务收支、目标考核、职工福利发放、领导干部待遇、劳保、住房公积金和审计结果等向职工公开或说明。

党建与气象文化建设

1. 党建工作

党的组织建设 1960 年 9 月有党员 2 人,编入中共达日县委办公室党支部。1962 年 9

月有党员 3 人,编入达日县畜牧党支部。1969 年 9 月有党员 2 人,1985 年 5 月有党员 8 人,1990 年 6 月有党员 1 人。2004 年 6 月有党员 6 人,编入达日县扶贫党支部。2004 年 7 月成立气象党支部,截至 2008 年 12 月,有党员 11 人。

每年与上级主管部门签订党风廉政责任书,认真落实党风廉政建设各项目标,积极开展廉政教育和廉政文化建设活动,党风廉政建设得到加强,领导班子严于律己、清正廉洁,重大事项的决定、财务的支出等通过民主表决方式决定。财务不定期地接受上级财务部门审计,审计结果予以公示。无违法违纪现象发生。

2. 气象文化建设

弘扬自力更生、艰苦奋斗的精神,坚持不懈抓精神文明建设。2002 年购买各类图书 200 册,建成图书室。2006 年购买跑步机、乒乓球台等健身器材和家庭影院。每年开展 2～3 次以乒乓球、象棋、台球、卡拉 OK 比赛为主题的文体活动,丰富职工的文化生活。先后安排 14 名职工参加南京信息工程大学和成都信息工程学院的脱产、函授学习,取得大专和本科学历。

1998 年获得县级"文明单位"称号。

3. 荣誉

集体荣誉 1960 年 2 月被中共青海省委、省政府授予"青海省农牧业社会主义建设先进单位三等奖"。

个人荣誉 1983 年 12 月,1 人被中国气象局授予"质量优秀测报员"。1988 年 9 月,2 人获得国家气象局颁发的"从事气象工作 30 年以上贡献奖"。1998 年 12 月,1 人被中国气象局评为"'九五'气象'四大试验'外场观测先进个人"。在 2008 年全省气象测报业务竞赛中,有 3 人分别获得探空个人全能第二名、地面个人全能第二名、探空个人全能第三名,受到青海省气象局、青海省总工会、青海省劳动和社会保障厅联合表彰,并获"青海省技术能手称号"。

台站建设

建站初期,围墙用草皮垒成,工作生活在几间土坯房中,取暖、做饭靠牛粪,值班、照明使用蜡烛和煤油灯,吃水靠自打的水井。20 世纪 70 年代末,修建土木结构工作生活及其他用平房 72 间 1636.6 平方米。1989 年达日县水电站建成,有了照明用电,但供电很不稳定,冬季业务工作还得靠柴油机供电。2003 年龙羊峡至达日 110 千伏输电线路建成并通电,供电状况得到改善。1992 年省气象局投资进行第一次综合改造,办公和值班生活用房改建为砖混结构平房,住房条件得到初步改善。2004—2008 年,省气象局投资 275.8 万元用于基础设施综合改善,新建综合业务办公用房 12 间 330 平方米、职工值班生活用房 20 套 969 平方米、辅助用房(锅炉房、车库、浴室)200 平方米,硬化道路 800 平方米,房屋内接入自来水和暖气。办公生活条件得到了根本改善。2002 年 5 月配备长城皮卡车 1 辆,2007 年 1 月更换为尼桑帕拉丁越野车,用于人工增雨、雷电防护及工作生活物资运输。

20 世纪 70 年代达日气象站的探空雷达

达日县气象局旧貌(1988 年)

综改后的综合业务办公室(2007 年)

玛多县气象局

玛多,藏语意为"黄河源头",境内山峦起伏,河流纵横,湖泊密布,有大小湖泊 4077 个,素有"千湖之县"的美称,其中扎陵湖、鄂陵湖是黄河上游最大的两个淡水湖。

机构历史沿革

始建情况　1952 年 11 月 15 日建立青海省黄河沿气象站,1953 年 1 月日正式开展工作,站址在青海省青康公路黄河沿,位于北纬 34°24′,东经 98°31′,海拔高度 4398.0 米,是果洛州第一个气象站,也是青海省建立最早的气象站之一,属国家基本站。

站址迁移情况　1956 年 8 月迁至玛多县玛查里镇,位于北纬 34°57′,东经 98°08′,观测场海拔高度 4281.3 米。建站以来,观测场及值班室位置曾 7 次变动,现位于北纬 34°55′,东经 98°13′,观测场海拔高度 4272.3 米。

历史沿革　1960 年 8 月 1 日更名为青海省玛多县气象服务站,1969 年 1 月 1 日更名为玛多县革委会气象站,1972年1月更名为青海省玛多县气象服务站,1978年1月更名为玛多县气象站,1980年1月更名为青海省玛多县气象站。1995年6月成立玛多县气象局,与玛多县气象站一套人员二块牌子。

管理体制　1952年11月15日,为开辟青海至西康航线,建立青海省黄河沿气象站,业务领导单位是青海省军区司令部气象科。1953年8月由地方政府接管,隶属县畜牧科。1953年9月由部队转地方,受中央气象局和青海省人民政府双重领导,以地方领导为主。1960年8月1日归省气象局领导。1969年1月1日,根据青海省革委会文件指示,体制下放,归玛多县人民武装部管理。1972年1月归玛多县畜牧科管理。1980年1月起实行气象部门与地方政府双重领导,以气象部门领导为主的管理体制。

机构设置　下设测报组和雷电防护装置检测所。

单位名称及主要负责人变更情况

单位名称	姓名	民族	职务	任职时间
青海省黄河沿气象站	刘镇江	汉	站长	1952.11—1953.09
	常发田	汉	站长	1953.10—1956.05
	王世荣	汉	站长	1956.06—1957.02
	廖前烈	汉	站长	1957.03—1958.03
	杨祥清	汉	站长	1958.04—1958.06
	李志荣	汉	站长	1958.07—1960.07
青海省玛多县气象服务站				1960.08—1962.07
	钟炳生	汉	站长	1962.08—1964.05
	吴华章	汉	站长	1964.06—1968.07
青海省玛多县气象服务站	黄湘义	汉	站长	1968.08—1968.12
玛多县革委会气象站				1969.01—1970.11
	王贵孝	汉	站长	1970.12—1971.12
青海省玛多县气象服务站				1972.01—1977.06
	陆明达	汉	站长	1977.07—1977.12
玛多县气象站				1978.01—1979.05
	吴家训	汉	站长	1979.06—1979.12
				1980.01—1980.01
	陆之平	汉	站长	1980.11—1982.02
	俞历生	汉	站长	1982.03—1984.02
	冯启哲	汉	站长	1984.03—1986.09
青海省玛多县气象站	梁鹏斌	汉	站长	1986.10—1987.07
	李梧林	汉	站长	1987.08—1990.03
	梁鹏斌	汉	站长	1990.04—1991.01
	赵杭	汉	站长	1991.02—1994.11
	赵应章	汉	站长	1994.12—1995.05
			局长	1995.06—1996.09
玛多县气象局	易智勇	汉	局长	1996.10—1997.11
	雷琪	汉	局长	1997.12—2000.07
	易智勇	汉	局长	2000.08—2004.07
	雷生栋	汉	局长	2004.08—

人员状况 建站时有 6 人（站长 1 人，观测员 5 人）。现编制 14 人，截至 2008 年 12 月有职工 12 人，其中：女 2 人；35 岁及以下 8 人，36～40 岁 2 人，41～50 岁 2 人；大学学历 8 人，大专学历 3 人，中专学历 1 人；工程师 4 人，助理工程师 8 人。

气象业务与服务

1. 气象业务

①气象观测

地面气象观测 项目有云量、云状、云高、云向、云速、风向、风速、能见度、天气现象、雨量、蒸发、日照、地面最低温度（草温）、气压、气温、湿度、地面状态、地温（包括：5～20 厘米曲管和 40～320 厘米直管地温）、雪深、雪压、冻土（0～300 厘米）。

1952 年 11 月 15 日开始每天进行 03、06、09、12、14、18、21、24 时（地方时）8 次观测；1953 年 1 月 1 日—1960 年 7 月 31 日，每天进行 01、04、07、10、13、16、19、22 时（地方时）8 次观测；1960 年 8 月 1 日起，每天进行 02、05、08、11、14、17、20、23 时（北京时）8 次观测。每天编发 02、05、08、11、14、17、20、23 时 8 次天气报及每月编发气象旬月报。自动站每小时上传一次地面气象观测资料。增雨期间，有适合飞机作业的天气条件时，由青海省气象台提前预约拍发航空天气报。

观测项目变更表

变动日期	变动内容	变动根据
1953.8	取消雨量计观测	仪器失效
1960.8.1	取消地面状态、云向、云速观测	中央气象局指示
1966.1.1	取消气表-2，温湿度报表	根据青气观字第 179 号文件规定
1968	使用 EL 型电接风向风速仪观测	仪器改制
1975	增加航空报业务	青海省气象局指示
1978.1.1	增加小型蒸发业务，航空报电码改用新规定	中央气象局指示
1979.9	使用百叶箱通风干湿表	中央气象局指示
1980.1	执行新地面观测规范及有关电码相应更改，取消地机-001 报表，增加地面 0 cm、地面最高、曲管、直管和冻土观测	青海省气象局指示执行新规范
1984.4.1	在 05、17 时地面补充天气报中增发 0P$_{24}$P$_{24}$T$_{24}$T$_{24}$组报文	青海省气象局文件
1985.6	使用 PC-1500 袖珍计算机编发报	青海省气象局文件
1990.10	使用 PC-1500 袖珍计算机磁带编制报表	青海省气象局文件
1993.7	报送气表-1 简表和年简表	青海省气象局文件
1996	完成 E601B 大型蒸发的安装	青海省气象局文件
2000	开始每年 5—9 月增加 E601B 大型蒸发观测	青海省气象局文件
2000.7.1	PC-1500 袖珍计算机换型，使用《AHDN 4.1》软件实现计算机编发报和机制报表	青海省气象局文件
2000.7	建成 JKNK-48/1K5 型太阳能电站，并投入使用	

变动日期	变动内容	变动根据
2000.9.25	Milos 500 自动气象站建成,开始对比观测	青海省气象局文件
2002.1.1	自动站与人工站开始双轨运行,以人工站为主	青海省气象局文件
2003.1.1	Milos 500 自动站正式编发报	青海省气象局文件
2004.1.1	Milos 500 自动站实现业务运行	青海省气象局文件
2005.5	自动站开始使用《OSSMO 2004》测报业务软件制作报表	青海省气象局文件

建站至1990年手工编制气象月报表、年报表。1991年1月使用PC-1500袖珍计算机报送磁带编制报表。2000年7月PC-1500袖珍计算机换型,使用《AHDN4.1》软件实现计算机编发报和机制报表。2005年5月自动站开始使用《OSSMO 2004》测报业务软件制作报表。

自动气象站 2000年6月建成JKNK-48/1K5型太阳能电站,同年10月建成Milos 500自动气象站。2002年1月1日人工站和自动站双轨运行,以人工站为主。2003年1月1日自动站正式编发报,2004年1月1以自动站为准编发报。2008年10月《OSSMO 2004》测报业务软件正式投入业务运行。

高空观测 1953年3月1日使用高空风测报简要气技924技术规定,07、19时开始2次经纬仪小球测风业务,09、21时编发报。1962年12月30日停止经纬仪小球测风业务,1963年12月15日恢复经纬仪小球测风业务,1991年10月1日停止经纬仪小球测风业务。

生态环境监测 2001年5月开展牧草返青期、开花期、枯黄期、高度、覆盖度和产量的监测工作。2003年5月1日实施生态环境监测工作,并纳入基本业务工作。根据监测资料形成玛多地区生态环境监测公报,为政府部门提供牧草长势、产量等服务产品。

②天气预报

1993年根据州气象台的预报产品订正后,定期发布长期天气预报、今冬明春长期天气趋势预测、雪灾预报及汛期预报。1999年5月通过电视、广播方式发布本县城12小时、48小时天气预报。2000年5月建成地面气象卫星接收小站,开始接收卫星云图后,制作本县各乡(镇)天气预报。2008年10月宽带网络开通,实现了省、州、县三级天气预报会商,预报准确率得以提升。

③气象信息网络

建站时靠手摇发电机给电台供电,用"莫尔斯"电码发报。1991年5月短波"单边带"电台替代"莫尔斯"发报机,用无线调制解调器传输报文。2000年10月自动气象站建成,实现以PSTN电话拨号为主,"单边带"电台备份的数据资料传输方式。2008年10月通过2兆光纤宽带数字链路系统,实现气象数据资料的自动上传和远景监控,以PSTN电话拨号作为备份。

2. 气象服务

服务工作 在历年的冬春季雪灾预报服务中,为当地畜牧业生产提供及时准确的决策依据,受到政府部门的好评和肯定。特别是2008年1—3月的重大雪灾气象服务工作中,在为当地政府部门及时提供预报服务和雪情信息的同时,积极配合政府部门进行灾情调查。

人工影响天气 1997—1998 年,在玛多县三岔路口利用"三七"高炮实施黄河上游人工增雨作业。2002 年成立人工影响天气管理局,实施集高炮、火箭、燃烧炉为一体的增雨作业。

防雷技术服务 1997 年在全县范围内开展防雷检测工作。2005 年 1 月经玛多县人民政府法制办公室批复,成立玛多县雷电防护装置检测所,在全县开展防雷工程的图纸审核、施工监督、竣工验收、雷电防护设施检测及雷电灾情调查等技术服务工作。

气象法规建设与社会管理

法规建设 2004 年 6 月 14 日,玛多县人民政府办公室下发了《玛多县人民政府办公室关于将气象设施和气象探测环境保护工作纳入城镇总体规划的批复》。2008 年 3 月玛多县人民政府下发了《玛多县人民政府关于进一步加强气象探测环境保护工作和 2008 年玛多县人工影响天气工作计划的批复》。

制度建设 建立完善了《普法依法治理工作规章制度》、《领导干部学习制度》、《考试考核以及奖惩制度》、《考勤与请销假管理制度》和《综合气象观测制度》等。其中《综合气象观测制度》包括了测报值班制度、业务学习制度、交接班制度、报表制作报送制度、观测员职责、预审员职责、测报(业务)组长职责、资料档案保管员职责、仪器维修保管员职责、值班工作流程、资料档案库房安全"八防"制度、气象记录档案管理制度、气象科技档案收集归档制度及气象记录档案资料借阅制度。

社会管理 2002 年成立雷电防护管理局,加强了防雷工作的社会管理。

依法行政 2008 年 1 月,与上级主管部门签订气象探测环境保护责任书,把气象探测环境保护纳入台站工作考核,每周一巡视一次周边环境,看气象探测环境是否符合要求。

政务公开 对财务收支、目标考核、职工福利发放、领导干部待遇、劳保、住房公积金等公开和说明。

党建与气象文化建设

1. 党建工作

建站初期,党员人数少,编入玛多县农牧党支部。2007 年 7 月成立气象党支部,有党员 3 人,党支部在充分发挥党组织的战斗堡垒作用和党员的先锋模范作用的同时,认真做好入党积极分子的培养工作,先后培养发展了 3 名党员,截至 2008 年底有党员 5 人。

2. 气象文化建设

文明单位创建 1998 年被中共玛多县县委、县政府命名为县级"文明单位",2000 年 3 月被中共果洛州委、州政府命名为州级"文明单位",2004 年 12 月被中共青海省委、省政府命名为省级"文明单位",2006 年玛多县气象局被中国气象局授予全国气象部门"文明台站标兵"称号。

集体荣誉 2009 年 5 月被中共玛多县委、县政府授予"平安单位"。

个人荣誉　1983 年 7 月,国家民族事务委员会、劳动人事部、中国科学技术协会向胡关龙颁发"在少数民族地区长期从事科技工作"荣誉证书。

台站建设

建站时无围墙,工作生活在土坯房中。后来改建为土木和砖木结构的平房,围墙用草皮垒成。2004—2007 年省气象局投资进行基础设施综合改善,土围墙改成砖墙,办公和值班生活用房建成砖混结构彩钢屋面平房。其中新建围墙 405 米,综合业务办公用房 10 间 200 平方米,职工值班生活用房 10 套 381 平方米,辅助用房(锅炉房、车库、浴室)120 平方米;室内接入自来水和暖气,硬化道路 300 平方米,绿化面积 600 平方米。工作和生活条件有了很大的改善,基本实现"绿化、硬化、美化、净化"的环境建设标准。2002 年 5 月配备长城皮卡车 1 辆。2007 年 10 月更换为现代途胜越野车,人工增雨、雷电防护及工作生活物资运输有了保障。

玛多县气象局旧貌(2002 年)　　　　　　玛多县气象局新貌(2007 年)

久治县气象局

机构历史沿革

始建情况　久治县气象站始建于 1958 年 12 月,当时名称为青海省智青松多气象站,站址在久治县智青松多"草原"。观测场位于北纬 33°19′,东经 101°14′,海拔高度为 3628.8 米。

站址迁移情况　1974 年 1 月迁入现址久治县智青松多镇黄河路 297 号,观测场位于北纬 33°29′,东经为 101°26′,海拔高度为 3628.5 米。

历史沿革　1960 年 6 月 20 日更名为果洛藏族自治州久治县气象服务站,1974 年 1 月更名为久治县革命委员会气象站,1978 年 3 月更名为久治县气象站,1980 年 1 月更名为青海省久治县气象站,1995 年 6 月更名为久治县气象局,属国家基本站。

管理体制 建站初期由省气象局领导,1960 年 6 月由久治县政府代管。1974 年 1 月归久治县革命委员会领导,1978 年 3 月由果洛州气象局领导。1980 年 1 月起实行气象部门与地方政府双重领导,以气象部门领导为主的管理体制。

机构设置 下设测报组和雷电防护装置检测所。

单位名称及主要负责人变更情况

单位名称	姓名	民族	职务	任职时间
青海省智青松多气象站	刘建雄	汉	站长	1958.12—1959.12
果洛藏族自治州久治县气象服务站	刘照厚	汉	站长	1960.01—1960.05
				1960.06—1961.04
	董文华	汉	站长	1961.05—1962.10
	黄国正	汉	站长	1962.11—1963.07
久治县革命委员会气象站	张益华	汉	站长	1963.08—1973.12
				1974.01—1978.02
久治县气象站	郭永福	汉	站长	1978.03—1979.02
青海省久治县气象站	张益华	汉	站长	1979.03—1979.12
				1980.01—1984.03
	刘文安	汉	站长	1984.04—1984.07
	奚伯骅	汉	站长	1984.08—1991.07
	刘 伟	汉	站长	1991.08—1991.12
久治县气象局	万民安	汉	站长	1992.01—1995.05
			局长	1995.06—1998.08
	王 海	满	局长	1998.09—2004.07
	李向东	藏	局长	2004.08—

人员状况 建站时有职工 5 人。截至 2008 年 12 月,有职工 12 人,其中:女 4 人;35 岁及以下 2 人,36～40 岁 3 人,41～50 岁 7 人;大学学历 2 人,大专学历 7 人,中专学历 3 人;中级职称 3 人,初级职称 9 人。

气象业务与服务

1. 气象业务

①气象观测

地面气象观测 项目有云、能见度、风向、风速、气温、气压、天气现象、降水量、日照、蒸发(小型)、地面温度、浅层地温、深层地温、雪深、雪压、冻土。1996 年安装 E601B 大型蒸发,三年对比观测试验后,2000 年开始每年 5—9 月增加 E-601B 大型蒸发观测。每天进行24 次自动观测和 02、05、08、11、14、17、20、23 时 8 次人工项目观测。每天编发 02、05、08、11、14、17、20、23 时 8 次天气报及每月编发气象旬月报。自动站每小时上传一次地面气象观测资料。增雨期间,有适合飞机作业的天气条件时,由省气象台提前预约拍发航空天气报。

建站至 1990 年,用手工方式编制月报表和年报表。1991 年 1 月使用 PC-1500 袖珍计算机报送磁带编制报表。2000 年 7 月使用《AHDN 4.1》软件实现微型计算机机制报表。2005 年 5 月自动站开始使用《OSSMO 2004》测报业务软件制作报表。2008 年 10 月停止报送纸质报表,通过 2 兆光纤宽带数字链路系统上传气表的 A、Y 文件,县气象局使用激光打印机打印报表并归档。

自动气象站　2000 年 6 月建成 JKNK-48/1K5 型太阳能电站并投入使用,同年 10 月建成 Milos 500 自动气象站,2002 年 1 月 1 日人工站和自动站双轨运行,以人工站为主,2003 年 1 月 1 日自动站正式编发报,2004 年 1 月 1 日以自动站为准编发报。2008 年 10 月《OSSMO 2004》测报业务软件正式投入业务运行。

生态环境监测　2001 年 5 月开展了以牧草发育期、高度、覆盖度、产量测定的生态环境监测工作。2003 年 5 月正式开始启动。并及时向县政府及有关部门发送本地区牧草返青至枯黄期的长势、产量等信息,为合理安排畜牧业生产、退牧还草、合理载畜等生态环境保护工作提供科学的决策依据。

②天气预报

建站至 1992 年,靠收抄简易图电码,制作时间剖面图等方式开展天气预报工作,县广播站每日 18 时广播久治地区 24 小时和 48 小时天气预报。1993 年根据省、州级的预报产品订正后,定期发布长期天气预报、今冬明春长期天气趋势预测、雪灾预报及汛期预报。2000 年 5 月建成地面气象卫星接收小站,开始接收卫星云图,预报准确率得到提高。2004 年久治县电视台开始播放天气预报。2005 年 5 月利用县气象局网络发布天气预报及服务信息。天气预报自动答询系统转号和软件升级后,增加了久治县天气预报发布方式。2008 年 10 月宽带网络系统开通,实现了省、州、县三级天气预报会商。

③气象信息网络

久治县地处偏远牧区,通信条件差,但气象情报参加国家气象信息交换。建站至 1991 年 4 月,一直用 15 瓦"莫尔斯"电台靠手摇发电机和蓄电瓶供电发报。1991 年 5 月建成了由 PC-1500 袖珍计算机、CE-158 接口、TFM 终端机及"单边带"电台组成的通信网络,结束了"莫尔斯"发报的历史,提高了气象数据传输时效。2000 年 10 月自动气象站建成,实现以 PSTN 电话拨号为主,"单边带"电台备份的数据资料传输方式。2008 年 10 月通过 2 兆光纤宽带数字链路系统,实现气象数据资料的自动上传及远景监控,以 PSTN 电话拨号作为备份。

2. 气象服务

服务工作　气象服务坚持"以人为本,无微不至,无所不在"的理念,准确及时地向政府提供中、长期决策气象信息、灾情公报、生态环境牧草监测公报、旅游气象信息和气象资料。

人工影响天气　久治气象局人工影响天气工作始于 1997 年。2002 年成立人工影响天气管理局后,已由单一的高炮作业,发展为集高炮、火箭、燃烧炉为一体的多种作业手段。

防雷技术服务　2005 年 1 月,经久治县人民政府法制办批复,成立了久治县雷电防护装置检验所,开展全县防雷工程的图纸审核、施工监督、竣工验收、雷电防护设施检测及雷电灾情调查等技术服务工作,对资料进行建档保存。

气象法规建设与社会管理

法规建设　2004 年 4 月 12 日,久治县人民政府下发《久治县人民政府关于气象设施和气象环境保护相关问题的批复》,2008 年 3 月久治县人民政府下发《久治县人民政府关于进一步加强气象探测环境保护工作的批复》,为保护探测环境提供了依据。

制度建设　根据实际建立完善了《行政管理制度》、《单位奖励办法》、《考勤与请销假管理制度》、《财务报销审批制度》、《天气预报和服务制度》、《地面值班员安全生产制度》、《汛期值班制度》、《计算机"病毒"防范制度》、《党风廉政建设民主评议制度》、《民主生活会制度》、《政治、业务学习制度》和《学法用法制度》等规章制度。

社会管理　2002 年成立的雷电防护管理局,承担本地区防雷工作的社会管理。

依法行政　县气象局严格执行观测场四周巡视制度,并随时到久治县国土、城建等部门了解四周基建情况,发现问题及时协调解决。

政务公开　定期或不定期对财务收支、目标考核、职工福利发放、领导干部待遇、劳保、住房公积金等公开和说明。

党建与气象文化建设

1. 党建工作

1999 年 3 月以前,气象站党员与当地畜牧系统同编为一个党支部。1999 年 4 月经中共久治县直属党委同意成立气象党支部,有党员 4 人。气象党支部成立后党建工作得到加强,认真做好入党积极分子的培养工作,先后培养发展了 5 名党员,截至 2008 年 12 月有党员 9 人。

党员以身作则,党风廉政工作进一步加强,局务、政务、财务公开透明,积极开展帮贫助困献爱心活动。2005 年在与久治县索呼日麻乡尖木牧委会结为帮扶单位后,每年都组织职工捐款捐物。2008 年 5 月 12 日四川汶川发生特大地震,职工募捐资金 3000 余元,表达了对灾区人民的一片爱心。2003 年被中共久治县委命名为"先进基层党组织"。

2. 气象文化建设

精神文明建设　2002 年建成气象文化图书馆,自筹资金购置室内文体活动器材,在职工的文化娱乐生活得到丰富的同时,职工积极参加植树造林、种植草坪地等美化庭院环境的活动,使庭院环境发生了翻天覆地的变化,展示出高原气象人积极向上的精神面貌,在久治县树立了良好的形象。1999 年被中共久治县委、县政府命名为县级"文明单位"。

集体荣誉　2005 年获全国气象部门局务公开"先进单位";同年,获久治县民族团结"模范单位"。

台站建设

建站时为土围墙和土坯房,烤火取暖用牛粪,无市电保障,工作生活条件非常艰苦。1985 年省气象局投资修建土木结构业务办公用房 5 间,职工生活 16 间,水泥砖围墙 508

米。2005年随着台站综改项目的实施,省气象局投资137万元,新建综合业务办公用房10间240平方米、职工值班生活用房10套360平方米、辅助用房(锅炉房、车库、浴室)150平方米,房屋内接入了自来水和暖气。2008年,"三江源自然保护区生态保护和建设人工增雨工程"项目投资86.64万元,新建三江源人工增雨工程久治雷达站业务办公用房6间305平方米,改修建围墙508米,硬化道路600平方米,并安装了路灯。2003年8月配备长城皮卡车1辆,主要用于人工增雨、雷电防护及工作生活物资的运输。

久治县气象局新建综合业务办公用房(2007年)

班玛县气象局

班玛县东南与四川省壤塘、阿坝、色达县相连,东北、西北分别与久治、达日县毗邻。

机构历史沿革

始建情况 1960年2月1日始建班玛县赛来塘气候站,观测场位于北纬33°03′,东经100°25′,海拔高度为3750.0米,为国家基本站。

站址迁移情况 1965年4月15日在原址向北移150米处重新建站。1974年1月1日迁入现址:班玛县赛来塘镇,观测场位于北纬32°56′,东经100°45′,海拔高度为3530.0米。

历史沿革 1960年10月更名为班玛气象服务站;1962年4月15日因青海省气象局业务调整,测站撤销,1965年4月15日重建,站名为班玛县赛来塘气候站;1974年1月1日更名为班玛县气象站。1995年6月更名为班玛县气象局。

管理体制 建站至1970年12月归青海省气象局领导,1971年1月由班玛县政府代管。1980年1月起实行气象部门与地方政府双重领导,以气象部门领导为主的管理体制。

机构设置 下设测报组和雷电防护装置检测所。

单位名称及主要负责人变更情况

单位名称	姓名	民族	职务	任职时间
班玛县赛来塘气候站	包贵新	汉	站长	1960.02—1960.09
班玛气象服务站				1960.10—1962.03
撤　销				1962.04—1965.03
班玛县赛来塘气候站	林火来	汉	站长	1965.04—1972.11
	虞志山	汉	站长	1972.12—1973.09
	赵宏本	汉	站长	1973.10—1973.12
班玛县气象站				1974.01—1979.08
	张甫昌	汉	站长	1979.09—1980.03
	张同攀	汉	站长	1980.04—1981.05
	陈正金	汉	站长	1981.06—1990.03
	李梧林	汉	站长	1990.04—1990.07
	季正明	汉	站长	1990.08—1990.10
	杨宏伟	汉	站长	1990.11—1993.07
	卜庆成	汉	站长	1993.08—1995.05
班玛县气象局			局长	1995.06—1996.10
	何晓武	汉	局长	1996.11—2004.07
	王　海	汉	局长	2004.08—

人员状况　建站时有职工7人(其中女2人)。截至2008年12月,有职工11人,其中:女3人;35岁及以下2人,36～40岁2人,41～50岁7人;大专以上学历10人,中专1人;中级职称7人,初级职称4人;藏族2人,撒拉族1人。

气象业务与服务

1. 气象业务

①气象观测

地面气象观测　观测的项目有云、能见度、天气现象、空气的温度和湿度、降水、风向、风速、气压、地温、雪深、蒸发(小型)、日照。1980年1月根据省气象局文件增加5～20厘米曲管地温观测。1996年安装E601B大型蒸发,三年对比观测试验后,2000年开始每年5—9月增加E-601B大型蒸发观测。

观测时次　建站以来,观测时次及编发报曾6次变动,见下表。

观测时次及编发报变动表

起至时间	时间标准	定时观测时次	编发报	备注
1960.02—1960.08	地方时	01、07、13、19	不编发	不守班
1960.09—1962.02		02、08、14、20	不编发	不守班
1965.04—1967.02		02、08、14、20	编发	守班
1967.03—1979.12	北京时	08、14、20	不编发	不守班
1980.01—2006.12		02、08、14、20	编发	守班
2007.01—2008.12		24次自动观测及02、05、08、11、14、17、20、23时8次人工项目观测	编发8次天气报	守班

发报种类 每天编发 02、05、08、11、14、17、20、23 时 8 次天气报及每月编发气象旬月报。自动站每小时上传一次地面气象观测资料。增雨期间,有适合飞机作业的天气条件时,由省气象台提前预约拍发航空天气报。

建站至 1990 年手工编制气象月报表、年报表。1991 年 1 月,使用 PC-1500 袖珍计算机报送磁带编制报表。2000 年 7 月 PC-1500 袖珍计算机换型,使用《AHDN 4.1》软件实现计算机编发报和机制报表。2005 年 5 月自动站开始使用《OSSMO 2004》测报业务软件制作报表。各种气象资料进行建档保存,并按时、按规定上交省气象局档案馆。

自动气象站 2000 年 6 月建成 JKNK-48/1K5 型太阳能电站并投入使用,同年 10 月建成 Milos 500 自动气象站。2002 年 1 月 1 日人工站和自动站双轨运行,以人工站为主。2003 年 1 月 1 日自动站正式编发报,2004 年 1 月 1 日实现自动站业务运行。2008 年 10 月《OSSMO 2004》测报业务软件正式投入自动站业务运行。

②生态环境监测

2001 年 5 月开展了牧草返青期、开花期、枯黄期、高度、覆盖度和产量的监测工作。2003 年 5 月正式开展生态环境监测工作,对牧草长势、发育期及牧草产量进行监测,并为政府部门提供相关服务。

③天气预报

1993 年根据省、州级的预报产品订正后,定期发布长期天气预报、今冬明春长期天气趋势预测、雪灾预报及汛期预报。2000 年 5 月建成地面气象卫星接收小站接收卫星云图,制作本县各乡(镇)天气预报。2004 年按照县林业局的要求,每年冬春季制作草原森林火险等级预报;同年,汛期通过电视、广播方式发布本县 24、48 小时天气预报。2005 年以文字滚动的形式在县电视台播出天气预报。2008 年 10 月宽带数字系统建成并广泛应用于天气预报业务中,预报准确率得到提高。

④气象信息网络

1965 年 4 月开始靠手摇发电机给电台供电,报务员用"莫尔斯"电码发报。1991 年 5 月"单边带"电台替代"莫尔斯"发报机,用无线调制解调器传输报文。2000 年 10 月自动气象站建成,实现以 PSTN 电话拨号为主,"单边带"电台备份的资料传输方式。2008 年 10 月通过 2 兆光纤宽带数字链路系统实现气象数据资料的自动上传和远景监控,以 PSTN 电话拨号作为备份。

2. 气象服务

服务工作 及时准确的冬春季雪灾、草原森林火险等级、汛期气象预报服务,为班玛县的经济社会发展提供了决策依据。2008 年 1—3 月的重大雪灾气象服务工作中,在为政府部门及时提供预报服务和准确雪情信息的同时,积极配合政府部门进行灾情调查。服务产品形式多样化。现有天气预报、《汛期雨情信息》、《决策服务信息》、《生态环境监测公报》、《灾情公报》等气象服务产品。

人工影响天气 2002 年成立人工影响天气管理局。2006 年 7 月按照省气象局的要求,经班玛县人民政府批准,利用火箭、燃烧炉等设备在本区域内开展人工影响天气工作。

防雷技术服务 2005 年经班玛县人民政府法制办公室批复,成立班玛县雷电防护装置检测所,在本地区开展防雷工程的图纸审核、施工监督、竣工验收、雷电防护设施检测及雷电灾情调查等技术服务工作。

气象法规建设与社会管理

法规建设 2004 年班玛县政府下发《班玛县人民政府关于将气象设施和气象探测环境保护工作纳入城镇总体规划的批复》(班政〔2004〕42 号)。2008 年班玛县政府下发《班玛县人民政府关于进一步加强气象探测环境保护的通知》(班政〔2008〕8 号),将气象设施和气象探测环境保护工作纳入城镇总体规划,依法进行保护。

制度建设 在严格执行上级主管部门的各项规章制度的基础上,结合实际制定完善了《天气预报和服务工作制度》、《重大气象灾害应急值班制度》、《单位奖励办法》、《财务报销审批制度》和《考勤与请销假管理制度》等。

社会管理 2002 年成立的雷电防护管理局,承担本地区防雷工作的社会管理。

依法行政 2008 年 1 月与州气象局签订气象探测环境保护责任书,将气象设施和气象探测环境保护纳入台站工作考核,未发生破坏气象设施的行为,探测环境符合要求。

政务公开 定期或不定期对财务收支、目标考核、职工福利发放、领导干部待遇、劳保、住房公积金等向职工公开或说明。

党建与气象文化建设

1. 党建工作

1982 年 9 月有党员 3 人,编入班玛县农牧党支部。因人员更替,现只有 1 名党员,在县农牧党支部的领导下开展工作。县气象站每年与上级主管部门签订党风廉政责任书,认真落实党风廉政建设目标责任制,无违法违纪现象发生。

2. 气象文化建设

2003 年州气象局投资 5000 元,购买各类图书百余册,并购置了电视机、台球、羽毛球等文体活动器材,职工的业余生活得到改善。

2002 年被中共班玛县委、县政府命名为县级"文明单位";2003 年被中共果洛州委、州政府授予州级"文明单位"。

3. 荣誉

集体荣誉 1982 年 3 月班玛县气象站观测组被青海省气象局命名为"青海省气象系统先进集体"。

个人荣誉 1983 年 7 月,国家民族事务委员会、劳动人事部、中国科学技术协会分别向石淑蓉(女)、李明尧颁发"在少数民族地区长期从事科技工作"荣誉证书。

台站建设

　　建站初期,围墙用土块垒成,工作生活在土木结构平房中,取暖、做饭靠燃烧牛粪和木柴,照明使用煤油灯、蜡烛,吃水利用自打的水井。1973年班玛县小水电站建成,虽供电不稳,但有了照明用电也很不容易。2001年省气象局投资修建大门和550米水泥砖围墙;2003年安排基础设施改造,改建职工值班生活用房200平方米,业务办公用房240平方米;新建锅炉房、车库、卫生间、浴室等辅助用房80平方米,并接入了自来水,安装了供暖锅炉;新建花园3个,绿化面积150平方米,铺设水泥路80平方米。工作、生活环境得到改善。2004年12月,为实施"三江源自然保护区生态保护和建设人工增雨工程"项目,配备长城皮卡车1辆,用于人工增雨、雷电防护及工作生活物资的运输。

综合改善后的班玛县气象局(2006年)

玉树藏族自治州气象台站概况

玉树藏族自治州（简称玉树州）位于青海省的西南部，地处青藏高原腹地。昆仑山、巴颜喀拉山横贯全州北部，唐古拉山绵延境南，雪山峻岭遍及全境，5000米以上的高峰有2000余座。长江、黄河、澜沧江均源于此，三江源自然保护区、可可西里自然保护区覆盖自治州全境，故有江河之源、名山之宗、牦牛之地、歌舞之乡和中华水塔之美誉。

高寒缺氧是玉树州的基本特点。气候只有冷暖之别，无四季之分，冷季漫长，大风多、沙尘暴多。暖季短促，多雨、多雷暴、多冰雹，其中80%的年降水量发生在暖季，没有绝对无霜期，空气含氧量比海平面含氧量低1/3～1/2。雪灾是玉树地区的主要气象灾害，发生频率高，灾害持续时间长，受灾面积大，牲畜及人员伤亡较多，给畜牧业生产及相关经济带来很大损失。其次是干旱、冰雹和洪涝灾害，并呈逐年增长趋势。

气象工作基本情况

所辖台站概况　玉树州气象局为正处级事业单位，下辖称多县清水河气象局、囊谦县气象局、杂多县气象局、治多县气象局、曲麻莱县气象局。其中囊谦县气象局为国家基准气候站，治多县气象局为国家一般气象站，其余为国家基本气象站，全部为国家一类艰苦台站。

历史沿革　1951年10月中国人民解放军西北空军建立玉树县巴塘气象观测站（现玉树州气象局）。1956年6月1日，正式成立命名为青海省香达气象站（现囊谦县气象局），1956年6月11日经青海省气象局批准创建玉于日本气象站（现杂多县气象局），1956年7月建立曲麻莱县色吾沟气象站（现曲麻莱县气象局），1956年9月1日青海省天河县休马滩气象站（现称多县清水河气象局）建成，1961年11月建成青海省玉树藏族自治州加吉博洛格气象站（现治多县气象局）。

2000年4月成立玉树藏族自治州防雷检测所。2001年9月正式成立玉树藏族自治州防护雷电管理局和玉树藏族自治州人工影响天气管理局，玉树州气象局所辖5个县气象局相继成立防护雷电管理局和人工影响天气管理局，实行三块牌子，一套人员。所需编制从州气象局现有编制内调剂，经费按现行财政体制解决。

管理体制　1951年7月起玉树县巴塘气象观测站隶属中国人民解放军西北空军，1953年12月移交地方政府。全州各县气象站大多数于1956年下半年建站，各县建站后均由地方政府管理。从1964年起相继实行地方政府与气象部门双重领导，以气象部门领导为主。1969年再次下放到地方，实行军管会与地方革命委员会双重领导。1973年后由地方革命委员会、地方政府管理。1980年1月体制改革，实行气象部门与地方政府双重领导，以气象部门领导为主的管理体制。

人员状况　2006年4月省气象局为玉树州气象局定编为129人，截至2008年12月，有职工125人，其中：参照公务员管理人员18人，合同制职工34人，事业单位固定职工73人；藏族、回族、撒拉族、土族、苗族等少数民族53人，占职工总数的43％；具有研究生学历2人，大专及以上学历92人，占职工总数的73.6％；取得中级专业技术职务任职资格的职工有73人，占职工总数的58.4％。全州共有正、副科级干部27人，其中少数民族16人，占科级干部的59.3％。

党建与精神文明建设　建站之初成立了玉树州气象部门第一个党支部，即玉树县中心气象站党支部，当时党员人数较少，经过多年的发展壮大，党员人数不断增加，支部名称也变更为玉树州气象局党支部。囊谦县、杂多县气象局分别于1974年、2008年7月成立气象党支部，其余各县站党员参加当地农牧党支部的组织生活。注重培养和考察入党积极分子队伍，不断为党组织输入新鲜血液。截至2008年12月全州气象台站共有党员59名，占职工总人数的47.2％，少数民族党员占党员人数的51.4％。

面对艰苦环境，历届党支部重视对党员进行荣誉教育、爱岗敬业和艰苦奋斗、团结协作的集体主义精神教育。坚持党组织生活会，组织党员学习政策文件，开展思想政治工作，发挥党支部的战斗堡垒作用和党员的模范带头作用，团结群众完成各项工作任务。

定期召开民主生活会，开展民主评议党员活动。制定学习制度和学习计划，先后开展学习邓小平理论、"三个代表"重要思想、解放思想大讨论、深入学习实践科学发展观等活动。在全局形成以艰苦为荣、努力工作、团结友爱的风气，培养一支爱岗敬业、不惧艰险、特别能战斗的队伍。

领导关怀　1982年5月，原国家气象局局长邹竞蒙一行到玉树州气象局视察工作。

1990年6月，时任中国气象局副局长温克刚一行来玉树州气象局调研，并向气象工作者表示慰问。

2007年8月9日，第八、九、十届全国政协委员、人口资源环境委员会副主任，中国气象局原局长温克刚和第十一届全国政协委员、人口资源环境委员会副主任，中国气象局原局长秦大河到玉树州气象局考察工作。

主要业务范围

地面气象观测　全州除囊谦县、治多县气象站外，各国家基本站从建站起就承担02、08、14、20时4次定时观测和05、11、17、23时4次补绘观测任务，拍发02、05、08、11、14、17、20时7次天气报，1980年1月1日起编发重要天气报。2007年1月1日，增加拍发气候月报和每日 23 时补绘报。囊谦县气象站属国家基准气候站，每天 24 次定时进行地面气象观测。治多县气象站 1967 年 1 月到 1969 年 4 月每天进行 02、08、14、20 时 4 次定时观测，夜间守班。1969 年 5 月到 1979 年 12 月每天 08、14、20 时 3 次观测，夜间不守班。1980 年 1 月 1 日恢复 02、08、14、20 时 4 次定时观测，改为 24 小时守班制。

观测项目 云、能见度、天气现象、日照、蒸发、干湿球温度、最高、最低气温、毛发表湿度、温、湿、压自记仪器、水银气压表、风向风速、日射、降水量。1980 年 1 月 1 日后观测项目变更为：云、能见度、天气现象、空气温湿度、最高、最低气温、风向风速、气压、降水量、雪深、雪压、冻土、小型蒸发、大型蒸发、日照、地面温度、地面曲管温度、80～320 厘米深层地温、沙尘暴监测、酸雨观测。治多县气象站 1980 年 1 月 1 日增加冻土、地面温度、雪压观测，称多县清水河气象站 1980 年 1 月 1 日开始地面温度观测，1980 年 1 月 1 日开始雪压观测。

农业气象 1982 年成立玉树州气象台农业情报站。观测项目有：农作物（青稞）生长发育、产量评估、土壤水分观测等，2005 年 5 月开展生态监测业务，增加了土壤水分、墒情观测。农气观测期拍发 TR 农气报、AB 旬报和月底拍发生态监测报。1983 年 10 月完成玉树县农（牧）业气候区划工作，每年终撰写玉树县气候评价。

天气预报 1959 年 10 月起，玉树州气象台负责全州范围内的分片、分县天气预报。预报项目有长、中、短期和短时预报、灾害天气预报主要是雪灾预报。针对突发性、重大关键性、灾害性天气，为各级政府和社会公众开展预警信息发布，提出应急处理建议。如强降水天气过程、冰雹、大风、雪灾等灾害性天气来临时，根据预计危害程度、影响范围和持续时间等发布不同等级的预警信号。

1960—1962 年三年自然灾害期间，天气预报工作基本停顿，1963 年开始逐步恢复。此后，逐步回归、多元回归、相关分析、周期分析等数理统计方法在天气预报中得到广泛应用。20 世纪 60 年代，天气预报业务在省气象台环流形势分型、天气过程模式预报指导下，运用历史资料、群众经验制作气象要素剖面图、曲线图、点聚图，结合天物象反映，找出当地的模式和指标，配套制作长中短期天气预报。20 世纪 80 年代，配备了"123"传真接收机，引进了模糊数学、灰色系统理论等统计方法，预报准确率逐步提高。2000 年 7 月 1 日，实施以省气象台进行分区预报，州气象台派预报员到省气象台工作，州气象台根据省气象台的预报做订正预报。

2005 年初，建成 FY-2C 地球同步气象卫星地面接收站，接收每小时 2 张的实时卫星云图。2007 年 7 月 22 日，数据源由 VSAT 小站传送改为通过 DVB-S 系统传送。建立以数值天气预报产品为基础，以人机交互处理系统为平台，利用多种预报技术和预报方法，综合省气象台指导预报为一体的天气预报业务流程。

气象信息传输 1989 年 11 月以前，州气象台地面组负责将每个时次的地面天气报、航空（危）报、旬（月）报、探空测风报等各类气象电报全部通过专用气象通信电话用口语报形式报送到州电信局，由电信局负责发至省气象局转报台。1989 年 11 月各类气象电报通过"单边带"电台传送至省气象局转报台；2002 年—2005 年 11 月通过 PSTN 电话拨号发送报文至省气象局转报台。2005 年 5 月建成 PES-5000 卫星数据站,通过地球卫星数据网(PES-5000),将实时数据(每小时)自动上传到国家气象信息中心,各类气象报告文件由手工发送至北京国家气象信息中心。2008年底建成州(地、市)级局域网,通过2兆光纤宽带数字连接省气象局局域网,报文由被动传输改为向主站主动传输。

人工影响天气工作 2001年6月成立玉树藏族自治州人工影响天气管理局,由业务科负责全州的人工影响天气作业及管理工作。主要为保护三江源地区生态环境,承担每年4—10月实施人工增雨作业。

三江源人工增雨工程自2006年开始实施,玉树州气象部门配合三江源人工增雨工程,根据天气条件实施地面人工增雨作业,同时增加常规气象观测网,为科学确定人工影响天气的作业区域、作业强度提供了基础支撑,提高了作业指挥的能力和水平。通过人工增雨工程的有效实施,使三江源地区草场高覆盖度,草地面积逐年增加,江河径流量逐年增加,水资源短缺状况有所改善,上游水库库容增加,水电效益明显。

雷电防护 2000年4月成立玉树藏族自治州防雷检测所。2001年成立玉树藏族自治州防护雷电管理局,主要承担全州雷电灾害的监测、调查、评估、统计、鉴定工作和当地雷电防护工程的审批、施工监督、竣工验收和检测工作。2006年起各县防护雷电管理局陆续成立,玉树州防护雷电管理局主要负责结古镇地区的雷电防护任务。

气象服务 建站初期一直到20纪80年代,气象服务只有单一的24小时天气预报,服务手段以人工电话、信函为主。20纪80年代后期逐步增加了春播气象预报、汛期气象预报、灾害性天气预报、雪灾专项预报、政府专项预报、旅游景点气象服务等预报服务。服务手段扩展到广播、"121"气象服务自动答询台。2003年开始建成电视天气预报、服务手段以手机短信、报纸、公共电子显示屏、政府电子邮箱、互联网等多种传播媒体和传播渠道进行综合服务。

玉树藏族自治州气象局

机构历史沿革

始建情况 1951年10月中国人民解放军西北空军建立玉树县巴塘气象观测站,站址在玉树县巴塘草原,位于北纬32°84′,东经97°13′,海拔高度3900.0米(约测)。

站址迁移情况 1953年12月巴塘飞机场气象台迁址到玉树县第一完全小学院内,1954年初向北移动200米,站址为玉树县结古镇胜利路1号,现站址更名为玉树县结古镇胜利路36号,位于北纬33°01′,东经97°01′,海拔高度3681.2米。

历史沿革 1952年8月在巴塘气象观测站基础上建成玉树巴塘飞机场气象台,1954年1月列为国家基本气象站,1954年2月更名为玉树县中心气象站,1956年4月更名为玉树州气象站,1957年7月更名为玉树州中心气象站,1959年10月更名为玉树州气象台。1973 年 10 经玉树州革命委员会、玉树州人民政府批准成立玉树藏族自治州气象局。

管理体制　1951 年 7 月起玉树县巴塘气象观测站隶属中国人民解放军西北空军,1953 年 12 月移交给玉树县人民政府管理。1973 年 10 月成立州气象局时由州革命委员会和州军分区双重领导,以地方领导为主的管理体制。1980 年 1 月体制改革,实行气象部门与地方政府双重领导,以气象部门领导为主的管理体制。

机构设置　内设办公室、业务科、人事科三个职能科室,下设直属事业单位有气象台、防护雷电中心、科技服务中心、财务核算中心、青海省大气探测技术保障中心玉树分中心、法治办公室。

单位名称及主要负责人变更情况

单位名称	姓名	民族	职务	任职时间
玉树县巴塘气象观测站	张振昌	汉	站长	1951.10—1952.07
玉树巴塘机场气象台			台长	1952.08—1954.01
玉树县中心气象站			站长	1954.02—1956.03
玉树州气象站	张　超	汉	站长	1956.04—1957.07
玉树州中心气象站				1957.08—1959.09
玉树州气象台	陈彦夫	汉	台长	1959.10—1961.03
	于福五	汉	台长	1961.04—1963.10
	刘维忠	汉	台长	1963.11—1966.12
	郭经科	汉	台长	1967.01—1973.09
玉树藏族自治州气象局	张景歧	汉	局长	1973.10—1984.03
	年　帮	藏	局长	1984.03—1991.02
	颜家勇	汉	局长	1991.02—1994.11
	格勒巴德	藏	局长	1994.11—2004.10
	塔巴扎西	藏	局长	2004.10—

人员状况　玉树县巴塘气象观测站始建时共有 11 人,其中站长 1 人,观测、报务员 9 人,炊事员 1 人。1973 年 10 月成立玉树州气象局,有行政管理人员共 7 人(其中正、副局长各 1 人,办公室 2 人,人事政工干事 1 人,会计、出纳各 1 人);业务人员共 28 人(其中地面观测 9 人、辐射观测 2 人、高空探测 8 人、天气预报 4 人、填图 2 人、通信 3 人)。截至 2008 年 12 月全局有在职职工 70 人,离退休职工 29 人。在职职工中:女 23 人;藏族 32 人,回族 1 人、苗族 1 人;研究生学历 1 人,大学本科学历 16 人,大专学历 42 人;工程师 31 人,助理工程师 17 人。

气象业务与服务

1. 气象观测

①地面气象观测

观测项目　有云、能见度、天气现象、气温、湿度、最高气温、最低气温、风向风速、气压、降水量、雪深、雪压、冻土、小型蒸发、大型 601 蒸发,日照、地面温度、地面曲管温度、80～320 厘米深层地温、沙尘暴监测、酸雨观测。实行 24 小时不间断守班制。

观测时次 建站至 1960 年 7 月 31 日,每天进行 01、04、07、10、13、16、19、22 时(地方时)8 次地面观测;1960 年 8 月 1 日起,每天进行 02、05、08、11、14、17、20、23 时(北京时)8 次地面观测。

发报种类 编发 02、05、08、11、14、17、20 时地面定时天气报和补绘报;编发气象旬(月)报,预约航空(危)报,重要天气报。

电报传输 早期的气象信息传输是将手工查算编制的地面天气报、探空报和航空(危险)报等,使用当地电信局无线电台与省气象局通信台进行联络传输。1989 年 11 月各类气象报告文件通过短波单边带电台传送至省气象局转报台;1998 年 11 月气象卫星综合应用系统("9210"工程)建成,2002 年至 2005 年 11 月通过 PSTN 电话拨号发送报文至省气象局转报台。

气象报表制作 2000 年 10 月更换地面测报程序,地面气象报表由手工抄录改为 AHDM 4.1 地面测报系统自动编制,2002 年 1 月后由 Milos 500 自动站系统逐日提取报表数据,月终自动形成气象记录月报表,报表预审由手工完成。

资料管理 2007 年 12 月 31 日以前,设专职气象资料管理员,负责管理州气象台地面观测气簿-1、气簿-2、地面气象月(年)报表、气象月简表、各类自记纸、日照纸、农气观测簿、探空资料及报表、各类气象整编资料、值班日记、气象年鉴、天气形势图、剖面图等全部气象资料。2007 年以后,气象资料由农气组负责,分月整理归案,年终上交省气象局资料中心,由省气象局资料中心统一管理。

自动气象站 使用 Milos 500 自动站,温度、湿度、最高气温、最低气温、气压、风向风速、地面温度、深(浅)层地温、降水量、辐射数据由传感器自动采集传送;云、能见度、天气现象、日照、冻土、雪深雪压、大型 601 蒸发、小型蒸发、固态降水量的观测仍沿用传统的人工观测方法进行观测。

②农业气象

1982 年成立州气象台农业情报站,观测项目有:农作物(青稞)生长发育、产量评估等,土壤水分观测,2005 年 5 月开展生态监测业务,增加了土壤水分、墒情观测。农气观测期拍发 TR 农气报、AB 旬报和月底拍发生态监测报。

③高空观测

探空 1955 年起增加高空探测业务,观测项目有空气温度、湿度、气压和风等。每日 08、20 时 2 次用小球和经纬仪进行观测。1959 年 1 月 1 日—1979 年 12 月 31 日采用无线电探空业务,使用 24 兆周无线电接收器和经纬仪进行观测;1980 年 1 月 1 日启用 701A 波段测风雷达观测;1995 年探空雷达更新,引进了较为先进的 701 C 型雷达观测,但因无法完成设备维护,设备只使用不到一年便停用,随即恢复 701A 波段雷达工作。1998 年 1 月 1 日—2008 年 12 月 31 日使用 701X 波段测风雷达和 59 型探空仪进行探空。编发(TTAA、TTCC、PPBB、PPDD)探空报,每月上报探空规定层、特定层月报表。

测风 1979 年 12 月 31 日之前,使用无线电经纬仪测风。1980 年 1 月 1 日开始用雷达测风,编发两组测风电报,每月上报测风月报表。

制氢 2004 年 8 月前使用苛性钠和锡铁粉制氢,2004 年 8 月电解水制氢投入业务使用。

④辐射观测

1960 年 4 月 1 日正式开始辐射观测,每日从日出到日落进行手工观测。项目为总辐射和散辐射,每月上报辐射月报表。1988 年 10 月由 PC-1500 袖珍计算机自动采集辐射数据,人工整理。1992 年 7 月 1 日日射站由一级站改为三级站。2002 年 1 月 1 日用 Milos 500 自动站进行数据自动上传。

2. 气象信息网络

2005 年 5 月建成 PES-5000 卫星数据站,将实时数据(每小时)自动上传到国家气象信息中心,各类气象报告文件由手工发送至国家气象信息中心。2008 年底建成视频会商会议系统和实景监控系统,建成州(地、市)级局域网,通过 2 兆光纤宽带接收卫星云图和卫星资料加工产品。

3. 天气预报预测

2000 年 7 月州气象台根据省气象台的预报只发布订正预报产品,不制作短期气候预测。2005 年初,建成 FY-2C 地球同步气象卫星地面接收站,接收每小时 2 张的实时卫星云图。2007 年 7 月 22 日数据源由 VSAT 小站传送改为通过 DVB-S 系统传送。2008 年 3 月起实现预报会商可视化,建成省—州—县的可视化视频会商系统。建立以数值天气预报产品为基础,以人机交互处理系统为平台,利用多种预报技术和预报方法,天气预报预测逐步从主观预报向多级会商、综合预报定量和精细化转变。

灾害性天气预报主要为大雪、雪灾预报。进入汛期,为省、州两地防汛指挥部门提供汛期天气预报和强降水预警。

4. 气象服务

①公众气象服务

以日常天气预报、灾害性天气预报、预警信号、天气实况、百姓生活气象指数为主。利用当地广播电台、电视台为载体,在广播电视发布天气预报。以手机短信、报纸、公共电子显示屏、政府电子邮箱、互联网等多种传播媒体和传播渠道为广大公众提供气象服务。

②决策气象服务

主要有春播气象预报、汛期气象预报、灾害性天气预报、雪灾专项预报、政府专项预报等,决策气象服务系统及时地为社会各界各部门指挥生产、组织防灾减灾,以及在气候资源合理开发利用和环境保护等方面进行科学决策提供气象信息。

③专业与专项气象服务

专业气象服务 为蔬菜基地和专业户提供气象要素的预报服务,在塑料大棚中安装了温度计、湿度计和地面温度表,专人负责管理,指导专业户对塑料大棚中的温、湿度进行调节。

根据当地农牧业生产的需要,开展农牧业气象预报。内容有农作物适宜播种期预报、生育期预报及收割期预报、当地牲畜产仔、抓膘、保膘的气象条件预报及剪毛、抓绒气象条件预报,牧草返青、生长情况的气象条件预报及牲畜转场的气象条件预报,森林、草原火险等级预报,森林、草原病虫害预报等。

人工影响天气 2003 年 6 月开始开展人工影响天气,设增雨作业点 14 个,2005 年以来,每年 4—9 月承担国家三江源人工增雨项目玉树县作业区人工影响天气作业;2007 年人工影响天气增加火箭人工增雨作业点 2 个,燃烧炉 1 个,取消了燃烧弹作业点。

防雷技术服务 2000 年 4 月成立玉树州防雷检测所,2001 年 9 月成立玉树州防护雷电管理局。防雷中心具备了工程设计、工程预算、图纸审核、施工验收等技能和资质,对机场、学校、医院、油库、电厂、电视台、通信单位的重要设施和建筑进行高密度检测,对新建项目认真审核,做到防患于未然。

④气象科技服务

1998 年 1 月建成了"121"天气答询系统;2004 年建成了短信发布平台,向中国移动、中国联通、电信小灵通用户发布 24 小时气温、降水和天气状况预报。向公路沿线重要地段提供交通气象天气预报和气象小常识。高考期间制作发布《高考气象专题服务》;为玉树州蔬菜基地温室大棚提供《温室大棚气象监测服务专题》等预报产品。

5. 科学技术

气象科普宣传 紧紧围绕"3·23"世界气象日,开展以发放和寄送宣传资料、有奖问卷、科普手册、《中国气象报》、雷电灾害防御手册,以及通过"12121"和手机气象短信服务等方式宣传科普知识。

气象科研 1995 年 8 月由庞富强主持,预报组全体人员研发的《玉树州雪灾预报系统》项目完成,并投入预报业务应用,成功地预报了 1995 年冬至 1996 年春发生在玉树北部的特大雪灾,雪灾发生的实况与预报结果基本吻合。

气象法规建设与社会管理

法规建设 2003 年与玉树州建设局联合下发了《玉树州保护气象探测环境实施细则》(玉气发〔2003〕24 号),使州气象局气象探测环境依法受到保护。

制度建设 建立健全和不断完善气象制度,制订了《玉树州气象局职工假期管理制度》、《职工年休假管理办法》、《玉树州一类艰苦气象台站人事管理机制改革试点实施细则》、《玉树州气象事业单位工作人员收入分配制度改革实施办法》、《气象专业技术人员管理办法》、《玉树州气象局行政、事业单位岗位管理办法》、《玉树州艰苦气象台站职工疗养实施细则》、《玉树州气象局人工影响天气管理办法》、《玉树州雷电防护管理办法》和《玉树州雷电检测实施细则》、《玉树州气象局行政、事业单位工作流程》、《玉树州气象系统车辆管理办法》、《玉树州气象局领导干部廉洁自律实施办法》、《玉树州气象职工文明公约》以及《玉树气象部门精神文明管理办法》等 30 多份制度和规范性文件,做到了有章可循。

社会管理 承担全州气象探测环境保护、气象信息发布、雷电防护行政执法、氢气球施放审批、人工影响天气等方面的气象行政执法和安全生产监督检查工作。与消防部门联合,对全州加油站、学校、医院进行雷电防护安全检查。

依法行政 2005 年 10 月成立州气象局法治办公室,先后有 17 人参加行政执法学习班,通过考试、考核取得了行政执法证。现配备执法人员 6 人(其中 1 人是专职人员)。

政务公开 在州气象局大院公示栏公开气象局的行政管理职能、内设机构、办事程序,行政事业性收费的项目、依据、标准,气象行政执法的依据、立案条件、处理程序、时限及结果,以及其他与气象管理相关的事项。

党建与气象文化建设

1. 党建工作

党的组织建设 最初成立的玉树县中心气象站党支部,只有 5～6 名党员。截至 2008 年底,党支部共有党员 32 人(其中女党员 7 人)。

党的作风建设 在上级党委的领导下,狠抓思想和工作作风建设,在党员干部中形成解放思想、实事求是、与时俱进的思想作风和脚踏实地、求真务实、乐于奉献的工作作风。在全体党员中开展"三个代表"、"三讲"和科学发展观教育活动,有效地提高了党员的自身素养,增强了"立党为公,执政为民"的公仆意识。

党风廉政建设 定期召开党风廉政建设会议,及时传达上级部门党风廉政建设的要求和部署,通报发生在气象部门的违法违纪案例,开展警示教育,筑牢思想道德防线。积极推进廉政文化"六进"活动,营造浓厚的廉政文化氛围。充分利用廉政警句、格言、短语、制作统一的警示牌放在醒目位置,时刻提醒党员干部自重、自省、自警、自律,使廉政文化自觉融入到干部职工的行为习惯之中。

2. 气象文化建设

精神文明建设 把精神文明建设纳入各单位年度目标考核。单位设立了图书阅览室、健身房、职工活动室,购买了乒乓球台、自动麻将桌、健身器材等硬件设施。订阅报刊杂志,举办书法摄影有奖活动和州直单位联谊活动,组织单位篮球队和歌舞队参加全省气象部门运动会和文艺汇演,2008 年歌舞队代表省气象局赴北京汇报演出,取得好成绩。

文明单位的创建 把文明单位创建工作摆在首位,建立相应的奖罚制度,鼓励职工积极参与讲文明、树新风活动,参与整治"脏、乱、差"。树立勤俭持家,助人为乐,廉洁奉公,踏实工作等良好意识,树立良好的机关形象,采取积极措施从改善单位环境卫生入手,组织职工参与镇区街道和河道卫生清理工作。2004 年 12 月被青海省精神文明建设指导委员会授予"创建精神文明行业先进单位"称号,2007 年 6 月被青海省精神文明建设指导委员会命名为"文明单位"。

3. 荣誉

集体荣誉 1995 年 12 月玉树州气象局被青海省人民政府授予"青海省民族团结进步先进集体"称号。

2001 年 5 月玉树州气象台被共青团青海省委授予"青年文明号"称号。

个人荣誉 1978 年 5 月龚汉荣被青海省人民政府授予"青海省劳动模范"、"先进科技工作者"称号。

1983 年王儒夫被国家民委、劳动人事部、中国科协授予"先进科技工作者"称号。

台站建设

2004 年 5 月自筹资金 214.2 万元新建面积为 2520 平方米 2 幢职工住宅楼,2004 年 10 月省气象局投资 50 万元新建锅炉房及购置 12 吨立式锅炉,2005 年 6 月省气象局投资 9.5 万元新建 100.85 平方米的电解制氢室,2005 年 5 月—2006 年 10 月省气象局总投资 895 万元新建气象综合办公楼 6128.9 平方米,2007 年省气象局再次投资进行台站综合改善,使州气象局大院面貌焕然一新。

2007 年 7 月玉树州气象局大院综合改善后面貌一新

囊谦县气象局

机构历史沿革

始建情况　青海省香达气象站始建于 1956 年 4 月 26 日,1956 年 6 月 1 日正式开始观测工作,原站址在玉树州襄谦县香达公社"镇区";现站址在襄谦县香达镇香达东街 71 号,位于北纬 32°12′,东经 96°28′,观测场海拔高度 3643.7 米。

历史沿革　1959 年 2 月更名为襄谦县气象服务站,1971 年 1 月更名为襄谦县革命委员会气象服务站,1976 年 9 月更名为青海省襄谦气象站,1993 年 1 月更名为青海省襄谦县国家基准气候站,1995 年 6 月成立襄谦县气象局。

2002 年 8 月成立襄谦县防护雷电管理局和襄谦县人工影响天气管理局,与襄谦县气象局合署办公。

管理体制　1956 年 6 月建站开始由省气象局直接领导,1959 年由县政府领导,1964

年1月由省气象局直接领导,1969年1月后受县革命委员会或军管会交替领导,1973年起由县革命委员会领导。1980年1月体制改革后,实行气象部门与地方政府双重领导,以气象部门领导为主的管理体制。

机构设置 下设地面测报组、防雷检测和人工影响天气办公室。

单位名称及主要负责人变更情况

单位名称	姓名	民族	职务	任职时间
青海省香达气象站	邱 喜	汉	站长	1956.06—1959.02
				1959.02—1960.04
襄谦县气象服务站	王骏达	汉	站长	1960.04—1963.09
	唐桃宣	汉	负责人	1963.09—1964.04
	王春华	汉	站长	1964.04—1971.01
襄谦县革命委员会气象服务站	张朝兴	汉	负责人	1971.01—1975.12
	颜家勇	汉	站长	1975.12—1976.09
				1976.09—1982.02
青海省襄谦县气象站	仁 青	藏	副站长	1982.02—1982.12
	阿 贝	藏	站长	1982.12—1984.02
	仁 青	藏	副站长	1984.02—1985.03
	张世珍	汉	站长	1985.03—1991.08
	王 勇	汉	副站长	1991.08—1991.12
青海省襄谦国家基准气候站	马登吉	汉	站长	1992.01—1992.12
				1993.01—1995.05
			局长	1995.06—1996.09
襄谦县气象局	才仁扎西	藏	局长	1996.10—1998.12
	扎西尼玛	藏	局长	1999.01—2005.10
	才仁旦周	藏	局长	2005.11—

人员状况 始建时有职工11人,由观测员、摇机员、炊事员组成。2007年核定人员编制15人,截至2008年底实有在职职工14人(在编职工13人,业务岗位临时工1人);在职职工中:30岁以下6人,30～40岁5人,40岁以上3人;大学本科学历7人,大专学历7人;藏族1人,回族1人,撒拉族1人,土族1人;中级职称6人,初级职称8人。

气象业务与服务

1. 气象观测

①地面气象观测

每天进行24次定时地面气象观测,人工站和自动站并轨运行,以自动站资料为准。属国家基准气候站。

观测项目 云、能见度、天气现象、气压、气温、湿度、风向、风速、降水量、日照、小型蒸发量、E601B大型蒸发、地温(0厘米)、地面最高温度、地面最低温度、曲管地温(5～20厘米)、直管地温(40～320厘米)、冻土、雪深,雪压等项目。

观测时次 建站至 1960 年 8 月,每天进行 01、04、07、10、13、16、19、22 时(地方时)8 次观测;1960 年 9 月起,每天进行 02、05、08、11、14、17、20、23 时(北京时)8 次观测,昼夜守班;1993 年 1 月起承担 24 小时气候观测任务。

发报种类 固定航空天气报,预约航空(危险)报,重要天气报,加密天气报;编发气象旬(月)报和气候月报。

电报传输 1956 年 6 月 1 日—1992 年 4 月 30 日,气象站自设无线电台,向省气象局通信台发送定时、补绘和航空天气报。1987 年 2 月使用无线"单边带"电台传报。

气象报表制作 2000 年 10 月,地面气象报表由手工抄录改为 AHDM 4.1 地面测报系统自动编制,2002 年 1 月后由 Milos 500 自动站系统逐日提取报表数据,月终自动形成气象记录月报表,报表预审由手工完成。

资料管理 2007 年 7 月在省气象局和州气象局统一部署下,对 1967 年 7 月 1 日—2005 年 12 月 31 日间的各类地面观测资料进行整理、装订、登记,并移交给省气象局档案科。按照气象资料档案管理规定,对 2006 年 1 月 1 日以后的各类气象资料实行按月(或按年度)归类装订,专柜存放,专人保管。

地面测报变动情况 1956 年 6 月 1 日预约拍发每小时或半小时 1 次航空报;1956 年 7 月 1 日增加地面 0 厘米温度、地面最高、最低温度及 5～20 厘米曲管地温观测;1958 年 11 月 1 日气压观测由空盒气压表改为水银气压表观测;1960 年 8 月 31 日百叶箱距地面的高度由 2.0 米改为 1.5 米;1960 年 11 月 1 日雨量器的高度由 2 米改为 0.7 米;1961 年 12 月 1 日增加冻土深度观测;1968 年 6 月 1 日 EL 型电接风向风速仪代替维尔达风向风速仪;1981 年 1 月 1 日增加雪压观测;1986 年 2 月 1 日使用 PC-1500 袖珍计算机编发报;1993 年 1 月 1 日改为国家基准气候站,由每日 4 次气候观测调整为 24 次气候观测,并增加直管 40、80、160、320 厘米地温观测;1998 年 5 月增加 E601B 型蒸发量观测任务;2005 年 1 月 1 日地面测报软件由 AHDM4.1 测报软件换为 OSSMO 2004 软件;2005 年 5 月建成 PES-5000 卫星数据站;2007 年 1 月 1 日增加拍发气候月报和每日 23 时补绘报。

地面观测编报方式 1986 年 1 月 31 日 00 时前所有观测项目全部采用人工观测和手工编报,1987 年 2 月 1 日起观测方式仍沿用人工观测,天气报由 PC-1500 袖珍计算机编制;2000 年 10 月 1 日起采用 AHDM 4.1 测报程序,观测项目分为自动采集和人工观测两部分,由计算机编报。2001 年 1 月 1 日 Milos 500 自动气象站正式投入业务运行,进入人工站、自动站并轨运行阶段。

自动气象观测站 2000 年 10 月 1 日起更新探测手段,气压、气温、湿度、风向、风速、降水、蒸发、E601B 大型蒸发、地面 0 厘米、地面最高、最低温度、浅层地温(5、10、15、20 厘米)、深层地温(40、80、160、320 厘米)等观测项目采用自动观测。

自动气象站和人工站观测数据每月整理、存盘、上报,年底复制光盘归档。每日 20 时进行人工站和自动观测数据的对比观测,每月上报对比分析报告及省气象局规定的《A20文件》。

②土壤湿度观测

囊谦县气象站为土壤湿度试验站,每月 3、8、13、18、23、28 日进行人工观测。

观测项目为土壤水分,用人工取土器取出 10～50 厘米深度的土壤,再用电烤箱烘烤后测出数据,每 10 厘米为一层,每层 4 个重复。

通过增加拍发《气象旬(月)报》中的第二段农业气象段,编发 10、20、50 厘米 3 个深度的土壤湿度数据。只发报不作报表。

③生态环境监测

2001 年起为地方政府开展牧草长势监测服务工作,2003 年 4 月在县白扎乡建立生态环境监测站,5 月 1 日正式开始监测。在牧草生长发育期内,每月底监测牧草的产量、覆盖度和高度,在返青期、开花期和枯黄期进行加密观测;监测面积为 1 平方米,共取 6 个样本。按青海省气象局规定的格式和时效拍发《生态监测报告》;每年年底制作《生态监测年简表》;每年向当地政府提供《生态环境监测——牧草公报》,为囊谦县生态环境建设和保护工作提供科学依据。

2. 气象信息网络

1992 年 5 月以前使用 15 瓦短波电台,通过莫尔斯电台发送至省气象局通信科;1992 年 6 月—2001 年 12 月由测报员通过 IC-M700PR0 型高频无线电台传送;2002 年 1 月—2005 年 9 月通过 PSTN 有线拨号发送;2005 年 10 月 1 日—2008 年 12 月 31 日通过地球卫星数据网传到国家气象信息中心服务器;2008 年底使用局域网,通过 2 兆光纤宽带发送到省气象局。

3. 天气预报预测

建站之初,天气预报的制作较为简单,预报工具使用每日收音机接收等高线资料,绘制 500 百帕小天气图,根据本站压、温、湿观测资料绘制剖面图,结合当时天气条件和预报经验制作出 24~48 小时天气预报。从 20 世纪 80 年代初,县气象站不再制作天气预报,发布的天气预报信息是由玉树州气象台提供的 24~72 小时天气预报。

4. 气象服务

①公众气象服务

以州气象台制作的天气预报产品为指导,在本站加以订正和精细化后,通过手机、电视、挂小黑板等方式发布公众气象服务信息。

②决策气象服务

对州气象台预报信息加以订正后为全县春播生产、汛期气候趋势、冬季雪灾等提供决策气象服务。定期向县委、县政府及相关部门提供天气预报和气候预测产品和雨情、雪情等监测信息。汛期通过电话、手机信息发送 24 小时和 48 小时天气预报。

③专业与专项气象服务

人工影响天气　从 2005 年 5 月起在香达镇开始进行人工人影响天气作业,作业方式以燃烧炉为主;2006 年 7 月新增 WR-1D 增雨防雹火箭发射架 2 部,作业点增加到县香达镇巴米村、白扎乡白扎村。

雷电防护检测　雷电防护由州气象局统一管理,县气象局只负责全县境内的防雷检测工作,2005 年 1 月取得防雷检测资质证书,检测项目主要为接地电阻。每年对全县所有加油站、液化气站和学校教学楼等高层建筑及电视台电视转播机房、计算机房等做防雷检测工作。

5. 科学技术

气象科普宣传　每年"3·23"世界气象日"和"12·4"法制宣传日,开展气象法规和以世界气象日为主题的气象知识宣传和现场咨询。

气象科研　2008 年何永清主持的课题《人工增雨天气报编报软件开发》正式通过了青海省气象局专家组的验收。

气象法规建设与社会管理

法规建设　2004 年 6 月 14 日囊谦县政府下发《囊谦县保护气象探测环境实施细则的通知》,2004 年 6 月 15 日囊谦县发改委和囊谦县气象局联合下发《关于将雷电防护专业工程纳入基本建设管理程序的通知》,对于保护气象探测环境和规范雷电防护基建程序,有了明确的法规依据。

制度建设　通过有效的管理机制和制度建设,谋求气象事业的稳步发展,相继制定了《请假管理制度》、《夜间守班制度》、《廉政建设制度》、《县级气象局三人领导小组协商制度》、《行政执法管理办法》、《车辆管理制度》等制度,逐步完善管理职责,做到行为有规范。

社会管理　2002 年 4 月 4 日县气象局和县城建局联合下发了《关于在全县范围内对避雷装置和防静电设施进行安全性能检测的通知》;2005 年 5 月 18 日县防护雷电管理局下发《关于在全县范围内对避雷装置和防静电设施进行安全性能检测的通知》,开展对全县各种建(构)筑物、易燃易爆场所、通讯设施及计算机房等的防雷设施、防静电设施的技术咨询、设计审核、施工监督、检测等工作。

依法行政　组成了一支由四人组成的行政执法组,参加省气象局举办的执法培训学习,通过了省法治办的综合考试,取得了执法证和执法资格。全体执法人员树立"负责、高效、廉洁"的工作作风,始终规范执法、文明执法。

政务公开　每季度公布各种收支、职工福利等,每一位职工的假期天数和使用情况,需要公开的文件,干部任用,职工晋级等及时向职工公开。

党建与气象文化建设

1. 党建工作

党的组织建设　县气象局党支部于 1974 年成立,成立时有党员 4 人,截至 2008 年 12 月,有党员 8 人,入党积极分子 1 人。

党的作风建设　党支部严格遵守"三会一课"制度,完善各项工作制度,保证日常工作正常开展;支部班子团结,工作作风扎实;围绕中心任务,做好思想教育;能解决实际问题,维护队伍稳定。

党风廉政建设　认真落实党风廉政建设责任制,开展党风廉政建设教育,党风廉政建设工作做到整体推进、重点突出。领导班子廉洁自律,严格要求自己。

2. 气象文化建设

精神文明建设 开展以思想政治教育、社会公德教育、职业道德教育、家庭美德教育、业务技能教育为主的综合教育,不断强化职工"服务人民,奉献社会"的意识,关心老干部和单位职工生活。依据州气象局制定的《玉树州气象局精神文明建设考核办法》,结合实际制定《囊谦县气象局关于加强文明工作的意见》及《囊谦县气象局文明公约》,积极开展帮扶、捐款献爱心等工作。

文明单位创建 以"一流的技术、一流的装备、一流的人才、一流的台站"为目标,贯彻"两手抓,两手都要硬"的工作方针,内强素质,外树形象,切实履行社会责任,服务全县经济社会发展大局,进一步提高服务质量和服务水平,促进文明程度的整体提升。每逢元旦、春节、五一、中秋、国庆等重大节假日,组织开展各种娱乐活动和体育比赛活动,丰富职工的文体生活。

集体荣誉 1978年获得国家气象局授予的"全国气象系统红旗先进单位"称号。2002年11月被中共青海省委、省政府评为省级"文明单位"。2005年荣获中国气象局"全国气象部门纪检工作先进集体"。

台站建设

1990年前囊谦县气象局有30多间房屋,均为砖混结构的平房,其后陆续拆除。1992年省气象局投资安装自来水;2000年建成自动气象站和单收站工作值班室,建筑面积120平方米;2003年拆除大院土坯围墙,建成孔型砖围墙,总长约610米;新建锅炉房,改善了供暖情况;改建大气探测值班室,使用面积120平方米;2008年改造值班生活用房,安装防盗门、加采光屋顶、重新对室内外粉刷。

2008年完成业务办公室建设和原职工宿舍的装修工作,增加了职工活动室和健身房,改善了办公用房和职工住房条件。建立了图书室,收藏各类图书约500册;2003年购置一套数字信号卫星电视接收系统一套,可收看约30个卫视节目;2004年开通Internet网络业务,供学习、娱乐。2008年开通囊谦县数字卫星有线节目;有室内、外健身器材各一套。

囊谦县气象局旧貌(1999年10月)

台站综合改善后新貌(2006年8月)

杂多县气象局

机构历史沿革

始建情况 1956 年 6 月经中央气象局批准,由省气象局实施创建玉于日本气象站,站址在扎多县政府南边草原,位于北纬 33°09′,东经 94°43′,海拔高度为 4000 米(约测);1967 年 10 月由中国人民解放军兰字 389 部队五队测绘队测定观测场位于 32°54′,东经 95°18′,海拔高度为 4067.5 米。1984 年 3 月因受观测场西边杂多县影剧院影响,观测场向南迁移 50 米,经纬度、海拔高度不变。1956 年 9 月 7 日建成并开始业务运行,属国家基本站,昼夜守班。

历史沿革 1956 年 6 月 11 日建成玉于日本气象站,1960 年 9 月更名为杂多县气象服务站,1969 年 1 月更名为杂多县气象站革命领导小组,1970 年 8 月更名为杂多县革命委员会气象站;1980 年 1 月根据中央气象局批示,站名更改为杂多县气象站;1995 年 8 月经玉树州人民政府、玉树州气象局批准成立杂多县气象局。

2002 年 9 月,根据省、州气象局文件和经县人民政府同意,增设杂多县人工影响天气管理局、杂多县防护雷电管理局与杂多县气象局合暑办公,三块牌子一套人员。

管理体制 建站至 1968 年 12 月由省气象局直接领导,1969 年 1 月转为地方武装部和县革命委员会领导;1980 年 1 月体制改革,实行气象部门与地方政府双重领导,以气象部门领导为主的管理体制。

机构设置 下设地面测报组、防雷人工影响天气办公室。

单位名称及主要负责人变更情况

单位名称	姓名	民族	职务	任职时间
玉于日本气象站	安光喜	汉	站长	1956.06—1958.10
	刘文斗	汉	站长	1958.11—1960.01
	李振国	汉	站长	1960.02—1960.08
杂多县气象服务站				1960.09—1968.12
杂多县气象站革命领导小组				1969.01—1970.07
杂多县革命委员会气象站				1970.08—1972.03
	王福坤	汉	站长	1972.04—1974.03
	祁万德	汉	站长	1974.04—1976.08
	赵文仁	汉	站长	1976.09—1979.12
杂多县气象站				1980.01—1981.06
	王求真	汉	站长	1981.07—1984.05
	谈正滨	汉	站长	1984.06—1989.06
	邓安强	汉	副站长	1989.07—1990.10

续表

单位名称	姓名	民族	职务	任职时间
杂多县气象站	焦士军	汉	站长	1990.11—1993.08
	张广聚	汉	副站长	1993.09—1993.12
	尕 才	藏	站长	1994.01—1995.07
杂多县气象局			局长	1995.08—2000.06
	曾玉涛	汉	局长	2000.07—2006.07
	马德杰	回	局长	2006.08—

人员状况 始建时有8名职工(其中7名观测、报务人员,1名摇电员)。2007年核定人员编制14人。截至2008年12月,有职工11人,其中:女6人;20～30岁2人,30～40岁9人;中级职称4人,初级职称7人;本科学历7人,大专以下学历4人;藏族6人,撒拉族1人,汉族4人。

气象业务与服务

1. 气象观测

①地面气象观测

观测项目 有气压、气温、湿度、云、能见度、天气现象、风向风速、日照、降水、蒸发、地面温度、浅层和深层地温、积雪深度、雪压、冻土等。

观测时次 1956年9月7日开始地面观测,气候观测时次为01、07、13、19时(地方时)4个时次;1960年1月停止01、07、13、19时(地方时)气候观测;1960年8月起,定时观测改为02、08、14、20时(北京时)4次,补绘天气观测为05、11、17、23时(北京时)4次和每半小时1次航空报。

发报种类 气象电报以02、08、14、20时定时天气报和05、11、17、23时补绘天气报为主,同时拍发气象旬(月)报,重要天气报,预约拍发每小时1次航空(航危)报。

电报传输 建站初至1992年4月,以莫尔斯电台为主要通信工具进行发报。1992年5月1日—2002年1月1日,使用数传短波"单边带"电台,与PC-1500袖珍计算机、终端机联网自动发报。2002年1月—2005年9月,通过PSTN有线拨号发送;2005年10月1日—2008年11月,通过卫星数据网传到国家气象信息中心服务器;2008年底使用宽带网络发送到省气象局。

报表制作 向省气象局报送气表-1、气表-21,向州气象局报送月简表1份。2000年10月开始采用AHDM 4.1测报程序,地面气象报表由手工抄录改为AHDM 4.1地面测报系统自动编制,2002年1月后由Milos 500自动站系统逐日提取报表数据,月终自动形成气象记录月报表,报表预审由手工完成。

资料管理 2005年12月31日前地面观测资料,由省气象局资料中心管理。2006年1月1日观测记录的气象资料由兼职资料管理员负责归类装订保管,单位设资料室。

地面测报的变动情况 1960年1月1日根据中央气象局指示,停止01、07、13、19时气候观测,合并为02、08、14、20时4次绘图天气观测。1961年10月增加冻土观测;1961年12月干湿球温度表、温湿度计感应部分离地由2.0米改装为1.5米,雨量器口缘离地由

2.0 米改装为 0.7 米,并去掉防风圈。1962 年 1 月 1 日,停止 23 时补绘报;1968 年 7 月 1 日维尔达风向风速器改装为 EL 型电接风向风速器。1980 年 1 月 1 日根据新版《地面气象观测规范》增加地表温度、雪深、雪压观测,1980 年 7 月停发航空天气报,1983 年 1 月根据国家气象局指示,编发气象旬(月)报。1986 年 10 月起由 PC-1500 袖珍计算机代替手工编报,2000 年 10 月开始采用 AHDM 4.1 测报程序,2003 年 1 月由 Milos 500 自动气象站代替人工观测,2007 年 1 月 1 日恢复 23 时补绘报,2007 年 3 月增加增雨报和航空报(预约)拍发,2008 年 1 月 1 日增加气象旬(月)报地温段。

自动气象站观测 2001 年 1 月 1 日,自动气象站投入业务试运行,与人工观测对比两年,2003 年 1 月 1 日自动气象站正式投入运行;自动站观测项目气压、温度、湿度、风向风速、日照、降水、大型蒸发、地面温度、5~320 厘米地温;人工观测项目有云、能见度、天气现象、冻土、雪深雪压、小型蒸发及压、温、湿、风自记。主要拍发 02、05、08、11、14、17、20 时 7 次天气报,气象旬(月)报、航空报(预约)、增雨报。

②土壤湿度观测

本站为土壤湿度试验站,每月 3、8、13、18、23、28 日进行人工观测。观测项目为土壤水分,用人工取土器取出 10~50 厘米深度的土壤,再用电烤箱烘烤后测出数据,每 10 厘米为一层,每层 4 个重复。通过增加拍发《气象旬(月)报》中的第二段农业气象段,编发 10、20、50 厘米 3 个深度的土壤湿度数据。只发报不作报表。

2. 气象信息网络

2001 年 5 月建成气象卫星数据广播与接收系统。2002 年 1 月—2005 年 4 月通过 PSTN 电话拨号发送报文至省气象局转报台,2003 年 10 月开通互联网,2005 年 5 月—2008 年 11 月使用 PES-5000 卫星终端传输系统,以此为主要传输手段。2008 年底建成县级局域网,通过 2 兆光纤宽带数字链路连接州(地、市)局域网,实现了与省、州、县三级可视会商和实景监控系统。

3. 天气预报

建站之初,天气预报的制作较为简单,预报工具使用每日收音机接收的等高线资料,绘制 500 百帕小天气图,根据本站压、温、湿观测资料绘制剖面图,结合当时天气条件和预报经验制作出 24~48 小时天气预报。从 20 世纪 80 年代初,县级气象站不再制作天气预报,发布的天气预报信息是由州气象台提供的 24~72 小时天气预报。

4. 气象服务

①公众气象服务

对州气象台天气预报进行订正,每天通过电视、广播、电话,向广大公众及社会各行业和各部门发布气象信息服务。

②决策气象服务

对州气象台预报信息加以订正后为春播生产、汛期气候趋势、冬季雪灾等提供决策气象服务。定期向县委、县政府和相关部门提供天气预报、气候预测产品以及雨情、雪情等监测信息。汛期通过电话、手机信息发送 24 小时和 48 小时天气预报。

③专业与专项气象服务

人工影响天气　人工影响天气工作始于 2007 年 7 月,现有扎青、多纳、昂赛、萨呼腾 4 个作业点,使用"中天"火箭弹和"五五六"火箭弹进行人工增雨作业,此项工作的开展,对本地生态环境的改善起到一定的作用,牧草长势和降水明显好转。

防雷技术服务　2005 年 4 月,首次开展对杂多县境内易燃易爆场所及建筑物雷电防护装置检测工作,多次进行防雷方面的宣传和技术指导,配合县安全生产管理委员会定期进行安全检查。

④气象科技服务

始终坚持把气象为农(牧)业服务放在首位,从 2007 年开始向县委、县政府,县农牧局、水务局、交通局、学校、发电厂等单位发布灾害性天气预警信息和短信服务,为防灾减灾提供了实时气象数据。

5. 科学技术

气象科普宣传　利用每年"3·23"世界气象日之际,大力宣传气象科普知识,在学校等公众场合进行防雷和气象知识讲解,给地方政府宣传人工影响天气工作的原理及作用等。

科学管理与气象文化建设

1. 科学管理

制度建设　为使各项工作能顺利进行,自建站之日起制定了相应的工作制度,并不断完善,制订了《地面观测值班制度》、《假期管理制度》、《地面观测守班制度》、《业务学习制度》、《安全生产管理办法》、《杂多县气象局工作人员奖惩办法》和《一类艰苦台站工作人员轮休制度》等工作制度。

社会管理　自《探测环境保护办法》实施后,2005 年 5 月先后与相邻各单位及居民签订探测环境保护协议并备案。2007 年 5 月,杂多县人民政府将探测环境依法纳入保护和城镇规划,并多次出面解决破坏探测环境的违法行为。严格按照《青海省雷电防护管理办法》,对杂多县境内易燃易爆场所进行雷电防护装置检测,杜绝防雷安全事故的发生。

依法行政　中国气象局《实施〈全面推进依法行政实施纲要〉细则》颁布实施以来,杂多县气象局成立了执法小组,从健全机构、建设队伍、完善装备等方面入手,大力加强气象执法能力建设,不断推进杂多县气象依法行政工作向前发展。采取参加气象执法培训,着力提高气象行政执法队伍的综合素质。通过培训,执法人员更深入地理解和掌握了法律法规的内容,熟悉执法流程和执法技巧,执法水平得到有效提高。全局先后有 5 名气象行政执法人员通过培训考试,领取了《行政执法证》,持证上岗。

政务公开　完善政务公开程序,成立政务公开小组,对月、季、年个人地面测报质量和全局测报质量,百班、250 班无错个人验收进行公开公示;对气象业务人员合理调配、职称晋升、年终考核、财务收支、专项资金使用情况等进行政务公开,接受群众监督。

2. 党建工作

党的组织建设 县气象局党支部成立于 2008 年 7 月,此前与县畜牧局同属一个支部。截至 2008 年 12 月,有党员 4 名(其中女党员 1 名)。党支部定期过组织生活或参加杂多县组织部举办的党员活动,在党员中开展党风廉政建设工作,解放思想大讨论活动和深入学习科学发展观活动。

党的作风建设 定期组织全站职工进行理论学习,及时提高党员干部的理论水平和解决实际问题的能力。把理论学习与改造自己的主观世界结合起来,改进工作作风,真正做到权为民所用、情为民所系、利为民所谋。

党风廉政建设 根据党风廉政建设的要求,2004 年起执行政务公开制度,公开内容以气象公用经费的收支情况、科技收入的管理分配情况,重大政策决策的执行情况,职工假期的使用情况等,做到公开透明。

3. 气象文化建设

精神文明建设 在文明单位创建工作中,先后制定《文明单位创建标准》、《文明创建制度》和十年规划,组织职工开展丰富多彩的文体生活,在单位大院内安装健身器材,创办职工之家,订阅报刊杂志,在阅览室内布置各类图书 300 余册。

文明单位创建 2002 年 4 月杂多县气象局被中共杂多县委、县政府授予县级"文明单位"荣誉称号。

集体荣誉 2006 年 1 月被青海省气象局授予"先进集体"称号。

台站建设

2005 年 10 月省气象局投资 174 万元新建的县气象局综合改善项目竣工,新建职工宿舍 10 间 280 平方米,办公用房 7 间 230 平方米,并一次性购置各类办公设施及用品,取暖锅炉、水净化项目相继实施,2008 年省气象局再次投资 34 万元完成了大院环境整治工程。现今的杂多县气象局院内建筑物布局合理、整洁美观,观测场周围平坦开阔。

治多县气象局

机构历史沿革

始建情况 1961 年 5 月筹建治多县气象站。创建时名称为青海省玉树藏族自治州加吉博洛格气象站,站址在治多县城东侧草原,位于北纬 34°03′,东经 95°14′,海拔高度 4131.0(约测)米,1962 年 1 月正式开始进行地面气象观测,为国家基本站,夜间守班。1967 年 10 月由中国人民解放军兰字 389 部队五队测绘队测定观测场位于北纬 33°50′,东经 95°36′,

海拔高度 4179.1 米,1973 年依据"(73)青革字第 87 号"文更改纬度为北纬 33°51′。

历史沿革　1961 年 5 月始建,1962 年 10 月撤消。1967 年 7 月 1 日重建,站名为治多县气象服务站;1969 年 5 月更名为治多县革命委员会气象站;1981 年 1 月更名为玉树藏族自治州治多县气象站;1984 年 7 月更名为治多县气象站;1995 年 6 月 19 日成立治多县气象局。2002 年 9 月经玉树州气象局和治多县人民政府同意,增设治多县人工影响天气管理局和治多县防护雷电管理局,与治多县气象局合署办公。

管理体制　始建至 1962 年撤销前,隶属中央军委,1967 年 7 月重建后属省气象局管理。1969 年 1 月转为治多县革命委员会领导;1980 年 1 月体制改革后,实行气象部门与地方政府双重领导,以气象部门领导为主的管理体制。

机构设置　下设有地面观测组、防雷检测组与人影组。

单位名称及主要负责人变更情况

单位名称	姓名	民族	职务	任职时间
青海省玉树藏族自治州加吉博洛格气象站	孙道珩	汉	站长	1961.05—1962.10
撤　销				1962.09—1967.06
治多县气象服务站	徐孝义	汉	负责人	1967.07—1969.04
治多县革命委员会气象站				1969.05—1974.01
	林信英	汉	负责人	1974.02—1980.12
玉树藏族自治州治多县气象站	才仁公保	藏	站长	1981.01—1984.06
				1984.07—1990.01
	焦仕军	汉	副站长	1990.02—1990.10
	尕才	藏	副站长	1990.11—1993.12
治多县气象站	晁玉祥	汉	副站长	1994.01—1995.04
			站长	1995.05—1995.05
治多县气象局			局长	1995.06—

人员状况　始建时有职工 5 人。2007 年核定人员编制 9 人。截至 2008 年 12 月,有职工 6 人,其中:30 岁以下 1 人,30～40 岁 2 人,40 岁以上 3 人;本科学历 1 人,大专学历 4 人,中专学历 1 人;中级职称 4 人,初级职称 2 人;藏族 2 人,土族 1 人。

气象业务与服务

1. 气象业务

①地面气象观测

1967 年 1 月—1969 年 4 月每天进行 02、08、14、20 时(北京时)4 次定时观测,夜间守班。1969 年 5 月—1979 年 12 月每天进行 08、14、20 时 3 次观测,夜间不守班。1980 年 1 月 1 日恢复 02、08、14、20 时 4 次定时观测,改为 24 小时守班制。

观测项目　建站初期观测项目有云、能见度、天气现象、降水量、日照、蒸发、气温、气压、风向风速、最高气温、最低气温、毛发湿度、气压自记、温度自记和湿度自记。1980 年 1 月 1 日恢复 02 时人工观测后,同时取消之前用 02 时自记记录代替观测的方法。1980 年 1 月 1

增加冻土、地面温度、积雪深度、雪压(雪压因无仪器推迟到1983年10月正式观测)观测。

编发02、08、14、20时定时天气报,重要天气报,临时预约航空(危险)天气报。2000年4月1日起,每日3次编发加密天气报。1967年1月至1992年4月30日,气象站自设无线电台,向省气象局通信台发送定时、补绘和航空天气报。向省气象局资料中心报送气象月报表(气表-1)和年报表(气表-21),向州气象台报送月简表。2000年10月起使用计算机录制和打印报表,人工审核后上报。

自动气象观测站 2002年11月1日建成自动气象站,因缺乏稳定电源,直至2006年6月1日开始观测,平行观测一年;前6个月以人工观测为主,自动观测为辅,后6个月以自动观测为主,人工观测为辅。2007年12月31日20时开始进行自动站单轨业务运行。探测手段全面更新,除云、能见度、天气现象、日照、蒸发、冻土、积雪深度、雪压仍沿用人工观测外,其他项目如气压、温度、湿度、风向风速、地温、降水量等全使用微型计算机自动采集观测。

生态环境监测 2002年增设生态监测,监测项目为牧草返青期、开花期、枯黄期、牧草产量。2006年停止观测。

②天气预报

从20世纪80年代初,县级气象站不再制作天气预报,县气象站发布的天气预报信息是由州气象台提供的24~72小时天气预报。并对州气象台预报信息加以订正后为当地汛期气候趋势、冬季雪灾等提供决策气象服务。

③气象信息网络

最初用自设莫尔斯电台拍发气象电报。1987年2月使用无线"单边带"传报。2000年4月1日开始改用电话上报加密天气报;2007年6月1日起,通过电话拨号发送报文至省气象局转报台。2008年11月起,气象专用光缆开通,县气象局所有测报资料经过省气象局局域网络上传,电话拨号、电台改作备份通信方式。2008年底建成视频会商会议系统和实景监控系统。2008年底建成县级局域网,通过2兆光纤宽带数字链路连接州(地、市)气象局局域网。

2. 气象服务

公众气象服务 利用县电台播报未来24小时全县5乡1镇天气预报。在人员相对集中的地方,设置专门订制的《气象信息公示栏》,公布未来24的天气预报。

决策气象服务 向县委、县政府,县畜牧局、国土资源局、民政局等有关单位报送未来30天气候趋势预测,重要天气趋势预报,冬春季雪灾预报,向政府部门提供《治多雨(雪)情公报》,汛期气候趋势预测。

专业与专项气象服务 2002年8月青海省气象局发文(青气发〔2002〕77号)成立治多县人工影响天气管理局和治多县防护雷电管理局,正式将人工影响天气和防雷工作纳入基本业务范畴。

2004年4月首次配发1套地面燃烧炉并于当年6月起开始在加吉博洛镇实施人工增雨作业,2007年5月配发中天火箭发射架1套,作业点设在多彩乡,2010年4月配发556型火箭发射架4套,作业点分别位于加吉博洛镇、治渠乡同卡村、扎河乡及立新乡,每年4月15日—9月15日实施作业。

2003 年省气象局配备了各类检测仪器并于当年 4 月开展防雷检测工作。经过几年的发展,检测人员的业务能力水平得到了全面提高,检测对象由最初的易燃易爆场所逐步向高层建筑物、学校、公共场所延伸。

气象科普宣传　气象科普宣传工作主要是利用"3·23"世界气象日、"12·4"法制宣传日,走上街头,进入校园,深入工地,宣传有关法律法规、雷电防护知识;组织中小学生前来气象局参观。

气象法规建设与社会管理

法规建设　2008 年 6 月 12 日治多县人民政府发出《治多县人民政府关于印发〈治多县气象探测环境和设施保护办法〉的通知》,2003 年 10 月 8 日县气象局与县城建局联合出台《关于转发玉树州保护气象探测环境实施细则的通知》等文件,为保护气象探测环境和设施,提供了重要依据。

制度建设　制定了《治多县气象局假期轮换制度和职工年休假制度》、《治多县防雷工程设计审核竣工验收管理办法》、《干部廉政建设制度》、《地面值班制度》、《气象行政执法管理办法实施细则》等制度,逐步完善管理职责,做到行为有规范,监督有机制,为气象依法行政打好基础。

社会管理　依照《中华人民共和国气象法》和《青海省气象条例》,对气象探测环境依法进行保护。承担本行政区域内的气象行政执法工作,执法队伍由气象业务人员兼职。每周巡视观测场周围环境,协同有关部门了解周围建设变化情况,及时制止违法行为。

依法行政　每年与治多县公安消防队、治多县建设局等单位开展雷电防护安全生产检查联合执法行动。

政务公开　制作政务公开专用公示栏,定期公示局务、政务。

党建与气象文化建设

1. 党建工作

党的组织建设　未成立独立党支部,党组织隶属于县畜牧党支部,多年来党员人数在 2～3 名之间,截至 2008 年 12 月,有党员 3 名。按期参加畜牧党支部组织的各类活动和组织生活,积极参加保持党的先进性教育活动和党风廉政建设活动,把党风廉政建设学习教育的各项活动开展情况列入党风廉政建设责任制检查考核的内容。

2. 气象文化建设

精神文明建设　始终把职工队伍的思想建设和局领导的作风建设作为精神文明建设的重要内容,经常性地开展以抓思想教育、工作落实为基本内容的文明建设活动,加强政策、法规学习,提高职工队伍法律意识和政治素养。

文明单位创建　为丰富职工的文化娱乐生活,2004 年创建职工文化娱乐室,内设棋牌、阅览、健身等项目供职工活动。同时,在县气象局大院醒目位置开办学习园地、法制宣传栏,制作局务公开专用栏和征求意见箱。2003年12月被中共玉树州委、州人民政府授予"文明单位"称号;2006年6月被玉树州精神文明委授予"文明行业"称号。2008年6月被玉树州精神文明委授予"文明窗口单位"称号。

集体荣誉　1978年荣获全国科学技术大会先进集体奖和青海省人民政府科学技术大会先进集体奖。

台站建设

2006年省气象局加大基层台站综合改善力度,向治多县气象局投资80万元改造基础设施,新建具有民族特色、带有暖气和自来水设施的业务办公室250平方米和职工宿舍170平方米,告别了以牛粪为燃料取暖的历史。庭院实现道路硬化,拆除旧危房,彻底治理脏、乱、差现象,营造舒适优美的生活工作环境。2006年11月配备1辆长城牌小型货车,用于人工增雨作业。2009年9月配备1辆猎豹牌越野汽车,作为公务用车,极大地方便了防雷检测、行政执法等公务工作。

治多县气象局旧貌(2002年6月)

2006年台站综合改善后治多县气象局新貌

曲麻莱县气象局

曲麻莱县位于青藏高原腹地,是长江、黄河源头的第一个纯牧业县,昆仑山、巴颜喀拉山、可可西里从北向南排列。境内气候严寒,年平均气温－2.2℃,年平均降水量405.5毫米。冬春季雪灾是制约当地的牧业生产发展和危害人民生命财产安全的主要灾害。

机构历史沿革

始建情况　创建于1956年7月1日的曲麻莱县色吾沟气象站,位于北纬34°36′,东经95°51′,海拔高度4142.2(约测)米,为国家基本站,夜间守班。

站址迁移情况　1982年1月因曲麻莱县整体搬迁,经中央气象局批准,迁站至曲麻莱县约改滩草地,北纬34°08′,东经95°47′,海拔高度为4206.0米。

历史沿革　1960 年 1 月改名为曲麻莱县气象服务站,1968 年 1 月更名为曲麻莱县气象站革命领导小组,1973 年 1 月改称曲麻莱县革命委员会气象站,1984 年 10 月改名为曲麻莱县气象站。1995 年 8 月经玉树州人民政府、曲麻莱县人民政府批准,成立曲麻莱县气象局。2002 年 9 月经玉树州气象局和曲麻莱县人民政府同意,增设曲麻莱县人工影响天气管理局和曲麻莱县防护雷电管理局。

管理体制　建站时隶属于县政府管理,1963 年 3 月划归省气象局直接领导,1969 年 7 月体制下放到县革命委员会领导,1971 年 2 月隶属于县革命委员会、人民武装部管理。1973 年 6 月归县革命委员会管理;1980 年 1 月实行气象部门与地方政府双重领导,以气象部门领导为主的管理体制。

机构设置　下设地面测报组、防雷检测组、人工影响办公室。

单位名称及主要负责人变更情况

单位名称	姓名	民族	职务	任职时间
曲麻莱县色吾沟气象站	陈保奇	汉	负责人	1956.07—1956.12
			站长	1957.01—1959.10
	李福根	汉	负责人	1959.11—1959.12
			站长	1960.01—1962.07
曲麻莱县气象服务站	夏忠礼	汉	负责人	1962.08—1964.09
			站长	1964.10—1966.12
曲麻莱县气象站革命领导小组	段光文	汉	负责人	1967.01—1967.12
				1968.01—1972.12
			副站长	1973.01—1975.12
曲麻莱县革命委员会气象站	安德福	藏	负责人	1976.01—1979.12
			站长	1980.01—1983.04
	格勒巴德	藏	站长	1983.05—1984.10
曲麻莱县气象站				1984.10—1989.01
	李昌文	藏	站长	1989.02—1993.12
	曾玉涛	汉	站长	1994.01—1995.07
曲麻莱县气象局			局长	1995.08—2000.07
	尕才	藏	局长	2000.08—

人员状况　始建时共有 9 名男同志,均为汉族。2007 年省气象局核定人员编制 16 人。截至 2008 年 12 月,有职工 12 人,其中:女 2 人;藏族 2 人;20～30 岁 4 人,30～40 岁 2 人,40～50 岁 6 人;本科以上学历 2 人,大专学历 8 人;中级职称 7 人,初级职称 1 人。

气象业务与服务

1. 气象观测

①地面气象观测

观测项目　有云(包括云状、云量、云高)、能见度、天气现象、空气温度(包括最高、最低）和湿度、风向风速、气压、降水、日照、大小型蒸发、雪深雪压、地面温度（包括最高、最低）、浅层和深层地温（5、10、15、20、40、80、160、320厘米）、冻土深度等。

观测时次　建站至1960年12月，每天进行01、04、07、10、13、16、19、22时（地方时）8次观测；1961年1月起，改为02、05、08、11、14、17、20、23时（北京时）8次观测，尽夜守班。

发报种类　气象电报以02、08、14、20时定时天气报和05、11、17时补绘天气报为主，同时拍发气象旬（月）报，重要天气报，预约拍发每小时一次航空（航危）报。

电报传输　1989年10月以前使用15瓦或50瓦功率短波电台，靠手摇发电机供电，各类气象报告由专职报务员通过莫尔斯电台发送至省气象局通信台；1989年11月改用"单边带"电台传输资料。2002年开始通过PSTN有线拨号发送报文至省气象台通信台。

气象报表制作　2000年10月更换地面测报程序，采用AHDM 4.1测报程序，地面气象报表（气表-1）由手工抄录改为AHDM 4.1地面测报系统自动编制，2002年1月后由Milos 500自动站系统逐日提取报表数据，月终自动形成气象记录月报表，报表预审由手工完成。

资料管理　2007年7月对建站后至2005年12月31日地面观测资料，报表进行整理、装订、登记，并移交给省气象局档案科。对2006年1月1日以后的各类气象资料由观测员兼职保管，设专用资料档案室，按月归类装订，造册登记，专柜存放。

地面测报的变动情况　1956年7月1日，开始地面气象观测，观测项目为气压、温度、湿度、云、天气现象、风向风速、降水、蒸发。1961年1月1日百叶箱距地面高度由2.0米改为1.5米。1962年8—12月因职工退职下放等原因停止工作，当年8—12月份气象记录从缺。1963年1月1日开始观测日照，1964年启用气压计。1966年更换温、湿度计和风速器，1968年6月1日EL型电接风向风速仪代替维尔达风向风速仪。1980年1月1日增加冻土，同时增加地面0、5、10、15、20、40厘米地温观测。1982年1月1日增加深层（80、160、320厘米）地温观测。1985年1月1日使用新的湿度查算表（乙种本）。1986年开展牧业气象观测业务。1986年2月1日开始使用PC-1500袖珍计算机编报。2000年10月1日使用AHDM 4.1测报程序，数据自动采集并生成报文。2001年1月实现Milos 500自动站业务运行，并建成太阳能供电系统。2003年开始生态监测工作。2005年5月建成PES-5000卫星数据站。

自动气象观测站　2000年10月1日自动气象站投入业务试运行，与人工观测对比两年，2003年1月1日自动气象站正式投入运行；自动站观测项目有气压、温度、湿度、风向风速、日照、降水、大型蒸发、地面温度、地温（5～320厘米），人工观测项目有云、能见度、天气现象、冻土、雪深雪压、小型蒸发及压、温、湿、风自记。主要拍发02、05、08、11、14、17、20时7次天气报，气象旬（月）报、航空报（预约）、增雨报。

②牧业气象观测

牧业气象观测属于一级观测站。1987年1月1日起开始牧业气象观测，每年牧草返青到黄枯期间进行，观测内容为：牧草发育期、生长期、覆盖度和牧草产量。编发旬（月）报，制作畜牧气象记录年报表和土壤水分年报表。

③土壤湿度观测

土壤湿度从10厘米地温解冻到冻结期进行观测，观测时间为每旬逢3日、8日为观测日,主要观测土壤湿度、土壤特性等,使用手钻取土器、电烤箱、天秤等工具,2006 年 6 月安装自动土壤水分仪进行自动观测,每天 4 次传输自动土壤水分监测资料。

④物候观测

观测生长在高原地区的蒲公英、车前子植物生长发育情况。

2. 气象信息网络

2005 年 8 月启用 PES-5000 卫星数据站传输资料。2008 年底建成视频会商会议系统和实景监控系统,并建成县级局域网,通过 2 兆光纤宽带数字链路连接州(地、市)局域网。

3. 天气预报预测

1981 年之前预报制作方法较为简单,每日抄录收音机播放的 500 百帕等高线电码形式,绘制小天气图,根据本站压、温、湿观测资料绘制剖面图,结合当时天气条件和预报经验制作 24～48 小时天气预报。从 20 世纪 80 年代初,县级气象站不再制作天气预报,向公众发布的天气预报信息是由玉树州气象台提供的 24～72 小时天气预报。

4. 气象服务

①公众气象服务

以州气象台制作的天气预报产品进行本站订正,通过与单位间的电话连线、手机短信息、广播、电视等工具发布给广大公众。

②决策气象服务

对州气象台预报信息加以订正后为当地春播生产、汛期气候趋势、冬季雪灾等提供决策气象服务。定期向县委、县政府及相关部门提供天气预报和气候预测产品以及雨情、雪情等监测信息。

③专业与专项气象服务

人工影响天气 2004 年 4 月起开始三江源人工增雨作业,起初人工影响天气作业设备只有地面燃烧炉 1 套,作业地点为约改镇。2007 年 2 月配发中天火箭发射器 2 套,增雨作业点设在曲麻莱县叶格乡和巴干乡,作业时间为每年 4 月 15 日—9 月 15 日,每年增雨作业前对增雨作业人员进行安全培训和设备检查。

防雷技术服务 每年的 3—10 月对易燃易爆场所和高层建筑物、学校、机房等弱电设备场所和加油站、加气站以及乡级加油站进行防雷工程及检测。对全县十几所学校进行重点检测,避免雷击事件的发生。同时在全县范围内开展雷电防御等知识宣传活动,得到了社会的认可。

5. 科学技术

气象科普宣传 主要是利用"3·23"世界气象日、"12·4"法制宣传日,走上街头,进入校园,深入工地,宣传有关法律法规、雷电防护知识,组织中小学生前来气象局参观。

气象法规建设与社会管理

法规建设　为落实《中华人民共和国气象法》和《青海省气象条例》,曲麻莱县政府下发《关于依法保护气象探测环境的通知》和加强防雷检测工作文件。

制度建设　制定了《地面气象测报工作规章制度》、《曲麻莱县气象局假期管理办法》、《带薪年休假制度》、《一、二类艰苦台站轮休制度》等,使气象工作在制度建设中得到健康稳步发展。

依法行政　依法保护气象观测站探测环境和设施,加强同建设、规划等有关部门的联系,对可能造成影响和破坏气象探测环境的项目严格执法。强化防雷安全专项检查,对学校、医院、易燃易爆场所等防雷重点单位进行深入细致地集中抽查,对检查中发现的隐患及时发出整改通知书,最大限度地减少雷击隐患,以确保公共安全。

政务公开　主要内容为公众服务项目、业务质量、文明服务规范。财务预算、决算及财务制度执行,业务经费和公务经费开支,招待费开支,专项经费使用情况等。设立政务公开栏进行公开或召开职工会议的形式进行公开。

党建与气象文化建设

1. 党建工作

党的组织建设　县气象局党员工作隶属于畜牧支部,截至 2008 年 12 月有党员 5 名。参加畜牧党支部组织的各类活动和组织生活,积极参加保持党的先进性教育活动和党风廉政建设活动。制定领导干部党风廉政建设学习教育制度,明确责任,把党风廉政建设学习教育的各项活动开展情况列入党风廉政建设责任制检查考核的内容。

2. 气象文化建设

精神文明建设　全局干部职工,发挥艰苦创业精神,内抓业务,外树形象。县气象局以制度抓管理,以机制抓考核,奖优罚劣,充分调动了干部职工的积极性,增强了单位凝聚力。

文明单位创建　重视加强人才培养,支持职工参加省气象局组织的各项专业技能培训,不断提高干部职工的技术水平。开展文明创建规范化建设,装修办公楼,统一制作局务公开、学习园地、法律法规宣传、气象科普宣传等专栏,修建室外健身娱乐场所,配备了健身器材,丰富了职工文体生活。

2000 年 10 月被中共曲麻莱县委、县人民政府命名为"文明单位";2001 年 10 月被中共玉树州委、州人民政府命名为"文明单位"。

3. 荣誉

集体荣誉　1985 年 12 月获青海省人民政府"气象预报服务先进台站"荣誉称号。1986 年 9 月获青海省人民政府"抗灾救人保畜先进集体"荣誉称号。1989 年 4 月获国家气象局"全国双文明先进集体标兵"荣誉称号。

个人荣誉　1983 年 12 月曹风云同志获国家民委、劳动人事部和中国科协授予的"先进科技工作者"荣誉称号。1985 年 6 月在团中央等单位举办的为边陲优秀儿女挂奖章活动中,格勒巴德同志获银奖。

台站建设

1980 年 1 月迁站时省气象局投资建设土木结构房屋共 6 排,其中:职工住宅 15 套,单间宿舍 6 间,办公室 5 间,会议室 2 间。2002 年修建 620 米空心砖围墙。2005 年台站综合改善,省气象局投资 80 万元新建砖混结构住宅用房 340 平方米 8 套,办公用房 230 平方米 8 间,锅炉房、煤房等其他用房 112 平方米。2008 年投资 47 万元修建职工宿舍和办公用房 870 平方米。

1974 年 3 月配备 1 辆南京跃进牌农用车,1993 年 8 月配备 1 辆日本兰鸟牌轻型农用车,1999 年配备 1 辆福田牌轻型农用车,专门用于为职工和办公室供应燃料。2004 年 11 月为人工增雨作业配备 1 辆长城赛铃皮卡车,2008 年 9 月被州气象局收回,2008 年 11 月配备 1 辆猎豹牌越野车。

综合改善后县气象局办公与住宅楼(2006 年)

称多县清水河气象局

机构历史沿革

始建情况　1956 年 9 月 1 日青海省天河县休马滩气象站始建,站址在玉树藏族自治州天河县清水河乡休马滩,位于北纬 33°55′,东经 97°31′,观测场海拔高度为 4500(估测)米。属国家基本气象观测站,夜间守班。

站址迁移情况　1959年11月迁站到天河县清水河乡(今称多县清水河乡)，位于北纬33°46′，东经97°08′，观测场海拔高度4431.0米；1968年2月由兰字389部队实测站址位于北纬33°48′，东经97°08′，观测场海拔高度4415.4米。距玉树州人民政府所在地约150千米，距称多县人民政府所在地80千米。

历史沿革　1960年1月更名为玉树藏族自治州天河县清水河气象服务站。1960年9月天河县撤销，清水河乡划归称多县管辖，1960年10月更名为玉树藏族自治州称多县清水河气象服务站；1968年8月更名为青海省称多县清水河气象站草原革命领导小组；1973年1月更名为青海省称多县清水河气象站；1976年8月更名为称多县革命委员会清水河气象站；1978年1月更名为青海省称多县清水河气象站；1984年5月更名为称多县清水河气象站；1995年8月经玉树州人民政府、称多县人民政府批准，成立称多县清水河气象局。2002年9月经玉树州气象局和称多县人民政府同意，增设称多县人工影响天气管理局和称多县防护雷电管理局。

管理体制　建站至1968年6月由省气象局直接领导；1968年7月开始受称多县人民政府和清水河乡人民政府领导；1973年1月受称多县革命委员会和清水河乡革命委员会领导；1980年1月体制改革，实行气象部门与地方政府双重领导，以气象部门领导为主的管理体制。

机构设置　设地面观测组、人工影响天气管理办公室和雷电防护装置检测所。

单位名称及主要负责人变更情况

单位名称	姓名	民族	职务	任职时间
青海省天河县休马滩气象站	奎确	藏	负责人	1956.09—1956.10
	郑学曾	汉	站长	1956.10—1958.09
玉树藏族自治州天河县清水河气象服务站	刘康洪	汉	站长	1958.10—1959.12
				1960.01—1960.09
玉树藏族自治州称多县清水河气象服务站				1960.10—1962.06
	张同攀	汉	负责人	1962.07—1963.02
			代站长	1963.03—1964.09
	郑学曾	汉	站长	1964.10—1967.10
	李宗白	汉	代站长	1967.10—1967.12
青海省称多县清水河气象站草原革命领导小组	郑学曾	汉	站长	1968.01—1968.07
				1968.08—1971.07
	李恒清	汉	指导员	1971.08—1973.08
青海省称多县清水河气象站	郭平果	汉	站长	1973.01—1976.07
称多县革命委员会清水河气象站	朱宗江	汉	站长	1976.08—1977.06
	周天佑	汉	负责人	1977.07—1977.12
青海省称多县清水河气象站				1978.01—1980.10
	阿贝	藏	站长	1980.11—1982.11
	敖清河	汉	站长	1982.12—1984.04

单位名称	姓名	民族	职务	任职时间
称多县清水河气象站	徐军峰	汉	站长	1984.05—1985.04
	李积谦	汉	站长	1985.05—1987.09
	成国勋	汉	站长	1987.10—1989.02
	包文山	藏	站长	1989.03—1990.11
	王发智	汉	副站长	1990.12—1991.11
	赵海峰	汉	副站长	1991.12—1994.05
	耐美扎西	藏	副站长	1994.06—1995.04
称多县清水河气象局	石天刚	汉	站长	1995.05—1995.07
			局长	1995.08—2002.05
	吕玉旺	汉	站长	2002.06—2003.09
	马德杰	回	副站长	2003.10—2005.08
	扎　西	藏	站长	2005.08—

人员状况　始建时有职工9人(其中站长1人,观测员、报务员7人、摇电员1人)。2007年核定人员编制10人。截至2008年12月,有职工12人,其中:女3人;工程师4人,助理工程师7人,中级工1人;本科学历6人,大专学历5人,高中学历1人;藏族4人,回族1人。

气象业务与服务

1. 气象业务

①气象观测

地面气象观测　1956年9月1日—2000年9月31日进行人工观测和编发天气报,2000年10月1日开始安装Milos 500自动气象站,观测采用自动站自动取数和人工观测两部分。观测项目有云、能见度、天气现象、气温(最高、最低)、湿度、风向风速、降水量、日照、蒸发(小型)、积雪深度、冻土。编发02、05、08、11、14、17、20时共7次定时报和补绘报,同时编发气象旬(月)报和预约航空报。

1989年10月以前靠手摇发电机供电,天气报、预约航空(危)报由专职报务员通过莫尔斯电台发送至省气象局通信台。1992年1月后改用"单边带"电台发报;2000年10月1日启用电脑编发报。2000年9月前手工抄录、计算气象月报表,每月10日前邮寄到省气象局资料中心,次年3月30日前报送气象年报表。从2000年10月起使用微机录入、计算、打印报表。

地面测报的变动情况　1957年5月13日增加气压观测,1960年8月1日地方时改北京时观测,1980年1月1日开始地面温度观测,1980年1月1日开始雪压观测,1983年1月1日开始编发气象旬(月)报,1986年2月1日开始使用PC-1500袖珍计算机,1989年9月开始冻土观测,1992年1月撤销报务组改用"单边带",2000年1月1日撤销PC-1500袖珍计算机改用微机,2000年10月建成Milos 500自动气象站,2001年1月1日人工站与自动站对比观测,2002年1月1日人工站与自动站开始双轨运行,2002年3月增加牧草产量及高度观测,2003年1月1日自动气象站开始单轨运行。2005年5月1日PES-5000气象通讯卫星数据小站运行,开始预约编发航空报;2008年底建成视频会商会议系统和实景监控系统;建成县级局域网,通过2兆光纤宽带数字链路连接州(地、市)局域网。

自动气象观测站　2001年1月1日建成,人工观测站与自动气象观测站对比观测开始;2002年1月1日人工观测站与自动气象观测站开始双轨运行;2003年1月1日自动气象站开始单轨运行。自动观测项目为气压、气温、湿度、地温(地面0厘米、地面最高、最低)、深层地温、风向风速、降水量、蒸发(大型);其他项目如云、能见度、天气现象、冻土深度、蒸发量(小型)、雪深雪压、日照等仍采用人工观测方式进行,观测数据用手工录入计算机,降水量观测如出现固态降水,仍用人工方式观测。

生态环境监测　2002年3月增加牧草产量及高度观测。从每年春季开始到牧草枯黄期间进行牧草返青期、生长期、开花期和枯黄期观测,对牧草生长、产量进行分析。编发生态监测报,制作生态观测报表。

②天气预报

以州气象局发布的预报为主,进行订正后用纸制《气象天气预报》报送地方政府部门和有关单位,通过固定电话和手机短信等形式发送天气预报。

③气象信息网络

1992年1月开通省气象通信台与县气象站"单边带"通信业务,淘汰原始的莫尔斯电台;2000年1月1日建成计算机有线网络,使用有线MODEM进行通信;2005年5月建成PES-5000卫星数据站;2008年底建成视频会商会议系统和实景监控系统;建成县级局域网,通过2兆光纤宽带数字链路连接州(地、市)局域网。

2. 气象服务

公众与决策气象服务　清水河气象站是青海省最艰苦的一级气象台站之一,地处称多县清水河乡,气候条件和生活条件极差,乡政府所在地常驻人口不足千人。根据省、州两地气象主管部门确定,不制作天气预报,只开展冬春季雪灾预报等有限的决策服务。

由于清水河地区雪灾频发,在省、州两级气象局的要求和安排下,积极调研上报灾情,向决策部门建言献策,连续多次在报刊媒体上报导雪灾实况,制作了雪灾宣传画册,最大限度的减少灾害损失。为了取得准确的雪灾气象资料,在雪灾严重的村镇设立了临时气象情报人员,随时向抗灾指挥部汇报降水时段、强度、积雪等情况。

专项气象服务　从2007年春季开始,在春、伏旱期间,相继开展了小规模的火箭和燃烧炉人工增雨作业。另外,加大防雷检测范围,县政府协商,取得了在县城开展防雷检测工作的许可,对重点单位开展了防雷检测,对不合格或存在防雷隐患的单位提出整改意见,防雷工作逐步开展。

气象科普宣传　每年开展"3·23"世界气象日宣传活动,主要以发放宣传资料,分发《中国气象报》,制作小黑板等形式进行宣传活动。

科学管理与气象文化建设

1. 科学管理

制度建设　参照州气象局的有关管理制度,制订了《职工假期管理制度》、《职工年休假管理办法》、《气象职工文明公约》等,做到了有章可循。

依法行政　县站各项工作依法行政,制作政务公开专用公示栏,定期公示局务政务有关事项。通过培训,配备兼职执法人员2名。

2. 党建工作

党的组织建设　清水河气象站早期党员只有1~2名,截至2008年12月有党员4名,隶属于清水河乡党支部,党支部中安排1名气象局党员担任支部委员,组织生活和党员活动由乡党支部安排。

党的作风建设　近年来,全体党员参加了"三讲"、"三个代表"和"科学发展观"等教育活动,党员的思想觉悟有了新的提高,讲党性、守纪律、乐于奉献的人多了,在党员的带领下,全局上下团结一致,气象业务工作顺利进行。

党风廉政建设　重视党风廉政建设,制定党风廉政建设学习教育制度,明确责任,把党风廉政建设学习教育的各项活动开展情况列入党风廉政建设责任制检查考核的内容。

3. 气象文化建设

精神文明建设　开展精神文明建设活动,在单位大院内设置篮球场,安装各种健身器材,每星期组织一次个人卫生、集体卫生大清除活动,做到了院内整洁、优美,室内明亮、新颖,读书阅览室、职工活动室一应俱全。在清水河乡树起了精神文明的样板形象,曾多次被清水河乡党委、乡政府授予"文明窗口"称号。

文明单位创建　2004年被中共称多县县委、县政府授予"文明单位"称号。

2006年被玉树州精神文明建设指导委员会授予"文明行业"称号。

台站建设

1982年5月国家气象局投资修建17间砖混结构的职工宿舍,会议室和办公室各2间,并配备卫星电视接收系统,建起100平方米的玻璃温室,建水井1口和自动供水系统。从2006年起,在中国气象局和省气象局的大力支持下,全面改造基础设施,新建带有暖气的业务办公室和职工宿舍,使职工住上温暖舒适阳光小居;单位内实现道路硬化,营造了一个舒适优美的生活工作环境。2006年省气象局为县站配备越野小汽车,方便了与地方政府和部门之间的联系。

海西蒙古族藏族自治州气象台站概况

海西蒙古族藏族自治州(简称"海西州")因地处青海湖西部而得名,位于青海省西部,北靠阿尔金山、祁连山,南依昆仑山,面积30.09万平方千米。"聚宝盆"柴达木盆地是海西州的主体地域,因此,柴达木又为海西州的代称,现辖都兰、乌兰、天峻三县,格尔木、德令哈两市(县级),茫崖、冷湖、大柴旦三行委。年平均气温-5.1~5.9℃,年平均降水量16.7~487.7毫米,属典型的高原大陆性气候。全州日照长,阳光辐射强,年平均蒸发量1500~3400毫米,是气候干燥的主要原因。气象灾害主要有霜冻、干旱、大风、沙尘暴等。

气象工作基本情况

所辖台站概况 海西州气象局管辖德令哈市(与海西州气象台合署办公)气象局、茫崖行委气象局、冷湖行委气象局、大柴旦行委气象局、乌兰县气象局五个国家气象观测基本站和天峻县气象局、茶卡气象站两个国家气象观测一般站。

历史沿革 1939年都兰气象站建立,于1940年1月开始观测,柴达木盆地从此有了较为系统的气象资料。1954年1月建立了都兰察汗乌苏气象站。1955年建立了德令哈、格尔木、茫崖、大柴旦、茶卡气象站。1956年为保证北京—拉萨通航,在唐古拉山地区建立了温泉、楚玛尔河、开心岭三个气象站以及在航线沿线冷湖、诺木洪、沱沱河、马海等站,并在都兰、格尔木、沱沱河、茫崖、冷湖五站增建了探空业务,在五道梁、大柴旦、德令哈建立了小球测风。1957年建立了天峻气象站;1959年建立了香日德、察尔汗气象站;1960年建立了小灶火(乌图美仁)气象站。为便于海西州气象工作的开展,于1982年1月成立了格尔木市气象局,机构为科级,受海西州气象局管理,1985年1月,格尔木市气象局升格为处级,与原海西州气象局分开管理。1980年1月建立了乌兰县气象站。2004年11月5日成立了德令哈市气象局,与州气象台两块牌子,一套人马。

管理体制 1970年3月—1973年8月,气象部门归海西军分区管理。1980年1月起根据(79)青政116号文件规定实行气象部门和当地政府部门双重领导,以气象部门领导为主的管理体制。

人员状况 2008年有在职职工121人(其中正式职工116人,临时用工5人),离退休职工89人。正式职工中:男61人,女55人;汉族101人,少数民族15人;大学本科及以上

31人,大专53人,中专以下32人;中级职称36人,初级职称64人;30岁以下32人,31～40岁42人,41～50岁42人。

党建与精神文明建设 1958年大柴旦气象台成立了党支部,有党员10余人。经过50年的发展,党员数量不断增加,2008年全州气象部门共有州气象局、茫崖和乌兰3个党支部,其余4个县气象局(站)为联合支部,共有在职职工党员50人,占职工总数的43.1%。党的建设全面促进气象文化建设和精神文明建设,使气象文化和精神文明建设内涵不断丰富。各局(站)建起了文化活动室、图书室,购置了文体娱乐设施,充分发挥党、团、工、青、妇的作用,经常性地开展丰富多彩、形式多样的文体活动,既活跃了干部职工的文化生活,又寓教于乐,培养了干部职工昂扬向上、乐观进取的精神,增强了凝聚力。截至2008年底全州共有3个州级文明单位,两个县级文明单位。

海西州气象局自成立以来,几代气象人扎根高原、荒漠、戈壁,继承和发扬优良传统,大力弘扬和塑造昂扬向上、与时俱进的时代精神,培育了优良的气象行风,营造了团结和谐、开拓进取的团队氛围。广大职工长期坚守在自己的工作爱岗上,以高度的责任感为海西气象工作默默奉献青春,把自己的一生和子孙也奉献给了气象事业,有的甚至献出了宝贵的生命,体现了气象职工艰苦奋斗,"舍小家、顾大家"的无私奉献精神和崇高的思想境界,写下了一篇篇光辉感人的创业篇章,为海西气象事业发展提供了强大的精神动力。

台站建设 据不完全统计,海西州自从建立气象台站至2008年12月,修建办公室、值班室、宿舍、仓库、车库、油库等房屋建筑面积达13362.81平方米。"十五"期间,加大了对基层气象局(站)综合改善的力度,省气象局投资641.8万元,建设2091平方米的基层值班和生活用房,基层投资占70.4%。"十一五"期间,省气象局投资438万元,基层占79.4%,职工住上了宽敞明亮的楼房,工作生活条件明显改善。

主要业务范围

地面气象观测 海西州气象局所属地面气象观测站7个,2007—2008年州气象台、茫崖、大柴旦按照国家气候观象台业务运行,冷湖、乌兰、天峻按照国家气象观测站一级站业务运行,茶卡按照国家气象观测站二级站运行,2009年1月恢复了德令哈、大柴旦、冷湖、茫崖、乌兰站5个国家基本气象站和天峻、茶卡两个国家一般气象站。截至2008年,全州共建成区域自动气象站20个,其中两要素站(温度、降水)19个,七要素站(温度、湿度、气压、降水、风向、风速和地温)1个。

20世纪90年代采用了新的地面报文处理系统,实现了地面气象要素自动计算、编报和报表编制。2001年全州建成了Milos 500地面自动气象站,地面观测资料的采集、报文的编发、报表的制作、资料的传输等,实现了计算机自动处理。

编发报种类 陆地测站定时绘图天气报告电码、航空天气报告电码、补充绘图报、重要天气报、气象旬(月)报、气候月报、生态报、酸雨报、降雪加密报、雨情报等。陆地测站定时绘图天气报告及辅助绘图前期报告1981年起改为天气报和补充天气报。编发次数,1954年12月1日起,全州各地发报台站每日编发绘图天气报告4次(02、08、14、20时)辅助绘图天气报告由6次改为4次(05、11、17、23时)及航危报。

1958年开展经纬仪小球测风业务,1998年12月小球测风站撤销。

1980年1月启用气压、温度、湿度、风自记。1981年1月增加40、80、160、320厘米地温观测。1988年由莫尔斯电台发报改为短波"单边带"低速数传。1996年6月1日州气象台天气预报制作系统投入业务使用,1997年7月增加大型蒸发观测,1998年州级地面卫星数据接收站建成并通过验收。

2000年12月1日用微机代替PC-1500袖珍计算机发报;2001年1月1日Milos 500自动站运行,与原观测方式进行对比观测;2003年1月1日Milos 500自动站正式投入业务单轨运行。2006年7月州气象台和茫崖酸雨观测试运行,2007年1月1日正式运行。2007年增加气候月报的编发,由7次发报改为8次。

探空观测 高空观测(雷达)站设在茫崖,始建于1957年3月,使用CFG-I经纬仪与P3-049探空仪器进行观测。1968年10月1日改为59型探空仪,1971年3月启用701雷达,08、20时(北京时)2次观测高空气压、温度、湿度、高空风向、风速。1984年9月1日启用PC-1500袖珍计算机,1987年6月701B型雷达"单板机"联机工作,2005年8月建立L波段雷达并和电子探空仪形成自动跟踪自动接收探空信号。2005年12月水电解制氢代替化学原料制氢。

农业气象观测 马海农气观测站始建于1956年,1973年搬迁至德令哈,现为一级农业气象观测站,主要观测粮食作物生育状况、土壤水分测定、自然物候观测等。开展农业气象观测和实验,编写农业气象月报、土壤墒情报、农业气象调查与服务。观测内容和方法主要执行国家气象局编写的《农业气象观测规范》。

生态监测 主要由德令哈干尘降,茫崖、冷湖、大柴旦、乌兰风蚀风积和天峻草场监测组成。

天气预报 按时效分为短时、短期、中期、长期预报,按内容分为要素预报和形势预报;按性质分为天气预报和天气警报。从初期单纯的天气图加经验的主观定性预报,逐步发展为采用气象雷达、卫星云图、并行微型计算机系统等先进工具制作的客观定量定点数值预报。

海西州台6个基层局(站),利用天气学、数理统计、数值预报等方法,开展短期(24～72小时)的降水、气温、风向、风速、天空状况、特殊天气现象和灾害性天气等天气预报及中长期天气趋势预测。

人工影响天气 2002年开始开展夏秋季抗旱人工增雨工作,作业区域有:德令哈、天峻、乌兰、大柴旦地区,作业点共20个,作业方式为火箭弹和燃烧炉两种,2008年全州有火箭发射装置15台,地面碘化银发生器(地面燃烧炉)3台,增雨作业车4辆。完善了《海西州气象局空域申请登记制度》、《海西州气象局人工影响天气安全生产责任制度》、《海西州气象局人工影响天气作业空域申请工作流程》、《海西州气象局人影安全事故调查工作流程》、《海西州气象局人影火箭架、火箭弹安全管理工作制度及工作流程》、《海西州人工影响天气安全事故上报制度》、《海西州气象局人工影响天气业务流程》等制度和流程。

防雷技术服务 1998年成立海西州避雷静电检测中心,2002年成立海西州气象局防护雷电中心,同时各县气象局成立避雷检测所,对全州石油化工、炸药库等易燃易爆场所及大型工矿企业、各类人员聚集的公共场所建筑物开展防雷防静电检测工作,对不符合防雷规定的单位提出整改意见,并进行防雷技术支持,消除了防雷安全隐患。经常开展防雷减灾知识宣传教育活动,提高了全社会的防雷减灾意识。

气象服务 组织研发了《海西州灾害性天气预警系统》、《德令哈地区人体舒适度预报方法》、《海西地区灾害性天气气象服务指标》等预报方法,提高了气象服务的针对性和有效性。近20年来,全州气候受全球气候变化的影响,气温升高,降水增多,大风、沙尘暴出现次数减少,干旱、洪灾等灾害事件增多,通过广播、电视、报纸、手机短信和网络,向社会提供公益气象服务。《决策气象服务信息》和《气象灾情公报》等成为政府和有关部门指挥生产、组织防灾抗灾、开展大型庆典活动的决策依据。

海西蒙古族藏族自治州气象局

机构历史沿革

始建情况 1954年1月1日察汗乌苏气象站成立,站址在都兰县察汗乌苏,位于北纬纬36°18′,东经98°06′,海拔高度3189.0米。属国家基本气象站。

站址迁移情况 1959年8月察汗乌苏气象站扩建为州气象台,因随中共海西州委迁至大柴旦与柴达木工委合并,州气象台与大柴旦气象站合并。1972年1月从大柴旦迁至德令哈巴音河,与原德令哈气象站合并。1973年10月迁至现址海西州德令哈市柴达木路20号,位于北纬37°22′,东经97°22′,海拔高度2981.5米。

历史沿革 海西州气象局前身为1954年1月建立的都兰察汗乌苏气象站。1958年7月在自治州首府大柴旦经上级批准原大柴旦气象站扩建为气象台,名为海西蒙古族藏族哈萨克族自治州气象台。1959年7月更名为柴达木行政委员会水利气象局。1961年5月更名为大柴旦气象台,1964年9月10日更名为海西州气象台,1968年8月大柴旦气象台更名为海西蒙古族藏族哈萨克族自治州气象台革命委员会,1973年10月成立海西蒙古族藏族哈萨克族自治州革命委员会气象局,1981年4月更名为海西蒙古族藏族哈萨克族自治州气象局。1985年6月因哈萨克族经中央批准迁往新疆居住,更名为海西蒙古族藏族自治州气象局。

管理体制 海西州气象局自始建以来,先后归海西部队建制及海西革命委员会管理。1979年以前以地方管理为主,其中:1970年3月—1973年8月归海西军分区建制,1980年1月起,根据(79)青政116号文件规定实行气象部门和地方政府双重领导,以气象部门领导为主的管理体制。

机构设置 内设办公室(与计划财务科合署办公)、业务科(与法制办合署办公)、人事科3个职能科室。气象台、科技服务中心、雷电防护中心、驻宁办事处4个直属事业单位。

单位名称及主要负责人变更情况

单位名称	姓名	民族	职务	任职时间
都兰察汗乌苏气象站	梁培义	汉	站长	1954.01—1955.06
	林孔训	汉	副站长	1954.01—1956.06
	杜甫生	汉	副站长	1956.06—1957.05
海西蒙古族藏族哈萨克族自治州气象台	陆文龙	汉	站长	1957.06—1958.06
			台长	1958.07—1959.06
柴达木行政委员会水利气象局	魏席杰	汉	局长	1959.07—1962.06
	陆文龙	汉	局长	1960.03—1961.04
大柴旦气象台			台长	1961.05—1964.08
海西州气象台	高树梅	汉	台长	1964.09—1966.04
	项仁浩	汉	副台长	1966.05—1968.07
海西蒙古族藏族哈萨克族自治州气象台革命委员会	王运清	汉	主任	1968.08—1969.09
	唐雨亭	汉	行政负责人	1969.09—1973.09
海西蒙古族藏族哈萨克族自治州革命委员会气象局			局长	1973.10—1981.03
海西蒙古族藏族哈萨克族自治州气象局				1981.04—1984.03
	沈传明	汉	副局长	1984.04—1985.05
				1985.06—1987.10
	杨延益	汉	局长	1987.10—1992.07
	黄恒忠	汉	副局长	1992.07—1993.08
海西蒙古族藏族自治州气象局	徐天福	汉	副局长	1993.09—1994.07
	孙青宁（女）	汉	局长	1994.07—1999.02
	李应业	汉	局长	1999.02—2003.10
	张增文	汉	副局长	2003.10—

备注：1960年3月—1962年6月,柴达木行政委员会水利气象局及大柴旦气象台机构变换期间,两任领导任职时间重叠。

人员状况 1954年建站时有职工13人。截至2008年底,有在职职工63人,其中:女24人;少数民族6人;大学本科及以上33人,大专18人,中专以下12人;中级职称21人,初级职称40人;30岁以下14人,31～40岁16人,41～50岁33人。

气象业务与服务

1. 气象观测

①地面气象观测

观测项目 云、能见度、天气现象、气压、气温、湿度、风、降水、雪深、日照、蒸发等。根据《地面气象观测规范》和青海省台站地理位置特点及天气气候服务的需要,观测的项目有浅层地温(5、10、15、20厘米)、深层地温(40、80、160、320厘米)、冻土、雪压等。自行观测的项目:系统云、指示云、地方性云和天气现象等。

观测时次　1955 年 8 月 1 日—1960 年 7 月 31 日,每天进行 01、04、07、10、13、16、19 时(地方时)7 次观测;1960 年 8 月 1 日以后,每天进行 02、05、08、11、14、17、20 时(北京时)7 次观测,夜间守班。

发报内容　天气报的内容有云、能见度、天气现象、气压、气温、湿度、风向风速、降水、雪深、地温等。

气象报表制作　编制的报表有气表-1、气表-21 各 2 份,向省气象局、州气象局各报送 1 份。

自动气象观测站　20 世纪 90 年代末,县级气象现代化建设开始起步,2001 年 1 月 1 日地面自动观测站建立并进行对比观测,2003 年 1 月 1 日地面自动观测站正式投入业务运行。自动气象站观测项目有气压、气温、湿度、风向风速、降水、地温、蒸发、日照等,观测项目全部采用仪器自动采集、记录,替代了人工观测。2003 年 1 月 1 日开始以自动气象站为主。

2008 年 11 月在德令哈建成 7 个区域自动气象站,其中在德令哈怀头塔拉、柯鲁克、德令哈农场、白水河、尕海、塔湾克里建成 6 个两要素自动观测站,在柯鲁克湖建成 1 个七要素站,在 2009 年 1 月 1 日开始投入业务运行。

②农业气象观测

观测时次和日界　小麦和油菜发育期一般 2 天观测 1 次,隔日或双日观测,旬末进行巡视观测,规定观测的相邻两个发育期间隔时间很长,在不漏测发育期的前提下,可逢 5 日和旬末观测,临近发育期时即恢复隔日观测。观测时界为 20 时,和地面观测时界一致。

从 2004 年起开展生态环境监测业务,监测项目有:沙尘天气、干尘降、土壤粒度、土壤风蚀风积。2007 年 1 月开始酸雨观测。

观测项目　主要有土壤湿度观测(包括土壤相对湿度、土壤重量水分含水率、土壤有效水分贮存量、土壤水分总贮存量),作物观测(包括春小麦观测),物候观测(包括旱柳、小叶杨、野草、初霜、终霜、初雪、终雪、初雷声、终雷声、土壤表面开始解冻、土壤表面开始冻结、严寒开始、初见闪电、终见闪电、初见虹、终见虹、河流开始解冻、河流开始流冰、河流完全解冻、河流流冰终止、河流开始冻结、河流完全冻结),生态观测(包括干尘降、酸雨)。

观测仪器　有土壤水分干燥箱、酸雨监测仪(PHS-3BPH 计、DDS-307 电导率仪)、干尘降观测皿等。

农业气象情报　向省气象局气候中心提供土壤水分监测(TR)报,旬末(AB)报、生态(ST)报、酸雨(SY)报。

农业气象报表　有农气表-1、农气表-2-1、农气表-3、特表-1、生态监测简表-4。

2. 气象信息网络

自 20 世纪 80 年代以来,逐步采用微型计算机处理信息、地面自动观测、自动编发报系统、计算机网络及信息传输。1984 年 4 月全州引进了 PC-1500 袖珍计算机,实现了地面报文的自动计算编报。1992 年 6 月采用了甚高频单边带无线通讯网,实现了报文资料的自动高效传输。

2002 年建成计算机光纤通信网络与全国的互联,实现了气象信息、资料及政务信息的快速传输与共享。2008 年 11 月建成了省、州、县三级视频会商会议、天气预报会商系统,并对全州通信网络系统进行改造,建成了全州实景监控系统。

3. 天气预报预测

20世纪60年代初期州气象台根据省台环流形势分型、天气过程模式预报,运用历史气象资料、群众经验、天气图分析和当地的气象要素剖面图、曲线图、点聚图等,结合天象、物象反映,制作本地区的长、中、短期天气预报。60年代中期开始分析08时亚欧500百帕高空图,08时亚欧200百帕、400百帕1~2个时次,探空曲线图、时间剖面图及其他辅助图表。70年代以后,逐步回归、多元回归、相关分析和周期分析等数理统计方法在天气预报中得到广泛应用。80年代引入模糊数学、灰色系统理论统计方法。90年代建立了地面卫星数据接收站,预报工作流程和工作平台实现计算自动化。进入21世纪以后,建立了大风、沙尘暴、大降水(雨、雪)等重要天气个例档案,从加强地面卫星数据产品的分析和深加工入手,组织研发了《海西州灾害性天气预警系统》《海西州大降水预报》《德令哈地区人体舒适度预报方法》《海西地区灾害性天气气象服务指标》等预报服务方法,提高了天气预报准确率及气象服务的针对性和有效性。到2002年形成了以短期气候预测、灾害性天气预测、气候变化分析、气象灾情评估、生态环境监测、气象资料和情报服务等气象服务体系。2008年10月,X波段雷达投入业务试运行。

4. 气象服务

①公众气象服务

发布6站(德令哈、茫崖、冷湖、大柴旦、乌兰、天峻)7日城镇天气预报,发布时次:16时发布20—20时,10时发布08—08时天气预,发布内容为天气状况、风向风速、最高最低气温。

②决策气象服务

制作发布《长期预报》《海西州决策气象服务信息》和《海西州气象灾情公报》,内容有前期气候概况,春季、冬季、汛期天气趋势预测、春播期、秋收打碾期天气预报及每月天气趋势预测和天气过程预报,以此为各部门和各级领导提供决策服务信息。

③专业与专项气象服务

为省路桥公司修建大桥,德令哈农场春小麦种植,海西建州50周年庆典活动,柴达木中藏药种植场枸杞种苗,黑石山水库调查水情,柴达木柯鲁克湖蟹文化旅游节等提供专业专项服务。同时,与驻州二炮某部队气象台合作,为军事活动提供保障。1971—1975年为军事活动提供服务,出版了《海西州军事气候志》。

人工影响天气 2007年州人民政府批准了《海西州东部地区人工影响天气基础设施建设》项目,投入建设资金80万元,建成海西东部人工影响天气作业基地,每年4—9月在德令哈市、乌兰县、天峻县、都兰县和大柴旦行委布设20个人工增雨作业点,开展火箭、燃烧炉人工增雨作业,作业区内降水量明显增多,为缓解海西东部干旱状况,减少农牧业损失做出了积极的努力。

防雷技术服务 1998年7月成立海西州避雷静电检测中心,2000年6月开展防雷工程设计、施工,2002年7月成立海西州气象局防护雷电中心,负责本行政区域内的防雷工作,开展防雷设施及装置的检测,2004年3月开展防雷工程专业设计审核、工程质量监督、竣工验收。

④气象科技服务

1989年德令哈地区春播期降水多、气温低,德令哈农场计划将891公顷耕地撂荒,海西州台根据天气预报,建议农场利用4月25日前几天将撂荒地播种春小麦,当年增收粮食267.2万千克。1990年德令哈农场根据海西州台"6月10日前播油菜仍可成熟"的建议,及时抢播2000多亩,总产量达70多万千克。从海西州的实际出发,州气象局组织研发了《海西州灾害性天气预警系统》、《海西州大降水预报》、《德令哈地区人体舒适度预报方法》、《海西地区灾害性天气气象服务指标》等预报服务方法,大大提高了天气预报准确率及气象服务的针对性和有效性。

5. 气象科研

气象科普宣传 利用州气象台科普教育基地、"12·4"法制宣传日、科技活动周、"3·23"世界气象日等宣传气象科技、人工影响天气、防雷和气象防灾减灾科普知识。

气象科研 完成了《海西州特色农牧业经济气候区划》、《德令哈地区亚麻种植的气候适应性分析及研究》等多个地方科研项目,开展了《柴达木盆地卤虫可持续开发气候适应性研究》。参与了海西州草场退化、起垄覆膜推广实验等项目,在为当地的农、林、牧、交通、工程建设、建筑、防汛、储运、养蜂、救灾等项工作的服务中,受到了各级领导和人民群众的好评。

气象法规建设与社会管理

法规建设 自2000年1月1日《中华人民共和国气象法》实施以来,气象部门被赋予行政管理职能,法制建设提上工作日程。依据《中华人民共和国气象法》、《气象探测环境设施保护办法》中探测环境保护的要求,自2003年5月起,州气象局观测站气象探测环境保护的有关法律和相关文件在政府部门进行了备案,加强了探测环境保护工作。

制度建设 为建立和完善责权明确、行为规范、保障有力的气象执法管理机制,相继建立了《海西州气象行政复议制度》、《海西州气象行政执法责任和错案追究制度》、《海西州气象行政执法监督制度》、《海西州气象局社会投诉制度》等相关配套制度,为依法行政工作管理打下了基础。2003年对全州的有关规章和法规进行修订完善,形成了《青海省海西州气象局法规性文件汇编》。

社会管理 2006年9月州气象局防护雷电中心进入德令哈市行政审批中心,负责防雷装置设计审核、防雷装置竣工验收、施放气球的行政审批许可,对审批项目进行答询和批准等,2008年12月从审批中心撤出后依然履行三项行政许可职能。

2008年相继与州国土资源局、水利局、驻德令哈二炮某部队签订气象信息共享协议,与州电视台签订了气象信息发布协议,规范了气象灾害预警信号发布的传播工作,提高了气象灾害预警信息使用效率。

依法行政 依法开展防雷装置设计审核、施工监督和验收,按照施放气球管理规定开展施放气球单位资质认定、作业行政许可以及安全监管工作,严格执行探测环境保护办法。依法制止观测场周围破坏和影响气象探测环境的违章建筑,使其符合探测环境保护要求,确保了州台气象探测环境免遭破坏。2005年成立了法制办公室(与业务科合署办公),组织相关人员参加执法培训,先后有 25 人取得行政执法证。

政务公开　通过公示栏向社会公开单位机构设置及工作职责、管理职能、依据和程序、服务承诺、服务收费项目及标准。向单位内部定期公开干部任用、财务预决算、房屋分配、职工福利津贴发放、评先评优、职称评聘、党风廉政建设方面的内容。

党建与气象文化建设

1. 党建工作

党的组织建设　1958 年成立大柴旦气象台党支部,有党员 13 人;1984 年 6 月成立了州气象局党支部,有党员 21 人;截至 2008 年 12 月,有党员 30 人。

州气象局党支部 2002 年度、2003 年度、2004—2005 年度被中共海西州直机关工委连续评为优秀党支部;2006 年州气象局被中共海西州委评为"十五"党建工作先进单位,州气象局党支部被中共海西州委评为"先进基层党组织"。

党的作风建设　近年来,先后在广大党员干部中开展了"三讲"教育、"保持共产党员先进性教育"、"抓作风建设,促工作落实"、学习实践科学发展观、解放思想大讨论等活动,用身边的案例和优秀党员先进事迹,来激励教育党员,激发党员的工作热情和主观能动性,进一步增强党组织与党员之间、党员与党员之间的感情,更好地发挥战斗堡垒和先锋模范作用,作风建设得到了加强,党员干部的思想素质和道德素质得到进一步提高。

党风廉政建设　党风廉政建设为气象事业健康快速发展,提供有力的政治保证,学习和教育是反腐倡廉的源头,州气象局党组要求党员领导干部认真学习贯彻《中国共产党纪律处分条例》、《中国共产党党内处分条例》、《中共中央纪委关于严格禁止利用职务上的便利谋取不正当利益的若干规定》;组织党员领导干部学习《建立健全教育、制度、监督并重的惩治和预防腐败体系实施纲要》,使领导干部做到自重、自省、自警、自励,时刻警钟长鸣。州气象局成立了党风廉政建设领导小组,实行"一岗双责",每年与县气象局负责人签订廉政责任书,加强财务审计,落实县气象局"三人决策"机制和局务公开工作,坚持重大事项报告制度、领导干部收入申报制度及年底述职、述廉、述学制度,积极营造廉政氛围,创造和谐单位。

2. 气象文化建设

精神文明建设　坚持以人为本的理念,发扬优良传统和作风。积极开展帮扶工作和军民共建,认真执行《思想政治工作责任制》,把解决职工的思想问题同解决实际问题结合起来,充分调动干部职工的积极性。积极参与省州组织的各种比赛、文艺汇演等活动。积极为灾区群众捐款和缴纳特殊党费,开展丰富多彩的文体活动、演讲比赛、知识竞赛等活动,活跃文化生活。多年来,全局职工无违纪违法行为发生,无违反计划生育行为,综合治理达标,职工的精神面貌发生了大的变化,促进了单位和谐。

文明单位创建　始终坚持"两手抓,两手都要硬"的方针,把创建工作摆上重要议事日程。增加投资,加大基础设施改善力度,努力改善工作、生活环境。认真贯彻落实《公民道德建设实施纲要》,开展社会公德、职业道德、家庭美德的教育。加强职工的学历教育和短期培训,创建学习型组织,提高职工的思想道德素质和科学文化素质。注重制度建设,配置宣传设施,设立气象文化宣传栏、局务公开栏,亮化了办公楼,积极营造气象文化氛围。积极开展"文明科室"、"文明家庭"等评比活动。建设完善图书室和职工文化活动场所,每年增加图书数量,自 2000 年以来,州级文明单位的质量不断得到提升。

3. 荣誉

集体荣誉 2002 年被青海省气象局评为完成目标任务优秀单位和"青海省气象系统先进集体";2005 年被中国气象局评为"气象部门局务公开先进单位"。

参政议政 海西州气象局建局以来,先后有马志坚、马占全两人当选为海西州人大代表;张增文当选为海西州政协委员,他们参政议政,积极履行代表和委员职责,加强了与当地政府的协调与沟通。

台站建设

海西州气象局位于德令哈市柴达木路和长江路的交汇处,占地面积 24000 平方米,1987 年省气象局投资 59 万元建设州气象局办公楼,面积达 1500 平方米;1998 年 12 月,省气象局投资 166 万元建设值班和生活用房 2720 平方米。从"十五"至"十一五"期间,省气象局总投资近 200 万元,对州气象局院内的值班生活用房、水电暖进行改造,完成道路硬化、种草、种树等项目。

海西州气象局办公大楼(2008 年)

乌兰县气象局

机构历史沿革

始建情况 乌兰气象站建于 1980 年 1 月 1 日,站址在乌兰县西里沟镇东小街 13 号,位于北纬 36°55′,东经 98°29′,海拔高度 2950.0 米。

历史沿革 乌兰县气象局前身为乌兰气象站,1980 年 8 月 1 日开始地面气象观测业务,为国家气象观测一般站,2001 年 1 月 1 日,与茶卡气象站(原为国家基本气象站)进行业务对调,升级为国家气象观测基本站。1997 年 7 月 15 日经乌兰县人民政府批准,成立乌兰县气象局,承担本区域内的气象行政管理与气象业务工作。

管理体制 乌兰气象站 1980 年 1 月成立,实行气象部门与地方政府双重领导,以气象部门领导为主的双重管理体制。

机构设置 下设地面观测组。

单位名称及主要负责人变更情况

单位名称	姓名	民族	职务	任职时间
乌兰气象站	黄恒忠	汉	站长	1980.01—1989.01
	马占全	撒拉	副站长	1989.01—1992.12
	邢小强	汉	副站长	1992.12—1993.10
	翟云飞	汉	站长	1993.10—1996.12
	赵有寿	藏	站长	1996.12—1997.06
乌兰县气象局			局长	1997.07—2002.06
	马占全	撒拉	局长	2002.06—2006.06
	李守庆	汉	局长	2006.07—2007.09
	杨青文	汉	局长	2007.09—

人员状况 建站时有 5 人。截至 2008 年 12 月,有在编职工 10 人,临时职工 1 人。在编职工中:女 4 人;少数民族 2 人;大学本科以上 2 人,大专 6 人,中专以下 2 人;中级职称 1 人,初级职称 8 人;30 岁以下 4 人,31~40 岁 3 人,41~50 岁 3 人。

气象业务与服务

1. 气象观测

①地面气象观测

观测项目 乌兰气象站成立至 2000 年 12 月 31 日,为国家一般气象观测站,担任国家一般气象观测站的地面气象观测任务,观测项目有:气温(包括最高、最低气温)、小型蒸发、雨量、地温(包括地面、地面最高、地面最低、5~20 厘米浅层地温)、气压、日照、云、能见度、天气现象、风向、风速。其他工作还包括气压、温度、湿度、十分钟风向、风速自记纸的整理。所有的观测项目均为人工观测。

2001 年 1 月 1 日,与茶卡气象站的业务进行了对调,由原来的国家一般气象站升级为国家基本气象观测站,2003 年 12 月 31 日承担本区域内的国家基本气象站的地面气象观测任务。观测项目为:云、能见度、天气现象、气压、气温(包括最高、最低气温)、湿度、小型蒸发、雨量、冻土、雪深、雪压、地温(包括地面、地面最高、地面最低、5~20 厘米浅层地温)、风向风速、日照等。所有的观测项目均为人工观测。2004 年 1 月 1 日 Milos 500 自动站正式投入业务运行后,大部分项目实现了观测自动化,只有云、能见度、天气现象、日照、小型蒸发、雪深、雪压、冻土等项目的观测仍保持人工观测方式,增加了 80～320 厘米深层地温及 E601B 蒸发量的自动观测项目。

观测时次 建站至 2000 年 12 月 31 日,只进行 08、14、20 时 3 次定时气象观测,夜间不守班,观测方式为单一的人工观测。2001 年 1 月 1 日升级为基本气象站后,每天进行 02、08、14、20 时 4 次定时气象观测和 05、11、17 时 3 次补充定时观测,还进行预约航空报拍发任务。2008 年调整为国家一级气象站时,增加了 23 时补充定时观测。

发报种类 从 2001 年 1 月 1 日转为国家基本站后,开始编发气象报告,天气报告包括 02、08、14、20 时 4 次定时天气报告和 05、11、17 时 3 次补充天气报告的编发,还承担气象旬月报和预约航空报的编发任务。2008 年调整为国家一级气象站时,增加了 23 时补充天气报的编发,后又取消了国家一级气象站的职责,恢复为国家基本气象站后,23 时补充天气报至今一直编发。

电报传输 2001 年 1 月 1 日开始编发气象报告,使用 AHDM 业务软件进行编报,通过无线"单边带"电台进行报文传输。2004 年 Milos 500 自动站正式投入业务运行后,用 Milos 500 自动气象站业务软件进行气象报文的编发,报文传输手段改用有线 MODEM 进行传输,并建立了无线 MODEM 的有效备份。

气象报表制作 建站后气象月报表及年报表的编制均为手工完成,所有的数据查算与计算均为手工完成,1987 年 4 月 1 日 PC-1500 袖珍计算机运用到气象观测后,数据查算实现了自动化,报表制作仍为人工完成(一式 2 份,1 份上报省气象局资料中心,1 份留站备份)。2001—2003 年 AHDM 业务软件投入业务运行后,用 AHDM 业务软件进行报表编制,实现了报表数据(人工地面气象观测资料)的自动化处理与打印。其中 2002 年、2003 年,除了上报用 AHDM 业务软件制作的地面气象月报表和年报表,还上报用 Milos 500 软件试运行制作的自动站地面气象月报表与年报表。2004 年 1 月—2006 年 7 月,用 Milos 500 自动气象站业务软件制作地面气象月报表与年报表,通过网络上报自动站气象月报表和年报表数据文件。2006 年 8 月用 Milos 500 的自动气象站观测资料在 OSSOM 地面气象测报软件编制地面气象月报表与年报表,同时上报自动站气象月报表和年报表数据文件(A 文件和 Y 文件)。从 2008 年 7 月开始,不再上报纸质自动气象站地面气象月报表和年报表,上报自动站气象月报表和年报表数据文件(A 文件和 Y 文件),纸质的地面气象月报表和年报表留站归档。

建站至 2006 年的气象资料包括日照、气压、风、温度、湿度自记纸和《地面气象观测气簿-1》和《地面气象观测值班日志》以及地面气象月报表和年报表等,移交省气象局气候资料中心。气象资料管理严格制度,并由专人保管,有专门气象资料库房,防盗和防火设施齐全。

自动气象观测站 自动气象站从 2000 年 4 月开始建设,2001 年 1 月 1 日起开始业务试运行,属芬兰 Vaisala 公司 Milos 500 型自动气象站。自动气象站建成投入业务运行后,2001 年进入以人工观测为主、2002—2003 年以自动观测为主的对比观测程序。2004 年 1 月 1 日起,自动站正式投入业务运行。2008 年底,在全县建成 6 个两要素区域自动气象观测站。

②生态观测

2004 年 5 月起开展生态环境监测业务,监测项目有:沙尘天气、干尘降、土壤粒度、土壤风蚀风积,2006 年省气象局又做了业务调整,取消了其他三项业务,只保留了土壤风蚀风积监测。

2. 气象信息网络

通信现代化 气象站刚建成时,通信主要靠无线电"单边带"电台和普通电话机实现,2004 年自动气象站建成,对通信设施也进行了更新,其中包括建立业务通信的有线网络系统和无线网络系统以及用于日常工作的宽带网络系统,基本上实现了通信现代化。

信息接收 2004 年以前,信息接收主要是通过电话和书信方式,2004 年及以后,主要通过网络电子邮件和电话形式。

信息发布 2004 年以前,气象信息发布主要通过电话用户主动拨打"12121"电话声讯台实现,而且发布的气象信息为单一的本地 24 小时天气预报,2005 年县气象局与县电视台和相关网络公司合作,通过电视、手机等媒体发布气象信息,发布的气象信息包括未来 24 小时和 48 小时天气预报,气象灾害预警信息等。

3. 天气预报预测

从建站至 2005 年天气补充预报主要靠工作人员经验,以单站历史气象资料为依据,收听天气形势广播,从本站的气象要素、天气现象等考虑和判断,制作三线图等相关图表,作出天气预报。从 2006 年开始,利用州气象台指导预报发布订正产品。

4. 气象服务

①公众气象服务

公众气象服务主要通过电话用户主动拨打"12121"电话声讯台实现,服务方式单一,从 2005 年开始,公众气象服务主要是通过电视、手机等公共媒体发布气象服务信息,扩大了受众面。

②决策气象服务

从 2002 年开始,积极搭建与当地政府沟通的桥梁,及时报送《乌兰县气象局决策气象服务信息》《一周天气展望》等,还及时通过手机短信方式,向决策部门主要负责人通报降水量等信息。

③专业气象服务

近年来实现了从无到有的飞跃,专业气象服务逐步向设施规模化农牧业、电力、交通、建筑等领域拓展。

人工影响天气 2005 年开始开展人工影响天气作业工作,主要以地面碘化银发生器和气球牵引式焰弹进行人工增雨作业。2007 年增加 4 套增雨火箭发射架,作业方式以发射增雨火箭弹为主,为当地生态环境改善和农牧业生产服务。

防雷技术服务 2002 年成立乌兰县防护雷电装置检测所,对本县范围内的易燃易爆场所、人员密集场所、高大、孤立建(构)筑物等进行全面的防雷防静电检测工作。2007 年进入青海庆华煤化公司和中国石油天然气总公司兰州输气管道公司乌兰输气站等大中型企业进行防雷、防静电检测,防雷、防静电检测规模不断扩大,检测工作逐步走向规范化。

5. 气象科普宣传

近年来县气象局通过"3·23"世界气象日加强对气象法律法规、气象科学知识、气象与安全生产、气象灾害防御等方面进行气象科普宣传。

科学管理与气象文化建设

1. 科学管理

制度建设 制订了施放气球活动实施许可制度、人工影响天气管理制度、气象灾害预警信号发布等管理制度。

社会管理 加强气象法律法规执法力度,充分行使好法律法规赋予气象部门的社会管理职能,对雷电防护、气球施放行为、保护气象探测环境等方面依法管理。

依法行政 2007 年先后有两人参加了行政执法培训班,取得了行政执法证,依据《中华人民共和国气象法》等气象法律法规,逐步提高依法行政能力。

政务公开 对外主要公开县气象局工作职责、机构人员和人工影响天气、雷电防护工作的程序及气象服务情况,起到了社会监督的作用。对内公开财务收支情况、奖金福利发放、业务奖惩制度、住房分配等职工关心的问题,财务公开每半年一次,其他公开以不同的方式进行适时公示。

党建工作 2008 年以前,与其他单位建立联合支部。2008 年成立独立党支部,截至 2008 年 12 月,有党员 5 人。近年来,乌兰县气象局加强党的组织建设、作风建设和党风廉政建设。党支部加强对党员干部的党性、党纪教育,培养党员干部扎根高原、恪尽职守、乐于奉献的优良作风,在工作中发挥战斗堡垒及模范带头作用。

2. 气象文化建设

精神文明建设 以内强素质,外树形象为推进单位精神文明建设的出发点和落脚点,从改善单位工作生活环境,加强职工群众的教育,重视单位文化建设,加强对外宣传等各项具体工作入手,不断推进单位精神文明建设的进程。

文明单位创建 把文明单位的创建工作作为着重点,通过综合改善力度的不断加大,工作生活环境及台站面貌发生了很大的变化。认真开展社会公德、职业道德、家庭美德的教育。加强职工的学历教育和短期培训工作,提高职工素质。配置宣传设施,设立气象文化宣传栏、局务公开栏。2008 年晋升为"州级文明单位"。

台站建设

2000 年按照省气象局第一批基层气象台站综改项目要求,修建起职工住房 6 套和 70 多平方米的业务值班室。2007 年新建了办公室,改造了局大院围墙和大门。2008 年通过多方协调,购置土地 3120 平方米,对锅炉房及供暖设备进行了改造,新建职工住宅区,完成了硬化、绿化、美化。

县气象局现占地面积为 15456.2 平方米,其中职工工作生活用房达 500 多平方米,观测场占地 666 平方米,锅炉房占地 60 平方米,地面硬化 830 平方米,建围墙 490 米。

天峻县气象局

机构历史沿革

始建情况　天峻县气象站始建于 1957 年 12 月,站址在天峻县县城以北,观测场位于北纬 37°24′,东经 98°56′,海拔高度 3407.7 米。

站址迁移情况　1967 年 12 月搬迁至天峻县新源镇以南,观测场位于北纬 37°18′,东经 99°02′,海拔高度 3417.1 米。

历史沿革　1957 年 12 月建站,1964 年 7 月更名为青海省海西蒙古族藏族哈萨克族自治州天峻县气候服务站。1980 年 3 月更名为天峻县气象站。1995 年 12 月 15 日,经天峻县人民政府批准成立了天峻县气象局,与天峻县气象站两块牌子,一套人马。

管理体制　建站至 1969 年 11 月 5 日,实行气象部门与地方政府双重领导,以气象部门领导为主。1969 年 11 月 6 日,省革命委员会决定交由天峻县政府管理;1973—1980 年实行气象部门与地方政府双重领导,以气象部门领导为主;1981 年由地方同级革命委员会领导,业务受上级气象部门指导。1982 年 4 月机构改革,实行气象部门与地方政府双重领导,以气象部门领导为主的管理体制,这种管理体制一直延续至今。

机构设置　下设地面观测组。

单位名称及主要负责人变更情况

单位名称	姓名	民族	职务	任职时间
天峻县气象站	李 发	汉	站长	1957.12—1961.03
	梁兆钱	汉	站长	1961.03—1964.06
海西蒙古族藏族哈萨克族自治州天峻县气候服务站				1964.07—1968.07
	王景珠	汉	站长	1968.08—1975.07
	姜文彬	汉	站长	1975.08—1980.02
天峻县气象站				1980.03—1981.09
	陈文贤	汉	站长	1981.09—1983.12
	周爱琴(女)	汉	站长	1984.05—1985.12
	蒋建军	汉	副站长	1986.01—1993.06
	许海娜(女)	汉	副站长	1993.07—1995.07
	张成昭	汉	副站长	1995.07—1995.11
天峻县气象局			副局长	1995.12—1996.11
	姜志华	汉	副局长	1996.11—1997.08
			局长	1997.08—

人员状况 1957 年建站时有 6 人。截至 2008 年 12 月,有在编职工 8 人,聘用职工 2 人。在编职工中:女 5 人;少数民族 2 人;大学本科以上 4 人,大专 4 人;中级职称 3 人,初级职称 5 人;30 岁以下 2 人,31～40 岁 5 人,41～50 岁 1 人。

气象业务与服务

1. 气象观测

①地面气象观测

观测项目 气温、气压、湿度、风向、风速、地温、降水、蒸发、日照、云、能见度、天气现象、雪深和雪压。

观测时次 1960 年 8 月起每天进行 4 次观测(北京时 02、08、14、20 时)。1962 年 1 月开始每天进行 3 次观测(北京时 08、14、20 时)。2001 年 4 月 1 日起每日进行 08、14、20 时观测,并编发加密天气报。2007 年 1 月 1 日升为一级站,根据国家基本气象站业务体制运行,每天 8 次(02、05、08、11、14、17、20、23 时)编发天气报,每月 3 次编发旬月报,昼夜守班。2009 年 1 月 1 日改为国家一般站,每天 3 次(08、14、20 时)编发加密天气报。

发报种类 加密天气报、雨量报、重要天气报。

电报传输 2003 年 4 月以来,每天 3 次电话传输加密天气报至州气象台,2004 年自动站正式运行,以电话拨号的方式每天 3 次天气加密报、24 小时整点资料传输至省气象台。

气象报表制作 建站后编制气象月报、年报,用手工抄写方式编制,一式 2 份,分别上报省气候资料室、本站留底 1 份。2002 年开始编制报送生态报表,从 2004 年开始使用微机打印上报气象报表,同时以磁盘储存方式向上级气象部门报送。2006 年通过宽带向省气象台审核科传输 A 文件。2008 年取消上报纸质气象月报、年报。2009 年起使用激光打印机打印报表,用刻录光盘方式保存资料并归档,通过气象专网(SDH)向省气象台审核科传输 A 文件,纸质月报、年报留站 1 份。

资料管理 2004 年将建站至 2001 年的除日照纸、月报表、年报表和值班日志之外的全部纸质资料档案移交到省气候中心档案馆。自动站建成后纸质资料正常归档,气象实时资料以电子文档的形式保存并刻盘后归档,台站有专门的资料室,并有专人负责保管。

自动气象观测站 2002 年 11 月 28 日建成自动气象站(CAWS 600)。2003 年 1 月 1 日自动站投入业务运行,观测项目包括温度、湿度、气压、风向风速、降水、地温,与人工并行观测,以人工站为准。2004 年 1 月 1 日自动站、人工站双轨运行,以自动站资料为准发报。2005 年 1 月 1 日自动站单轨运行,每日 20 时进行人工观测与自动站对比。2008 年建成两要素区域自动观测站 4 个。

②生态观测

2002 年 5 月开始牧草监测试运行,编发生态报。2004 年增加土壤水分、土壤粒度、干沉降、沙尘暴、土壤风蚀监测。2006 年取消干沉降、沙尘暴、土壤粒度、土壤风蚀监测。

2. 气象信息网络

通信现代化　2004 年自动站正式运行,以电话拨号的方式每天将 3 次加密天气报、24 小时整点资料传输至省气象台。2008 年 12 月气象专网(SDH)建成,气象电报和整点资料均通过内网传送。

信息接收　1998 年 10 月建成地面卫星接收小站并正式启用,实时接收卫星云图等各种气象资料,同时停收传真图。2008 年 12 月气象专网(SDH)建成,内部资料信息全部由专网接收。

信息发布　依靠专网建成了应急气象信息发布平台,每天通过手机短信的方式对外发布天气预报和预警信息。

3. 天气预报

1998 年 6 月正式对外开展天气预报服务,每天上午向县防汛办提供雨情,下午通过电话向政府有关部门提供气象预报。2008 年 12 月在县政府的大力支持下,拨付专款建成天气预报制作系统,制作天峻县天气预报节目,在县广播电视台播放。

4. 气象服务

①公众气象服务

每天在县广播电视台播放天气预报,通过应急气象信息发布平台,以手机短信等方式对外发布天气预报和灾害性天气预警信息。

②决策气象服务

根据每月长期预报和临时出现的天气过程,积极为当地政府提供决策服务。

③专业气象服务

通过电子邮箱将每天的天气预报发给木里矿区和县域内的大型工矿企业。

人工影响天气　1999—2002 年天峻地区持续三年的干旱,对牧业生产造成了严重的损失,由于县政府高度重视,2002 年 6 月州气象局组织在天峻县开展人工影响天气工作,首次使用人工影响天气火箭车发射火箭弹进行了人工增雨作业,取得良好的社会效益。

防雷技术服务　2002 年经海西州气象局批准成立了天峻县防护雷电管理局,开展对易燃易爆场所的静电监测,2004 年县气象局被列为县安全生产委员会成员单位,负责全县防雷安全的管理,定期对炸药库、加油站等高危行业的防雷设施进行检查,对不符合防雷技术规范的单位,责令进行整改。

5. 科学技术

气象科普宣传　利用"3·23"世界气象日,"12·4"法制宣传日制作展板、宣传材料、标语等进行气象科普宣传。在天气预报节目中加入雷电防护、人工影响天气等方面的知识,宣传形式多样灵活。

气象法规建设与社会管理

法规建设 《中华人民共和国气象法》颁布施行以后,2007 年 3 月天峻县人民政府对天峻县气象探测环境保护范围进行备案,将气象探测环境保护纳入城市建设规划,在审批可能影响气象探测环境和设施的建设项目(包括新建、扩建、改建建设工程)时,应主动听取气象部门的意见,做到统筹规划、合理布局,实现城市建设与气象探测环境保护协调发展。

制度建设 先后制定了业务学习制度、业务竞赛奖惩办法、三人决策制度、收入分配办法等 10 多项规章制度,围绕岗位职责以及行政权力运行的决策、执行、监督、考核等关键环节都进行了制度性的约束和规定。

社会管理 将防雷装置检测验收纳入气象行政管理范围,负责全县防雷安全的管理,定期对炸药库、加油站等高危行业的防雷设施进行检查,对不符合防雷技术规范的单位,责令进行整改。

依法行政 2003 年 12 月天峻县人民政府法制办批复确认县气象局具有独立的行政执法主体资格,为 3 人办理了行政执法证,成立了行政执法队伍。作为县安全生产委员会成员单位,经常联合公安、消防等单位深入矿区、易燃易爆等高危场所进行执法检查,排查事故隐患。

政务公开 向社会公开单位职能,工作流程等。把推行局务公开工作与转变机关作风、加强党风廉政建设、工作结合起来,将单位预、决算及气象科技服务的目标及进度都在公开栏进行公开,坚持把干部廉洁自律、计划生育、业务质量等作为公开的重点内容,自觉接受干部职工的监督和检验。

党建与气象文化建设

1. 党建工作

党的组织建设 建站至今没有独立的党支部,与天峻县畜牧水务局成立联合支部,截至 2008 年 12 月,有党员 2 名。历届领导班子明确党建活动的总体安排、方法步骤,落实学习计划、学习资料、心得体会等,保证了党建活动的扎实推进。

党风廉政建设 采取多种形式开展宣传教育工作,把党风廉政建设与各项活动结合起来,寓思想教育于文体活动之中。积极开展示范和警示教育,用先进典型的示范作用推动作风建设。通过违纪违规典型案例的警示教育,使干部职工从中吸取教训,引以为鉴,进一步筑牢反腐倡廉的思想防线,增强拒腐防变的能力。

2. 气象文化建设

精神文明建设 随着台站综合改善的力度进一步加大,台站环境面貌得到改善,职工工作生活条件得到了提高,围绕改革和气象事业现代化建设,以人为本,开展职业道德教育,加强廉政文化建设,增强了干部职工队伍的凝聚力。

文明单位创建 长期以来,历届领导班子深入细致开展思想政治工作,教育职工发扬气象人爱岗敬业、艰苦奋斗、无私奉献的优良传统,扎根高原、钻研业务,有力地推动了文明单位创建工作的顺利开展。

集体荣誉 1999年被中共天峻县委、县政府授予县级文明单位。2000年被海西州社会治安综合治理委员会授予社会治安综合治理达标单位。2003年9月被海西州精神文明建设指导委员会授予创建文明行业先进单位。

台站建设

县气象站原有平房105平方米,为土墙土木结构瓦房,设有观测值班室、宿舍、资料室等房间。1987年省气象局投资修建砖木结构瓦房职工宿舍260平方米。1994年对始建房进行维修,2005年将其拆除。1997年新建砖木结构瓦房80平方米,包括办公室、值班室、资料室,2006年拆除。2005年省气象局投资93万元,新建二层630平方米综合办公楼,省气象局又投资37.1万元进行院内环境整治,院内硬化地面550平方米,硬化道路450平方米,建设铁艺围墙210米,并对院内空地进行了平整,工作和生活环境得到了极大的改善。

乌兰县茶卡气象站

机构历史沿革

始建情况 茶卡气象站始建于1955年6月,成立时名称为青海省都兰县茶卡气候站,站址在都兰县茶卡盐池边,位于北纬36°48′,东经98°56′,海拔高度3200.0米(约测),为国家一般气象站。

茶卡气象站曾迁站3次,高度差约在20米左右,距离约在5千米之内变动。1956年3月1日站址迁至青藏铁路边,由天文测量队实测将观测场变更为北纬36°47′,东经99°04′,海拔高度仍为3200.0米。同年9月1日站址迁至茶卡镇南约2千米处。测量队又以黄海为基点进行了第二次实测,观测场经纬度不变,观测场海拔高度为3087.6米。1958年9月24日站址迁往茶卡西侧面。1974年1月根据青海省气象局《关于更改气象台站经、纬度的通知》将东经改为99°05′。2001年1月1日调整为国家一般气象站,现位于海西州乌兰县茶卡镇,北纬36°47′,东经99°05′,海拔高度3087.6米。

历史沿革 1956年3月1日根据青气办字009号文通知,更名为青海省茶卡气象站。1959年6月根据行政区划变动更名为乌兰县茶卡气象站。

管理体制 自建站至1969年11月,由气象部门和地方政府双重领导,以气象部门领导为主。1969年11月6日,省革命委员会下文将茶卡气象站归由乌兰县政府管理。1980年起实行气象部门与地方政府双重领导,以气象部门领导为主的管理体制。

机构设置 下设地面观测组。

单位名称及主要负责人变更情况

单位名称	姓名	民族	职务	任职时间
青海省都兰县茶卡气候站	孙贵励	汉	站长	1955.06—1956.02
青海省茶卡气象站				1956.03—1958.03
	金凤娥(女)	汉	代站长	1958.03—1959.05
				1959.06—1962.07
	赵存劳	汉	负责人	1962.08—1967.04
	白生辉	汉	负责人	1967.05—1968.04
	赵存劳	汉	站长	1968.05—1969.02
	段兴顺	汉	教导员	1969.03—1973.05
	冯里民	汉	站长	1973.06—1984.06
	吴顺宝	汉	副站长	1984.06—1988.11
			站长	1988.12—1990.12
乌兰县茶卡气象站	任青云	汉	副站长	1991.01—1992.07
	张增文	汉	站长	1992.07—1995.03
	曹释安	藏	副站长	1995.03—1997.08
	柳丰才	汉	副站长	1997.09—1999.07
	郭存龙	汉	副站长	1999.08—2001.03
	赵有寿	藏	负责人	2001.04—2002.06
	柳丰才	汉	站长	2002.07—2006.03
	王顺建	汉	站长	2006.04—2007.12
	祝林年	汉	副站长	2008.01—

人员状况　1955 年始建时有 5 人,截至 2008 年 12 月,有职工 4 人,其中:女 2 人;回族 1 人;大学本科 3 人,大专 1 人;中级职称 1 人,初级职称 3 人;30 岁以下 2 人,31～40 岁 2 人。

气象业务与服务

1. 气象业务

①地面气象观测

观测项目　1955 年 6 月 1 日开始时观测,项目有云状、云量、能见度、天气现象、气温、湿度、气压、风向、风速、日照时数、蒸发量、降水量、地面状态、雪深。

1956 年 4 月开始承担国家基本气象站观测任务。1961 年 1 月增加冻土观测。1963 年 5 月 1 日增加地面 0 厘米、地面最高、最低温度及曲管(5、10、15、20 厘米)地温观测。

2001 年 1 月 1 日调整为国家一般气象站,主要观测项目有云状、云量、能见度、天气现象、气温、湿度、气压、风向、风速、日照时数、蒸发量、降水量、冻土深度、雪深、雪压、地面 0 厘米温度、地面最高温度、地面最低温度、5～20 厘米地面浅层地温温度。

观测时次　1955 年 6 月 1 日开始,每天进行 01、07、13、19 时(地方时)4 次观测,夜间不守班。1960 年 10 月所有气象要素均以北京时 20 时为日界。1961 年 1 月 1 日取消地方时,改为每天 02、08、14、20 时 4 次定时观测,05、11、17、23 时 4 次补充观测,夜间守班。

2001 年 1 月 1 日改为每天 08、14、20 时 3 次观测,夜间不守班。

发报种类 1956 年 3 月 11 日开始编发天气报,每天发报次数 8 次,发报时间为:02、05、08、11、14、17、20 时。1956 年 8 月 25 日为兰州拍发预约航空报,根据预约为省民航拍发航空报,由省气象局通信台转发。1956 年 8 月 25 日,开始编发航空报。1961 年 3 月 15 日,每日发报改为 7 次,取消 23 时发报任务。1963 年 6 月 28 日,停发航空报。1970 年 5 月 15 日,增发航空报,固定每小时 1 次航空报。2001 年 1 月 1 日,停发天气报及航空报,改为每天编发 3 次加密天气报。

气象报表制作 1956 年 3 月手工抄写方式编制月、年报表,分别上报省气象局、州气象局各 1 份,本站留底 1 份。1999 年 1 月使用计算机编制并用针式打印机打印月、年报表。2006—2007 年实行自动、人工站对比观测,每月编制自动、人工站月报表各 1 份,年底制作年报表各 1 份。2008 年自动站单轨运行后每月编制 1 份报表,电子版报表通过业务专用网络传送至省气象局审核科,打印 1 份留站做底本。

自动气象站 2005 年建成国产 CAS600 型自动气象站,实现各要素自动观测采集。2006 年以人工站为主,自动站对比并行的观测业务。2007 年实行以自动站为主、人工站为辅的并行观测业务。2008 年自动站单轨运行,除天气现象、云、能见度、日照观测使用人工观测外,其余项目均为自动观测采集,但仍保留人工站 20 时对比观测。

②天气预报

从 1958 年开始,茶卡气象站天气预报主要靠工作人员经验,以及单站历史气象资料为依据,收听天气形势广播,从本站的气象要素、天气现象等考虑和判断,绘制气象要素曲线图等相关图表,作出天气预报。1981 年利用"123"传真接收机获取预报加工产品,1985 年后不再制作天气预报,县气象站预报改由州气象台发布。

③气象信息网络

1991 年以前使用无线短波电台,靠手摇发电机供电,报务员使用莫尔斯电键发报。1991 年配备 XD-D7 型短波"单边带"电台传输报文。

2008 年开通 2 兆光纤专用网络,建成全国气象部门 Notes 电子公文传输系统,实现电子公文上传下载,同时安装了实景监控设备,开通省、州级天气预报视频会商系统。

2. 气象服务

气象服务形式简单,20 世纪 70 年代,气象站向镇政府、八音乡提供天气信息;90 年代向茶卡盐场、漠河驼场等单位提供专业气象服务。

气象法规建设与社会管理

法规建设 2008 年 1 月乌兰县人民政府下文《乌兰县人民政府关于划定茶卡气象站气象探测环境保护范围并备案的批复》(乌政〔2008〕2 号),依法将气象探测环境保护纳入地方城市规划。

制度建设 相继制订了探测环境保护实施细则、业务值班制度、职工请假休假制度、锅炉安全制度等管理制度。

社会管理 负责组织茶卡镇区域内的气象探测工作,为镇政府提供防御气象灾害的决策依据,承担区域内灾害性天气警报的发布任务。

负责向政府和有关部门提出利用保护气候资源和推广利用气候资源区划等成果的建议。

政务公开 通过公示栏向社会公开单位机构设置及工作职责、管理职能、服务收费项目及标准,向内部公开假期使用、福利发放等事项。

党建与气象文化建设

党建工作 茶卡气象站建站初期只有一名党员,20 世纪 80 年代成立了党支部,有党员 5 人,后由于业务调整,与当地交通管理站、养路段成立联合支部,截至 2008 年 12 月,有党员 2 人。

身处艰苦环境中的党员干部以身作则,在工作和生活中做出了表率,通过开展学习社会主义荣辱观教育、解放思想大讨论、学习实践科学发展观等活动,不断加强自身建设,形成艰苦奋斗、克服困难、努力工作、团结友爱的良好风气。

气象文化建设 2007 年办公住宅综合楼竣工,建起了职工活动室、图书室,丰富了职工的业余文化生活,营造出积极向上、活泼进取的氛围。努力创建学习型单位,强化业务学习,通过参加各种业务培训和函授、脱产学习,进一步提高了学历层次,从而提高自身综合素质。目前茶卡气象站所有在编人员均为大专以上学历。

个人荣誉 1978 年 10 月,马朝青同志被中央气象局授予全国气象部门学大寨、学大庆先进工作者。

台站建设

茶卡气象站占地面积 18490 平方米,建站初期职工办公住宿条件非常艰苦。1987 年省气象局投资盖起三排砖木结构的值班生活用房,职工的办公住房条件有了改善。由于供电不稳定,时常点着煤油灯值守夜班,冬天取暖生火炉,生活用水取自井水。

2006 年省气象局投资进行了综合改善,拆除了原有的旧平房和土围墙,建成了 600.48 平方米的办公生活综合楼,114.3 平方米的锅炉房、洗澡堂、车库,院四周建起长 290 米高 2.5 米的砖制院墙,首次接通了市电和自来水,实现了统一供暖,职工的生活水平有了新的提高。

2008 年在观测场、办公区大厅、值班室等关键区域内安装了红外线防盗系统,进一步加强了安全保障工作。

茶卡气象站旧貌(2004 年)

茶卡气象站新貌(2008 年)

茫崖行政委员会气象局

机构历史沿革

始建情况　茫崖行政委员会气象局始建于 1955 年 5 月,当时的名称为茫崖气象站,站址在老茫崖自流井附近的草原上,位于北纬 37°51′,东经 91°39′,海拔高度 3060.0 米。

站址迁移情况　1956 年 4 月茫崖气象站的部分业务搬迁至塔尔丁航空站。1958 年 12 月茫崖气象站址迁至茫崖阿拉尔草原;1961 年迁往乌图美仁;1964 年 6 月 1 日迁到茫崖镇依吞布拉格沙漠;1987 年 10 月 1 日迁到茫崖行委花土沟镇,位于北纬 38°15′,东经 90°51′,海拔高度 2944.8 米。

历史沿革　1955 年 5 月建立茫崖气象站,1958 年 12 月更名为阿拉尔气象站,1968 年 9 月 1 日更名为青海省茫崖气象站。2002 年 7 月 1 日经青海省茫崖行政委员会批准成立茫崖行委气象局,与茫崖气象站两块牌子,一套人马。属于国家基本气象观测站,2007—2008 年按照国家气候观象台业务运行,2008 年 12 月 31 日改为国家基本气象观测站。

管理体制　1973 年前,气象部门与地方政府领导双重领导,以气象部门领导为主。1973—1979 年转为由地方同级革命委员会领导,业务受上级气象部门指导。1980 年体制改革,实行以气象部门与地方政府双重领导,以气象部门领导为主的管理体制。

机构设置　下设探空组、地面组。

单位名称及主要负责人变更情况

单位名称	姓名	民族	职务	任职时间
茫崖气象站	邱 禧	汉	站长	1955.05—1956.03
	谢宝富	汉	站长	1956.03—1958.06
阿拉尔气象站	孙奉成	汉	站长	1958.07—1958.11
				1958.12—1960.06
	贾世东	汉	站长	1960.07—1963.09
	陈剑明	汉	站长	1963.10—1966.10
青海省茫崖气象站	徐天福	汉	站长	1966.10—1968.08
				1968.09—1969.05
	任世龙	汉	站长	1969.06—1971.12
	陈凤儒	汉	站长	1972.01—1976.09
	陆镜梓	汉	站长	1976.10—1978.09
	张四海	汉	站长	1978.09—1979.05
	薛连元	汉	站长	1979.06—1984.07
	郑振辉	汉	站长	1984.08—1990.02
	辛元信	汉	站长	1990.02—1994.05

续表

单位名称	姓名	民族	职务	任职时间
青海省茫崖气象站	郑生彪	汉	站长	1994.06—1996.11
	刘　刚	汉	站长	1996.12—2001.08
	卢国祥	汉	站长	2001.09—2002.07
茫崖行政委员会气象局			局长	2002.07—2006.11
	刘　刚	汉	局长	2006.12—

人员状况　1955 年建站时有 18 人,阿拉尔气象站时有 12 人,1986 年有职工 35 人。截至 2008 年 12 月,有职工 17 人,其中:女 10 人;汉族 16 人,回族 1 人;本科 3 人,大专 7 人,中专以下 7 人;中级职称 8 人,初级职称 9 人;30 岁以下 4 人,31～40 岁 8 人,41～50 岁 5 人。

气象业务与服务

1. 气象观测

①地面气象观测

观测项目　有云、能见度、天气现象、气压、气温、湿度、风向、风速、降水、日照、小型蒸发、大型蒸发、地面温度、浅层和深层地温、雪深、雪压等。

观测时次　1956 年 4 月—1960 年 7 月,每天进行 01、07、13、19 时(地方时)4 次定时观测;1960 年 8 月以后,每天进行 02、08、14、20 时(北京时)4 次定时观测,夜间守班。2004 年 5 月开始生态观测,2007 年 7 月开始酸雨观测。

发报种类　每天编发 02、08、14、20 时 4 次定时绘图报和 05、11、17、23 时 4 次补充绘图报,以及 08 时、20 时高空报、酸雨报、生态报、航空报。

电报传输　最初使用 15 瓦无线短波电台,靠手摇发电机给电台供电,每天 8 次地面报、2 次高空报的传输。1970 年配发了长江-12 型发电机及 200 瓦无线短波电台,报务员用电键发报。1986 年 1 月 1 日使用 PC-1500 袖珍计算机取代人工编报,2000 年 6 月使用计算机 AHDM 软件。1991 年配备了"单边带"电台,2001 年改用 Modem 网络传输资料。

气象报表制作　气象月报、年报,用手工抄写方式编制,一式 2 份,分别上报省气象局气候资料中心、本站留底 1 份。从 2000 年 7 月开始使用微机打印气象报表,向上级气象部门报送报表和磁盘。2008 年底改为内部局域网传输,不再报送纸质地面报表。只报送酸雨、生态、探空月报表。

自动气象观测　2001 年 1 月 Milos 500 型自动站开始建设,2003 年 1 月正式运行。自动站观测项目每天进行 24 次定时观测,包括温度、湿度、气压、风向风速、降水、地面温度。每天以自动站观测资料和人工观测的云、能见度、天气现象编发 4 次绘图报和 4 次补充绘图,在每日 20 时后对自动站采集的资料和人工观测资料存于计算机进行备份,每月定时复制光盘归档、保存、上报。

②高空探测

探空 1957 年 3 月开始进行高空探测,使用 CFJ-I 经纬仪与 P3-049 探空仪器。1968 年 10 月 1 日改用 59 型探空仪,1971 年 3 月 16 日 701 测风雷达正式投入使用,1985 年配备了 PC-1500 袖珍计算机,1987 年 11 月 15 日,探空讯号自动记录仪的使用,减轻了劳动强度,提高了测报质量和工作效率。1987 年 10 月 1 日更换为 701B 型测风雷达,2005 年 8 月 10 日 GFE(L)-1 型二次测风雷达安装完成,使用电子探空仪,并于 10 月 1 日正式投入业务运行。

测风 从 1957 年 3 月开始使用 CFJ-I 经纬仪测风,由于使用经纬仪主要测近地面层(300、600、900 米)的风向、风速,根据当时的天空背景,选择气球颜色。1971 年 3 月 701 测风雷达(车厢式)的投入使用,高空测风高度有了明显的提升,平均测风高度达到 27000 米。1987 年 10 月测风雷达更换为 701B 型,2005 年 8 月 GEF1 型雷达与电子探空仪的投入使用,使高空气象现代化水平进一步提高,人员劳动强度逐步减少。

制氢 2005 年 12 月水电解制氢设备正式使用,代替了化学原料制氢。

2. 气象信息网络

通信现代化 1987 年前采用莫尔斯电码发报,1987 年 7 月 1 日,使用 PC-1500 型袖珍计算机与终端联机,实现了短波数传自动发报,取代了莫尔斯手工发报。1991 年建立了短波"单边带"电台,2002 年采用 PSTN 电话拨号方式传输资料,自动气象站的投入运行,对通信设施也进行了更新,其中包括建立业务通信的有线网络系统和无线网络系统以及用于日常工作的宽带网络系统,基本上实现了通信现代化,2008 年 8 月实现了视频会商及电子政务。

信息接收 20 世纪主要通过电话和书信方式,2004 年以后,信息接收途径通过网络电子邮件和电话形式。

信息发布 通过电话用户主动拨打"121"电话声讯台、电视、手机、网络系统等发布气象信息,发布的气象信息包括未来 24 小时和 48 小时天气预报,气象灾害预警信息等。

3. 天气预报

从 20 世纪 60 年代开始开展单站补充预报,预报方法以经验为基础,根据本站历史资料制成气象要素曲线图、气象要素时间剖面图、点聚图等相关图标进行预报,对社会公众以广播形式发布。70 年代后期,预报工作开始进行"基本资料、基本图表、基本档案、基本方法"建设后,预报准确率有所提高。80 年代开始利用"123"传真机,获取预报加工产品。目前预报方法以本站历史资料为参考,对海西州气象台天气预报订正发布。当灾害性、关键性天气发生时,及时与下游台站联系,形成灾害性天气联防联报机制。

4. 气象服务

①公众气象服务

2000 年 5 月与电信部门合作正式开通"121"天气预报自动咨询电话。2002 年 6 月"121"天气预报由海西州气象局集约管理。2007 年 12 月"121"天气预报由省气象局集约管理,同时"121"服务电话升位为"12121"。20世纪90年代中期之前,每天通过广播提供天气预报和气象服务。

②决策气象服务

春秋大风季节和汛期,及时为当地政府提供决策气象服务。2005年5月13日,茫崖大乌斯地区出现大风、沙尘暴、冰雹、雨夹雪天气,气温剧降,造成青海物探公司217队野外施工人员15人死亡,13人冻伤,3人重伤的特大事故。为有效应对突发气象灾害,减免和减轻气象灾害造成的损失,以手机短信的方式及时向政府部门和工矿企业发送气象信息,努力做好气象服务工作。

③专业与专项气象服务

专项气象服务 为柴达木盆地太阳能、风能等清洁资源的前期调研、规划及开发利用提供气象资料和服务。

防雷技术服务 2006年气象局被列为茫崖行委安全生产委员会成员单位,负责全区内雷电防护管理工作,定期对辖区内液化气站、加油站、民爆仓库等高危行业和非煤矿山、油田的防雷设施进行检查。

④气象科技服务

在做好公益服务的同时,为青海油田、青海物探公司等单位提供气象科技服务。

5. 科学技术

气象科普宣传 充分利用电视、报纸、网络等媒体和科技下乡活动、"3·23"世界气象纪念日等活动载体,广泛宣传《中华人民共和国气象法》、《青海省气象灾害防御条例》、《防雷减灾管理办法》等气象法律法规。

科学管理与气象文化建设

1. 科学管理

制度建设 制定了行政审批限时办结制、重点项目快速审批制、行政处罚备案制、首次轻微违规免予处制等制度。防雷装置的设计审核、施工监督、竣工验收行政许可工作得到了规范化、程序化开展,对已建建筑物的防雷装置普遍开展了年检工作,年检率达80%以上。

社会管理 2005年将防雷工程的验收及检测纳入气象行政管理范围。依据《气象探测环境和实施保护办法》,从2004年6月起,气象探测环境保护的相关文件在茫崖行委进行了备案,把气象探测环境保护纳入当地城市规划,共同保护气象探测环境。

依法行政 2003年12月,茫崖行委法制办批复确认县气象局具有独立的行政执法主体资格,并为4人办理了行政执法证,成立气象行政执法队伍。

政务公开 向社会通过公示栏、宣传单等方式公开气象服务内容,气象行政执法依据,有偿服务收费标准等。对内公开财务收支、职工福利发放等,每半年公示一次。

2. 党建工作

党的组织建设 建站之初就成立了气象站党支部,有党员 4 人。1990 年气象局党支部与物资公司党支部、运管所党支部合并为物资公司联合支部。2004 年成立气象局党支部,有党员 8 人,截至 2008 年 12 月,有党员 7 人。

党风廉政建设 把领导班子的自身建设和职工队伍的思想建设作为党风廉政建设的重要内容,通过开展经常性的政治理论、法律法规学习,积极参加培训学习,认真执行"三人决策"机制。全局职工及家属子女无一人违法违纪,无一例刑事民事案件,无一人违反计划生育政策。

3. 气象文化建设

精神文明建设 茫崖气象站地处偏远戈壁荒滩,交通不便,距西宁 1330 千米,工作生活条件艰苦。但老同志以身作则,在工作和生活中率先垂范,新同志迎难而上,在戈壁荒漠中从不放松业务学习,积极参加短期培训和远程培训,努力创建学习型单位。积极组织职工参加行委开展的各项活动,创造条件开展积极向上的文化娱乐活动,职工团结友爱,健康向上,精神文明建设取得好成绩。

文明单位创建 开展精神文明创建活动,改造观测场观测环境,装修业务值班室,统一制作局务公开栏、学习园地、法制宣传栏和文明创建标语等宣传用语牌。设立图书室,建立室内外文体活动场所,组织职工开展各项文体活动。2001 年被茫崖行政委员会授予文明单位称号,2003 年被海西州政府授予文明单位称号。

4. 荣誉与人物

集体荣誉 1958 年 12 月,在青海省农业社会主义建设先进单位代表会议上,被评为青海省农业社会主义建设先进单位。1982 年探空组被青海省气象局命名为"青海省气象系统先进集体"。

个人荣誉 1988 年 9 月,国家气象局分别向张炎斌、张秀英(女)颁发"从事气象工作 30 年以上贡献奖"。1989 年 4 月郑振辉被国家气象局评为"全国气象部门双文明建设先进个人",1989 年郑振辉荣同志荣获青海省劳动模范称号。

人物简介 郑振辉,男,汉族,广东兴宁县人,生于 1937 年。1955 年 8 月毕业于北京气象学校,1955 年 9 月分配到青海省茫崖气象站,1980 年加入中国共产党,1982—1990 年担任茫崖气象站站长,1990 年退休。郑振辉同志三十四年如一日,工作兢兢业业,在干燥、缺水、大风、石棉粉尘污染的恶劣环境中,以党的利益为重,严格要求自己,处处以身作则,任劳任怨,埋头苦干。1963 年发生洪水,大水涌进观测场及住房,他在没膝深的水中,同全站人员奋力抢救气象仪器和气象资料,使气象工作顺利开展。担任站长以来,没有因职务变了,工作多了而放弃自己的业务,仍然以一个观测员的身份参加业务值班和报表预审,工作质量名列前茅。经常找职工做思想政治工作,帮助解决实际困难。他在艰苦的工作生活环境中无私奉献,为茫崖气象局留下了宝贵的精神财富。1989 年 4 月郑振辉被国家气象局评为"全国气象部门双文明建设先进个人",并荣获青海省劳动模范称号。

台站建设

1955 年建有地面观测、通报、预报、填报等业务用房。1964 年省气象局投资建房 500 平方米,其中 50 平方米的值班室用石头砌成,其余为半地窝子房和土坯房。1986 年省气象局投资建成办公楼、住房及配套附属设施 2100 平方米。2005 年对办公楼进行了综合改善及修建了职工住房,硬化了楼前 800 平方米的路面,同时增加了上下水、暖气等设施。2008 年硬化道路 750 平方米,重修了围墙。

综合改善后的茫崖气象局办公楼(2003 年)　　　综合改善后的茫崖气象局生活区(2006 年)

冷湖行政委员会气象局

机构历史沿革

1956 年 8 月 15 日青海省冷湖气象站成立,站址在冷湖基地石油勘探局北方五千米处,位于北纬 38°50′,东经 93°23′,海拔高度 2733.0 米。

站址迁移情况　1957 年 8 月站址迁至冷湖老基地。1993 年 6 月 30 日站址迁至冷湖镇建设路七号,观测场位于北纬 38°45′,东经 93°20′,海拔高度 2770.0 米。

历史沿革　青海省冷湖气象站成立后,1958 年 9 月更名为冷湖气象服务站,1980 年 1 月更名为冷湖气象站,1996 年 12 月冷湖行政委员会气象局挂牌成立,为国家气象观测基本站。

管理体制　1969 年前实行气象部门与地方政府双重管理,以部门领导为主的管理体制;1969—1980 年管理体制变为冷湖行委革命委员会领导,业务受上级气象部门指导;1980 年后实行气象部门与地方政府双重领导,以气象部门领导为主的管理体制。

机构设置　下设地面观测组。

单位名称及主要负责人变更情况

单位名称	姓名	民族	职务	任职时间
青海省冷湖气象站	武清泉	汉	站长	1956.08—1958.08
冷湖气象服务站	谢荣	汉	站长	1958.09—1962.12
	王培元	汉	站长	1963.02—1969.06
	吴华章	汉	站长	1969.06—1971.12
	陈为民	汉	站长	1972.01—1973.05
	陈华达	汉	站长	1973.05—1977.06
	韩东生	汉	站长	1977.07—1979.12
冷湖气象站	杨庆松	汉	站长	1980.01—1983.12
	祁越	汉	站长	1984.01—1986.10
	卢凤珍	汉	副站长	1986.10—1990.12
	董爱美（女）	汉	副站长	1991.01—1993.12
	蒲继学	汉	副站长	1994.01—1996.11
冷湖行政委员会气象局	彭勇刚	汉	副局长	1996.12—1998.03
	严玉兵	汉	副局长	1998.04—1999.08
	支鹏宇	汉	副局长	1999.08—2002.06
	保冬梅	汉	局长	2002.06—2007.07
	蔡军	汉	副局长	2007.07—

人员状况 建站之初有职工 13 人，截至 2008 年 12 月，有职工 7 人，其中：女 2 人；大专 5 人，中专以下 2 人；中级职称 2 人，初级职称 5 人，30 岁以下 1 人，31～40 岁 4 人，41～50 岁 2 人。

气象业务与服务

1. 气象观测

①地面气象观测

观测项目 人工地面气象观测项目有风向、风速、气温、湿度、气压、云、能见度、天气现象、降水、日照、小型蒸发、大型蒸发、冻土、地温、雪深、雪压等。自动站观测项目包括温度、湿度、气压、风向风速、降水、蒸发、地面温度（不含草温）。

观测时次 自动站 24 时次自动观测数据和 02、05、08、11、14、17、20、23 时 8 个时次定时人工地面气象观测。

发报种类 每日编发 02、08、14、20 时 4 次天气报和 05、11、17、23 时 4 次补充天气绘图报。

电报传输 每天 8 个时次地面天气报告的发报，使用的是 15 瓦无线短波电台，靠手摇发电机供电。1991 年配备了短波"单边带"电台，2001 年随着 Milos 500 自动气象站的建成改用有线 Modem 网络传输资料。

气象报表制作 自建站后气象月报、年报、气表，用手工抄写方式编制，一式 3 份，分别上报国家气象局、省气象局气候资料室各 1 份，本站留底 1 份，省气象局气候资料室再反馈 1 份经审核无误的机制报表留站归档。从 2000 年开始使用微机打印气象报表，向上级气象部门报送磁盘。

业务变动　1956 年 12 月 1 日增加 05、11、17、23 时（地方时）观测；1960 年 8 月 1 日停止 01、07、13、19 时（地方时）观测，改为 02、08、14、20 时（北京时）观测；同年 9 月 1 日，百叶箱距地面高度由 2.0 米改为 1.5 米，雨量筒高度由 2.0 米改为 70 厘米；同年 11 月停止云向云速观测。1961 年 1 月 1 日取消地面状态观测，1980 年 1 月 1 日增加地温观测。1986 年 1 月 1 日 PC-1500 袖珍计算机取代人工编报，1991 年短波单边带低速数传通信系统在本站投入运行，2002 年 1 月 1 日 Milos 500 自动站正式投入业务使用，2004 年实现自动站业务运行。2004 年增加土壤粒度、干沉降、沙尘暴、土壤风蚀风积监测，2006 年取消土壤粒度、干沉降、沙尘暴监测。

资料管理　严格执行制定了冷湖气象局气象资料管理专项制度，并安排专人负责气象资料的管理，气象资料档案有单独档案室。

自动气象站　2002 年 1 月 1 日 Milos 500 自动站正式投入业务使用，2004 年实现自动站业务运行。自动站采集的资料与人工观测资料存于计算机中互为备份，每天自动进行 24 次定时观测和数据上传，每月定时复制光盘归档、保存、上报。

②高空观测

1959 年开展经纬仪小球测风及探空业务，1977 年 9 月 1 日启用 701 型测风雷达开展探空业务，1993 年 1 月撤销雷达探空业务。

③生态气象观测

承担风蚀风积生态观测，编发生态报文，制作年报表。

2. 气象信息网络

通信现代化　2001 年建成了 Milos 500 型自动气象站，2004 年正式实现自动站业务运行，每天自动进行 24 次定时观测和数据上传，每月定时复制光盘归档、保存、上报。2008 年 8 月开通了全省气象系统通信网络，实现了视频会商及电子政务，提高了资料传输效率和安全性。

信息接收发布　主要通过 Notes 系统、灾情直报系统、电话、手机短信发布。

3. 天气预报

20 世纪 70—90 年代开展单站补充预报，依据历史资料制成气象要素三线图等相关图表进行预报，向社会通过广播发布。80 年代开始利用"123"传真机，获取预报加工产品。预报方法是依据州气象台预报，参考本站历史资料订正后发布。及时与上下游气象台站联系，形成灾害性天气联防联报。

4. 气象服务

①公众气象服务

每天为行委广播站提供天气预报，通过广播为公众提供天气预报。2000 年 5 月气象局同电信局合作正式开通"121"天气预报自动咨询电话。2002 年 6 月"121"天气预报由州气象局集约管理。2007 年 12 月"121"天气预报由省气象局集约管理，电话升位为"12121"。

②决策气象服务

因当地无农牧业生产，气象服务对象主要是地方政府和工矿企业。1995 年后为地方政府提供每月的决策气象服务及一周天气展望。在汛期时，及时为防汛办提供预报，在做好公益服务的同时,如遇有重大天气过程及时向冷湖油田管理处等企业提供相关气象服务。

③专业气象服务

专项气象服务 为柴达木盆地太阳能、风能等清洁资源的前期调研、规划及开发利用提供气象资料和服务。

雷电防护技术服务 2005年将防雷工程的验收及检测纳入气象行政管理范围,定期对加油站、炸药仓库等易燃易爆场所和非煤矿山、油田的防雷设施进行检查,对不符合防雷技术规范的单位,责令进行整改。

④气象科技服务

近年来,冷湖气象局不断加强气象科技服务工作,主动及时为当地群众工作生活、工矿企业安全生产以及防灾减灾等提供了气象科技服务。

5. 科学技术

气象科普宣传 每年充分利用"3·23"世界气象日、安全生产月、普法宣传日组织开展气象科普宣传,向广大群众普及气象法律、法规、科普和防灾减灾知识。通过安全生产检查、防雷防静电检测等时机向加油站、加气站、民用爆破公司等易燃易爆和各钾肥工矿企业开展防雷防静电安全生产宣传。

气象科研 2005年与兰州大学联合开展大气干沉降课题研究,积极配合省、州气象局开展本地区气候变化研究。

科学管理与气象文化建设

1. 科学管理

制度建设 制定了气象灾害预警信号发布等制度,在内部管理工作中,制定了《探测环境和设施保护监督管理制度》、《车辆管理制度》、《职工请假休假制度》、《锅炉安全制度》等管理制度。

社会管理 不断加强社会管理职能,2005年防雷工程的验收及检测纳入冷湖气象局行政管理范围。2006年气象局被列为冷湖行委安全生产委员会成员单位,负责全行委防雷安全的管理和雷电灾害安全防御工作,加强对防雷工程设计、施工、检测单位资质管理,组织做好防雷装置图纸审核和工程竣工验收、防雷设施的安全检查及雷电防护装置的安全检测等工作。

依法行政 2003年12月,冷湖行委法制办批复确认气象局具有独立的行政执法主体资格,为4人办理了行政执法证。严格执行施放气球审批制度和气象探测环境保护规定,按期进行气象探测环境巡查,不断加大环境保护的执法力度。

政务公开 向社会公开单位机构设置及工作职责、管理职能、依据和程序、服务承诺、服务收费项目及标准。严格按照局务公开的有关规定,及时将经费使用、岗位工资发放、人事变动等情况及职工关心的事项进行公开,自觉接受职工监督。

2. 党建工作

冷湖气象局地处戈壁沙漠,交通不便,建站之初成立了党支部,有党员4人。1994年起由于人员较少,气象局党支部与冷湖行委社区党支部合并为一个支部,截至 2008 年 12 月,有党员 1 人。

气象局加强党风廉政建设,严格执行"三人决策"和民主决策制度,按制定的议事规则和重大事项决策程序办事,遇重大事项通过全局职工会议决定,坚持民主决策、科学决策。

3. 气象文化建设

开展精神文明建设,发动职工改造观测场,装修业务值班室,设立了图书阅览室,统一制作局务公开栏、学习园地、法制宣传栏和文明创建标语等宣传用语牌。积极参加省、州气象部门和地方组织的文体活动,修建了室内外文体活动场所,时常组织职工开展各项文体活动,丰富职工的业余生活。

经过 50 多年来的不断建设与发展,新老同志前赴后继,坚守岗位,走过了一条艰苦奋斗的道路。2003 年被冷湖行委授予"县级文明单位"称号,2007 年被海西州政府授予"州级文明单位"称号。

4. 荣誉

集体荣誉　1979 年中央气象局授予冷湖气象站"先进集体"称号。

个人荣誉　1983 年 3 月,青海省气象局授予陈新秋"青海省气象系统 1982 年先进个人"称号。1985 年 6 月在团中央等单位举办的为边陲优秀儿女挂奖章活动中,盛国瑛同志获得铜牌。2006 年 1 月青海省人事厅、青海省气象局授予樊万珍(女)同志"青海省气象先进工作者"荣誉称号。

台站建设

1956 年用蒙古包、帐篷建起了冷湖气象站,1958 年省气象局投资在冷湖老基地建起土木结构平房 1317.5 平方米,1993 年省气象局投资 50 万元在冷湖镇建新址,共建成办公室、宿舍及配套附属设施 699.6 平方米,围墙 420 米;2005 年台站综合改造,省气象局投资 40 万元对办公室、宿舍进行了维修改善,新建车库和锅炉房 52 平方米,硬化路面 560 平方米,增加了上下水、暖气等设施,气象局占地面积 706.2 平方米,极大改善了办公和生活环境。

大柴旦行政委员会气象局

机构历史沿革

始建情况　始建于 1956 年 5 月 1 日的大柴旦气象站,站址在大柴旦西南方草原上,位于北纬 37°50′,东经 95°17′,观测场海拔高度为 3000.0 米(约测)。

站址迁移情况　1957年1月1日迁移观测场至西南方向400米处,1967年7月1日又迁移观测场至西北方向1000米处。1974年10月1日再次迁移观测场保持到现在,站址为柴旦镇团结路17号,位于北纬37°51′,东经95°22′,海拔高度3173.2米。

历史沿革　1956年5月1日,遵照国家关于新建西藏航线,为北京—拉萨航线的开通提供气象保障的指示精神,在航线沿途的大柴旦建立了气象站。1958年7月扩建为海西蒙古族藏族哈萨克族自治州大柴旦气象台,1959年7月更名为柴达木行政委员会水利气象局,1961年5月更名为大柴旦气象台,1964年9月10日更名为海西州气象台,1968年8月更名为海西蒙古族藏族哈萨克族自治州气象台革命委员会。1971年11月1日因海西州气象台搬迁至德令哈,名称恢复为大柴旦气象站。2002年6月经当地政府批准更名为大柴旦行政委员会气象局,为国家气象观测基本站。

管理体制　建站至1969年,以省气象局领导为主。1970年3月改为以军队领导为主,列入海西州军分区、县(镇)人民武装部建制,实行军队与当地政府双重领导。1973年6月改为同级地方党政部门领导为主。1980年1月1日根据(79)青政116号文件,实行气象部门与地方政府双重领导,以气象部门领导为主的管理体制。

机构设置　下设地面观测组。

单位名称及主要负责人变更情况

单位名称	姓名	民族	职务	任职时间
大柴旦气象站	贾世栋	汉	站长	1956.05—1958.06
海西蒙古族藏族哈萨克族 自治州大柴旦气象台			台长	1958.07—1959.06
柴达木行政委员会水利气象局	魏席杰	汉	局长	1959.07—1960.02
	陆文龙	汉	局长	1960.03—1961.04
大柴旦气象台			台长	1961.05—1964.08
海西州气象台	高树梅	汉	负责人	1964.09—1966.04
	项仁浩	汉	副台长	1966.05—1968.08
海西蒙古族藏族哈萨克族自治州 气象台革命委员会	王运清	汉	主任	1968.08—1969.09
	唐雨亭	汉	行政负责人	1969.09—1971.10
大柴旦气象站	吴华章	汉	站长	1971.11—1980.11
	张富瑞	汉	站长	1980.12—1982.08
	万忠良	汉	站长	1982.09—1984.06
	冯庆智	汉	站长	1984.07—1987.03
	高明星	汉	副站长	1987.04—1988.03
	辛东生	藏	站长	1988.04—1990.05
	柴银福	汉	副站长	1990.06—1992.11
	李守庆	汉	副站长	1992.11—1996.11
	李清芳(女)	汉	副站长	1996.12—2002.05
大柴旦行政委员会气象局			局长	2002.06—2004.02
	张勇	汉	局长	2004.03—2006.07
	王新	汉	局长	2006.08—

人员状况 1956年建站时有5人。截至2008年12月,有职工10人,其中:女7人;藏族1人;大学本科4人,大专3人,中专以下3人;工程师1人,助理工程师9人;30岁以下6人,31~40岁2人,41~50岁2人。

气象业务与服务

1. 气象观测

①地面气象观测

观测项目 观测项目有风向、风速、气温、气压、湿度、云、能见度、天气现象、降水、日照、蒸发、地面温度、雪深、雪压、冻土等。每年6—9月开展自记雨量计的观测。

观测时次 建站至1960年7月31日,每天进行01、07、13、19时(地方时)4次定时观测;1960年8月1日,根据(60)中气技革发字12号文件精神,取消地方时观测,每天进行02、05、08、11、14、17、20、23时(北京时)8个时次地面观测。

发报种类 每天编发02、08、14、20时4个时次的定时报,23、05、11、17时4个时次的补充报,以及预约航报、气象月报、气象旬报。

电报传输 建站以来,各类报文的传输通过电话和莫尔斯电码发报,1991年用短波"单边带"电台进行报送,2003年开始用电话方式将各类报文传至州气象台,2004年通过宽带向省气象局气象台报送电报。

气象报表制作 气象月报表、年报表,用手工抄写方式编制,上报省气象局气候资料中心、州气象局各1份,本站留底1份。2000年使用计算机处理数据与打印气象报表,并向省气象台数据审核科报送月报表数据磁盘。2002年自动气象站建立后,采用直接发送数据文件的方式进行报送。

资料管理 自动站采集的资料与人工观测资料存于计算机中互为备份,每月定时复制光盘归档、保存、上报。

自动气象站 自1986年2月1日PC-1500袖珍计算机取代人工编报,2002年建成了Milos 500自动气象站,于9月1日投入业务运行。自动站观测项目包括温度、湿度、气压、风向风速、降水、地面温度。除云、能见度、天气现象进行人工观测,现在以自动站资料为准发报。2009年1月1日完成了Milos 500向OSSMO 2004业务软件的切换工作。

区域自动气象站 2008年分别在大柴旦行委锡铁山镇、鱼卡煤矿、大煤沟煤矿建成3个两要素区域自动气象站,通过GPRS信号24小时自动传输温度与雨量实时数据。

②高空探测

1956—1988年开展高空小球测风观测,1988年12月撤销。

2. 气象信息网络

通信现代化 1987年前采用莫尔斯电码发报,1987年7月1日使用PC-1500袖珍计算机与终端联机,实现了短波数传自动发报,取代了莫尔斯手工发报。2002年采用PSTN电话拨号方式传输资料,2006年通过宽带向省气象局气象台审核科传输A文件。2008年12月建成气象专网(SDH)、视频会议会商系统,并利用局域网建立了与省(州)气象局互联的气象部门电子办公、资料传输系统。

信息接收 1994年开始天气图传真接收工作,主要接收北京的气象传真和日本的传真图表;1991年7月架设开通"单边带"无线对讲通讯系统,实现与州气象局直接业务会商;1998年建成地面卫星接收小站并正式启用,实时接收卫星云图等各种气象资料。

信息发布 1998年正式对外开展气象预报服务,每天上午向防汛部门提供雨情,下午通过电话向有关部门提供天气预报。2000年气象局同电信局合作正式开通"121"天气预报自动咨询电话,2002年6月全州"121"答询电话实行集约管理,2005年1月"121"电话升位为"12121",2007年12月"12121"答询电话业务统一由省气象局管理。

3. 天气预报预测

20世纪80年代前,天气预报主要靠人员经验,以单站历史气象资料为依据,收听天气形势广播,绘制气象要素曲线图等相关图表,做出天气预报。1981年利用"123"传真接收机获取预报加工产品,1985年后不再制作天气预报,由于缺乏专业预报服务人员,天气预报的制作主要根据上级气象台发布的天气预报,结合当地实际情况,进行经验性地订正。2008年起每日通过大柴旦广播电视台对外发布天气预报。

4. 气象服务

①公众气象服务

气象服务工作是在依据州气象台提供的天气预报基础上,对6个主要地区(大柴旦、锡铁山、马海、鱼卡、小柴旦、大煤沟)的雨(雪)、晴、最高(低)气温、风向、风速天气预报订正后进行发布;针对不同季节发布各类专题预报;发布各类灾害性天气预报预警信息。

②决策气象服务

每月为大柴旦行政委员会提供气象决策信息和灾情公报,为政府部门提供相关决策的气象资料,为各类气象灾害的发生提供预防、预警信息。在遇到突发气象灾害期间,结合当地应急预案实施要求,完成灾害地区气象信息检测服务工作,及时准确提供所需气象信息,配合行委做好决策气象服务工作。

③专业气象服务

针对本地厂矿企业较多,重点工程施工单位施工期间的气象服务需求,提供有针对性的天气预报产品。积极为从事野外勘探、科研活动的项目提供有价值的气象服务信息,支持在本地有投资、建设意向的单位进行项目论证,对本地举行的重大活动进行专题气象服务。

人工影响天气 2002年7月经州气象局批准成立了天峻县人工影响天气管理局,负责大柴旦境内人工影响天气作业的协调、指挥、作业。经过多年的努力,取得了良好的社会效益和经济效益。

防护雷电工作 2002年经海西州气象局批准成立了大柴旦行委防护雷电管理局,将防雷装置检测验收纳入气象行政管理范围。2003年大柴旦行政委员会批复确认气象局具有独立的行政执法主体资格,成立了行政执法队伍。每年为大柴旦矿业公司、大头羊煤矿、大煤沟煤矿、高泉煤矿、创新矿业公司、锡铁山矿业公司等辖区厂矿企业以及当地多个加油站进行防雷检测服务。

④气象科技服务

大柴旦气象科技服务工作起步较晚,近年来,服务范围逐步拓展到工业、能源、交通、建筑、水利等部门,并且针对用户的需要,从最初的电话、气象专题服务材料等服务方式发展到广播电台、电视、移动电话、网络等多种手段,向用户提供及时、准确的气象服务信息。

5. 科学技术

气象科普宣传 充分利用"3·23"世界气象日、防灾减灾日等时机,集中开展气象法律法规的普及宣传工作。

科学管理与气象文化建设

1. 科学管理

制度建设 为进一步加强单位管理工作,逐步完善科学、高效、民主的管理机制,充分调动干部职工的积极性和创造性,先后完善制订了《政治学习制度》、《局务公开制度》、《三人决策制度》、《业务学习规定》、《业务奖罚制度》、《安全管理制度》、《财务制度》、《请销假制度》、《档案、仪器管理制度》、《图书室管理规定》等一系列规章制度,推进了单位管理工作的规范化、制度化。

社会管理 现有气象行政执法人员3人,2005年成为大柴旦行政委员会安委会成员,每年春秋季和汛期与安监局、公安局、消防大队等单位进行气象联合执法,依法对辖区内各矿区、企业雷电防护设施进行检查检测,还负责为安全生产事故应急救援提供气象服务保障。

行业管理 在辖区开展了行业气象台站调查,将水文、部队及企业的气象站纳入行政管理范围。

依法行政 2004年5月大柴旦行委批复确认县气象局具有独立的行政执法主体资格,并为3人办理了行政执法证。加强部门协作,多次联合安检、公安、消防等安委会成员单位,对安全生产重点单位、项目实施了联合执法,气象行政执法工作逐步迈向规范化轨道。

政务公开 制作公示栏向社会公开单位性质及单位开展的业务范围,气象服务的内容。对内部公示职工福利发放、财务收支等情况。

2. 党建工作

党的组织建设 1958年7月大柴旦气象台成立党支部,有党员3人。1995年大柴旦气象站与大柴旦自来水公司、文化工作站等单位成立了大柴旦文化联合支部。2008年4月成立气象支部,有党员5人。2008年11月撤销了气象支部,与安监局、国土资源局、民政局联合成立大柴旦行委第二支部,2008年12月气象站有党员3人。

党风廉政建设 积极落实党风廉政建设目标责任制,认真开展廉政宣传教育和警示教育活动,落实"三人决策"机制,每半年进行一次财务公开,将公开内容上报州气象局,廉政建设得到进一步加强。每年与州气象局党组、地方纪检部门签订了廉政建设《目标责任书》,细化了目标任务。

3. 气象文化建设

精神文明建设　大柴旦气象人继承老气象人留下的精神财富,自力更生,开拓创新,因地制宜拓宽服务领域,积极参加当地政府部门组织开展的一系列活动。节日期间组织开展文体活动,丰富了职工的文化生活,形成团结向上的和谐氛围。

文明单位创建　始终以"一流的装备、一流的技术、一流的人才、一流的台站"为目标,对院内环境进行了绿化、美化,安装了室内外健身器材,进一步提高服务质量和服务水平,履行社会责任,服务地方经济社会发展。2004年被大柴旦精神文明工作委员会授予"文明单位"称号。

集体荣誉　1958年12月在青海省农业社会主义建设先进单位代表会议上,被评为青海省农业社会主义建设先进单位。1960年2月被青海省委、省政府授予"青海省农业社会主义建设先进单位"三等奖。

台站建设

大柴旦气象站总占地面积15789.71平方米,始建时共有房屋8幢48间,建筑面积1043.0平方米,均为泥瓦结构。1974年省气象局投资修建办公室、宿舍621.0平方米,修围墙431米,修建制氢室44.5平方米。后经历年续建,到1990年总建筑面积997.6平方米,总占地面积15912.9平方米。2000年省气象局投资48万元进行综合改善,拆除陈旧建筑,新建锅炉房,地面值班室和职工用房,装修办公室、活动室,住宅房由泥瓦结构改为砖混结构,厨卫俱全,建筑面积882.0平方米,绿化面积4430.0平方米。

格尔木市气象台站概况

格尔木市为青海省第二大城市,辖区面积为12万平方千米,有"天下第一城"的美誉。全市人口27万,以汉、藏、蒙古、回族为主。20世纪50年代初因修筑青藏公路的需要,数万名筑路大军在慕生忠将军的指挥下在此扎帐建城。1962年成立格尔木市,1965年撤市建县,1980年撤县建市。青藏铁路,青藏、青新、敦格公路从境内穿过,还开通至西宁、西安、成都等地的航线。辖区内矿藏资源十分丰富,其中钾、钠、镁、锂、碘的储量均居全国首位,被称为中国盐湖城。

气象工作基本情况

所辖台站概况 格尔木气象局下辖6个气象台站,其中格尔木市气象台为国家基准气候站、探空站,都兰县气象局为国家基本气象观测站、探空站,沱沱河气象站为国家基本气象观测站、探空站,五道梁气象站、小灶火气象站、诺木洪气象站为国家基本气象观测站。

历史沿革 1955年4月组建葛尔穆气象站,后更名为格尔木气象站、格尔木中心气象站;1953年10月组建察汗乌苏气象站,后更名为都兰气象站,1996年3月更名为都兰县气象局;1956年6月组建诺木洪气象站;1956年5月组建开心岭气象站,后迁移至唐古拉山沱沱河河沿,更名为沱沱河气象站;1956年10月组建楚玛尔河气象站,后迁移至五道梁,更名为五道梁气象站;1960年5月组建乌图美仁气候站,后迁移到格尔木乌图美仁公社小灶火管区,更名为小灶火气象站;1985年1月成立格尔木市气象局。

管理体制 1979年之前,管理体制经历了从地方政府领导为主到气象部门领导为主的双重管理体制的转变;其中1971年2月—1973年5月实行军事管制。1980年1月起实行以气象部门与地方政府双重领导,以气象部门领导为主的管理体制。

人员状况 截至2008年底,职工总数为237人(其中在职正式职工139人、聘用职工19人、离退休人员79人)。在职职工中:女67人,少数民族31人;大学本科以上43人,大专68人,中专以下47人;高级职称4人,中级职称80人,初级职称74人;30岁以下28人,31～40岁65人,41～50岁62人,50岁以上3人。

党建与精神文明建设 截至2008年底,全市共有党员99名(包括离退休职工党员44人),分布在市局机关、气象台、科技服务、业务服务管理科、人事科、诺木洪气象站、都兰县气象局 7 个党支部,大部分离退休党员已将党组织关系转入安置地。全市气象站(局)均已建成市级和地级文明单位,其中地级文明单位 5 个,市级文明单位 1 个。

领导关怀 1988 年 7 月 9 日,时任国务委员兼国家科委主任的宋健、副主任蒋民一行在省长宋瑞祥等人的陪同下,视察了都兰县气象站,对气象工作者长期在这里坚持工作并能高质量的完成各项任务给予了高度的赞扬。

2004 年 7 月 25 日以全国政协人口资源环境委员会副主任、原中国气象局局长温克刚为组长、时任中国气象局副局长郑国光为副组长的全国政协人口资源环境委员会和中国气象局联合组成的"三江源"和环青海湖地区人工增雨与生态环境监测专项调查组到格尔木市气象局考察和慰问,26 日前往五道梁、沱沱河调研长江源头生态环境时看望了气象站职工。

主要业务范围

地面气象观测 在全市气象台站中,格尔木市气象台是国家基准气候站,24 小时定时观测;都兰县、五道梁、沱沱河、小灶火、诺木洪气象站是国家基本气象观测站,均承担航空天气发报任务。

观测项目有气压、气温、湿度、降水、蒸发、雪深、雪压、云、能见度、天气现象、风向风速、日照、地面温度、5～20 厘米浅层地温、40～320 厘米深层地温、冻土。

高空气象观测 全省开展高空探测业务的 7 个气象台站中,格尔木就有 3 个。其中:沱沱河气象站是全球海拔最高的探空站,1956 年 5 月 1 日开始进行高空气象探测业务工作;格尔木市气象台高空气象探测始于 1955 年 11 月 1 日;都兰县气象站于 1954 年 9 月 1 日开始高空气象探测业务,3 站都是全球气象情报资料交换站。

农业气象观测 全市气象台站中,格尔木市气象台、都兰县气象站、诺木洪气象站开展农业气象观测。格尔木市气象台主要开展物候观测和土壤湿度测定,都兰县气象站主要开展作物发育期及土壤湿度测定,诺木洪气象站主要承担小麦、马铃薯、豌豆等农作物物候观测和土壤湿度测定工作。

天气预报 格尔木市气象局成立之前,格尔木中心气象站、都兰县气象站利用每天广播接收的简易天气形势图、单站曲线图等简单方法制作天气预报,并接受海西州气象台天气预报指导。五道梁、沱沱河气象站地处高寒无人区,小灶火气象站地处荒漠戈壁,诺木洪气象站地处偏远小镇,都不制作天气预报。

1985 年格尔木市气象台成立后,根据省气象台的指导预报,逐步开展格尔木地区的天气预报,经过多年的努力,预报手段已多样化,传统模式和现代预报方法相结合,取得了天气预报好的服务效果,并对都兰县、诺木洪气象站预报服务进行指导。

人工影响天气 2005 年 4 月格尔木市政府办公室下发《格尔木市政府办公室关于在格尔木河上游开展人工增雨作业的批复》,同意在格尔木河上游开展人工增雨作业。在格尔木河上游主要采用地面作业方式,作业设备有 3 门高射炮和 2 台碘化银发生器。到 2008 年作业区域扩至那陵格勒河流域,全市设作业点 14 个,有高射炮 3 门,碘化银发生炉 6 台,火箭发射装置 5 套。人工影响天气业务开展的当年就有效增加了格尔木河径流量,格尔木河上游温泉水库的库容创出历史第二。通过几年来的工作,有效地缓解了格尔木地区城市发展用水和工农(牧)业用水的供求矛盾。

雷电防御　格尔木市雷电灾害防御工作始于 1994 年,辖区内只有格尔木市和都兰县开展雷电灾害防御工作。随着格尔木市和都兰县工业化进程的加快,雷电灾害防御工作也相应得到了快速发展。以格尔木市气象局为重点的防雷防静电业务已覆盖全市大型厂矿以及各个行业,社会效益明显。

气象服务　格尔木市气象服务工作始于 20 世纪 70 年代中期,90 年代前,决策气象服务主要以书面文字发送;1998 年以后决策产品开始由电话、传真向当地政府各部门传送,1998 年 11 月开通了电视天气预报节目和"121"声讯电话,气象服务形式得到了拓宽,服务内容更加贴近生活。此后逐步开展了报纸、互联网和手机短信的服务形式。

开展以农业气象为支撑的粮食产量预报、牧草产量预报等针对农牧业的服务工作;以预报业务为支撑的城市气象监测、电视天气预报、"12121"天气预报自动答询服务;围绕格尔木盐化、石化工业城市的特点,开展针对盐化、石化的预报服务、防雷防静电检测服务;围绕格尔木市创建优秀旅游城市的目标,适时开展旅游天气预报服务和节庆天气预报服务;2002 年配合市政府打造优秀旅游城市的工作目标,适时开通了旅游天气预报节目,受到了市委、市政府和广大群众的欢迎。2003 年开始开展人工增雨业务,开发利用空中水资源;围绕青海生态立省战略,开展胡杨林、渔水河、万亩林、那陵格勒河生态监测。

针对 2001 年 6 月 29 日青藏铁路二期工程开工仪式,2005 年 5 月 1 日温家宝总理来格尔木视察,2008 年 6 月 22 日奥运火炬在格尔木传递等重大工程、社会活动,采取了多种服务方式,及时进行决策气象服务工作,得到了当地政府的赞扬。

格尔木市气象局

机构历史沿革

始建情况　1955 年 4 月成立葛尔穆气象站,站址在海西专区葛尔穆劳改农场,离市区以东约 3 千米,位于东经 94°38′,北纬 36°12′,观测场海拔高度 2850.0 米。

站址迁移情况　葛尔穆气象站经前后 3 次迁移,第一次观测场向南移动 100 米,经纬度、海拔高度不变;第二次站址迁移,观测场向西移动约 4 千米,位于东经 94°54′,北纬 36°25′,观测场海拔高度 2807.7 米;第三次观测场向 ENE 方向移动 83.4 米到现址:格尔木市大众路 17 号,1974 年 1 月 1 日根据青海省革命委员会气象局气革字〔1973〕第 67 号文,格尔木气象站经纬度改为东经 94°54′,北纬 36°25′,观测场海拔高度 2807.6 米。

历史沿革　1956 年 3 月更名为格尔木气象站,1976 年 1 月更名为格尔木中心气象站,1982 年 1 月再次更名为格尔木气象站;1985 年 1 月成立格尔木市气象局,为正处级事业单位,1992 年 1 月 1 日地面观测由国家基本站改为国家基准气候站。

管理体制　1955 年建站后由省气象局直接领导,1958 年 3 月移交柴达木行政委员会气象科领导,1961年2月起归地方政府领导,1971年2月—1973年5月实行军事管制,1980年1月起实行气象部门与地方政府双重领导,以气象部门领导为主的管理体制。经格尔木市人民政府授权,承担格尔木市行政区域内气象工作的政府行政管理,依法履行气象主管机构的各项职能。

机构设置 内设办公室(含计划财务科)、人事政工科、业务服务管理科(含法制办)3个职能科室,设气象台、气象科技服务中心、雷电防御中心、后勤服务中心4个直属事业单位。

单位名称及主要负责人变更情况

单位名称	姓名	民族	职务	任职时间
葛尔穆气象站	张振昌	汉	代站长	1955.04—1955.08
	肖全俭	汉	副站长	1955.09—1956.03
格尔木气象站	王运清	汉	站长	1956.03—1968.08
	龚德文	汉	副站长	1968.08—1972.03
	王雅利	汉	站长	1972.04—1974.09
	徐旭初	汉	副站长	1974.09—1975.06
格尔木中心气象站	郑学增	汉	站长	1975.07—1975.12
				1976.01—1976.09
	孙殿祥	汉	站长	1976.10—1979.11
格尔木市气象站	曹庚如	汉	副站长	1979.11—1982.01
			站长	1982.01—1984.12
格尔木市气象局	蒋乾坤	汉	局长	1985.01—1995.09
	马志坚	回	局长	1995.10—2001.09
	伊宝山	汉	局长	2001.10—2003.10
	金元忠	汉	局长	2003.10—2004.08
	杨昭明	汉	局长	2004.09—2005.05
	李永盛	汉	局长	2005.06—

人员状况 1955年成立时有4人。截至2008年底,有在职职工98人,离退休职工83人(代管6人)。在职职工中:女44人,少数民族16人;大学本科以上29人,大专49人,中专以下20人;高级职称4人,中级职称58人,初级职称36人;30岁以下11人,31～40岁43人,41～50岁41人,50岁以上3人。

气象业务和服务

1. 气象观测

①地面气象观测

观测项目 人工观测项目有气压、气温、湿度、水汽压、相对湿度、露点温度、降水、小型蒸发、大型蒸发、雪深、雪压、云、能见度、天气现象、风向风速、地面温度、5～20厘米浅层地温、40～320厘米深层地温、冻土、日照。1955年9月1日增加地面和5～20厘米浅层地温观测,1975 年 7 月 1 日增加 0.4、0.8、3.2 米深层地温观测,1975 年 7 月 10 日增加 1.6 米地温观测,1997 年 7 月 1 日增加 E601-B 大型蒸发观测,2002 年 7 月 1 日起人工观测项目只制作报表不拍发电报。

观测时次　地面气象观测 1955 年 4 月—1960 年 7 月 31 日,每天进行 01、07、13、19 时(地方时)4 次定时观测;1960 年 8 月—1991 年 12 月每天进行 02、08、14、20 时(北京时)4 次定时观测;1992 年 1 月 1 日 00 时起改为基准气候站,进行每天 24 时次观测。

发报种类　1955 年 4 月 15 日开始编发 02、05、08、11、14、17、20、23 时的天气报,1956 年 6 月开始拍发预约航空报。

电报传输　1988 年短波"单边带"低速数传输通信系统投入业务使用,报文由此系统发送;2000 年 1 月开始使用"AH 地面测报"软件,地面观测改用微型计算机编发报文。

气象报表制作　每月编制气表-1,每年编制气表-21。2006 年 6 月通过网络向省气象局传输原始资料,停止报送纸质报表。

资料管理　1955 年 4 月—2007 年 3 月期间的观测资料由气象台保管,从 2007 年 4 月起全部资料移交省气候中心档案科保管。

自动气象观测站　2000 年 11 月建成 Milos 500 型自动气象站,2001 年 1 月 1 日开始正式进行对比观测,观测项目和人工站相同,冬季用人工站的小型蒸发代替大型蒸发。2002 年 7 月 1 日开始以自动站资料为准拍发 02、08、14、20 时 4 个时次的定时天气报和 05、11、17、23 时补充报。自动站采集的资料每月定时归档、保存、上报。

②农业气象观测

观测时次和日界　在土壤解冻期间每逢 3 日、逢 8 日和降水(降水量＞5 毫米)时进行观测。

观测项目　1956 年 4 月 10 日开始观测春小麦,编发 TR 报;1960 年加测春小麦、油菜、马铃薯、豌豆等。1966—1978 年期间陆续停止观测,1979 年至今观测春小麦。

③高空观测

1957 年 3 月在格尔木农场建立高空气象观测站,1969 年 12 月 11 日迁址至格尔木市大众路 17 号。

探空　1957 年 3 月 4 日开始使用 49 型探空仪,1968 年 10 月 1 日改为使用 59 型探空仪,2005 年 1 月 1 日起使用 GTS1 型数字探空仪进行高空压温湿探测。2000 年 1 月 12 日取消拍发 600 百帕规定层报文,2001 年 11 月 1 日开始拍发特性层报。基测使用 JKZ1 型探空仪检测箱,2007 年 10 月配备 GTC2 型 L 波段探空数据接收机,作为备份接收设备。

测风　1955 年 11 月 1 日使用 58 型测风仪进行小球测风,1957 年 3 月 4 日开始进行综合测风观测,1969 年 12 月 11 日改为 701 型雷达进行综合测风观测,2005 年 1 月 1 日改为 GFE(L)1 型二次测风雷达进行综合测风观测,1981 年 5 月 1 日增加 01 时单独测风观测,1986 年 7 月 1 日增加 13 时单独测风观测,1991 年 1 月 1 日停止 01 时、13 时单独测风观测。

制氢　1955 年 11 月 1 日使用法式制氢缸,1984 年 10 月 1 日使用国产制氢缸,使用化学制氢原料制取氢气,2004 年 12 月 21 日使用 QDQ2-1 型水电解制氢设备制取氢气。

④土壤湿度观测

1981 年土壤湿度观测由 100 厘米改为 50 厘米,1996 年 3 月开始加测 3—6 月土壤湿度,2004 年 6 月开始加强土壤墒情监测,从 0～10 厘米土壤解冻开始到冬季该地段土壤冻结深度≥10 厘米前,每旬逢 3 日、逢 8 日进行监测。

⑤生态观测

2003 年 5 月新增生态环境监测项目,有土壤粒度监测、风蚀监测、干沉降监测。

⑥物候观测

1988 年开始物候观测,主要观测小叶杨、棉柳、芦苇、枸杞、豆雁。

⑦日射观测

1956 年 11 月 14 日在地面观测场内开始日射甲种站观测业务,观测项目有总辐射、直接辐射、反射辐射,观测时次为 06 时 30 分、09 时 30 分、12 时 30 分、15 时 30 分、18 时 30 分。1992 年 9 月 1 日改为一级辐射观测站,增加散射辐射和净辐射观测,将日射观测业务人工辐射观测仪改为自动辐射仪观测,使用 PC-1500 袖珍计算机处理数据。2001 年 6 月 1 日改为微型计算机处理数据,2005 年 7 月 1 日辐射自动站建成投入业务试运行,2006 年 1 月 1 日辐射自动站正式业务运行。

⑧酸雨观测

1992 年 6 月 1 日增加酸雨观测业务,使用精密 pH 计(PHS-3B 型)和电导率仪(DDS-307)测试 pH 值、电导率 K 值,2005 年 9 月开始传输酸雨日、月数据文件。2006 年 6 月 1 日执行《酸雨观测业务规范》。

2. 气象信息网络

建站初期通信条件简陋,每天的地面报、探空报传输,使用 15 瓦无线短波电台,靠手摇发电机供电,报务员手工发报至西宁。天气变化对无线电短波通信影响很大,干扰大时造成缺报或过时报,1990 年 4 月改为数字传输。1995 年 10 月承担沱沱河、五道梁、小灶火 3 个气象站的报文中转任务。2001 年 7 月市台局域网建成,报文通过局域网传输,2002 年 7 月 1 日市台中转台停止工作,同年 11 月市台 DDN 宽带网开通并传输报文。

3. 天气预报预测

短期天气预报主要是根据省台预报做出本地订正预报。短期气候预测(长期天气预报)主要有:汛期(5—9 月)趋势预报、今冬明春预报,年度趋势预报。1987 年 7 月 1 日开始使用电传机开展手工填图业务,1992 年 1 月改为填图仪填图,1997 年 6 月改为计算机填图。1995 年 9 月卫星气象资料中规模利用站建成使用,1998 年 10 月建成气象卫星综合应用业务系统("9210"工程),同年 11 月投入业务使用,预报手段得到提高。2006 年 4 月安装全国气象灾情直报系统,2008 年 10 月开通远程视频会商系统,同时气象报文、资料全部通过网络进行传输。

4. 气象服务

①公众气象服务

20 世纪 90 年代前,气象服务主要以书面文字发送;1997 年 1 月开通了电视天气预报节目和"121"声讯电话,由市气象台制作每日电视天气预报,气象服务形式得到了拓宽,服务内容更加贴近生活。每天通过电视天气预报栏目,向全市广大市民播发未来24小时气温、天气状况、风力等要素天气预报。遇有灾害性天气时,通过电视、手机短信、电话等及时进行预警信号播发,提醒广大市民及有关单位做好相应防范工作,减少气象灾害造成的损失。1999年1月1日建成电视天气预报节目制作系统,由市气象台制作每日电视天气预报。

②决策气象服务

格尔木是青海省资源开发的前沿城市,青藏铁路、公路承担进藏物资80%的运输任务,具有特殊的战略位置。青海省政府确立的目标是将格尔木建成青海西部现代化中心城市和青海新兴工业基地,1998年决策气象服务产品开始通过电话、传真向当地政府各部门传送。2001年6月29日青藏铁路二期工程开工仪式以及后来的施工阶段;2005年5月1日温家宝总理来格尔木视察工作;2008年6月22日奥运火炬在格尔木传递活动、党和国家领导人历次来格尔木视察工作期间、省政府开展三江源飞机人工增雨、市政府每年开展市区飞机灭蚊、昆仑文化艺术节、盐湖城旅游节以及柴达木循环经济推介会期间等重大活动,都采取多种方式及时进行决策气象服务工作。同时,针对不同的服务内容和要求开展决策气象服务。遇有重大天气过程,及时向市委市政府发送《决策气象服务信息》,向主管市领导发送手机短信,或当面向市领导进行汇报,提出建议及应采取的防御措施,得到了当地政府的赞扬。

③专业与专项气象服务

专业气象服务 在传统农牧业服务的基础上,根据格尔木市主导产业和社会发展需要,不断拓展专业服务领域。目前开展了盐业气象服务、民航气象保障服务、生态环境监测、旅游景点电视天气预报等专业气象服务。

人工影响天气 格尔木地区人工增雨工作始于2005年。业务开展的当年就有效增加了格尔木河径流量,格尔木河上游温泉水库的库容创出历史第二。几年来的有效工作,有效地缓解了格尔木地区城市和工农(牧)业用水的供求矛盾。

防雷技术服务 雷电灾害防御工作始于1994年。随着格尔木市工业化进程的加快,雷电灾害防御工作得到了长足的发展。目前市气象局防雷防静电业务已构建成了覆盖全市,以大型厂矿企业为重点,涉及各行业的检测网络,社会效益明显。

④气象科技服务

主要开展本地主要河流流域地面人工增雨和雷电防护监测。地面人工增雨作为格尔木市"十一五"规划项目,从2005年起在格尔木河上游开展地面人工增雨,2007年起扩大到那陵格勒河流域,目前两河流域共有14个地面人工增雨作业点。防雷、防静电检测业务的科技服务从建筑物和易燃易爆场所扩大到格尔木炼油厂、盐田钾肥生产企业和青藏铁路等重要生产领域。

5. 科学技术

气象科普宣传 每年利用"3·23"世界气象日、科技宣传周、防灾减灾宣传周、法制宣传周、气象法律法规讲座等活动,发放宣传册、悬挂宣传挂图、散发宣传单、挂宣传横幅、设立气象科普咨询台、开放气象站等方式,接待社会各界、中小学生到气象台参观学习,为假期参加社会实践的学生提供学习、实习条件。通过电视、报刊、网络等形式宣传气象法律法规和防灾减灾知识。

气象科研 针对本地气象科技服务需求和服务对象、服务内容的不同,开发了自动提取卫星气象资料的《高空地面常规报转换程序》,《唐古拉山地区冬季雪灾年表》资料数据库,《格尔木地区春季沙尘暴预报》,《格尔木地区灾害性天气预警系统研究》等科研项目。与北京玻璃钢研究设计院、国家气象中心专业气象台合作开展了《玻璃纤维增强模塑料紫外线老化评价技术研究》项目。

气象法规建设与社会管理

法规建设 为保证《中华人民共和国气象法》和《青海省气象条例》的顺利实施,2005年格尔木市政府下发了《格尔木市雷电防护管理办法》和《格尔木市建(构)筑物防雷工程设计、审核、验收实施办法》。

制度建设 逐步建立了行政执法责任制、行政执法管理办法、行政许可公示制度,规范了气象行政执法行为。

社会管理 1999年10月成立格尔木市雷电防护管理局、格尔木市人工影响天气管理局。2010年进入格尔木市公共行政服务中心办公,主要在防雷防静电检测、防雷工程专业设计或施工资质管理中,依据《格尔木市建(构)筑物防雷工程设计、审核、验收实施办法》,对格尔木地区内建(构)筑物从设计到竣工各个环节进行防雷设施审核检查;对施放气球单位资质的认定、施放气球活动许可管理。

为规范公众媒体播报和刊发气象信息,确保气象信息播报和刊发的准确性、及时性、合法性,对有关机构单位下达了《规范气象信息播报和刊发管理工作的通知》,有效制止了非法公众媒体播报和刊发气象信息的行为。

依法行政 2005年9月,成立了气象法制主管机构——法制办公室(挂靠业务服务管理科),先后有10人参加省、州法制办组织的行政执法培训,取得行政执法证。

政务公开 从2001年开始,市气象局主要对气象行政执法和服务承诺、财务执行情况、表彰和奖励、提拔和晋升、重大决策等内容进行公示,设立监督电话,实施监督。

党建与气象文化建设

1. 党建工作

党的组织建设 由于早期党员人数少,党员归属市农牧系统党委管理。经过多年党组织发展壮大,党员人数和党支部数量不断增加,1985年成立市气象局党委,下设4个党支部,有党员21人,截至2008年12月,有党员62人。

党的作风建设 在上级党委的领导下,广大党员深入开展了"三讲"、保持共产党员先进性、开展科学发展观等学习教育活动,取得了显著成效。党的作风建设得到加强,密切了干群关系,增强了党员干部的理想信念,党员干部的思想和政治理论素质得到进一步提高。

党风廉政建设 成立了以党组书记为组长的党风廉政建设领导小组,把党风廉政建设工作纳入到党组工作的重要议事日程。局党组和局属各单位每年签订《党风廉政建设责任书》，严格执行市气象局党风廉政建设各项制度、规定。在建立完善落实党风廉政建设责任制工作中，局党委广泛在党员领导干部中开展廉洁自律教育，规范党员领导干部从政行为，自觉接受干部职工的监督，不断提高党员领导干部的廉洁从政意识。

2. 气象文化建设

精神文明建设 始终坚持"两个文明"一起抓，"两个成果"一起要，自下而上形成了各级领导重视，干部群众积极参与的良好氛围。经常利用现有的文化体育设施，组织开展丰富多彩的职工业余文体活动，活跃职工文化生活，增强干部职工凝聚力。同时，积极开展社会帮扶、抢险救灾、扶贫捐款等社会公益活动，在干部职工中广泛开展爱祖国、爱人民、爱社会主义、爱岗敬业等宣传教育活动。

文明单位创建 以深入开展文明创建规范化建设为重要创建内容，把深入持久开展文明单位创建活动和领导班子建设、职工文明礼仪教育相结合，构建文明单位的良好环境，市气象局在庭院内建起了花园、草坪、健身场、篮球场、通透式栅栏围墙以及室内健身活动室、图书阅览室，改造了办公、生活和学习环境，精神面貌得到大幅提高。在创建活动中，1人获得市级"文明市民"，43户家庭获得区级"五好文明家庭"，11户家庭获得市级"五好文明家庭"，1995年被中共海西州委、州政府授予"文明单位"称号。

3. 荣誉

集体荣誉 1989年被中共格尔木市委、市政府评为"农牧工作最佳支持者先进集体"，1997年被中共格尔木市政府评为"支持地方经济建设先进单位"，2008年被中国气象局授予"全国气象部门廉政文化示范点"。

个人荣誉 1983年7月国家民族事务委员会、劳动人事部、中国科学技术协会分别向胡开述、李道英(女)、余子鉴、赵家璋颁发"在少数民族地区长期从事科技工作"荣誉证书。

参政议政 建局以来，先后有马志坚(市第九、十届人大代表)、朱有林(市第十一届人大代表)、王彤(市第十二届人大代表)三位同志当选格尔木市人大代表；周万山(市政协第二届委员)、高庆海(市政协第三、四届委员)、李兵(市政协第五届委员)、高成忠(市政协第六届委员)、王延生(市政协第七届委员)五位同志当选格尔木市政协委员。他们积极参政议政，建言献策，认真履行职责，为格尔木市经济建设和气象事业的发展做出了贡献。

台站建设

台站综合改造 市气象局占地面积为37682平方米，分为东西两院。东院为工作区，面积30837平方米，西院为生活区，面积6845平方米。1992年由省气象局投资40万元、格尔木市人民政府投资20万元，在院内新建办公楼1栋；2008年省气象局又投资新建人工影响天气综合办公楼1栋，改善了工作环境。2000年以后，相继建成了气象自动观测站、新一代L波段雷达、电解水制氢设备、视频会商系统等业务工程。

园区建设 分期分批对东西两院庭院环境进行了净化、亮化、绿化改造，规划和整修了庭院道路、花坛和草坪，建有篮球场、室外健身场地、室内健身馆、荣誉室和阅览室、职工食堂,楼道和庭院建起了气象文化墙和宣传栏,实现了花园式单位一流的整体环境。

办公和生活条件改善 1992 年前,办公和业务用房为土木结构房屋,1992 年和 2008 年省气象局分别投资建设 2 栋办公楼,办公环境得到了改善。1985 年前职工住房全部为土木结构平房,1985 建成 1 栋四层 3 个单元共 24 套、每套建筑面积 56 平方米的住宅楼,1998 年建成第 2 栋五层 4 个单元共 40 套、每套建筑面积 90 平方米的住宅楼。现有 3 栋住宅楼解决了市局(台)所有已婚职工、部分离退休职工,以及市气象局所属沱沱河、五道梁、小灶火及诺木洪四个一、二类艰苦站大多数已婚职工的住房问题。

格尔木市气象局办公区(东院)(2008 年)　　格尔木市气象住宅小区(西院)环境(2008 年)

都兰县气象局

机构历史沿革

始建情况 都兰县气象站始建于 1939 年,1940 年 1 月开始观测,后由于历史原因而中断。1953 年 10 月重建,1954 年 1 月 16 日正式开展地面气象观测及小球测风业务,站名为察汗乌苏气象站,重建时站址为察汗乌苏镇海西地委院内,位于北纬 36°18′,东经 98°06′,海拔高度 3191.0 米。

站址迁移情况 1954 年 9 月 13 日迁至察汗乌苏镇海西地委南大门,1957 年 12 月迁至察汗乌苏镇和平街 11 号,1982 年 7 月 1 日站址更改为察汗乌苏镇和平街 2 号。2004 年 11 月搬迁至察汗乌苏镇南新街 12 号,观测场位于北纬 36°18′,东经 98°06′,海拔高度 3189.8 米。

历史沿革 1959 年 11 月扩建更名为都兰县气象台,1962 年 8 月更名为都兰县气象站,1969 年 7 月更名为都兰县革命委员会气象服务站,1970 年 2 月更名为都兰县革命委员会气象站,1979 年 10 月更名为都兰县气象站,1996 年 3 月更名为都兰县气象局。

管理体制 1954 年建站起归省气象局直接领导;1958 年省气象局只实施业务指导,实行以地方政府领导为主的双重领导体制;1959 年 11 月—1963 年 2 月为气象部门和地方政府双重领导,以地方政府领导为主。1963 年 3 月归省气象局直接领导;1969 年 7 月归县革命委员会领导;1970 年 3 月—1973 年 8 月,归中国人民解放军海西军分区建制;1973 年 9 月—1979 年 12 月归地方党政领导;1980 年 1 月实行气象部门与地方政府双重领导,以气象部门领导为主的管理体制,这种管理体制一直延续至今。

机构设置 下设办公室、预报组、地面气象观测组、高空气象探测组。

单位名称及主要负责人变更情况

单位名称	姓名	民族	职务	任职时间
察汗乌苏气象站	梁培义	汉	负责人	1954.01—1955.06
	林孔训	汉	站长	1955.06—1956.06
	杜甫生	汉	站长	1956.06—1957.06
	陆文龙	汉	站长	1957.06—1959.10
都兰县气象台	马少卿	汉	台长	1959.11—1962.07
都兰县气象站			站长	1962.08—1963.06
	项明星	汉	站长	1963.06—1965.04
	侯风余	汉	站长	1965.05—1969.06
都兰县革命委员会气象服务站				1969.07—1969.11
	郑学增	汉	负责人	1969.11—1970.01
都兰县革命委员会气象站	郑学增	汉	站长	1970.02—1970.12
	侯世何	汉	站长	1971.01—1974.12
	薛志祥	汉	负责人	1975.01—1975.06
	陈恩普	汉	负责人	1975.07—1979.09
都兰县气象站				1979.10—1983.06
	梁诩燊	汉	站长	1983.07—1984.01
	蔡毓权	汉	负责人	1984.02—1984.12
	陈才兴	汉	站长	1984.12—1985.06
	冯家合	汉	站长	1985.07—1986.12
	李应业	汉	站长	1987.01—1991.01
	高庆海	汉	站长	1991.01—1992.02
	汪永生	藏	站长	1992.02—1993.04
	赵生奎	汉	站长	1993.05—1995.04
	唐国玺	汉	站长	1995.05—1996.02
都兰县气象局			局长	1996.03—2003.12
	王 军	藏	局长	2003.12—2005.08
	杨殷胜	汉	局长	2005.09—

人员状况 截至 2008 年 12 月,有在职职工 26 人(其中正式职工 23 人,聘用职工 3 人)。在职职工中:女 13 人;回族 5 人,藏族 2 人,蒙古族 1 人;大学学历 8 人,大专学历 5 人,中专学历 13 人;中级职称 9 人,初级职称 15 人;30 岁以下 7 人,31～40 岁 8 人,41～50 岁 11 人。

气象服务与业务

1. 气象观测

①地面气象观测

观测项目 有云、能见度、天气现象、气压、气温、湿度、风向风速、降水、雪深、雪压、日照、蒸发、地温、浅层地温、深层低温、冻土。

观测时次 1954 年 1 月 16 日—1960 年 7 月 31 日,每天进行 01、04、07、10、13、16、19、22 时(地方时)8 次观测;1960 年 8 月 1 日—2006 年 12 月 31 日,每天进行 02、08、14、20 时(北京时)4 次定时观测和 05、11、17、23 时(北京时)4 次补绘观测,夜间守班;2007 年 1 月 1 日以后每天进行 24 小时观测。

发报种类 每天拍发 8 次天气报,内容有云、能见度、天气现象、气压、气温、风向风速、降水、雪深、地温。根据预约每小时发 1 次航空报,内容有云、能见度、天气现象、风向、风速;当有危险天气出现时,在整点发 1 份航危报。每月向省气象台发月报 1 次,旬报 3 次。

电报传输 1954 年 1 月气象报文交由当地电信部门实施报文传输;1988 年短波"单边带"低速数传输通信系统投入业务使用,报文由此系统发送。2000 年 1 月开始使用"AH 地面测报"软件,地面观测改用微型计算机编发报文。

气象报表制作 每月编制气表-1,每年编制气表-21。2006 年 6 月以后通过网络向省气象局传输原始资料,停止报送纸质报表。

资料管理 1954 年 1 月 16 日—2007 年 3 月 31 日的观测资料由县气象局保管,从 2007 年 4 月起全部资料移交省气象局气候中心档案科保管。

自动气象观测站 2000 年 11 月安装 Milos 500 自动站,并与人工观测并行对比。2002 年 1 月 1 日 Milos 500 自动气象站正式投入业务使用,人工观测作为对比。

②农业气象观测

观测时次和日界 农业气象观测始于 1988 年,为省级情报站。观测采用北京时,以北京时 20 时为日界。

观测项目 主要开展作物发育期观测和作物观测地段的土壤湿度测定,观测地面 10、20、30、40、50 厘米深度的 5 个层次土壤湿度;观测春小麦粮食作物。1997 年开始加测土壤湿度,并编发 TR 报。2003 年 5 月 1 日新增生态环境监测项目,即:沙尘天气、土壤粒度监测、风蚀监测、干沉降监测;2006 年 6 月 1 日取消生态环境监测。2005 年 5 月在新建站址观测场内安装土壤水分自动监测系统,2005 年 7 月 1 日起正式运行,并按 02、08、14、20 时次要求上传监测数据。2007 年增加农作物马铃薯的观测,由于当地马铃薯种植面积小,不具有代表性,2009 年 2 月在省气象局业务调整中取消马铃薯的观测项目。

观测仪器 取土钻、天平、土壤、电子烘干箱、土壤水分自动监测仪。

农业气象情报 1991 年开始发布作物产量预报。1997 年向当地农业有关单位发布作物播种期预报、积温预报、早晚霜冻预报、作物收割期预报。

农业气象报表 编制农业气象旬(月)报。

③高空气象探测

高空气象探测业务于 1954 年 9 月 1 日开始至今。

探空 观测项目:整点进行高空气压、温度、湿度探测,每月初制作与统计 07 时与 19 时的规定层、特性层、质量报表、通讯报表,并及时报送与存档。

报文编发:高空气象探测编发特性层 TTAA、TTCC、PPBB、PPDD 4 份报文,2001 年 11 月 1 日开始增发特性层 TTBB、TTDD 报文,2003 年 1 月在原有的报文内容中增发各层空间、时间定位编码报文。

主要设备变更:1954 年起使用苏式探空仪,1957 年 10 月改用 P3-049 型探空仪,1969 年 4 月改用 59 型探空仪,1977 年以前使用交流、直流收报机,1977 年使用雷达接收记录器,1984 年 8 月使用 PC-1500 袖珍计算机,2006 年 1 月 1 日 07 时 GTSI 型数字式探空仪 L 波段雷达处理系统在高空气象探测业务中正式使用。

测风 整点进行高空风向、风速探测,每月初制作与统计 07 时与 19 时的高空风,高空矢量风、质量报表、通讯报表,并及时报送与存档。

观测时次变更:1954 年 9 月 1 日起,每天 2 次小球测风,观测时次为 02 时与 14 时;1954 年 12 月建立无线电探空综合探测业务,观测时次为 07 时与 19 时;1958 年 3 月 1 日开始 01 时小球测风,1981 年 5 月 1 日改为 701 型雷达单独测风,1991 年停止 01 时 701 型雷达单独测风。

报文编发:小球测风编发 PPAA 报,雷达单独测风编发 PPAA、PPCC、PPBB、PPDD 报,此项目于 1991 年停止编发。每月 4 日 09 时前编发上月高空矢量风报文 1 份。

主要设备变更:1954 年 9 月 1 日使用美式经纬仪,1977 年 5 月 1 日改用 701 型雷达,1983 年 6 月采用 701 型计算器计算,1984 年 8 月开始用 PC-1500 袖珍计算机计算,2006 年 1 月 1 日改为 GFE(L)型二次测风雷达。2006 年 1 月 1 日 07 时 GTSI 型数字式探空仪 L 波段雷达处理系统在高空气象探测业务中正式使用。

制氢 2005 年 10 月以前使用化学药品制氢设备,2005 年 10 月起使用水电解制氢设备。

2. 气象信息网络

通信现代化 1987 年 8 月建立探空、测风数据处理采用 PC-1500 袖珍计算机联机并实施"单边带"通讯数据信息传送网络,1999 年 7 月建立 59-701 微机数据处理系统传送网络。

3. 天气预报预测

短期预报主要是根据省台、市台预报做出本地订正预报。制作汛期(5—9 月)趋势预报、今冬明春预报,年度趋势预报。

2001 年 4 月 13 日安装气象卫星综合应用业务系统("9210"单收站),2002 年建成 MICAPS 1.0 系统并投入使用,2006 年 4 月安装全国气象灾情直报系统,5 月 15 日正式启用,2008 年 5 月灾情直报系统升级为 2.0 版,天气预报预测能力不断提升。

4. 气象服务

①公众气象服务

1982 年 8 月开始开展天气预报和气象服务业务,利用每天收听藏语广播电台简易天气图电码来绘制简易天气图,结合单站地面和高空气象探测资料来进行天气预报分析,做出都兰地区短、中、长期天气预报并发布。2004年5月1日开通电视天气预报节目,2007年改为由县电视台依据预报负责制作和播放电视天气预报节目。

②决策气象服务

2002年1月根据《青海省气象灾情发布管理办法》,开始发布都兰县气象灾情公报,全年分13期,由县政府办公室签发。

③专业与专项气象服务

专业气象服务 1989年起开展气象专业服务,主要为当地政府农牧业生产单位提供专项的短、中、长期天气预报和气象资料服务。

人工影响天气 2003年7月1日成立都兰县人工影响天气管理局。2003年在察汗乌苏镇西台水库架设"三七"高炮进行人工增雨,2007年改为火箭增雨。2004年在香加镇增设人工增雨作业点,2007年在巴隆牙日哈图水库增设人工增雨作业点。

防雷技术服务 2003年7月1日成立都兰县雷电防护管理局。雷电防护管理工作针对全县易燃、易爆场所、公共场所、建(构)筑物进行逐年的防雷检测,将本地区防雷图纸审核和竣工验收逐步纳入正轨化管理范围,履行气象部门依法行政的管理职责。

5. 科学技术

气象科普宣传 每年的3月23日世界气象日前后采取发放宣传材料、现场讲解、组织学生参观气象设施等方式进行宣传,同时制作宣传板和宣传条幅在街道人流密集处悬挂、摆放。平时在县气象局办公楼楼道摆放宣传品,定期张贴一些气象科普知识和气象防灾避险知识的宣传挂图,利用各种机会广泛开展气象科普宣传。

气象法规建设与社会管理

法规建设 2008年都兰县人民政府下发《都兰县人民政府关于同意严格保护都兰县国家气候观象台及诺木洪气象站气象探测环境的批复》(都政〔2008〕39号),把都兰县气象局气象探测环境纳入到都兰县城镇规划中加以保护,确保气象探测环境和获取气象探测要素的准确性。

制度建设 制定了《都兰县气象局岗位津贴发放管理办法》、《都兰县气象局车辆管理办法》、业务值班管理制度、会议制度、财务管理制度,有效促进了各项工作的健康发展。

社会管理 为规范都兰县防雷、施放气球市场的管理,加强雷电灾害防御工作的依法管理,按照中国气象局令《防雷装置设计审核和竣工验收规定》,对全县易燃、易爆场所、公共场所、建(构)筑物进行逐年的防雷检测,将本地区防雷图纸审核和竣工验收逐步纳入正轨化管理范围,履行气象部门依法行政的社会管理职责。

政务公开 制定了县气象局政务公开制度,规范了政务公开的内容、方式、时间、程序和要求。对财务收支、目标考核、职工奖金福利发放、假期等内容定期在职工大会或公示栏张榜,使职工充分享有知情权;对气象行政审批办事程序、气象服务内容、服务承诺、气象行政执法依据、服务收费标准采取电视广告、发放宣传单等方式面向社会公示。

党建与气象文化建设

1. 党建工作

党的组织建设　建站初期有 1 名党员,1994 年之前,气象站由于党员少,成立了都兰县农机、气象联合党支部;1994 年 10 月由都兰县农牧系统党委批准成立气象局党支部,有党员 4 人,截至 2008 年 12 月有党员 7 人。2008 年县气象局党支部被中共都兰县委评为"五个好"先进基层党组织。

党的作风建设　党支部长期开展党员教育、爱岗敬业和艰苦奋斗、集体主义教育,发挥党支部战斗堡垒和党员的模范带头作用。党支部每月定期召开组织生活会,每年开展党员民主评议活动。党支部在抓思想政治工作中,加强对干部职工的理想信念教育。结合工作实际,开展以"爱国守法、明礼诚信、团结友善、勤俭自强、敬业奉献"为主要内容的基本道德规范教育。

党风廉政建设　落实党风廉政建设目标责任制,开展廉政教育和廉政文化教育活动;开展党风廉政宣传教育月活动和作风建设年活动;每年与市气象局党组签订党风廉政建设目标责任书,落实党风廉政建设各项目标任务。2004 年 1 月配备兼职纪检员 1 人,制定了党风廉政制度。县气象局党支部积极参与气象部门和地方党委开展的党章、党规、法律法规知识竞赛活动,2008 年被格尔木市气象局评为"党风廉政建设先进单位"。

2. 气象文化建设

精神文明建设　在全面贯彻落实《中国气象文化建设纲要》精神,推动气象文化建设中,都兰县气象站把班子建设和职工队伍的思想建设作为文明建设的重要内容,外树形象,内抓素质。建成职工群众文体活动场地、电化教育等设施,丰富了职工的业余文化活动。

文明单位创建　通过开展文明服务示范岗和业务竞赛活动,培养出一支政治强、业务精、作风硬、纪律严的气象职工队伍,展示了高原气象人"科学、严谨、诚信"的形象,努力营造团结和谐、开拓进取的良好氛围。1992 年被中共都兰县委、县政府命名为"文明单位",2003 年被海西州委州政府命名为"文明单位",2007 年海西州精神文明建设指导委员会授予都兰县气象局 2005—2007 年度"文明单位"荣誉称号。

3. 荣誉与人物

集体荣誉　1960 年 2 月被中共青海省委、省政府授予"青海省农牧业社会主义建设先进单位二等奖"。

个人荣誉　1964 年 1 月梁谝桑同志被青海省人民政府授予"青海省先进工作者"称号,1983 年 2 月青海省科协向冯家合同志颁发"建设新青海辛勤劳动 25 年贡献奖",1983年 7 月国家民族事务委员会、劳动人事部、中国科学技术协会分别向高淑敏(女)、冯家合颁发"在少数民族地区长期从事科技工作"荣誉证书。

台站建设

台站综合改造　2008 年省气象局投资新建综合办公楼 1 栋,面积达 500 多平方米;气象业务现代化建设取得快速发展,建成气象自动观测站、新一代 L 波段雷达、电解水制氢设备、视频会商系统等业务工程。

园区建设 2006—2008 年期间,对庭院环境进行绿化、美化改造,庭院内种植 2900 多平方米草坪、花坛和景观树,全局绿化面积达到 60%,硬化 800 平方米路面,改善了工作和生活环境。

2006 年在新建职工住宅楼 1 栋,初步改善了职工的居住环境;2008 年在新建综合办公楼的同时对业务值班室进行了改造,办公环境得到改善。

20 世纪 70 年代观测场全景

20 世纪 80 年代高空气象业务值班室

2004 年新迁观测场场址

2004 年新建观测值班室

五道梁气象站

五道梁地区属青海省玉树藏族自治州曲玛莱县管辖,地处昆仑山脉以南、可可西里以东、小唐古拉山脉以北的区域。该地区全年以冬季为主,高寒缺氧、多风沙、温差大。年平均气温−5.4℃,最低气温在−37.7℃,年平均降水量为 278.4 毫米,无霜期仅有 10 天,年平均大风日数 136 天,植被覆盖率极低,被称为"生命禁区"。

机构历史沿革

始建情况 五道梁气象站前身为楚玛尔河气象站,始建于 1956 年 4 月,站址在唐古拉山楚玛尔河,位于北纬 35°17′,东经 93°36′,海拔高度 4780.0 米,同年 10 月 1 日开始工作,为国家基本观测站。

站址迁移情况　1958 年 6 月 1 日迁至唐古拉山五道梁,西临 109 国道,向北与格尔木市相距 270 千米。1971 年 1 月 1 日经中国人民解放军福字 127 部队实测,位于北纬 35°13′,东经 93°05′,海拔高度 4612.2 米,是青海省境内海拔最高的气象站,属国家一类艰苦气象台站。

历史沿革　楚玛尔河气象站 1958 年 6 月迁至五道梁,更名为五道梁气象站。

管理体制　1956 年建站起归属省气象局领导;1958 年起实行以地方政府为主的双重领导体制,省气象局只实施业务指导;1959 年 11 月—1963 年 2 月为气象部门和地方政府双重领导,以气象部门领导为主;1963 年 3 月归省气象局直接领导;1969 年划归地方党政领导;1980 年实行气象部门与地方政府双重领导,以气象部门领导为主的管理体制。1980 年隶属海西州气象局管理,1985 年隶属格尔木市气象局管理。

机构设置　下设地面气象观测组。

单位名称及主要负责人变更情况

单位名称	姓名	民族	职务	任职时间
楚玛尔河气象站	赵学勤	汉	站长	1956.04—1958.03
	杨歧华	汉	站长	1958.03—1958.05
				1958.06—1959.04
	曹庚如	汉	站长	1959.04—1961.01
	王诚信	汉	负责人	1961.01—1963.07
	曹庚如	汉	站长	1963.08—1965.07
	杨歧华	汉	站长	1965.08—1968.07
	刘将来	汉	站长	1968.08—1969.09
	陈品三	汉	负责人	1969.10—1970.10
	豆金南	汉	负责人	1970.11—1976.11
	郑学增	汉	负责人	1976.11—1977.05
	吴长春	汉	站长	1977.05—1979.09
	武科喜	汉	站长	1979.10—1980.07
五道梁气象站	王国祯	汉	站长	1980.07—1983.03
	朱尽文	汉	站长	1983.03—1985.10
	王敦恭	汉	站长	1985.11—1986.12
	马春宝	汉	站长	1987.01—1987.12
	张存盛	汉	站长	1988.01—1991.01
	唐建青	汉	站长	1991.02—1992.02
	官辉	蒙	站长	1992.03—1993.06
	张永成	汉	站长	1993.06—1999.01
	朱新建	汉	站长	1999.02—1999.07
	官辉	蒙	站长	1999.08—2004.04
	王存林	汉	站长	2004.05—2007.11
	妥淑贞	回	站长	2007.12—

人员状况 五道梁气象站成立时只有 3 人,1 名站长和 2 名测报员。1975 年增加至 8 人,后来工作人员陆续增加和轮换,先后有 100 多人在气象站工作过。截至 2008 年年底,有职工 10 人(其中正式职工 4 人,聘用职工 6 人)。职工中:女 4 人;少数民族 5 人;大学本科以上 1 人,大专 8 人,中专以下 1 人;初级职称 4 人;30 岁以下 9 人,31～40 岁 1 人。

气象业务与服务

1. 气象业务

①气象观测

地面气象观测 观测项目有风向、风速、气温、云、能见度、天气现象、降水、日照、小型蒸发和雪深。1960 年 10 月百叶箱距地高度由 2.0 米改为 1.5 米;1964 年 10 月 1 日增加气压观测;1966 年 1 月 1 日增加湿度观测;1973 年 1 月 1 日增加地面温度观测;1973 年 7 月 1 日增加曲管地温观测,因当地气候条件不宜观测曲管地温,同年 11 月 1 日取消。2007 年 1 月 1 日五道梁气象站改为国家一级气象观测站,增加了 23 时的补充观测;2008 年 12 月 31 日再次改为国家基本气象站。建站至 1960 年 7 月 31 日,每天进行 01、04、07、10、13、16、19 时(地方时)7 次观测;从 1960 年 8 月 1 日起每天进行 02、05、08、11、14、17、20 时(北京时)7 个时次的地面观测。每天传输 8 次定时观测电报,传输 24 小时整点资料,拍发气象旬(月)报;承担航空报文的编、发报任务。建站后的气象月报表、年报表,都用手工抄写方式编制。2001 年 9 月 18 日开始使用《AH 地面测报》软件,2002 年开始使用微机打印气象报表;2007 年用电子邮件形式向省气象局发送报表资料。每月气象资料定时归档、保存,从 2007 年 4 月起全部资料统一移交省气象局气候中心档案科保管。

区域自动站观测 2002 年建成了自动气象站,以人工观测为主,自动气象站观测资料作为备份。2004 年 1 月 1 日自动站业务进入单轨运行,自动站观测项目包括温度、气压、湿度、降水、风向、风速、地面温度、浅层地温(5～20 厘米),其中日照、蒸发用人工观测记录代替,但保留 20 时人工观测项目,以便与自动站资料进行对比分析。

②高空气象观测

1963 年开展经纬仪测风业务,1988 年 2 月 1 日小球测风改为季节性小球测风,1991 年 5 月 1 日小球测风终止。

③生态环境观测

从 2003 年 5 月 1 日起正式开始生态环境监测,监测项目有:沙尘天气、土壤粒度监测、风蚀监测、干沉降监测,并发送生态环境监测电报和制作生态环境年报表。2006 年除保留土壤风蚀外,取消了其他生态监测项目。风蚀每年 1—5 月、9—12 月每旬监测 1 次,6—8 月每月监测 1 次。

④气象信息网络

建站起手工编写报文,使用手键电台传输地面定时报;1990 年短波"单边带"低速数传通信系统投入业务使用,结束了"莫尔斯"电台发报历史;2002 年建成自动气象站,24 小时采集的数据采用"PSTN 电话拨号"方式传输资料为主,无线电台传输为辅的传输方式传送至省气象数据网络中心。2004 年实现自动站业务单轨运行,开始以自动站资料为准编制并发送报文;2008 年电信宽带网络接通,全省气象部门视频会商系统建成。

2. 气象服务

五道梁气象站座落在遥远的小唐古拉山上,这里长年积雪,高寒缺氧,人烟稀少,不具备开展气象服务工作的条件。

党建与气象文化建设

1. 党建工作

党的组织建设 气象站刚成立时,由于党员人数少,没有成立单独的党支部,党员隶属于沱沱河气象站和五道梁气象站联合党支部;1980 年 7 月起艰苦气象站实行轮换制上班,党员组织关系隶属市气象局业务服务管理科党支部。2002 年成立了五道梁气象站党小组,有党员 1 人,预备党员 2 人。在抓党建工作中,党员积极发挥模范作用,注重培养要入党积极分子队伍,从 1999—2008 年先后培养发展 7 名新党员,截至 2008 年 12 月有 1 名党员。重视培养党员和职工爱岗敬业、艰苦奋斗和团结协作的集体主义理想信念教育,弘扬特别能吃苦、特别能战斗、特别能奉献的爱岗敬业精神。

党风廉政建设 2004 年 1 月配备兼职纪检员 1 人,制定了党风廉政制度,每年与格尔木市气象局签订党风廉政目标责任书。

2. 气象文化建设

精神文明建设 经常开展爱岗敬业、精益求精的职业道德教育,弘扬淡泊名利、艰苦奋斗的奉献精神,推进"文明单位"创建活动。经常组织职工参加全市气象部门廉政书画及摄影作品展活动,开展社会主义荣辱观教育。

文明单位创建 气象站与当地驻军部队结成军民共建对子,每年开展军民共建活动。2004 年被中共格尔木市委、市政府命名为"文明单位",2007 年被海西州精神文明建设指导委员会命名为"文明单位"。

3. 荣誉与人物

集体荣誉 1996 年五道梁气象站被国家人事部和中国气象局授予"全国气象系统先进集体"的荣誉称号。

个人荣誉 1985 年 6 月在团中央等单位举办的为边陲优秀儿女挂奖章活动中,戴惠萍同志获金奖,朱尽文同志获铜奖;1997 年 3 月庞艳被共青团海西州委、州计委、州劳动人事局评为"青年岗位能手"。

台站建设

台站综合改善 20 世纪 90 年代以后,随着国家西部大开发和青藏铁路开工建设,省气象局投资使台站基础设施有了明显的改善,基本解决了取暖问题和冬季吃水难问题。

2005年五道梁气象站建成建筑面积120平方米适宜高原的彩钢夹芯板保暖房,美观适用,具有保温抗震性能。

园区建设 2007年对庭院进行整治、美化,通过移植草皮,种植适合高原生长的绿草,绿化面积达400多平方米。庭院道路铺设青砖,铺设面积达250平方米。

办公与生活条件改善 2001年通过台站综合改造项目对旧房屋进行墙面加厚和改造,更新职工生活用具和办公设备,配备净化水设备,基本解决职工日常吃水困难的问题。2005年新建办公用房和职工公寓,2008年进入城市供电网,配备计算机4台,并接通电信宽带,从此结束五道梁气象站50多年无市电的历史。目前,五道梁气象站办公与生活条件得到了初步改善。

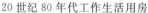

20世纪80年代工作生活用房　　　　2001年建成的工作生活用房

沱沱河气象站

沱沱河气象站地处青藏高原腹地可可西里无人区边缘,高寒缺氧,天气变化复杂,气候条件非常恶劣。空气中的含氧量不足海平面的60%,年平均气温-4.2℃,最高气温24.7℃,最低气温-45.2℃,年平均降水量275.5毫米,年平均大风日数168天,无霜期仅为16天,属于国家一类艰苦台站。

沱沱河气象站的地理位置对天气过程下游的气象台站预测天气、气候变化具有参考价值和指标意义,气象资料又对研究青藏高原的气候变化具有重要作用。

机构历史沿革

始建情况 沱沱河气象站前身为开心岭气象站,在青海省唐古拉山开心岭,位于北纬33°57′,东经92°27′,观测场海拔高度5051.0米,始建于1956年5月,同年5月1日正式开始工作,为国家基本站。

站址迁移情况 1958年5月1日搬迁至青海省唐古拉山沱沱河河沿,位于北纬34°13′,东经92°26′,观测场海拔高度4533.1米。

历史沿革 开心岭气象站建成后,1958年因土匪骚扰,为保障气象站安全,于1958年

5月迁移到沱沱河河沿,更名为沱沱河气象站。1962年温泉气象站撤消后,所有观测资料移交沱沱河气象站保管。

管理体制　建站起归省气象局直接领导;1958年起实行以地方政府领导为主的双重领导体制,省气象局只对台站实施业务指导;1959年11月—1963年2月为气象部门与地方政府双重领导,以地方政府领导为主;1963年3月归省气象局直接领导;1969年归地方党政领导;1980年实行气象部门与地方政府双重领导,以气象部门领导为主的管理体制。1980年沱沱河气象站隶属海西州气象局管理,1985年隶属格尔木市气象局管理。

机构设置　下设地面气象观测组、高空气象探测组。

单位名称及主要负责人变更情况

单位名称	姓名	民族	职务	任职时间
开心岭气象站	刘万真	汉	站长	1956.05—1957.03
沱沱河气象站	冯廷义	汉	站长	1957.04—1958.04
				1958.05—1960.12
	曹庚如	汉	站长	1961.01—1963.07
	丁献英	汉	站长	1963.08—1969.12
	陈浪波	汉	站长	1970.01—1973.10
	常有斌	汉	副站长	1973.11—1975.10
	刘文彦	汉	站长	1975.10—1976.10
	陈才兴	汉	站长	1976.11—1980.09
	刘文彦	汉	站长	1980.10—1981.12
	陈长安	汉	站长	1982.01—1985.01
	刘鸿度	汉	站长	1985.02—1985.10
	朱尽文	汉	站长	1985.11—1986.03
	胡关龙	汉	站长	1986.04—1989.02
	冯文生	汉	站长	1989.03—1991.01
	杨文海	汉	站长	1991.02—1991.07
	王顺林	汉	站长	1991.08—1993.01
	邢明杰	汉	站长	1993.02—1994.04
	陆广彦	汉	站长	1994.05—1996.07
	巴文学	汉	站长	1996.08—1998.12
	王军	藏	站长	1999.01—2001.03
	王胜仓	汉	站长	2001.04—2005.09
	高三星保	汉	站长	2005.09—2007.04
	张延辉	汉	站长	2007.04—

人员状况　1956年建站时人数有5人,截至2008年年底,有职工21人(其中正式职工12人,聘用职工9人),职工中:女8人;少数民族4人;大学本科以上5人,大专13人,中专以下3人;初级职称9人;30岁以下20人,31~40岁1人。

气象业务与服务

1. 气象业务

①气象观测

地面气象观测 风向、风速、气温、气压、湿度、云、能见度、天气现象、降水、日照、蒸发（小型）、地面温度和浅层地温（距地面5、10、15、20厘米）、雪深、雪压。1961年1月1日取消地面状态观测；1971年7月1日—1971年9月1日、1972年6月1日—1972年9月4日增加曲管地温表观测，主要为铁道设计提供资料服务；1980年起每年5月1日—9月30日进行曲管地温观测。1956年10月1日由4次观测改为每天进行01、04、07、10、13、16、19、22时（地方时）8次观测，1960年8月1日以后改为每天进行02、05、08、11、14、17、20、23时（北京时）地面气象要素观测，夜间守班。每天拍发4次定时气象观测报，4次补充气象观测报；1970年5月15日起增加预约航空报。建站后制作月报表、年报表，均由手工抄写方式编制。从2001年使用微机打印报表，同时向上级部门报送软磁盘；2007年8月向省气候中心上传电子版报表文件，纸质月报表不再上报，年报表同时报送电子版和纸质版；每月气象资料定时归档、保存。从2007年4月起全部资料统一移交省气象局气候中心档案科保管。

酸雨观测 2006年7月1日起增加酸雨观测业务，制作酸雨报表，使用pH计和电导率仪测试pH值、电导率K值。

辐射观测 2008年1月11日起开始太阳辐射观测，制作辐射报表。

区域自动站观测 2002年1月1日Milos 500自动气象站和人工观测并行观测。2004年1月1日自动站单轨运行，自动站观测项目包括温度、湿度、气压、风向、风速、地面温度、浅层地温、降水，蒸发、日照用人工观测记录代替，保留20时人工观测项目，与自动站进行对比分析。

高空气象探测 探空业务1968年1月1日起进行07时、19时高空气压、温度、湿度探测；探空业务自运行起，制作与统计07时与19时的规定层、特性层报表；1968年1月1日增加07时高表-2；1976年8月1日增加19时高表-2。1984年10月1日起，探空计算使用PC-1500袖珍计算机处理探空资料；2001年11月1日开始拍发特性层报。

1968年1月1日起使用59型探空仪和交直流收报机；1976年8月1日起使用59型探空仪和701雷达进行07时、19时高空探测；2006年1月1日起使用GTS1型数字探空仪和L波段雷达进行07时、19时高空探测。

从1956年5月1日开始每天进行11时经纬仪小球测风，1957年4月1日起进行07时、19时经纬仪小球测风，1958年3月1日起增加01时经纬仪小球单测风，1968年1月1日起进行07时、19时无线电经纬仪综合测风，1968年5月1日取消01时经纬仪小球单测风观测任务，1976年8月1日启用701雷达进行07时、19时综合探测。1984年10月1日起，测风计算使用PC-1500袖珍计算机处理资料。1998年5—8月间，我国举行第二次青藏高原大气科学试验，沱沱河气象站根据上级指示增加01时、13时综合测风加密观测，获取大量青藏高原宝贵资料；1989年9月1日启用701B型雷达进行综合探测；2006年1月1日L波段雷达正式投入业务运行。

1956 年 5 月 1 日起使用法式制氢缸,用化学制氢原料制取氢气;1985 年 1 月 1 日使用国产制氢缸制氢。

生态观测 从 2003 年 5 月 1 日开始进行生态环境监测,监测项目有:沙尘天气监测、干沉降、土壤风蚀、土壤水分、土壤颗粒、牧草监测。2006 年 6 月 1 日停止沙尘天气、干沉降、土壤颗粒监测。

②气象信息网络

建站时通信条件困难,每天的地面定时报及高空报的传输,使用电台进行手键发报。1956 年 5 月 1 日起使用莫尔斯电台发送报文,1986 年 5 月 1 日起使用 PC-1500 袖珍计算机进行编报,通过短波单边带低速数传通信系统传送;2001 年使用"AH 地面测报"软件,通过计算机编发报文;2004 年 1 月 1 日 Milos 500 自动站单轨运行,以"PSTN 电话拨号"方式传输资料为主,无线电台传输为辅的传输方式;2008 年实现报文、资料传送采用宽带网传输为主,PSTN 电话拨号方式传输资料为辅的传输方式,气象电报传输实现了网络化,自动化。

2. 气象服务

沱沱河气象站地处可可西里无人区南缘的长江源头沱沱河畔,海拔高度 4534.0 米。这里高寒缺氧,人烟稀少,开展气象服务工作受到各方因素的制约。

党建与气象文化建设

1. 党建工作

党的组织建设 建站初期由于党员人数少,未成立独立的党支部,所有党员隶属沱沱河气象站和五道梁气象站联合党支部管理。从 1997 年 8 月 1 日起艰苦气象站实行轮换制,党员组织关系转至格尔木市气象局业务服务管理科党支部;2003 年 7 月沱沱河气象站成立了党小组,有党员 2 名,截至 2008 年 12 月,有 2 名党员。

党风廉政建设 2004 年 1 月配备兼职纪检员 1 人,制定了党风廉政制度,每年与格尔木市气象局签订党风廉政目标责任书。

2. 气象文化建设

精神文明建设 在上级的关怀和支持下,气象站先后建成活动室、阅览室、乒乓球室等活动场所,配置了文体娱乐设施,丰富职工的业余文化生活,激励职工立足本职、爱岗敬业、以站为家的热情。

文明单位创建 气象站与当地驻地部队开展了一系列军民共建活动,谱写了一曲"军民共建,鱼水情深"的高原赞歌。2001 年 11 月被格尔木市委、市政府命名为文明单位;2005 年 9 月被海西州精神文明建设指导委员会授予"创建文明行业工作先进单位";2007年 11 月被海西州精神文明建设指导委员会命名为"文明单位"。

3. 荣誉

集体荣誉 1996 年 3 月被国家人事部和中国气象局授予"全国气象系统先进集体"。

个人荣誉　1983 年 7 月国家民族事务委员会、劳动人事部、中国科学技术协会向李永志同志颁发"在少数民族地区长期从事科技工作"荣誉证书；1985 年 6 月在团中央等单位举办的为边陲优秀儿女挂奖章活动中，郭德彦同志获银奖；1988 年 10 月中共海西州委、州政府授予胡关龙同志"1987 年度瀚海精英"称号。

台站建设

台站综合改造　1989 年 10 月省气象局投资新建雷达值班室、地面值班室、行政办公室等 5 间砖房，使用面积为 100 平方米；2002 年新建保暖性生活用房 11 间，煤房、制氢房、油机房各 1 间；2006 年 9 月新建电解水制氢室 3 间；2007 年 7 月新建煤房、车库。2000 年 9 月安装取暖锅炉设备，解决了职工的取暖问题，2006 年更换为 1.5 吨的卧式锅炉；2006 年安装太阳能光伏电站，业务工作用电得到保障。

园区建设　沱沱河气象站占地 19600 平方米。2002—2008 年期间，对庭院环境进行了美化改造，庭院内硬化了部分路面，改善了园区环境。

办公与生活条件改善　建站初期，生活和办公房屋都是简单的土木结构房，职工们用煤炉做饭取暖，用煤油灯照明，食用积雪融化的河水，条件非常艰苦。经过多次台站综合改善，新建办公用房和职工公寓。2008 年 10 月完成市电入站，结束了油机发电的历史，2003 年配备公务用车，为职工生活提供方便，如今沱沱河气象站办公与生活条件得到初步改善。

20 世纪 80 年代的职工住房和办公用房

2002 年新建职工公寓和办公用房

小灶火气象站

机构历史沿革

始建情况　小灶火气象站前身是乌图美仁气候站，创建于 1960 年 5 月 21 日，站址在格尔木县乌图美仁国营牧场部，位于北纬 37°15′，东经 92°37′，海拔高度 3000.6 米（约测)。

站址迁移情况 1975 年 1 月 1 日迁站到格尔木市乌图美仁公社小灶火管区,位于北纬 36°48′,东经 93°41′,海拔高度 2767.0 米。

历史沿革 1962 年 1 月 1 日由于撤销塔尔丁气象站,部分人员及设备并入乌图美仁气候站,根据省气象局指示更名为乌图美仁气象站;1975 年 1 月 1 日迁移到格尔木市乌图美仁小灶火,更名为小灶火气象站,为国家基本站;2007 年 1 月 1 日小灶火气象站改为国家一级气象观测站,2008 年 12 月 31 日再次改为国家基本气象站。

管理体制 小灶火气象站从成立至 1979 年,实行气象部门与当地政府双重领导,以地方政府领导为主;1980 年实行气象部门与当地政府双重领导,以气象部门领导为主的管理体制。1980 年隶属于海西州气象局管理,1985 年隶属格尔木市气象局管理。

机构设置 设地面气象观测组。

单位名称及主要负责人变更情况

单位名称	姓名	民族	职务	任职时间
乌图美仁气候站	钱桐根	汉	负责人	1960.01—1961.07
	甘奕赞	汉	站长	1961.08—1962.01
乌图美仁气象站				1962.01—1964.05
	曹庚如	汉	站长	1964.05—1974.12
				1975.01—1976.08
	金 慎	汉	站长	1976.09—1980.08
	刘将来	汉	站长	1980.08—1985.05
	胡关龙	汉	站长	1985.05—1986.03
	朱尽文	汉	站长	1986.04—1986.12
	赵夏廷	汉	站长	1987.01—1989.03
	胡关龙	汉	站长	1989.04—1991.03
小灶火气象站	赵夏廷	汉	站长	1991.04—1993.02
	许乃能	汉	站长	1993.03—1994.08
	牛宏涛	汉	站长	1994.09—1995.03
	梁巨林	汉	站长	1995.04—1996.12
	白永清	汉	站长	1997.01—2000.04
	梁巨林	汉	站长	2000.05—2002.02
	李纳新	汉	站长	2002.03—2002.11
	王永福	藏	站长	2003.12—2007.03
	高三星保	汉	站长	2007.04—

人员状况 小灶火气象站成立时编制 5 人,截至 2008 年年底,有在职职工 11 人(其中正式职工 8 人,聘用职工 3 人),在职职工中:女 4 人;少数民族 2 人;大学本科以上 3 人,大专 3 人,中专以下 5 人;中级职称 1 人,初级职称 7 人;30 岁以下 5 人,31～40 岁 3 人,41～50 岁 3 人。

气象业务与服务

1. 气象业务

①气象观测

地面气象观测　建站起观测项目有云、能见度、天气现象、气温、湿度、气压、日照、风向、风速、降水量、积雪和蒸发,1978 年 11 月 14 日增加冻土观测。1980 年 1 月 1 日增加地面温度及 40、80、160、320 厘米深层地温观测,1960 年 5 月 21 日初建乌图美仁气候站,每日进行 07、13、19 时(地方时)3 次气候观测;1960 年 8 月 1 日起,每天进行 08、14、20 时(北京时)3 次观测;1962 年 1 月 1 日改为 02、08、14、20 时(北京时)4 次气候观测;1962 年 5 月 1 日改为 02、08、14、20 时 4 次定时观测发报以及 05、11、17 时补充观测发报;1975 年 1 月 1 日迁站后继续承担 02、08、14、20 时 4 次定时观测和 05、11、17 时 3 次补充观测共 7 次观测任务,同时承担预约航空天气电报的观测任务;2000 年 11 月 18 日建成 Milos 500 型自动气象站,进行 02、05、08、11、14、17、20、23 时 8 次天气观测和预约航空报观测。1962 年 5 月 1 日起,拍发 02、05、08、11、14、17、20 时 7 次天气报以及预约航空报,每天发送 8 次天气观测报,24 小时传输整点资料;2007 年 1 月 1 日改为 02、05、08、11、14、17、20、23 时 8 次观测并发报;2007 年 7 月 1 日增发气象旬(月)报。1962 年 5 月 1 日起,使用“莫尔斯”电台进行手键发报;1988 年 9 月 13 日,使用短波“单边带”低速数据传输通信系统与 PC-1500 袖珍计算机连机,代替“莫尔斯”电台手键发报,电报时效和通信质量得到大幅提高;2004 年 1 月 1 日采用“PSTN 电话拨号”方式传输资料为主,无线电台传输为辅的传输方式。建站后制作月报表、年报表,用手工抄写方式编制;2000 年使用微机打印报表,同时向上级部门报送软磁盘和纸质报表;2007 年 8 月开始向省气象局资料审核科上传电子版月报表文件,纸质月报表不再上报,年报表同时报送电子版和纸质版。从 2007 年 4 月起全部资料统一移交省气象局气候中心档案科保管。

区域自动站观测　2000 年 11 月 18 日建成 Milos 500 型自动气象站,2001 年 1 月 1 日试运行,2004 年 1 月 1 日正式运行。自动站观测项目包括温度、气压、湿度、降水、风向风速、地面温度、浅层地温(5～20 厘米)、深层地温(40～320 厘米)、E601 型大型蒸发(冬季用人工观测小型蒸发代替)和日照,其中日照用人工观测记录代替。

②生态观测

2003 年 5 月 1 日起开展生态环境监测,项目包括沙尘天气、土壤风蚀、干沉降、沙丘移动、土壤颗粒度等;2006 年除保留土壤风蚀外,取消其他生态监测项目。

③气象信息网络

2005 年 8 月 13 日建成 PES-5000 卫星数据站,并投入正式运行;2008 年 12 月 ADSL 宽带网接通,采用宽带网传输为主,PES-5000 卫星数据站为辅的通信模式。

2. 气象服务

2007 年起配合市局气象科技服务中心开展人工影响天气作业,作业方式包括燃烧炉、火箭炮作业。由于小灶火气象站地处市乌图美仁乡小灶火管区戈壁,距市区 150 千米,开展气象服务工作受到各方面条件的制约。

党建与气象文化建设

1. 党建工作

党的组织建设 建站至今,由于站上党员人数少,没有成立单独的党支部,党员编入市气象局业务服务管理科支部。2002年成立了小灶火气象站党小组,截至2008年12月有党员2人。在抓党建工作中,在站党员积极发挥模范作用,注重培养要求入党积极分子队伍,1999—2008年先后培养、发展了4名新党员。

党风廉政建设 2004年1月配备兼职纪检员1人,制定了党风廉政制度,每年与市气象局签订党风廉政目标责任书,党风廉政建设得到加强。

2. 气象文化建设

精神文明建设 为了丰富职工业余文化生活,建立了图书阅览室、文体活动场所,购置了文体活动器材,利用业余时间积极组织开展文体活动。

文明单位创建 2001年被中共格尔木市委、市政府命名为"文明单位"。

人物简介 胡关龙,男,汉族,党员,1942年10月出生,浙江省永康市人,1959年毕业于青海省气象学校,1959年6月参加工作,1987年9月加入中国共产党,1992年5月退休,退休前任格尔木市气象局小灶火气象站站长。

胡关龙同志在青海一、二类艰苦站气象业务岗位工作了33年,他先后在大河坝、河卡、玛多、沱沱河、小灶火气象站工作,几十年如一日,兢兢业业、任劳任怨地工作,在平凡的岗位上做出了不平凡的业绩,为青海气象事业奉献了自己的青春和年华,1983年7月国家民族事务委员会、劳动人事部、中国科学技术协会向胡关龙颁发"在少数民族地区长期从事科技工作"荣誉证书;1988年10月被中共海西州委、州政府授予"瀚海精英"称号。1989年4月被中国气象局授予全国气象部门双文明建设劳动模范;1990年4月被中华全国总工会授予全国优秀气象工作者和五一劳动奖章。

台站建设

台站综合改善 1975年省气象局投资新建了值班室、职工宿舍、油机房、库房等土木结构平房,建筑面积660平方米。为了解决职工吃菜问题,在站内建造了1座玻璃温棚,配备了3千瓦柴油发电机发电保障业务工作用电。1991年5月由中国气象局投资,中国科学院在小灶火气象站安装了光风互补发电站进行太阳能风能发电实验,业务工作用电问题得到改善,但还是无法保证职工生活用电。1999年新建砖混结构平房1排6间,业务工作用房得到改善;2000年为了保障自动气象站的正常运行,修建了10千伏太阳能光伏电站,职工生活用电仍然无法解决。

园区建设 建站初期气象站在小灶火管区村庄和农田以外的沙包之中,四周是红柳包和芦苇滩。1999—2008年期间对庭院环境进行了美化改造,庭院内硬化了部分路面,改善了园区环境。

办公与生活条件改善　2004 年省气象局投资新建职工宿舍及活动室 6 间,面积 184.9 平方米,并且对旧房进行维修,改造了供暖设施,大大改善了职工工作生活环境;2007 年 11 月小灶火气象站接通市电,从根本上解决了工作和生活用电。随着格茫公路的开通,2007 年配备了车辆,交通条件得到改善;2008 年 12 月配备水净化装置,改善了职工饮水质量。

20 世纪 80 年代小灶火气象站站貌 小灶火气象站 1999 年新建业务办公和职工公寓用房

诺木洪气象站

机构历史沿革

始建情况　诺木洪气象站 1956 年 6 月始建,站址在诺木洪大城,地理位置在青藏高原柴达木盆地东南缘,位于北纬 36°22′,东经 96°27′,观测场海拔高度 3000.0 米。

站址迁移情况　1956 年 9 月 8 日迁至诺木洪农场,位于北纬 36°26′,东经 96°25′,观测场海拔高度 2790.4 米。

历史沿革　1960 年 10 月更名为诺木洪气象服务站,1969 年 7 月更名为都兰县革命委员会诺木洪气象服务站,1972 年 9 月更名为都兰县革命委员会诺木洪气象站,1980 年 2 月更名为诺木洪气象站。2006 年 7 月 1 日调整为国家气象观测一级站,2008 年 12 月 31 日调整为国家基本气象站。

管理体制　1956 年建站起归省气象局直接领导;1958 年起由地方政府与气象部门双重领导,以地方政府领导为主,省气象局只对台站实施业务指导;1959 年 11 月—1963 年 2 月为气象部门和地方政府双重领导,以地方政府领导为主;1963 年 3 月归省气象局直接领导;1969 年 7 月归都兰县革命委员会领导;1970 年 3 月—1973 年 8 月归中国人民解放军海西军分区建制;1973 年 8 月—1979 年 12 月归都兰县政府领导;1980 年 1 月实行气象部门与地方政府双重领导,以气象部门领导为主的管理体制,这种管理体制一直延续至今。

机构设置　设地面气象综合观测组、农业气象观测组。

单位名称及主要负责人变更情况

单位名称	姓名	民族	职务	任职时间
诺木洪气象站	王　琎	汉	站长	1956.06—1958.12
诺木洪气象服务站	李宏斌	汉	站长	1959.01—1960.09
				1960.10—1962.12
	吴华章	汉	负责人	1963.01—1963.02
	侯世何	汉	站长	1963.03—1969.06
				1969.07—1970.07
都兰县革命委员会诺木洪气象服务站	邓青云	汉	负责人	1970.08—1970.09
都兰县革命委员会诺木洪气象站	龚德文	汉	站长	1970.10—1972.08
				1972.09—1980.01
				1980.02—1988.02
诺木洪气象站	武青云	汉	站长	1988.03—1992.11
	杜　果(女)	蒙	站长	1992.12—1997.07
	张英德	汉	站长	1997.08—2005.10
	侯　岳	汉	站长	2005.10—

人员状况　1956 年建站时有职工 3 人。截至 2008 年年底,有职工 9 人(其中正式职工 6 人,聘用职工 3 人)。职工中:女 4 人;少数民族 2 人;大专学历 7 人,中专以下 2 人;中级职称 3 人,初级职称 6 人;30 岁以下 2 人,31~40 岁 3 人,41~50 岁 3 人,50 岁以上 1 人。

气象业务与服务

1. 气象业务

①气象观测

地面气象观测　建站至 1960 年 7 月 31 日,每天进行 01、04、07、10、13、16、19 时(地方时)7 次观测;1960 年 8 月 1 日起,每天进行 02、08、14、20 时(北京时)4 个时次的定时观测和 05、11、17 时(北京时)3 个时次的补绘观测;2006 年 12 月 30 日增加 23 时观测,由 7 次观测增加为 8 次观测,夜间守班。观测项目有云、能见度、天气现象、气温、湿度、风向、风速、降水、蒸发。1956 年 10 月 1 日起增加日照观测;1957 年 5 月 1 日起增加气压观测;1961 年 1 月 1 日起增加冻土深度、地面最高和 5、10、15 厘米地温观测;1963 年 4 月 1 日起增加 20 厘米地温观测;1964 年 1 月 1 日起增加积雪观测;1997 年 7 月 1 日起增加大型蒸发观测。每天编发 02、05、08、11、14、17、20 时 7 个时次的天气报;1984 年 5 月 1 日起编发气象旬(月)报。建站后气象月、年报表,用手工抄写方式编制;1999 年地面气象测报数据处理软件《AHDM 4.1》投入业务应用,开始使用计算机打印气象报表;2007 年 7 月开始上报电子版报表,不再上报纸质报表。1956 年 6 月 10 日至 2007 年 3 月期间的观测资料由诺木洪气象站保管,从 2007 年 4 月起全部资料统一移交省气象局气候中心档案科保管。

区域自动站观测　2000 年 11 月建成 Milos 500 自动气象站,2001 年 1 月 1 日投入试运行,2002年1月1日起进行平行观测,2004年1月1日正式投入业务运行。自动站观测项目包括气温、湿度、气压、降水、风向风速、蒸发、地温等,云、能见度、天气现象等仍采用人工观测。2004年1月1日以自动站资料为准发报,每月定时复制光盘归档、保存、上报。

农业气象观测 1980年1月1日起开展春小麦生育状况及青海大叶杨、芦苇生育期观测,1982年设立农业气象观测组;1984年5月开始编发农业气象旬(月)报;1990年4月由国家级农业气象二级站改为国家级农业气象一级站,增加油菜发育期观测。1957年5月开始对土壤湿度进行测定;1990年4月增加固定地段土壤湿度测定;1996年增加3—6月土壤湿度测定,并编发土壤湿度加测报文(TR报);2004年6月从春季监测地段土壤墒情10厘米土壤解冻到冬季土壤冻结深度≥10厘米,每旬逢3日、逢8日均进行土壤湿度监测,逢3日编发TR报,逢8日编发AB报。1957年5月开始,开展小麦、马铃薯、豌豆等农作物物候观测;1980年1月1日起观测布谷鸟始鸣和终鸣日期;1983年1月增加豆雁物候观测;1985年1月增加苹果树、枸杞树物候观测。

②天气预报

由于地处偏远乡镇,天气预报只是根据市台预报制作简单的单站订正预报。

③气象信息网络

1956年6月建站后,地面报文借助无线短波电台,用手工电键传至省气象台;1989年6月配备IC-M700PIO型"单边带"电台,地面报文以无线数字形式传输至省气象台;2004年1月起地面报文通过拨号网络传至省气象台;2008年10月建成DDN宽带网,并建成远程视频会商系统和Notes邮件办公系统,所采集的数据及报文通过DDN宽带直接传送至省气象信息网络中心。

2. 气象服务

专业与专项气象服务 诺木洪气象站从1965年开始执行《周年农业气象服务方案》至1980年1月1日,在农作物生长季不定期开展大风、霜冻等农业气象情报服务;1985年5月1日开始为当地生产部门提供"农作物生长关键期气候预测、农作物生长季土壤墒情分析、诺木洪地区气象旬月天气趋势预测、春小麦产量预报、初(晚)霜冻预报"等服务产品。

气象科普宣传 每年在"3·23"世界气象日活动中开展,主要通过组织人员发放宣传材料、黑板报、接待团体和个人来气象站参观等形式向社会宣传《中华人民共和国气象法》、气象科普知识以及防雷防静电、人工影响天气、生态环境保护、气象现代化建设等方面的知识,让社会进一步了解气象,提高全民气象防灾减灾意识和自救能力。

党建与气象文化建设

1. 党建工作

党的组织建设 从建站至2003年,党组织关系一直由诺木洪乡党委河西支部管理。2004年3月1日成立诺木洪气象站党支部,有3名党员,截至2008年12月有6名党员。党支部定期召开组织生活会,开展民主评议,注重发挥党支部的战斗堡垒作用和党员的模范带头作用,带动全站职工完成各项工作任务。

党风廉政建设 2002 年以来,开展党风廉政宣传教育月活动和作风建设年活动;2004 年 1 月配备兼职纪检员 1 人,制定了党风廉政制度,每年与格尔木市气象局签订党风廉政目标责任书。

2. 气象文化建设

精神文明建设 广泛开展理想信念和爱国主义教育,开展文明单位、文明家庭、文明职工的创建活动。鼓励干部职工进行专业学历教育,组织职工参加省、市气象局举办的各类业务学习和业务竞赛;开展岗位练兵和争先创优活动;美化庭院环境,改造修缮了值班室和职工宿舍,建成职工活动室、阅览室和户外活动健身场所。

文明单位创建 2001 年被中共都兰县委、县政府命名为"文明单位";2001 年被共青团都兰县委命名为"青年文明号"单位;2002 年被共青团海西州委、州人事局、州发展计划委员会、州教育局命名为"青年文明号"单位;2007 年被海西州精神文明建设指导委员会命名为"文明单位"。

3. 荣誉

集体荣誉 2000 年 3 月被青海省气象局评为"气象服务先进集体"。

台站建设

台站综合改造 诺木洪气象站总占地面积 14293 平方米,从建站至 1979 年全站使用土木结构平房。1980 年省气象局投资对业务用房进行重新修建,建砖混结构值班室 6 间 78 平方米。1986 年和 1991 年先后两次对职工宿舍进行修缮和改造,建砖混结构职工宿舍 12 套 500 平方米。2004 年对值班室、住房进行综合修建改造,共建面积 590 平方米,其中值班室面积 290 平方米,职工宿舍面积 300 平方米,并对大门和部分院墙进行重新修缮。

园区建设 2006—2007 年省气象局投资 20 多万元对站内道路和庭院进行重新规划和改造,硬化道路 1500 平方米,绿化庭院 3500 平方米。

办公与生活条件改善 通过台站综合改造项目,新建了办公用房和职工公寓,对庭院进行了绿化、净化,又建起了室外健身场地。针对当地用水、用电难等问题,通过安装太阳能光伏电站、院内打水井等措施,基本保障了业务值班用电、照明、生活用水等问题,诺木洪气象站的办公和生活条件得到了初步改善。

诺木洪气象站旧貌(1980 年以前)

诺木洪气象站新颜(2004 年)

诺木洪气象站职工生活用房旧貌(1986 年)　　　诺木洪气象站职工生活用房新貌(2004 年)

中国大气本底基准观象台

中国大气本底基准观象台是世界气象组织全球大气监测基准站之一,是目前欧亚大陆腹地唯一的大陆型全球基准站,也是世界海拔最高的大气本底观象台。

机构历史沿革

始建情况　1988 年根据中国—美国—世界气象组织(WMO)在我国西部地区建立大气本底污染基准监测站合作计划的建议,国家气象局着手考察站址及前期技术准备工作。1989 年由中国气象科学研究院组织专家在我国西部的四川、青海、新疆等省(区)进行考察和站址选择。1990 年 6 月再次到青海省海南、海西等地对预选站址进行实地考察、比较,初步选择青海省海南藏族自治州境内的瓦里关山作为我国全球性大气本底基准站的试验论证站址。1990 年 7 月,国家气象局同意将青海省瓦里关山作为我国全球性大气本底基准站的意向性选址。1990 年 8 月美国国家海洋大气局(NOAA)气候监测与诊断实验室(CMDL)副主任 James peterson 博士访问我国,对瓦里关作为全球大陆基准观测站站址的代表性和可行性表示满意,并建议在当地进行为期一年的站址可行性观测研究。同年 9 月青海省海南州气象局即在瓦里关站址开始了地面气象要素的连续观测。1991 年 3 月中国气象科学研究院与青海省海南州气象局共同承担了瓦里关大气环境质量现状(大气二氧化碳、黑碳气溶胶和大气浊度)的观测工作。1992 年初,国家气象局在完成中国大气本底基准观象台一期工程建设方案和设计图纸审定后,开始基础设施建设。

中国大气本底基准观象台位于青海省海南藏族自治州共和县内的瓦里关山顶,北纬36°18′,东经 100°55′,海拔高度 3816 米,距青海省省会西宁市 140 千米,离海南州共和县 30 千米。大气本底站处于一条孤立的山脉,耸立在高寒风沙天气多、强日照的山顶上,年平均气温−1.41℃,年大风日数 28 天,瞬间最大风速 45 米/秒,年平

均大气含氧量为188.9克/立方米,相当于海平面的67%。

历史沿革　1992年6月22日,根据国家气象局(国气人发〔1992〕50号)文件,正式成立中国大气本底基准观象台(简称本底台),列入青海省气象局直属单位序列,中国气象科学研究院负责业务指导。1992年6月世界气象组织(WMO)正式确定中国大气本底基准观象台的英文全称:"Chinese Global Atmosphere Watch Baseline Observatory(简称CGAWBO)"。

1994年9月17日正式投入业务运行。

管理体制　中国大气本底基准观象台是中国气象局下属的科研型业务台站。在建制上是青海省气象局直属正处级事业单位。按照中国气象局归口管理原则,瓦里关本底台业务项目的确定实施组织和管理由中国气象局监测网络司负责。实行由青海省气象局和中国气象科学研究院双重领导、分工负责的运行管理体制。本底台的台长由青海省气象局委任,业务副台长由气科院派出,行政管理和业务监测基地分两地办公,行政管理、业务分析在西宁市,业务监测在共和县瓦里关基地,业务人员实行轮换值班制。

机构设置　建台初期,经青海省气象局核定本底台的科级机构设置2个,即业务科和办公室。2006年在实施业务技术体制改革中,以"总量控制、因事设岗、优化结构、保证业务"的原则,按照青海省气象局批复的《中国大气本底基准观象台机构编制调整方案》,在人员编制不变的情况下,按承担的大气成分业务轨道的建设运行管理及维护等任务,对原有的机构进行调整和完善,增设大气成分分析与服务科。2008年底本底台下设科级机构3个,即业务科、大气分析与服务科、行政科。

单位名称及主要负责人变更情况

单位名称	姓名	民族	职务	任职时间
中国大气本底基准观象台	朱庆斌	汉	台长	1992.10—1996.07
	余宁青	汉	副台长	1996.08—1997.03
	张朝兴	汉	台长	1997.04—2000.06
	杨昭明	汉	台长	2000.06—2001.11
	德力格尔	蒙	台长	2001.11—

人员状况　1992年6月核定编制为15人(不含兼职人员),2006年增加人员编制3人,为18人。截至2008年底,有在职职工17人,其中:硕士学历1人,本科学历8人,大专及以下学历7人;正研高工1人,高级工程师5人,中级职称9人,初级职称2人;50～55岁3人,49～40岁8人,39岁以下6人。

气象业务与服务

观测项目　中国大气本底基准观象台的观测项目主要包括温室气体(二氧化碳(CO_2)、甲烷(CH_4)、氧化亚氮(N_2O)、六氟化硫(S_6F)现场在线观测、瓶采样等)、气溶胶(吸收特性、散射特性、PM_1、PM_{10}、TSP、光学厚度、化学成分等)、反应性气体(一氧化碳(CO)、臭氧(O_3)等)、臭氧柱总量及廓线、太阳辐射(总辐射、散射辐射、直接辐射、红外辐射、UVB辐射等)、干/湿沉降(pH值、电导率、化学成分等)、气候及常规气象要素(温度、湿度、气压、风向、风速、降水、云、能见度、天气现象)、梯度气象要素(10、20、40、80 米温度、湿度、气压、风向和风速及垂直风)、能见度、GRIM180($PM_{2.5}$ 和 PM_{10})、PFR 等观测项目。

数据的采集、处理与备份 每日完成观测数据的采集、处理与备份工作;完成人工观测项目数据的获取并信息化处理;每周、每月完成对观测数据的备份、异地保存及初步处理、报送等;数据采集通过 PC208W 采集程序采集,每小时 01 分采集上一小时所有数据。到每小时 04 分数据分离程序运行,将所有数据打包压缩,并作备份。到每小时 10 分数据上传程序将打包的数据上传。

各类样品(气)的采集、运送与分析 完成干、湿沉降样品的采集与分析,完成降水化学样品、气溶胶化学膜、温室气体样瓶的采样、转移、储藏及运送等;完成每年两次的工作标准气、历史档案气的制备等;采集的降水样品每季度往大气成分中心发送一次。采集的气体样品、膜样品每次换班时及时带回西宁,西宁基地调度人员仔细检查后发往大气成分中心。

配合国内、国际专家来台站对观测仪器设备进行检查、考核和标定;积极参加并完成有关观测项目的国际比对和标校;比对项目是由国外专家携带各温室气体项目气瓶或仪器,到瓦里关现场使用本站的监测设备进行测量,通过测量的结果来确定本站监测仪器观测精度及方法。比对项目包括各类温室气体(二氧化碳(CO_2)、一氧化碳(CO)、甲烷(CH_4)、臭氧(O_3)、氧化亚氮(N_2O)、六氟化硫(S_6F)等)。

现场观测质量督察 接受 WMO/GAW 设在瑞士的地面臭氧、一氧化碳和甲烷国际标定中心(WCC)以及分别设在德国、日本、瑞士的质量保证/科学活动中心(QA/SAC)定期派员,对瓦里关现场观测质量进行督察。

CO_2 和 CH_4 观测数据比对与同化 自 1995 年起,美国国家海洋与大气管理局(NOAA)基于观测数据客观统计分析方法,建立了同化数据库 Globalview-CO_2 和 Globalview-CH_4。本底台大气 CO_2 和 CH_4 观测数据已成功应用于 Globalview-CO_2 和 Globalview-CH_4。

CO_2 及相关微量成分测量全球巡回比对 WMO 委托 NOAA 组织实施周期性的全球测量 CO_2、CH_4、CO、N_2O(氧化亚氮)以及 CO_2 的 δ^{13}C 和 δ^{18}O 等巡回比对。本底台自 1995 年起积极参与了这项活动,各次巡回比对结果均表明:本底台的测量结果在允许的误差范围之内。2002 年起,本底台的学术带头人还担任 Round-robin 国际仲裁人,负责督促、接收、整理和比较各实验室的巡回比对结果。

亚洲及大洋洲 CH_4 巡回比对测量 2001 年、2005 年,本底台先后参加了由温室气体世界资料中心(WDCGG)和设立在日本的质量保证/科学活动中心(QA/SAC)和世界标准中心(WCC)组织的中、日、韩、澳大利亚、新西兰等 5 国参加的亚洲和大洋洲 CH_4 测量巡回比对,有关结果已公开发布。

臭氧总量观测国际比对 本底台用于总臭氧观测的 Brewer#054 臭氧光谱仪分别于 2002 年、2003 年、2004 年在北京连续进行了 3 次标定。除了 2003 年之外,所有标定均采用与 Brewer#017 传递标准比对的方法进行,比对结果已正式出版。

降水化学样品国际考核 大气化学实验室从 1986 年起参加了由 WMO/GAW 设在美国的质量保证/科学活动中心(QA/SAC)组织的降水化学观测国际比对活动。除 1987、1988、1991 和 1997 年外,大气化学实验室参加了从 1986 年第 9 次比对活动以来所有比对分析活动,历次考核结果均达到有关指标要求。

全国酸雨观测业务质量考核 2001 年以来,瓦里关本底台每年都参加了由中国气象局组织的全国酸雨观测业务质量考核,历年的考核结果均为达标。

传输 2006 年对观测系统的数据采集与处理、传输程序等进行了升级和完善,并实现了 GC-CH$_4$/CO$_2$ 色谱工作站系统、太阳辐射、地面臭氧、吸收特性、气溶胶化学膜采样、10 米自动气象站及 89 米气象要素梯度的数据向北京和青海省气象信息中心的实时上传工作。瓦里关实时监测数据通过网络及数据上传程序每小时将上一小时监测数据上传至青海省气象信息中心,再发送到国家气象信息中心。2008 年,开通了 2 兆宽带因特网接入业务,实现了现场收发电子邮件和数据远程传输,保证了资料的准确、完整、及时。

大气成分分析预报服务 2006 年,为充分发挥中国大气本底基准观象台的示范作用,加强大气成分资料的分析、预报和服务工作,根据《青海省气象局业务体制改革总体方案》,经申请省气象局同意,增设了大气成分分析与服务科,其工作任务为每月收集整理瓦里关本底台各种大气本底资料,进行时间序列检查后,于每月 10 日前上报中国气象局大气成分观测与服务中心,每年 1 月底前向青海省气候中心上报上年瓦里关大气本底原始资料。

2006 年 5 月开始研究青藏铁路沿线大气含氧量信息服务的方法及实施途径,开展青藏高原大气含氧量信息服务业务。从 2006 年 7 月 1 日起,在电视、报刊等媒体发布青藏铁路(西宁—拉萨)沿线 11 个不同海拔高度站点的大气含氧量信息。在青海湖国际公路自行车赛举办期间,连续三年提供九个赛段中最高、高低点及起、终点和沿途所有气象站点的大气含氧量信息。另外,自 2005 年开始每年发布一次瓦里关大气本底监测评价公报。2007 年 5 月起每月在青海气象预报指导网站上发布青海省酸雨分析月报,2007 年发布了瓦里关全球大气本底站酸雨分析公报,2008 年起每年发布一次青海省酸雨监测公报。

气象法规建设与制度建设

法规建设 青海省气象局积极与地方政府等部门协商,严格按照《中华人民共和国气象法》、《气象探测环境和设施保护办法》和省气象局有关业务技术规定,切实做好中国大气本底基准观象台的探测环境保护工作。经过努力,《青海省大气本底基准观象台探测环境保护办法》已列入省政府审议项目。

制度建设 为保证仪器设备正常运转,获取可靠稳定的观测数据,逐步制定和完善了各项业务技术规程和规章制度,主要包括:《特种观测业务岗位职责》、《业务观测仪器技术管理制度》、《业务值班应急处置办法》、《业务技术人员考核办法》、《业务项目技术负责人制度》、《项目负责人目标任务》和《本底台目标管理办法》、《本底台精神文明考核规定》、《瓦里关山业务基地消防安全管理规定》、《消防安全检查制度》、《本底台公文处理细则》等 20 多个管理办法和制度。

党建与气象文化建设

1. 党建工作

党的组织建设 1996 年 6 月成立本底台党支部,当时有党员 5 人,2008 年底有党员 6

人。党支部隶属于省气象局直属机关党委。党的作风建设、党风廉政建设等党建工作统一由省气象局直属机关党委安排进行。

2. 气象文化建设

精神文明建设　中国大气本底基准观象台成立以来,全体人员弘扬艰苦奋斗、缺氧不缺精神。对于圣神的职业,信念只有一个,监测是天职,敬业是本份,奉献是自愿。正因为这种不屈不挠的信念,保证了业务监测工作的正常运行,保证监测资料的完整性。

文明单位创建　自 1997 年以来,涌现出了国家级、省级先进人物。8 名同志先后被中国气象局、青海省气象局和中国气象科学研究院联合授予"建设本底台有功人员";3 名同志曾先后 4 次被青海省气象局选拔为"优秀中青年专业人才";1 名同志荣获"全国环境保护先进个人"荣誉。

重要会议　2005 年 8 月 18—19 日,全球大气观测国际研讨会暨瓦里关本底台 10 周年纪念活动在青海省西宁市举行。来自 WMO 等国际组织和中国、美国、韩国、加拿大、澳大利亚、芬兰、瑞士等国家的近百名代表参加了这次学术活动。

纪念活动　2005 年 8 月 18 日在西宁市全球大气观测国际研讨会暨瓦里关本底台 10 周年纪念活动会上,国家生态与环境野外科学观测研究网络专家组组长、中国科学院院士孙鸿烈和时任中国气象局局长秦大河为"国家生态与环境野外科学观测研究网络——瓦里关大气成分本底国家野外站"揭牌。

交流与合作　建台十多年来,接待了二十多个国家的近一百名专家学者,协助进行了大量科研和实验。多名工作人员被派往加拿大、澳大利亚、德国等地学习和工作,派人协助中国气象科学研究院为建立云南、新疆本底区域站做前期工作。

自 1997 年以来,先后 5 次选派 6 名专业技术人员参加南极科学考察工作,圆满完成科学考察任务。

领导视察　2000 年 9 月 9 日,国家气象局李黄副局长一行在青海省气象局王江山局长陪同下前往瓦里关山业务基地视察。视察中李黄副局长为本底台题词:"为全球生态环境气候变化监测创立的瓦里关山中国大气本底基准观象台的同志们,要发扬青海气象人艰苦奋斗、勇于奉献、科学严谨、不断攀登的精神,发扬成绩,总结经验,在新的千年真正把本底台建设成全国先进、全球一流的观测台站,为中华民族争光,为全球人类贡献。"

2001 年 6 月 18 日,时任中国气象局副局长郑国光等领导、专家一行 20 多人前往瓦里关山业务基地视察工作。郑国光副局长对几年来的业务运行及基础设施改造工程等项工作给予充分的肯定,同时提出了四条要求。

2001 年 12 月 25 日,时任中国气象局局长秦大河及中国气象科学研究院院长张人禾等一行,前往瓦里关山业务基地进行视察和看望业务值班人员。

2004 年 7 月,中国气象局局长郑国光在本底台瓦里关山业务基地视察工作。

2006 年 10 月 25 日,时任青海省委副书记、省长宋秀岩和副省长穆东升在省发改委、省气象局、省财政厅、省农业局等单位主要领导的陪同下,专程赴中国大气本底基准观象台调研。调研期间,详细了解本底台的基本情况以及仪器运行情况,对所开展的各项业务工作给予了高度评价,并欣然题词"为世界气象服务,为中国环境争光"。

台站建设

中国大气本底观象台自筹建至 2008 年底，国家投资近千万元的资金，实施了大规模基础设施建设。1991 年 9 月在对瓦里关站址可行性论证的基础上，中国气象局将中国大气本底基准观象台的建设列入"八五"计划——大气自动化系列一期工程之中。为加速落实中国大陆基准观测站的建设，1992 年 2 月，世界气象组织 WMO/全球环境基金(GEF)项目与国家气象局商谈共同在青海瓦里关建立大气本底基准观象台的协议，按协议要求国家气象局应承担开展正常工作所需的基本建设投资并承担报送义务，明确世界气象组织 WMO 对中国所提供的仪器装备、技术支持和人员培训要求。1992—1997 年，中国大气本底观象台的固定资产达 700 多万元（其中业务楼投资 160 万元，土地 5 万元，车辆 22 万元等）。1998—2008 年，为保持瓦里关基地有较好的自然环境状态，经申报项目，中国气象局每年都通过项目下达经费对瓦里关山基地的环境和业务工作场所周边环境改造。其中投资 140 万元对基地的办公楼主建筑进行维修、加固，对室内进行装修等；1998 年、2008 年共投资 186 万元对 7 千米的专用公路进行修复。为确保瓦里关基地防雷的安全，2005 年由西宁市防雷中心承担了瓦里关基地雷电防护工程，投资 15 万元。另外对在基建施工中受损的近 400 多平方米草地进行修整、恢复，使基地环境保持较好的自然状态。

目前，中国大气本底观象台瓦里关工作区占地 5.3 万平方米，建设 580 平方米的实验楼，89 米高度的梯度观象塔，一个自动气象站，两条长 80 千米的电力线（其中龙羊峡至瓦里关山为专线），7 千米长的专用公路，以及工作人员宿舍、休息和活动场所等。

青海省气象局办公室文件

青气办发〔2009〕49 号

关于印发《青海省气象局基层台站史志
编纂工作实施意见》的通知

（气发〔2009〕103 号）

各州、地、市气象局

　　根据中国气象局《基层台站史志编纂工作实施方案》的通知（中气函〔2009〕81 号）精神,先将《青海省气象局基层台站史志编纂工作实施意见》印发给你们,请认真贯彻执行。执行中有何问题,请及时与省气象局精神文明建设办公室联系。

二〇〇九年六月十日

青海省气象局基层台站史志编纂工作实施意见

　　为庆祝新中国成立 60 周年和中国气象局成立 60 周年,根据中国气象局《基层台站史志编纂工作实施方案》的通知（中气函〔2009〕81 号）精神,结合我省实际提出如下实施意见:

　　一、指导思想

　　以邓小平理论和"三个代表"重要思想为指导,深入贯彻落实科学发展观,通过编纂基层台站史志,回顾基层气象台站的奋斗史、创业史、改革开放史,回顾 60 年光辉历程,展示新中国成立 60 年来气象事业取得的巨大成就,加强爱国主义教育、改革开放教育和艰苦奋斗光荣传统教育,激励广大气象职工继续解放思想,立足本职,敬业奉献,弘扬青海气象人精神,为青海气象事业科学发展做出新的贡献。

二、成立领导小组和工作机构

(一)青海省气象局台站史志编纂工作领导小组

组　　长:许维俊

副组长:王国祯

成　　员:盛国瑛、苏忠诚、郭德彦、李海红、陈彦山、袁兆森

领导小组职责:指导所属州、地、市气象局和县及以下气象局(站)成立台站史志编纂工作小组,对编纂进度进行督促检查;负责基层气象台站史志汇编初稿的审定、终稿的确定工作。

(二)领导小组办公室

领导小组办公室设在省局文明办

主　　任:郭德彦

成　　员:王克顺、高顺年、刘小燕

办公室职责:按中国气象局要求上报省局领导机构和办事机构成员及其他材料;督促全省基层台站按中国气象局要求编纂史志;印发编纂大纲、编写范本、编写体例和行文规范等。

(三)编委会成员

主　　编:许维俊

副主编:王国祯

编　　委:盛国瑛、郭志云、郭德彦、苏忠诚、李海红、袁兆森、王克顺、高顺年、马元仓、代随刚、罗生洲、李进虎、党永娟、刘海、钟祥福、李燕

编委会职责:负责全省基层台站史志的审核、汇编等工作。

三、编纂要求

(一)明确思路,统一体例。基层台站史志编纂范围为本省气象部门所辖的州地市局(基层台)、县局及以下台站(基层站)。要组织编写人员认真学习党的十七大报告,学习邓小平理论和"三个代表"重要思想,学习贯彻科学发展观,提高编写人员的业务素质。要用科学理论指导写作实践,确定编写原则、史志体例、入志内容、编写要求等。格式要统一,行文要规范,避免走弯路。

(二)广泛搜集,史料完备。要尽可能完整地收集本台站的历史沿革、领导班子交替、业务范围变动、站址变迁,以及建局(站)以来的重大事件、重要人物、领导视察及重要批示、当地气候条件和重大气象灾害、开展气象服务的有关文字资料、照片等。一是充分利用当地市志县志资料;二是走访座谈,收集口碑资料。采取走出去、请进来的办法,向当事人、见证者、知情人士核实史实,收集资料,为重要气象事件提供线索。三是有针对性地查阅档案,补充完善资料。

(三)突出重点,体现特色。要认真分析省情、市情、县情,既要把本单位放在我国气象事业发展的大背景下展开,又要注重反映当地气象工作的特色。要把建国以来防灾减灾、

气象服务中的重大事件和主要成绩、本台站的先进人物作为重点。一些重要人物、重大事件可配以照片、图表等资料。

（四）掌握分寸，文字简约。对历史事件的记述要准确，判断是非、分析因果、评议得失要把握分寸，对褒扬的人物不溢美，工作上的失误不追究个人责任。语言要简洁、准确、恰当。

四、工作进度与时间安排

（一）省气象局

1.5月中下旬，省局完成领导机构组建和办事机构成员的选定，并于5月20日前将有关情况上报中国气象局。

2.6月中旬—8月底，发放由中国气象局统一印制的编写体例和行文规范，指导州、地、市气象局所属台站台站史的撰写工作，并对部分台站进行抽查。

3.9月，省气象局组织力量，集中精力，完成对本省基层气象台站史志汇编初稿的审定、终稿的确定等工作，月底前将定稿交付气象出版社。

（二）各州、地、市气象局

1.5月中下旬，州、地、市气象局完成州地市局编纂工作班子的组建，同时明确台站史志编纂责任人和具体编纂人，并于5月31日前将州、地、市气象局工作班子及将所属台站编纂责任人和具体编纂人名单报领导小组办公室。

2.5—6月中旬广大基层台站完成查阅档案、调查研究、收集资料等工作；6月中旬—8月底，按照范本格式，完成本单位台站史的撰写工作；7月底前各州、地、市气象局将史志初稿报省局领导小组办公室，办公室将史志初稿分发各编委初审后反馈。

3.8月底前，州、地、市气象局检查督促台站完成台站史的编写工作，并正式上报领导小组办公室。

五、经费

采取经费自筹、分级负担的原则：省气象局承担的工作所需经费，由省局负担；州、地、市气象局和县局（站）开展编纂工作和出版史志汇编所需费用，由州、地、市气象局和县气象局（站）在公用经费中调剂解决。各级计划财务部门要大力支持，确保编纂工作正常进行。

六、工作要求

（一）高度重视，加强领导。台站史志编纂工作是纪念新中国成立60周年系列活动的组成部分，是加强气象文化建设的重要举措。编纂台站史志，为气象事业留下一笔丰厚的精神财富，功在当代、利在后人。编纂工作时间紧、任务重，各单位要加强领导，尽快组建领导小组和工作机构。要周密部署，制定措施，落实责任，保证质量。要将其列入本单位年度工作目标管理内容，加强督查，确保进度。

（二）加强业务指导，确保编纂质量。各级编纂工作领导小组及其办公室要加强指导，明确编纂原则，确定编写体例。中国气象局于上半年和下半年各召开一次小型业务座谈会，加强对编纂工作培训，及时总结和交流编纂工作经验，印发史志范本，研讨编纂方法等技术问题。

（三）加强宣传，边撰边用。要发挥报纸、网络等各种媒体的作用，加强宣传。要运用编纂台站史志的成果，结合纪念新中国成立60周年和中国气象局建局60周年，大力宣传各个历史时期、各项气象工作中的先进典型和突出事例,弘扬爱岗敬业、精益求精的职业道德,淡泊名利、艰苦奋斗的奉献精神,发展创新、争创一流的时代风范,激励广大气象工作者为气象事业科学发展做出贡献,再立新功。

主题词:编纂　工作　意见　通知

青海省气象局办公室　　　　　　　　　　　　　　2009 年 6 月 10 日印发

校对:王克顺　　　　　　　　　　　　　　　　　共印 35 份

关于举办基层台站史编纂培训会的通知

各州、地、市气象局,省局各处、室,各直属单位:

为推进我省基层台站史编纂工作顺利实施,根据中国气象局《基层台站史志编纂工作实施方案》的通知(中气函〔2009〕81号)精神,省局决定在西宁举办基层台站史编纂培训会,现将有关事项通知如下。

一、培训会内容

1. 落实中国气象局《基层台站史志编纂工作实施方案》的精神;

2. 学习《基层气象台站史编纂大纲》;

3. 学习《基层气象台站史》撰稿规范;

4. 部署全省基层气象台站史编纂工作。

二、培训对象

1. 各州、地、市气象局基层台站史编纂工作负责人、编纂工作人员各1人;

2. 省局基层台站史编委会成员。

三、培训时间

培训时间定于7月1日1天(星期三)。

四、其他事项

1. 参加培训会的人员食宿自理;

2. 6月30日下午3—5时在省局文明办(气象大厦7楼)报到;

3. 联系方式、联系人

联系电话:6135869(6269)、6135295(6295)

联系人:郭德彦、王克顺

青海省气象局精神文明建设办公室

2009年6月25日

附录三

关于修改台站史初稿的通知

基层台站史编委会各成员：

　　全省气象台站气象史初稿编纂已经完成，现将文稿发给你们。请根据你单位业务分工，抓紧时间认真审核，并在原稿上红笔修改，于 8 月 20 日前反馈到机关党委办公室王克顺 Notes 邮箱，编委会届时将召开审定会，请各成员提出修改意见。

青海省气象局基层台站史编纂领导小组办公室

2009 年 8 月 11 日

关于分工撰写《青海省基层气象台站概况》
相关内容的通知

省局各有关处室：

　　根据中国气象局关于印发《基层气象台站史志编纂工作实施方案》的通知（中气函〔2009〕81 号）和关于印发《青海省气象局基层台站史志编纂工作实施意见》的通知（青气办发〔2009〕49 号）精神，我省基层台站史编纂工作已进入修改审查阶段。但是，《青海省基层气象台站概况》部分还没有编写，严重影响了编纂工作进度。按照编委会领导指示，现将《青海省基层气象台站概况》部分编纂提纲发给你们，请安排专人执笔编写，主要负责同志亲自把关，相关同志参与修改，于 2009 年 9 月 15 日前报电子版发往党委办公室郭德彦、刘小燕 notes 信箱。（注：重点撰写与基层气象台站有关的史料，资料应用截止日期为 2008 年底）

青海省基层气象台站概况

　　一、气象机构历史沿革及隶属演变（人事处）

　　二、本省天气气候特点（减灾处）

　　三、本省主要气象灾害（减灾处）

　　四、所辖州地市气象局及基层台站概况（监网处）

　　1. 州地市气象局及基层台站概况

　　2. 基层气象台站沿革

　　（1）地面气象观测站

　　（2）农业气象观测站

　　（3）高空探测站

　　（4）天气雷达观测站

　　（5）辐射观测站

　　（6）大气成分观测站（包括大气成分、酸雨观测等）

　　六、气象法规建设与社会管理（法规处）

　　1. 气象法规建设

2. 社会管理

七、党建与气象文化建设（党委办公室）

1. 党建工作

2. 气象文化建设

3. 荣誉与人物

青海省气象局基层台站史编纂工作领导小组办公室
二〇〇九年九月八日

关于召开台站史编委会会议的通知

编委会各成员：

　　兹定于 9 月 17 日上午 9:00 时在气象大厦九楼会议室召开台站史编委会会议,现将有关事项通知如下：

　　一、参加人员

　　主编、副主编

　　编委:盛国瑛、郭德彦、李海红、袁兆森、王克顺、马元仓、罗生洲、李进虎、李燕、钟祥福

　　二、会议内容

　　(一)传达台站史上海研讨会精神；

　　(二)讨论台站史编纂中存在的共性问题；

　　(三)讨论青海省基层台站概况的内容及任务分工；

　　(四)分工修改基层台站史,明确修改重点,交稿时间；

　　(五)前言、后记部分编写；

　　(六)审定时间及编辑上报事项。

　　　　　　　　　　　　　　　　　　　省局台站史编纂工作领导小组办公室

　　　　　　　　　　　　　　　　　　　2009 年 9 月 16 日

附录六

关于举办基层气象台站简史改稿会的通知

各州地市气象局,中国大气本底台:

由中国气象局精神文明办牵头组织的全国基层气象台站简史的编撰及出版工作至今已进入第三年头。目前,全国气象部门已出版了 14 个省(区、市)气象局的基层气象台站简史,另有 10 个省(区、市)气象局的基层气象台站简史正在编辑出版过程中。按照中国气象局的要求,今年应完成这套图书的出版工作,并纳入今年的目标考核任务。

我省《基层气象台站简史》经有关人员编撰和几经修改,目前还存在诸多问题,未通过气象出版社初审。根据已经出版的部分省(区、市)基层气象台站简史编撰和改稿经验,中国气象局于 2011 年 9 月 1 日又召开了基层气象台站简史改稿会,提出了新的要求。为推进我省基层台站史编纂修改工作,省局决定于 9 月 15 日在西宁召开基层气象台站简史改稿会,安排具体修改工作。请你单位派一名曾经参加过《青海省基层气象台站简史》编撰修改或熟悉此项工作的同志参加改稿会,会期 1 天,9 月 14 日到省局文明办报到,与会者请携带 U 盘或移动硬盘。

省局文明办

2011 年 9 月 5 日

参加编写人员一览表

单位	姓名	单位	姓名
大通县气象局	冶万成	尖扎县气象局	罗 环
湟源县气象局	王发智	甘德县气象局	易智勇
湟中县气象局	王再缠	达日县气象局	白文珊
海东地区气象台	刘长青	玛多县气象局	李国山
民和县气象局	刘文军	久治县气象局	李向东
乐都县气象局	冶明珠	班玛县气象局	王 海
互助县气象局	刘 梅	玉树州气象台	扎西尼玛
循化县气象局	冶成功	囊谦县气象局	杨永寿
化隆县气象局	马福贵	杂多县气象局	马德杰
海北州气象台	张盛魁	治多县气象局	解统刚
海北牧业气象试验站	王建民	曲麻莱县气象局	赵全宁
海晏县气象局	晏尚华	称多县清水河气象局	李全平
门源县气象局	张奎华	乌兰县气象局	雷有禄
祁连县气象局	裴宗寿	天峻县气象局	何武成
刚察县气象局	朱宝文	茶卡气象站	吴玉伟
野牛沟气象站	王连东	茫崖气象局	刘 刚
托勒气象站	王志福	冷湖气象局	蔡 军
海南州气象台	赵年武	大柴旦气象局	王 新
同德县气象局	许正福	格尔木市气象台	王延生
贵南县气象局	王 娟	都兰县气象局	高庆海
贵德县气象局	刘金梅	五道梁气象站	陈海存
兴海县气象局	杨发源	沱沱河气象站	高三星保
共和县江西沟气象站	郭连云	小灶火气象站	赵夏廷
兴海县河卡气象站	郭永红	诺木洪气象站	王发科
河南县气象局	孙创信	中国大气本底台	符春阁
泽库县气象局	张世福		

后　记

　　《青海省基层气象台站简史》送审稿上报后，中国气象局文明办根据部分省（区、市）基层气象台站简史编撰和改稿经验，先后在上海、贵州和北京召开三次研讨会和改稿会。按照中国气象局的新要求和针对《青海省基层气象台站简史》送审稿存在的诸多问题，我局文明办指定专人负责，多次与州（地、市）气象局联系、沟通、协调，进行了大量修改、补充、核实和统稿工作，并于2011年9月15日在西宁召开《青海省基层气象台站简史》改稿会，再次安排改稿工作。2012年12月再次上报后，气象出版社进行了严格审阅，于2013年3月反馈提出了文字表述、时间、人数、照片等具体修改意见2000余处，我们又逐项进行了核实、查证工作。

　　《青海省基层气象台站简史》具体修改工作，得到了各州（地、市）气象局和部分气象站有关人员的大力支持和协助，在搜集史料过程中倾注了大量心血，最终保证了史料的真实、准确和完整，在此表示衷心的感谢和崇高的敬意！

青海省气象局

2013 年 6 月